2025 과년도 출제문제 중심!

산업안전기사 실기

이광수 편저

일진사

산업안전기사실기 시험안내

◆ **산업안전기사란?**

산업안전기사는「산업안전보건법」에 따라 안전관리자 자격을 취득하기 위해 실시하는 시험이다. 안전관리자는 제조업, 서비스업 등 다양한 산업현장에서 산업재해 예방계획의 수립에 관한 사항을 수행하며, 작업환경의 점검과 개선, 유해 및 위험방지, 사고사례 분석 및 개선방안, 근로자의 안전교육 및 훈련에 관한 업무를 수행한다.

◆ **실시기관 홈페이지 :** http://www.q-net.or.kr

◆ **실시기관명 :** 한국산업인력공단

◆ **출제경향**

시험은 영상 자료를 활용하여 진행되며, 제조업(기계, 전기, 화공, 건설 등) 및 서비스업 등 각 산업현장에서의 안전관리에 대한 이론적 지식과 관련 법령을 바탕으로 일반지식, 전문지식, 그리고 응용 및 실무 능력을 평가한다.

◆ **실기시험 배점 및 시간**

구분	필답형	작업형(동영상)
배점	55점	45점
문제 수	13~14문제	9문제
시험시간	1시간 30분	1시간 정도
시험 방법	시험지에 주관식 답을 서술하는 방식	• 동영상을 보고, 시험지에 답을 서술하는 방식 • 앞번호 동영상을 다시 볼 수 있으며, 여러 번 재생 가능함
합격 기준	100점 만점에 60점 이상	

효율적으로 공부하는 법

01 책을 구입할 때

신뢰할 수 있는 최신 교재를 선택하세요. 시험 출제 경향과 실전 내용을 충실히 반영한 교재는 학습 효율을 높이는 데 큰 도움이 됩니다.

02 영상이 필요하면

저자가 제공하는 유튜브 채널을 적극 활용하세요. 동영상 문제 풀이를 반복하며 실전 감각을 익히는 것이 중요합니다.

03 궁금한 사항은

혼자 고민하지 말고, 저자와 소통하거나 관련 커뮤니티에 질문하세요. 같은 시험을 준비하는 수험생들의 답변과 노하우도 큰 도움이 됩니다.

04 시험방식에 익숙해지려면

시험지에 직접 답안을 작성하고, 시간 제한을 두고 연습하세요. 실전처럼 연습하며 시간 관리와 문제 풀이 능력을 키우는 것이 중요합니다.

05 꾸준한 반복 학습이 필요하다면

단기 목표를 세우고 달성하며 성취감을 느껴보세요. 예를 들어, "하루에 동영상 문제 5개 풀기"와 같은 구체적인 계획이 동기 부여에 효과적입니다.

산업안전기사 출제기준(실기)

직무 분야	안전관리	중직무 분야	안전관리	자격 종목	산업안전기사	적용 기간	2024.1.1.~2026.12.31.
○ 직무내용 : 제조 및 서비스업 등 각 산업현장에 소속되어 산업재해예방계획의 수립에 관한 사항을 수행하 며, 작업환경의 점검 및 개선에 관한 사항, 사고사례 분석 및 개선에 관한 사항, 근로자의 안전 교육 및 훈련 등을 수행하는 직무이다.							
실기검정방법		복합형		시험 시간		2시간 30분 정도 (필답형 1시간 30분, 작업형 1시간 정도)	

과목명	주요항목	세부항목	세세항목
산업안전 관리 실무	산업안전 관리 계획 수립	산업안전계획 수립	1. 사업장의 안전보건 경영방침에 따라 안전관리 목표를 설정할 수 있다. 2. 설정된 안전관리 목표를 기준으로 안전관리를 위한 대상을 설정할 수 있다. 3. 설정된 안전관리 대상별 인력, 예산, 시설 등의 사항을 계획할 수 있다. 4. 안전관리 대상별 안전점검 및 유지 보수에 관한 사항을 계획할 수 있다. 5. 계획된 내용을 보고서로 작성하여 산업안전보건위원회에 심의를 받을 수 있다. 6. 산업안전보건위원회에서 심의된 안전보건계획을 이사회 승인 후 안전관 리 업무에 적용할 수 있다.
		산업재해예방 계획 수립	1. 사업장에서 발생 가능한 유해·위험요소를 선정할 수 있다. 2. 유해·위험요소별 재해원인과 사례를 통해 재해예방을 위한 방법을 결정 할 수 있다. 3. 결정된 방법에 따라 세부적인 예방활동을 도출할 수 있다. 4. 산업재해예방을 위한 소요예산을 계상할 수 있다. 5. 산업재해예방을 위한 활동, 인력, 점검, 훈련 등이 포함된 계획서를 작성 할 수 있다.
		안전보건관리 규정 작성	1. 산업안전관리를 위한 사업장의 특성을 파악할 수 있다. 2. 안전보건관리규정 작성에 필요한 기초자료를 파악할 수 있다. 3. 안전보건경영방침에 따라 안전보건관리규정을 작성할 수 있다. 4. 산업안전보건 관련 법령에 따라 안전보건관리규정을 관리할 수 있다.
		산업안전관리 매뉴얼 개발 하기	1. 사업장 내 설비와 유해·위험요인을 파악할 수 있다. 2. 안전보건관리규정에 따라 산업안전관리에 필요 절차를 파악할 수 있다. 3. 사업장 내 안전관리를 위한 분야별 매뉴얼을 개발할 수 있다.
	기계작업 공정 특성 분석	안전관리상 고려사항 결정	1. 기계작업공정과 관련된 설계도를 검토하여 안전관리 운영 항목을 도출할 수 있다. 2. 기계작업 공정에서 도출된 안전관리요소를 검토하여 안전관리 업무의 핵 심내용을 도출할 수 있다. 3. 유관 부서와 협의하고 협조 운영될 수 있는 방안을 검토할 수 있다. 4. 사전예방활동 또는 작업성과의 향상에 기여할 수 있도록 위험을 최소화할 수 있는 안전관리 방안을 결정할 수 있다.
		관련 공정 특성 분석	1. 기계작업 공정 안전관리 요소를 도출하기 위하여 기계작업 공정 설계도에 따라 세부적인 안전지침을 검토할 수 있다. 2. 작업환경에 따라 안전관리에 적용해야 하는 위험요인을 도출할 수 있다. 3. 특수 작업의 작업조건에 따라 안전관리에 적용해야 하는 위험요인을 도출 할 수 있다.

과목명	주요항목	세부항목	세세항목
			4. 기계작업 공정별 특수성에 따라 위험요인을 도출하여 안전관리방안을 도출할 수 있다.
		유사 공정 안전관리 사례 분석	1. 안전관리상 고려사항을 도출하기 위하여 유사 공정 분석에 필요한 정보를 수집할 수 있다. 2. 외부 전문가가 필요한 경우 안전관리 분야 전문가를 위촉하여 활용할 수 있다. 3. 외부 전문가를 활용한 기계작업 안전관리 사례 분석결과에서 안전관리요소를 도출할 수 있다.
		기계 위험 안전조건 분석	1. 현장에서 사용되는 기계별 위험요인과 기계설비의 안전요소를 도출할 수 있다. 2. 기계의 안전장치의 설치 등 기계의 방호장치에 대한 특성을 분석하고 활용할 수 있다. 3. 기계설비의 결함을 조사하여 구조적, 기능적 안전에 대응할 수 있다. 4. 유해위험 기계기구의 종류, 기능과 작동원리를 활용하여 안전조건을 검토할 수 있다.
	산업재해 대응	산업재해 처리 절차 수립	1. 비상조치 계획에 의거하여 사고 등 비상상황에 대비한 처리 절차를 수립할 수 있다. 2. 비상대응 매뉴얼에 따라 비상 상황전달 및 비상조직의 운영으로 피해를 최소화할 수 있다. 3. 비상상태 발생 시 신속한 대응을 위해 비상 훈련계획을 수립할 수 있다.
		산업재해자 응급조치	1. 응급처치 기술을 활용하여 재해자를 안정시키고 인근 병원으로 즉시 이송할 수 있다. 2. 병력과 치료현황이 포함된 재해자 건강검진 자료를 확인하여 사고대응에 활용할 수 있다. 3. 재해조사 조치요령에 근거하여 재해현장을 보존하여 증거자료를 확보할 수 있다.
		산업재해원인 분석	1. 작업공정, 절차, 안전기준 및 시설 유지보수 등을 통하여 재해원인을 분석할 수 있다. 2. 사고장소와 시설의 증거물, 관련자와의 면담 등을 통하여 사고와 관련된 기인물과 가해물을 규명할 수 있다. 3. 재해요인을 정량화하여 수치로 표시할 수 있다. 4. 재발 발생 가능성과 예상 피해를 감소시키기 위해 필요한 사항을 추가 조사할 수 있다. 5. 동일유형의 사고 재발을 방지하기 위해 사고조사 보고서를 작성할 수 있다.
		산업재해 대책 수립	1. 사고조사를 통해 근본적인 사고원인을 규명하여 개선대책을 제시할 수 있다. 2. 개선조치사항을 사고발생 설비와 유사 공정·작업에 반영할 수 있다. 3. 사고 보고서에 따라 대책을 수립하고, 평가하여 교육 훈련계획을 수립할 수 있다. 4. 사업장 내 근로자를 대상으로 비상대응 교육 훈련을 실시할 수 있다.
	사업장 안전점검	산업안전 점검계획 수립	1. 작업공정에 맞는 점검 방법을 선정할 수 있다. 2. 안전점검 대상 기계·기구를 파악할 수 있다. 3. 위험에 따른 안전관리 중요도에 대한 우선순위를 결정할 수 있다. 4. 적용하는 기계·기구에 따라 안전장치와 관련된 지식을 활용하여 안전점검 계획을 수립할 수 있다.

과목명	주요항목	세부항목	세세항목
		산업안전 점검표 작성	1. 작업공정이나 기계·기구에 따라 발생할 수 있는 위험요소를 포함한 점검항목을 도출할 수 있다. 2. 안전점검 방법과 평가기준을 도출할 수 있다. 3. 안전점검계획을 고려하여 안전점검표를 작성할 수 있다.
		산업안전 점검 실행	1. 안전점검표의 점검항목을 파악할 수 있다. 2. 해당 점검대상 기계·기구의 점검주기를 판단할 수 있다. 3. 안전점검표의 항목에 따라 위험요인을 점검할 수 있다. 4. 안전점검결과를 분석하여 안전점검 결과보고서를 작성할 수 있다.
		산업안전 점검 평가	1. 안전기준에 따라 점검내용을 평가하여 위험요인을 도출할 수 있다. 2. 안전점검결과 발생한 위험요소를 감소하기 위한 개선방안을 도출할 수 있다. 3. 안전점검결과를 바탕으로 사업장 내 안전관리 시스템을 개선할 수 있다.
	기계안전 시설 관리	안전시설 관리 계획	1. 작업공정도와 작업표준서를 검토하여 작업장의 위험성에 따른 안전시설 설치계획을 작성할 수 있다. 2. 기설치된 안전시설에 대해 측정 장비를 이용하여 정기적인 안전점검을 실시할 수 있도록 관리계획을 수립할 수 있다. 3. 공정진행에 의한 안전시설의 변경, 해체 계획을 작성할 수 있다.
		안전시설 설치	1. 관련 법령, 기준, 지침에 따라 성능 검정에 합격한 제품을 확인할 수 있다. 2. 관련 법령, 기준, 지침에 따라 안전시설물 설치기준을 준수하여 설치할 수 있다. 3. 관련 법령, 기준, 지침에 따라 안전보건표지를 설치할 수 있다. 4. 안전시설을 모니터링하여 개선 또는 보수 여부를 판단하여 대응할 수 있다.
		안전시설 관리	1. 안전시설을 모니터링하여 필요한 경우 교체 등 조치할 수 있다. 2. 공정 변경 시 발생할 수 있는 위험을 사전에 분석하여 안전시설을 변경·설치할 수 있다. 3. 작업자가 시설에 위험요소를 발견하여 신고 시 즉각 대응할 수 있다. 4. 현장에 설치된 안전시설보다 우수하거나 선진 기법 등이 개발되었을 경우 현장에 적용할 수 있다.
	산업안전 보호장비 관리	보호구 관리	1. 산업안전보건법령에 기준한 보호구를 선정할 수 있다. 2. 작업상황에 맞는 검정 대상 보호구를 선정하고 착용상태를 확인할 수 있다. 3. 사용설명서에 따른 올바른 착용법을 확인하고, 작업자에게 착용 지도할 수 있다. 4. 보호구의 특성에 따라 적절하게 관리하도록 지도할 수 있다.
		안전장구 관리하기	1. 산업안전보건법령에 기준한 안전장구를 선정할 수 있다. 2. 작업상황에 맞는 검정 대상 안전장구를 선정하고 착용상태를 확인할 수 있다. 3. 사용설명서에 따른 올바른 착용법을 확인하고, 작업자에게 착용 지도할 수 있다. 4. 안전장구의 특성에 따라 적절하게 관리하도록 지도할 수 있다.
	정전기 위험관리	정전기 발생방지 계획 수립	1. 정전기 발생원인과 정전기 방전을 파악하여 정전기 위험장소 점검계획을 수립할 수 있다. 2. 정전기 방지를 위한 접지시설과 등전위본딩, 도전성 향상 계획을 수립할 수 있다. 3. 인화성 화학물질 취급 장치·시설과 취급 장소에서 발생할 수 있는 정전기 방지 대책을 수립할 수 있다. 4. 정전기 계측설비 운용 계획을 수립할 수 있다.

과목명	주요항목	세부항목	세세항목
		정전기 위험요소 파악	1. 정전기 발생이 전격, 화재, 폭발 등으로 이어질 수 있는 위험요소를 파악할 수 있다. 2. 정전기가 발생될 수 있는 장치·시설에 절연저항, 표면저항, 접지저항, 대전전압, 정전용량 등을 측정하여 정전기의 위험성을 판단할 수 있다. 3. 정전기로 인한 재해를 예방하기 위하여 정전기가 발생되는 원인을 파악할 수 있다.
		정전기 위험요소 제거	1. 정전기가 발생될 수 있는 장치·시설과 취급 장소에서 접지시설, 본딩시설을 구축하여 정전기 발생원인을 제거할 수 있다. 2. 정전기가 발생될 수 있는 장치·시설과 취급 장소에 도전성 향상과 제전기를 설치하여 정전기 위험요소를 제거할 수 있다. 3. 정전기가 발생될 수 있는 장치·시설의 취급 시 정전기 완화 환경을 구축할 수 있다. 4. 정전기가 발생할 수 있는 작업환경을 개선하여 정전기를 제거할 수 있다.
	전기 방폭 관리	사고 예방 계획수립	1. 전기 방폭에 영향을 미칠 수 있는 위험요소를 확인하고 점검 계획을 수립할 수 있다. 2. 전기로 인해 발생할 수 있는 폭발사고의 사고원인을 구분하여 전기방폭 방지 계획을 수립할 수 있다. 3. 사고원인에 의해 폭발사고가 발생하는 위험물질의 관리 방안을 수립할 수 있다. 4. 전기로 인해 발생할 수 있는 폭발사고를 예방하기 위해 계측설비 운용에 관한 계획을 수립할 수 있다. 5. 전기로 인해 발생할 수 있는 폭발사고사례를 통한 사고원인을 분석하고 전기설비 유지관리를 위한 체크리스트를 작성하여 전기 방폭 관리계획을 수립할 수 있다.
		전기 방폭 결함요소 파악	1. 전기로 인해 발생할 수 있는 폭발사고 발생 메커니즘을 적용하여 관련사고의 위험성을 파악할 수 있다. 2. 전기로 인해 발생할 수 있는 폭발사고가 발생할 수 있는 작업조건, 작업장소, 사용물질을 파악할 수 있다. 3. 전기적 과전류, 단락, 누전, 정전기 등 사고원인을 점검, 파악할 수 있다. 4. 전기로 인해 발생할 수 있는 폭발사고가 발생할 수 있는 위험물질의 관리대상을 파악할 수 있다.
		전기 방폭 결함요소 제거	1. 전기로 인해 발생할 수 있는 폭발사고 형태별 원인을 분석하여 사고를 예방할 수 있다. 2. 전기로 인해 발생할 수 있는 폭발사고의 사고원인을 파악하여 사고를 예방할 수 있다 3. 전기로 인해 발생할 수 있는 폭발사고를 방지하기 위하여 방폭형 전기설비를 도입하여 사고를 예방할 수 있다.
	전기작업 안전관리	전기작업 위험성 파악	1. 전기안전사고 발생형태를 파악할 수 있다. 2. 전기안전사고 주요 발생장소를 파악할 수 있다. 3. 전기안전사고 발생 시 피해 정도를 예측할 수 있다. 4. 전기안전관련 법령에 따라 전기안전사고를 예방할 목적으로 설치된 안전보호장치의 사용 여부를 확인할 수 있다. 5. 전기안전사고 예방을 위한 안전조치 및 개인보호장구의 적합여부를 확인할 수 있다.
		정전작업 지원	1. 안전한 정전작업 수행을 위한 안전작업계획서를 수립할 수 있다. 2. 정전작업 중 안전사고가 우려 시 작업중지를 결정할 수 있다.

과목명	주요항목	세부항목	세세항목
			3. 정전작업 수행 시 필요한 보호구와 방호구, 작업용 기구와 장치, 표지를 선정하고 사용할 수 있다.
		활선작업 지원	1. 안전한 활선작업 수행을 위한 안전작업계획서를 수립할 수 있다. 2. 활선작업 중 안전사고 우려 시 작업중지를 결정할 수 있다. 3. 활선작업 수행 시 필요한 보호구와 방호구, 작업용 기구와 장치, 표지를 선정하고 사용할 수 있다.
		충전전로 근접작업 안전지원	1. 가공 송전선로에서 전압별로 발생하는 정전·전자유도 현상을 이해하고 안전대책을 제공할 수 있다. 2. 가공 배전선로에서 필요한 작업 전 준비사항 및 작업 시 안전대책, 작업 후 안전점검 사항을 작성할 수 있다. 3. 전기설비의 작업 시 수행하는 고소작업 등에 의한 위험요인을 적용한 사고 예방대책을 제공할 수 있다. 4. 특고압 송전선 부근에서 작업 시 필요한 이격거리 및 접근한계거리, 정전유도 현상을 숙지하고 안전대책을 제공할 수 있다. 5. 크레인 등의 중기작업을 수행할 때 필요한 보호구, 안전장구, 각종 중장비 사용 시 주의사항을 파악할 수 있다.
	화재·폭발·누출사고 예방	화재·폭발·누출요소 파악	1. 화학공장 등에서 위험물질로 인해 화재·폭발·누출로 인한 사고를 예방하기 위하여 현장에서 취급 및 저장하고 있는 유해·위험물의 종류와 수량을 파악할 수 있다. 2. 화학공장 등에서 위험물질로 인해 화재·폭발·누출로 인한 사고를 예방하기 위하여 현장에 설치된 유해·위험 설비를 파악할 수 있다. 3. 유해·위험 설비의 공정도면을 확인하여 유해·위험 설비의 운전방법에 의한 위험요인을 파악할 수 있다. 4. 유해·위험 설비, 폭발 위험이 있는 장소를 사전에 파악하여 사고 예방활동용 필요점을 파악할 수 있다.
		화재·폭발·누출 예방 계획 수립	1. 화학공장 내 잠재한 사고 위험요인을 발굴하여 위험등급을 결정할 수 있다. 2. 유해·위험 설비의 운전을 위한 안전운전지침서를 개발할 수 있다. 3. 화재·폭발·누출 사고를 예방하기 위하여 설비에 관한 보수 및 유지 계획을 수립할 수 있다. 4. 유해·위험 설비의 도급 시 안전업무 수행실적 및 실행결과를 평가하기 위하여 도급업체 안전관리 계획을 수립할 수 있다. 5. 유해·위험 설비에 대한 변경 시 변경요소관리계획을 수립할 수 있다. 6. 산업사고 발생 시 공정 사고조사를 위하여 조사팀 및 방법 등이 포함된 공정 사고조사 계획을 수립할 수 있다. 7. 비상상황 발생 시 대응할 수 있도록 장비, 인력, 비상연락망 및 수행내용을 포함한 비상조치 계획을 수립할 수 있다.
		화재·폭발·누출 사고 예방 활동	1. 유해·위험 설비 및 유해·위험물질 취급 시 개발된 안전지침 및 계획에 따라 작업이 이루어지는지 모니터링할 수 있다. 2. 작업허가가 필요한 작업에 대하여 안적작업 허가기준에 부합된 절차에 따라 작업 허가를 할 수 있다. 3. 화재·폭발·누출 사고 예방을 위한 제조공정, 안전운전지침 및 절차 등을 근로자에게 교육할 수 있다. 4. 안전사고 예방활동에 대하여 자체 감사를 실시하여 사고 예방 활동을 개선할 수 있다.

과목명	주요항목	세부항목	세세항목
	화학물질 안전관리 실행	유해·위험성 확인	1. 화학물질 및 독성가스 관련 정보와 법규를 확인할 수 있다. 2. 화학공장에서 취급하거나 생산되는 화학물질에 대한 물질안전보건자료 (MSDS: Material Safety Data Sheet)를 확인할 수 있다. 3. MSDS의 유해·위험성에 따라 적합한 보호구 착용을 교육할 수 있다. 4. 화학물질의 안전관리를 위하여 안전보건자료(MSDS: Material Safety Data Sheet)에 제공되는 유해·위험요소 등을 파악할 수 있다.
		MSDS 활용	1. 화학공장에서 취급하는 화학물질에 대한 MSDS를 작업현장에 부착할 수 있다. 2. MSDS 제도를 기준으로 취급하거나 생산한 화학물질의 MSDS의 내용을 교육을 실시할 수 있다. 3. MSDS의 정보를 표지판으로 제작 및 부착하여 근로자에게 화학물질의 유해성과 위험성 정보를 제공할 수 있다. 4. MSDS 내에 있는 정보를 활용하여 경고 표지를 작성하여 작업현장에 부착할 수 있다.
	화공안전 점검	안전점검계획 수립	1. 공정운전에 맞는 점검주기와 방법을 파악할 수 있다. 2. 산업안전보건법령에서 정하는 안전검사 기계·기구를 구분하여 안전점검 계획에 적용할 수 있다. 3. 사용하는 안전장치와 관련된 지식을 활용하여 안전점검 계획을 수립할 수 있다.
		안전점검표 작성	1. 공정운전이나 기계·기구에 따라 발생할 수 있는 위험요소를 포함하도록 점검항목을 작성할 수 있다. 2. 공정운전이나 기계·기구에 따라 발생할 수 있는 위험요소를 포함하도록 점검항목을 작성할 수 있다. 3. 위험에 따른 안전관리 중요도 우선순위를 결정할 수 있다. 4. 객관적인 안전점검 실시를 위하여 안전점검 방법이나 평가기준을 작성할 수 있다. 5. 안전점검계획에 따라 공정별 안전점검표를 작성할 수 있다.
		안전점검 실행	1. 공정 순서에 따라 작성된 화학 공정별 작업절차에 의해 운전할 수 있다. 2. 측정 장비를 사용하여 위험요인을 점검할 수 있다. 3. 점검주기와 강도를 고려하여 점검을 실시할 수 있다. 4. 안전점검표에 의하여 위험요인에 대한 구체적인 점검을 수행할 수 있다.
		안전점검 평가	1. 안전기준에 따라 점검내용을 평가하고, 위험요인을 산출할 수 있다. 2. 점검 결과 지적사항을 즉시 조치가 필요시 반영 조치하여 공사를 진행할 수 있다. 3. 점검 결과에 의한 위험성을 기준으로 공정의 가동중지, 설비의 사용금지 등 위험요소에 대한 조치를 취할 수 있다. 4. 점검 결과에 의한 지적사항이 반복되지 않도록 해당 시스템을 개선할 수 있다.
	건설공사 특성분석	건설공사 특수성 분석	1. 설계도서에서 요구하는 특수성을 확인하여 안전관리계획 시 반영할 수 있다. 2. 공정관리계획 수립 시 해당 공사의 특수성에 따라 세부적인 안전지침을 검토할 수 있다. 3. 공사장 주변 작업환경이나 공법에 따라 안전관리에 적용해야 하는 특수성을 도출할 수 있다. 4. 공사의 계약조건, 발주처 요청 등에 따라 안전관리상의 특수성을 도출할 수 있다.

과목명	주요항목	세부항목	세세항목
		안전관리 고려사항 확인	1. 설계도서 검토 후 안전관리를 위한 중요 항목을 도출할 수 있다. 2. 전체적인 공사 현황을 검토하여 안전관리 업무의 주요항목을 도출할 수 있다. 3. 안전관리를 위한 조직을 효율적으로 운영할 수 있는 방안을 도출할 수 있다. 4. 외부 전문가 인력풀을 활용하여 안전관리사항을 검토할 수 있다. 5. 안전관리를 위한 구성원별 역할을 부여하고 활용할 수 있다.
		관련 공사 자료 활용	1. 시스템 운영에 필요한 정보를 수집하고, 정리하여 문서화할 수 있다. 2. 안전관리의 충분한 지식확보를 위하여 안전관리에 관련한 자료를 수집하고 활용할 수 있다. 3. 기존의 시공사례나 재해사례 등을 활용하여 해당 현장에 맞는 안전자료를 작성할 수 있다. 4. 관련 공사자료를 확보하기 위하여 외부 전문가 인력풀을 활용할 수 있다.
	건설현장 안전시설 관리	안전시설 관리 계획	1. 공정관리계획서와 건설공사 표준안전지침을 검토하여 작업장의 위험성에 따른 안전시설 설치 계획을 작성할 수 있다. 2. 현장점검 시 발견된 위험성을 바탕으로 안전시설을 관리할 수 있다. 3. 기설치된 안전시설에 대해 측정 장비를 이용하여 정기적인 안전점검을 실시할 수 있도록 관리계획을 수립할 수 있다. 4. 안전시설 설치방법과 종류의 장단점을 분석할 수 있다. 5. 공정진행에 따라 안전시설의 설치, 해체, 변경 계획을 작성할 수 있다.
		안전시설 설치	1. 관련 법령, 기준, 지침에 따라 안전인증에 합격한 제품을 확인할 수 있다. 2. 관련 법령, 기준, 지침에 따라 안전시설물 설치기준을 준수하여 설치할 수 있다. 3. 관련 법령, 기준, 지침에 따라 안전보건표지 설치기준을 준수하여 설치할 수 있다. 4. 설치계획에 따른 건설현장의 배치계획을 재검토하고, 개선사항을 도출하여 기록할 수 있다. 5. 안전보호구를 유용하게 사용할 수 있는 필요장치를 설치할 수 있다.
		안전시설 관리	1. 기설치된 안전시설에 대해 관련 법령, 기준, 지침에 따라 확인하고, 수시로 개선할 수 있다. 2. 측정 장비를 이용하여 안전시설이 제대로 유지되고 있는지 확인하고, 필요한 경우 교체할 수 있다. 3. 공정의 변경 시 발생할 수 있는 위험을 사전에 분석하고, 안전시설을 변경·설치할 수 있다. 4. 설치계획에 의거하여 안전시설을 설치하고, 불안전 상태가 발생되는 경우 즉시 조치할 수 있다.
		안전시설 적용	1. 선진기법이나 우수사례를 고려하여 안전시설을 건설현장에 맞게 도입할 수 있다. 2. 근로자의 제안제도 등을 활용하여 안전시설을 건설현장에 적합하도록 자체개발 또는 적용할 수 있다. 3. 자체 개발된 안전시설이 관련 법령에 적합한지 판단할 수 있다. 4. 개발된 안전시설을 안전관계자 또는 외부전문가의 검증을 거쳐 건설현장에 사용할 수 있다.

과목명	주요항목	세부항목	세세항목
	건설공사 위험성평가	건설공사 위험성평가 사전준비	1. 관련 법령, 기준, 지침에 따라 위험성평가를 효과적으로 실시하기 위하여 최초, 정기 또는 수시 위험성평가 실시규정을 작성할 수 있다. 2. 건설공사 작업과 관련하여 부상 또는 질병의 발생이 합리적으로 예견 가능한 유해 · 위험요인을 위험성평가 대상으로 선정할 수 있다. 3. 건설공사 위험성평가와 관련하여 이의신청, 청렴의무를 파악할 수 있다. 4. 건설공사 위험성평가와 관련하여 위험성평가 인정기준 등 관련지침을 파악할 수 있다. 5. 건설현장 안전보건정보를 사전에 조사하여 위험성평가에 활용할 수 있다.
		건설공사 유해 · 위험 요인파악	1. 건설현장 순회점검 방법에 의한 유해 · 위험요인 선정을 위험성평가에 활용할 수 있다. 2. 청취조사 방법에 의한 유해 · 위험요인 선정을 위험성평가에 활용할 수 있다. 3. 자료 방법에 의한 유해 · 위험요인 선정을 위험성평가에 활용할 수 있다. 4. 체크리스트 방법에 의한 유해 · 위험요인 선정을 위험성평가에 활용할 수 있다. 5. 건설현장의 특성에 적합한 방법으로 유해 · 위험요인을 선정할 수 있다.
		건설공사 위험성 결정	1. 건설현장 특성에 따라 부상 또는 질병으로 이어질 수 있는 가능성 및 중대성의 크기를 추정할 수 있다. 2. 곱셈에 의한 방법으로 추정할 수 있다. 3. 조합(Matrix)에 의한 방법으로 추정할 수 있다. 4. 덧셈식에 의한 방법으로 추정할 수 있다. 5. 건설공사 위험성 추정 시 관련지침에 따른 주의사항을 적용할 수 있다. 6. 건설공사 위험성 추정결과와 사업장 설정 허용 가능 위험성 기준을 비교하여 위험요인별 허용 여부를 판단할 수 있다. 7. 건설현장 특성에 위험성 판단 기준을 달리 결정할 수 있다.
		건설공사 위험성평가 보고서 작성	1. 관련 법령, 기준, 지침에 따라 위험성평가를 실시한 내용과 결과를 기록할 수 있다. 2. 위험성평가와 관련된 위험성평가 기록물을 관련 법령, 기준, 지침에서 정한 기간 동안 보존할 수 있다. 3. 유해 · 위험요인을 목록화할 수 있다. 4. 위험성평가와 관련해서 위험성평가 인정신청, 심사, 사후관리 등 필요한 위험성평가 인정제도에 참여할 수 있다.
		건설공사 위험성 감소대책 수립	1. 관련 법령, 기준, 지침에 따라 위험수준과 근로자 수를 감안하여 감소대책을 수립할 수 있다. 2. 건설공사 위험성 감소대책에 필요한 본질적 안전확보 대책을 수립할 수 있다. 3. 건설공사 위험성 감소대책에 필요한 공학적 대책을 수립할 수 있다. 4. 건설공사 위험성 감소대책에 필요한 관리적 대책을 수립할 수 있다. 5. 건설공사 위험성 감소대책과 관련하여 최종적으로 작업에 적합한 개인 보호구를 제시할 수 있다.
		건설공사 위험성 감소대책 타당성 검토	1. 건설공사 위험성의 크기가 허용 가능한 위험성의 범위인지 확인할 수 있다. 2. 허용 가능한 위험성 수준으로 지속적으로 감소시키는 대책을 수립할 수 있다. 3. 위험성 감소대책 실행에 장시간이 필요한 경우 등 건설현장 실정에 맞게 잠정적인 조치를 취하게 할 수 있다. 4. 근로자에게 위험성평가 결과 남아 있는 유해 · 위험 정보의 게시, 주지 등 적절하게 정보를 제공할 수 있다.

산업안전기사
실기

차례

>>> **PART** 1 <<< 필답형 **실전문제**

◆ 필답형 실전문제 *1* 16
　제1회 • 16
　제2회 • 21
　제3회 • 25

◆ 필답형 실전문제 *2* 29
　제1회 • 29
　제2회 • 33
　제3회 • 38

◆ 필답형 실전문제 *3* 43
　제1회 • 43
　제2회 • 48
　제3회 • 53

◆ 필답형 실전문제 *4* 57
　제1회 • 57
　제2회 • 61
　제3회 • 65

◆ 필답형 실전문제 *5* 69
　제1회 • 69
　제2회 • 73
　제3회 • 78

◆ 필답형 실전문제 *6* 82
　제1회 • 82
　제2회 • 87
　제3회 • 92

◆ 필답형 실전문제 *7* 97
　제1회 • 97
　제2회 • 101
　제3회 • 105

◆ 필답형 실전문제 *8* 110
　제1회 • 110
　제2회 • 115
　제3회 • 120

◆ 필답형 실전문제 *9* 124
　제1회 • 124
　제2회 • 129
　제3회 • 134

◆ 필답형 실전문제 *10* 138
　제1회 • 138
　제2회 • 142
　제3회 • 147

◆ 필답형 실전문제 *11* 152
　제1회 • 152
　제2회 • 156
　제3회 • 160

◆ 필답형 실전문제 *12* 165
　제1회 • 165
　제2회 • 169
　제3회 • 173

◆ 필답형 실전문제 *13* ·············· 177

  제1회 · 177
  제2회 · 181
  제3회 · 185

◆ 필답형 실전문제 *14* ·············· 189

  제1회 · 189
  제2회 · 194
  제3회 · 199

◆ 필답형 실전문제 *15* ·············· 204

  제1회 · 204
  제2회 · 208
  제3회 · 212

◆ 필답형 실전문제 *16* ·············· 217

  제1회 · 217
  제2회 · 221
  제3회 · 226

◆ 필답형 실전문제 *17* ·············· 230

  제1회 · 230
  제2회 · 234
  제3회 · 239

◆ 필답형 실전문제 *18* ·············· 244

  제1회 · 244
  제2회 · 248
  제3회 · 252

◆ 필답형 실전문제 *19* ·············· 257

  제1회 · 257
  제2회 · 261
  제3회 · 266

◆ 필답형 실전문제 *20* ·············· 270

  제1회 · 270
  제2회 · 273
  제3회 · 278

>>> PART 2 <<< 작업형 실전문제

◆ 작업형 실전문제 *1* ·············· 284

  제1회 ·············· 284

    1부 · 284   2부 · 287
    3부 · 291

  제2회 ·············· 294

    1부 · 294   2부 · 297
    3부 · 300

  제3회 ·············· 303

    1부 · 303   2부 · 306
    3부 · 310

◆ 작업형 실전문제 *2* ·············· 313

  제1회 ·············· 313

    1부 · 313   2부 · 316
    3부 · 319

  제2회 ·············· 322

    1부 · 322   2부 · 326
    3부 · 329

  제3회 ·············· 332

    1부 · 332   2부 · 335
    3부 · 338

◆ 작업형 실전문제 **3** ┈┈┈┈┈┈┈┈┈┈ 341

    제1회 ┈┈┈┈┈┈┈┈┈┈┈┈┈┈┈┈ 341

        1부 · 341   2부 · 344

        3부 · 348

    제2회 ┈┈┈┈┈┈┈┈┈┈┈┈┈┈┈┈ 352

        1부 · 352   2부 · 355

        3부 · 359

    제3회 ┈┈┈┈┈┈┈┈┈┈┈┈┈┈┈┈ 362

        1부 · 362   2부 · 365

        3부 · 369

◆ 작업형 실전문제 **4** ┈┈┈┈┈┈┈┈┈┈ 372

    제1회 ┈┈┈┈┈┈┈┈┈┈┈┈┈┈┈┈ 372

        1부 · 372   2부 · 375

        3부 · 379

    제2회 ┈┈┈┈┈┈┈┈┈┈┈┈┈┈┈┈ 382

        1부 · 382   2부 · 386

        3부 · 389

    제3회 ┈┈┈┈┈┈┈┈┈┈┈┈┈┈┈┈ 393

        1부 · 393   2부 · 396

        3부 · 400

◆ 작업형 실전문제 **5** ┈┈┈┈┈┈┈┈┈┈ 403

    제1회 ┈┈┈┈┈┈┈┈┈┈┈┈┈┈┈┈ 403

        1부 · 403   2부 · 406

        3부 · 410

    제2회 ┈┈┈┈┈┈┈┈┈┈┈┈┈┈┈┈ 413

        1부 · 413   2부 · 416

        3부 · 419

    제3회 ┈┈┈┈┈┈┈┈┈┈┈┈┈┈┈┈ 422

        1부 · 422   2부 · 425

        3부 · 429

◆ 작업형 실전문제 **6** ┈┈┈┈┈┈┈┈┈┈ 432

    제1회 ┈┈┈┈┈┈┈┈┈┈┈┈┈┈┈┈ 432

        1부 · 432   2부 · 435

        3부 · 438

    제2회 ┈┈┈┈┈┈┈┈┈┈┈┈┈┈┈┈ 442

        1부 · 442   2부 · 445

        3부 · 449

    제3회 ┈┈┈┈┈┈┈┈┈┈┈┈┈┈┈┈ 452

        1부 · 452   2부 · 455

        3부 · 459

◆ 작업형 실전문제 **7** ┈┈┈┈┈┈┈┈┈┈ 462

    제1회 ┈┈┈┈┈┈┈┈┈┈┈┈┈┈┈┈ 462

        1부 · 462   2부 · 466

        3부 · 469

    제2회 ┈┈┈┈┈┈┈┈┈┈┈┈┈┈┈┈ 473

        1부 · 473   2부 · 476

        3부 · 480

    제3회 ┈┈┈┈┈┈┈┈┈┈┈┈┈┈┈┈ 483

        1부 · 483   2부 · 486

        3부 · 490

◆ 작업형 실전문제 **8** ┈┈┈┈┈┈┈┈┈┈ 494

    제1회 ┈┈┈┈┈┈┈┈┈┈┈┈┈┈┈┈ 494

        1부 · 494   2부 · 497

        3부 · 501

    제2회 ┈┈┈┈┈┈┈┈┈┈┈┈┈┈┈┈ 505

        1부 · 505   2부 · 508

        3부 · 512

    제3회 ┈┈┈┈┈┈┈┈┈┈┈┈┈┈┈┈ 516

        1부 · 516   2부 · 519

        3부 · 523

PART 1
필 답 형
실전문제

기출문제를
재구성한 **필답형 실전문제 1**

>>> **제1회** <<<

01 다음은 산업안전보건법상 용어에 대한 정의이다. (   ) 안에 알맞은 내용을 쓰시오.

> "산업재해"란 (   )가 업무에 관계되는 건설물·설비·원재료·가스·증기·분진 등에 의하거나 작업 또는 그 밖의 업무로 인해 사망 또는 부상하거나 질병에 걸리는 것을 말한다.

해답 노무를 제공하는 자

참고 산업안전보건법상 용어에 대한 정의(그 외)

① 근로자 : 직업의 종류와 관계없이 임금을 목적으로 사업이나 사업장에 근로를 제공하는 자

② 사업주 : 근로자를 이용하여 사업을 하는 자

③ 근로자 대표 : 근로자의 과반수로 조직된 노동조합이 있는 경우에는 그 노동조합을, 근로자의 과반수로 조직된 노동조합이 없는 경우에는 근로자의 과반수를 대표하는 자

④ 안전·보건진단 : 산업재해를 예방하기 위해 잠재적 위험성을 발견하고, 그에 대한 개선대책을 수립할 목적으로 조사·평가하는 것

02 하인리히의 사고빈도 법칙에 대하여 설명하시오.

해답 하인리히의 사고빈도 법칙은 330건의 사고 가운데 중상 또는 사망 1건, 경상 29건, 무상해 사고 300건의 비율로 사고가 발생한다는 법칙이다.

해설

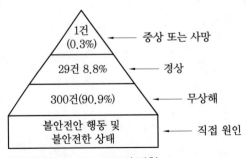

하인리히의 1 : 29 : 300의 법칙

03 산업안전보건법상 자율안전확인 대상 기계 · 기구의 종류를 5가지 쓰시오.

해답 ① 산업용 로봇, 컨베이어
② 자동차정비용 리프트
③ 혼합기, 파쇄기, 분쇄기
④ 고정형 목재 가공용 기계
⑤ 가스집합 용접장치용 안전기
⑥ 교류아크용접기용 자동전격방지기
⑦ 연삭기, 연마기(휴대형 제외)
⑧ 공작기계(선반, 드릴, 평삭기, 형삭기, 밀링머신만 해당)
⑨ 식품 가공용 기계(파쇄기, 절단기, 혼합기, 제면기만 해당)

04 교육심리학의 기본 이론 중 학습지도의 원리를 5가지 쓰시오.

해답 ① 자발성의 원리
② 개별화의 원리
③ 목적의 원리
④ 사회화의 원리
⑤ 통합의 원리
⑥ 직관의 원리
⑦ 생활화의 원리
⑧ 자연화의 원리

05 일반적으로 인체에 가해지는 온도와 습도 및 기류 등의 외적 변수를 종합적으로 평가하는 데 불쾌지수라는 지표가 이용된다. 불쾌지수의 계산식이 다음과 같을 때 건구온도와 습구온도의 단위를 쓰시오.

$$불쾌지수 = 0.72 \times (건구온도 + 습구온도) + 40.6$$

해답 ℃(섭씨온도)
해설 온도 단위별 불쾌지수의 계산
① 섭씨온도를 사용할 경우
불쾌지수 $= 0.72 \times (건구온도 + 습구온도) + 40.6$
② 화씨온도를 사용할 경우
불쾌지수 $= 0.4 \times (건구온도 + 습구온도) + 15$

06 각 부품의 신뢰도가 다음과 같을 때 시스템의 전체 신뢰도를 구하시오.

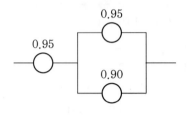

(풀이) 신뢰도 $R_s = a \times [1-(1-b) \times (1-c)] = 0.95 \times [1-(1-0.95) \times (1-0.9)]$
$= 0.95 \times (1-0.005) \doteqdot 0.95$

(해답) 0.95

07 고속 회전체에서 비파괴검사를 실시해야 하는 경우 그 기준을 쓰시오.

(해답) 회전축의 중량이 1t을 초과하고 원주속도가 120m/s 이상인 것

(해설) 비파괴검사의 실시 : 고속 회전체(회전축의 중량이 1t을 초과하고 원주속도가 120m/s 이상인 것으로 한정함)의 회전시험을 하는 경우, 미리 회전축의 재질 및 형상 등에 상응하는 종류의 비파괴검사를 실시하여 결함 유무를 확인한다.

08 안전틈새(화염일주한계)의 정의를 쓰고, 내압 방폭구조의 폭발등급을 구분하여 쓰시오.

(해답) (1) 안전틈새의 정의 : 용기 내에서 가스가 점화될 때, 틈새를 통해 불꽃(화염)이 외부로 전파되는 것을 방지하기 위해 설정된 한계틈새를 말한다.
(2) 내압 방폭구조의 폭발등급
　① A등급 : 틈새가 0.9mm 이상
　② B등급 : 틈새가 0.5mm 초과 0.9mm 미만
　③ C등급 : 틈새가 0.5mm 이하

(해설) 내압 방폭구조의 폭발등급 분류

최대 안전틈새 범위	0.9mm 이상	0.5mm 초과 0.9mm 미만	0.5mm 이하
가연성 가스의 폭발등급	A	B	C
방폭 전기기기의 폭발등급	ⅡA	ⅡB	ⅡC

㈜ 최대 안전틈새(MESG)는 내용적이 8L이고 틈새깊이가 25mm인 표준용기 내에서 가스가 폭발할 때 발생한 화염이 외부로 전파되더라도 가연성 가스에 점화되지 않는 틈새의 최댓값을 말한다.

09 달비계의 안전계수의 기준을 나타낸 것이다. (   ) 안에 알맞은 수를 쓰시오.

> • 달기 와이어로프 및 달기 강선의 안전계수 : (①) 이상
> • 달기 체인 및 달기 훅의 안전계수 : (②) 이상

해답 ① 10

② 5

해설 달비계 설치 시 강재 및 목재 하부, 상부 지점의 안전계수 기준

① 달기 강대와 달비계의 하부 및 상부 지점의 안전계수(강재의 경우) : 2.5 이상

② 달기 강대와 달비계의 하부 및 상부 지점의 안전계수(목재의 경우) : 5 이상

10 인체의 저항을 5000 Ω으로 가정할 때 심실세동을 일으키는 전류에서의 전기에너지를 구하시오. (단, 심실세동전류 I는 $\dfrac{165}{\sqrt{T}}$ mA이고 통전시간 T는 1초, 전원은 정현파 교류이다.)

풀이 $Q=I^2RT=\left(\dfrac{165}{\sqrt{T}}\times 10^{-3}\right)^2\times 5000\times T=\left(\dfrac{165}{\sqrt{1}}\times 10^{-3}\right)^2\times 5000\times 1=136.125\text{J}$

해답 136.125 J

해설 전기에너지 $Q=I^2RT$

여기서, I : 심실제동전류(A), R : 인체 저항(Ω), T : 통전시간(s)

11 압력용기에서 과압으로 인한 폭발 방지를 위한 것으로, 파열판 및 안전밸브의 설치에 관한 사항이다. (   ) 안에 알맞은 내용을 쓰시오.

> • 안지름이 (①)를 초과하는 압력용기에 대해서는 규정에 맞는 안전밸브를 설치해야 한다.
> • 급성 독성물질이 지속적으로 외부에 유출될 수 있는 화학설비 및 그 부속설비에는 파열판과 안전밸브를 (②)로 설치하고, 그 사이에는 (③) 또는 (④)를 설치해야 한다.

해답 ① 150 mm

② 직렬

③ 압력지시계

④ 자동경보장치

12 사업주가 기둥, 보, 벽체, 슬래브 등의 거푸집 동바리 등을 조립하거나 해체하는 작업을 할 경우 조립작업 시 준수해야 할 사항을 4가지 쓰시오.

해답 ① 해당 작업을 하는 구역에는 관계 근로자가 아닌 사람의 출입을 금지한다.
② 비, 눈, 기타 기상상태의 불안정으로 날씨가 매우 나쁜 경우에는 작업을 중지한다.
③ 재료, 기구 또는 공구 등을 올리거나 내리는 경우에는 근로자로 하여금 달줄, 달포대 등을 사용하도록 한다.
④ 낙하, 충격에 의한 돌발 재해를 방지하기 위해 버팀목을 설치하고, 거푸집 동바리 등을 인양장비에 매단 후 작업하도록 하는 등 필요한 조치를 한다.

13 다음은 철골작업을 중지해야 하는 기상조건이다. (   ) 안에 알맞은 수를 쓰시오.

• 풍속이 초당 (①) m 이상인 경우
• 강우량이 시간당 (②) mm 이상인 경우
• 강설량이 시간당 (③) cm 이상인 경우

해답 ① 10   ② 1   ③ 1

14 건축물을 건설하는 공사현장에서 지상 높이가 31 m 이상인 건설공사의 유해 · 위험방지 계획서를 작성하여 제출할 때, 첨부해야 하는 작업공정별 유해 · 위험방지 계획에 포함되는 작업공정을 5가지 쓰시오.

해답 ① 구조물공사   ② 가설공사
③ 마감공사   ④ 해체공사
⑤ 기계 설비공사

01 산업안전보건위원회와 노사협의체의 정기회의 및 임시회의의 개최기간을 쓰시오.

산업안전보건위원회의 운영		노사협의체의 운영	
정기회의	①	정기회의	②
임시회의	③	임시회의	④

해답 ① 분기마다
② 2개월마다
③ 위원장이 필요하다고 인정할 때
④ 위원장이 필요하다고 인정할 때

02 A 공장의 연평균 근로자 수가 1500명인 사업장에서 연간 재해 건수가 60건 발생하였다. 이 중 사망이 2건, 근로손실일수가 1200일인 경우의 연천인율을 구하시오.

풀이 ① 도수율 $= \dfrac{\text{연간 재해 건수}}{\text{연간 총근로시간 수}} \times 10^6 = \dfrac{60}{1500 \times 8 \times 300} \times 10^6 ≒ 16.67$

② 연천인율 = 도수율 × 2.4 = 16.67 × 2.4 ≒ 40

해답 40

03 프레스 및 절단기에서 사용하는 양수조작식 방호장치의 설치 및 사용방법을 3가지 쓰시오.

해답 ① 누름버튼(레버 포함)은 매립형 구조로 설치해야 하며, 상호 간 내측거리는 300 mm 이상이어야 한다.
② 1행정 1정지기구에 사용할 수 있어야 한다.
③ 누름버튼에서 양손을 떼지 않으면 다음 동작을 할 수 없는 구조이어야 한다.
④ 누름버튼을 양손으로 동시에 조작하지 않으면 작동시킬 수 없는 구조이어야 하며, 양쪽 버튼의 작동시간의 차가 최대 0.5초 이내일 때 프레스가 작동해야 한다.
⑤ 정상동작 표시등은 녹색, 위험 표시등은 붉은색으로 하고, 근로자가 쉽게 볼 수 있는 곳에 설치해야 한다.
⑥ 사용 전원전압의 ±20%의 변동에도 정상적으로 작동해야 한다.

04 OFF J.T(Off the Job Training) 교육의 특징을 4가지 쓰시오.

> **해답** ① 다수의 근로자에게 조직적 훈련이 가능하다.
> ② 훈련에만 전념할 수 있다.
> ③ 특별 설비기구 이용이 가능하다.
> ④ 근로자가 많은 지식과 경험을 교류할 수 있다.
> ⑤ 교육훈련 목표에 대해 집단 노력이 흐트러질 수 있다.
>
> **해설** OFF J.T(직장 외 교육훈련) : 계층별, 직능별로 공통된 교육 대상자를 현장 이외의 한 장소에 모아 집합교육을 실시하는 교육형태이다.

05 동기부여 이론 중 매슬로우(Maslow)가 제창한 인간의 욕구 5단계를 설명하시오.

> **해답** ① 1단계(생리적 욕구) : 기아, 갈증, 호흡, 배설, 성욕 등 인간의 기본적인 욕구
> ② 2단계(안전의 욕구) : 안전을 구하려는 자기보존의 욕구
> ③ 3단계(사회적 욕구) : 애정과 소속에 대한 욕구
> ④ 4단계(존경의 욕구) : 인정받으려는 명예, 성취, 승인의 욕구
> ⑤ 5단계(자아실현의 욕구) : 잠재적 능력을 실현하고자 하는 욕구(성취욕구)

06 조종장치를 15mm 움직였을 때, 표시장치의 지침이 25mm 움직였다면 이 기기의 C/R비를 구하시오.

> **풀이** $C/R비 = \dfrac{조종장치의 \ 이동거리}{표시장치의 \ 이동거리} = \dfrac{15}{25} = 0.6$
>
> **해답** 0.6
>
> **해설** C/R비(Control−Response Ratio)
> ① 조종−반응비는 조종장치와 표시장치의 이동거리 비율을 의미한다.
> ② C/R비가 클수록 이동시간이 길고 조종은 쉬우므로 민감하지 않은 조종장치이다.
> ③ 최적의 C/R비는 조종시간과 이동시간의 교점에서 결정된다.

07 화학설비에 대한 안전성 평가 중 3단계 정량적 평가항목을 5가지 쓰시오.

> **해답** ① 화학설비의 취급 물질　② 용량　③ 온도
> ④ 압력　⑤ 조작

08 안전계수가 4이고 2000MPa의 인장강도를 갖는 강선의 최대 허용응력을 구하시오.

풀이 허용응력 $= \dfrac{\text{인장강도}}{\text{안전계수}} = \dfrac{2000}{4} = 500\,\text{MPa}$

해답 500MPa

09 사업주는 설비를 사용할 때, 정전기로 인해 화재 또는 폭발위험이 발생할 우려가 있는 경우에는 해당 설비에 대하여 확실한 방법으로 접지하거나, 도전성 재료를 사용하거나, 가습 또는 점화원이 될 우려가 없는 제전장치를 사용하는 등 필요한 조치를 취한다. 해당 설비의 예를 3가지 쓰시오.

해답 ① 탱크로리, 탱크차 및 드럼 등에 위험물을 주입하는 설비
② 탱크로리, 탱크차 및 드럼 등 위험물 저장설비
③ 인화성 액체를 함유하는 도료 및 접착제 등을 제조·저장·취급 또는 도포하는 설비

해설 정전기 방지 조치가 필요한 설비(그 외)
① 위험물 건조설비 또는 그 부속설비
② 인화성 고체를 저장하거나 취급하는 설비
③ 드라이클리닝설비, 염색가공설비 또는 모피류 등을 씻는 설비 등 인화성 유기용제를 사용하는 설비
④ 유압, 압축공기 또는 고전위 정전기 등을 이용하여 인화성 액체나 인화성 고체를 분무하거나 이송하는 설비
⑤ 고압가스를 이송하거나 저장·취급하는 설비
⑥ 화약류 제조설비
⑦ 발파공에 장전된 화약류를 점화시키는 경우에 사용하는 발파기

10 다음 각 물질의 연소 형태를 쓰시오.
(1) 기체연소 :
(2) 액체연소 :
(3) 고체연소 :

해답 (1) 확산연소, 혼합연소, 불꽃연소(공기 중에서 가연성 가스가 연소하는 형태)
(2) 증발연소, 불꽃연소, 액적연소(액체 자체가 연소되는 것이 아니라 액체 표면에서 발생하는 증기가 연소하는 형태)
(3) 표면연소, 분해연소, 증발연소, 자기연소(물질 그 자체가 연소하는 형태)

11 폭발에 관한 용어 중 BLEVE(블래비)의 의미를 설명하시오.

해답 BLEVE(비등액 팽창증기폭발)는 외부 화재로 인해 가연성 액화가스 저장탱크 내부의 액체가 비등점을 초과하여 증기로 팽창하면서 폭발하는 현상이다.

참고 BLEVE 방지대책
① 열의 침투 억제
② 탱크의 과열 방지
③ 탱크 근처에 화염 발생 금지

12 산업안전보건법에 따라 굴착면의 높이가 2m 이상인 지반에서 굴착작업을 할 경우, 작업장의 지형, 지반 및 지층상태 등에 대해 사전에 조사해야 할 사항을 4가지 쓰시오.

해답 ① 형상, 지질 및 지층의 상태
② 균열, 함수, 용수 및 동결의 유무 또는 상태
③ 매설물 등의 유무 또는 상태
④ 지반의 지하수위 상태

13 안전인증 대상 안전모의 성능시험의 종류를 5가지 쓰시오.

해답 ① 내관통성 시험
② 내전압성 시험
③ 난연성 시험
④ 충격흡수성 시험
⑤ 내수성 시험
⑥ 턱끈풀림 시험

14 산업안전보건기준에 관한 규칙에서 구내운반차를 이용하여 작업을 할 경우, 작업시작 전 점검해야 할 사항을 3가지 쓰시오.

해답 ① 제동장치 및 조종장치 기능의 이상 유무
② 하역장치 및 유압장치 기능의 이상 유무
③ 바퀴의 이상 유무
④ 전조등, 후미등, 방향지시기 및 경음기 기능의 이상 유무
⑤ 충전장치를 포함한 홀더 등의 결합상태의 이상 유무

>>> 제3회 <<<

01 산업안전보건법상 작업환경 불량, 화재, 폭발 또는 누출사고 등으로 사회적 물의를 일으킨 사업장 등 산업재해 발생위험이 현저히 높은 사업장의 경우, 고용노동부장관은 안전진단을 실시하도록 명령할 수 있다. 안전·보건진단의 종류를 3가지 쓰시오.

해답 ① 안전진단
② 보건진단
③ 종합진단(안전진단과 보건진단을 동시에 진행하는 것)

해설 안전·보건진단이란 산업재해를 예방하기 위해 잠재적 위험성을 발견하고, 그에 대한 개선대책을 수립할 목적으로 조사·평가하는 것을 말한다.

02 다음에 해당하는 재해 발생형태를 쓰시오.

- 충전부 등에 신체의 일부가 직접 접촉하거나 유도전류로 인해 근육의 수축, 호흡곤란, 심실세동 등이 발생한 경우
- 특별고압 등에 접근함에 따라 발생한 섬락 접촉, 합선·혼촉 등으로 발생한 아크에 접촉된 경우

해답 감전

해설 산업재해의 발생형태 : 추락(떨어짐), 넘어짐(전도), 무너짐(붕괴), 낙하(맞음)·비래(맞음), 협착(끼임) 등

03 감각 차단현상에 대하여 설명하시오.

해답 감각 차단현상은 단조로운 업무가 장시간 지속될 때 작업자의 감각기능 및 판단능력이 둔화 또는 마비되는 현상을 말한다.

04 음량 수준이 50 phon일 때 sone 값을 구하시오.

풀이 sone 값 $= 2^{(\text{phon 값}-40)/10} = 2^{(50-40)/10} = 2$

해답 2 sone

참고 phon 음량 수준은 정량적 평가를 위한 음량 수준의 척도이며, sone 음량 수준은 다른 음의 상대적인 주관적 크기를 비교하는 음량 수준의 척도이다.

05 다음은 FT(Fault Tree)의 단계별 내용을 나타낸 것이다. 순서대로 번호를 나열하시오.

① 정상사상의 원인이 되는 기초사상을 분석한다.
② 정상사상과의 관계는 논리 게이트를 이용하여 도해한다.
③ 분석 대상 시스템을 정의한다.
④ 이전 단계에서 결정된 사상이 더 전개 가능한지 검사한다.
⑤ 정성적, 정량적으로 평가한다.
⑥ FT를 간소화한다.

해답 ③, ①, ②, ④, ⑥, ⑤

06 기계설비의 방호장치 중 위험장소에 대한 방호장치를 4가지 쓰시오.

해답 ① 격리형 방호장치
② 위치 제한형 방호장치
③ 접근 거부형 방호장치
④ 접근 반응형 방호장치

07 고압가스 용기의 색상을 쓰시오.

가스명	색상	가스명	색상
산소	①	암모니아	⑤
수소	②	아세틸렌	⑥
탄산가스	③	프로판	⑦
염소	④	아르곤	⑧

해답 ① 녹색   ② 주황색   ③ 파란색
④ 갈색   ⑤ 흰색   ⑥ 노란색
⑦ 밝은 회색   ⑧ 회색

08 산업안전보건법상 사업주는 과전류로 인한 재해를 방지하기 위해 과전류 차단장치를 설치해야 한다. 그 기준을 2가지 쓰시오.

해답 ① 과전류 차단장치는 반드시 접지선이 아닌 전로에 직렬로 연결하여, 과전류 발생 시 전로를 자동으로 차단하도록 설치해야 한다.

② 차단기와 퓨즈는 계통에서 발생하는 최대 과전류를 충분히 차단할 수 있는 성능을 가져야 한다.

③ 과전류 차단장치는 전기계통 내에서 상호 협조 및 보완되어 과전류를 효과적으로 차단할 수 있도록 해야 한다.

---

09 KEC 규정에 따른 접지도체의 최소 단면적은 다음과 같다. ( ) 안에 알맞은 수를 쓰시오.

> • 대지와의 전기저항값이 3Ω 이하의 값을 유지하고 있으면 된다. 저압 수용장소에서 계통접지가 TN−C−S 방식인 경우, 중성선 겸용 보호도체(PEN)는 그 도체의 단면적이 구리는 (①)mm² 이상, 알루미늄은 (②)mm² 이상이어야 한다.
> • 주 접지단자에 접속하기 위한 등전위 본딩 도체의 단면적은 구리 도체 (③) mm² 이상, 알루미늄 도체 (④)mm² 이상, 강철 도체 (⑤)mm² 이상이어야 한다.

해답 ① 10 ② 16 ③ 6 ④ 16 ⑤ 50

---

10 가연성 가스 A의 연소범위를 2.2~9.5vol%라 할 때 가스 A의 위험도를 계산하시오.

풀이 $H = \dfrac{U-L}{L} = \dfrac{9.5-2.2}{2.2} ≒ 3.32$

해답 3.32

해설 위험도 $H = \dfrac{U-L}{L}$

여기서, U : 폭발상한계값(%), L : 폭발하한계값(%)

---

11 다음은 안전난간에 대한 설명이다. ( ) 안에 알맞은 수를 쓰시오.

(1) 상부 난간대는 90cm 이상 120cm 이하 지점에 설치하며, 120cm 이상 지점에 설치할 경우 중간 난간대를 최소 (①)cm마다 균등하게 설치해야 한다.

(2) 발끝막이판은 바닥면으로부터 (②)cm 이상의 높이를 유지해야 한다.

(3) 난간대의 지름은 (③)cm 이상의 금속 파이프나 그 이상의 강도를 가지는 재료이어야 한다.

(4) 임의의 방향으로 움직이는 (④)kg 이상의 하중에 견딜 수 있어야 한다.

해답 ① 60 ② 10 ③ 2.7 ④ 100

12 흙 속의 전단응력을 증대시키는 원인을 5가지 쓰시오.

해답 ① 자연 또는 인공에 의한 지하 공동의 형성
② 함수비의 증가에 따른 흙의 단위중량의 증가
③ 지진, 폭파에 의한 진동 발생
④ 균열 내에 작용하는 수압 증가
⑤ 사면의 구배가 자연구배보다 급경사일 때
⑥ 인장응력에 의한 균열 발생

13 강렬한 소음이 발생되는 장소에서 작업자가 착용해야 할 개인 보호구의 명칭과 기호를 쓰시오.

(1) 명칭 :
(2) 기호 :

해답 (1) 귀덮개   (2) EM
참고 귀마개(EP)
① 1종 : EP-1
② 2종 : EP-2

14 산업안전보건기준에 관한 규칙에서 채석을 위한 굴착작업 시 관리감독자의 유해 · 위험방지를 위한 직무수행 내용을 2가지 쓰시오.

해답 ① 대피방법을 사전에 교육하는 일
② 작업시작 전이나 폭우가 내린 후에도 암석 · 토사의 낙하, 균열 여부, 함수상태, 용수 발생 및 동결상태를 점검하는 일
③ 발파 후 발파장소 및 주변의 암석 · 토사의 낙하와 균열 여부를 점검하는 일

01 산업재해에서 사망 등 재해의 정도가 심하거나 다수의 재해자가 발생한 경우로, 고용노동부령으로 정하는 재해(중대 재해) 3가지를 쓰시오.

해답 ① 사망자가 1명 이상 발생한 재해
② 3개월 이상 요양이 필요한 부상자가 동시에 2명 이상 발생한 재해
③ 부상자 또는 직업성 질병자가 동시에 10명 이상 발생한 재해

02 하인리히 재해 구성비율 중 무상해 사고가 600건이라면 사망 또는 중상 발생 건수를 구하시오.

해답 2건

해설 하인리히의 법칙

하인리히의 법칙	$1 : 29 : 300$
$X \times 2$	$2 : 58 : 600$

무상해 사고 600건에 대해 사망 또는 중상 사고는 $1 : 300$의 비율로 발생하므로 사망 또는 중상 사고의 발생 건수는 $\dfrac{600}{300} = 2$건이다.

03 자율안전확인 대상 기계 · 기구 등을 제조 · 수입 · 양도 · 대여 · 사용하거나 양도 · 대여의 목적으로 진열할 수 없는 경우 3가지를 쓰시오.

해답 ① 자율안전확인 신고를 하지 않은 경우
② 거짓이나 그 밖의 부정한 방법으로 신고를 한 경우
③ 자율안전확인 대상 기계 등의 안전에 관한 성능이 자율안전기준에 맞지 않은 경우
④ 자율안전확인 표시의 사용금지 명령을 받은 경우

04 성인학습은 성인이 주체가 되어 학습을 이끌어나가는 학습 형태이다. 성인학습의 원리를 4가지 쓰시오.

> **해답** ① 자발적 학습의 원리   ② 자기주도적 학습의 원리
> ③ 상호학습의 원리   ④ 참여교육의 원리

05 건구온도 38℃, 습구온도 32℃일 때의 Oxford 지수를 계산하시오.

> **풀이** $W_D = 0.85W(습구온도) + 0.15D(건구온도)$
> $= (0.85 \times 32) + (0.15 \times 38) = 32.9℃$
>
> **해답** 32.9℃
>
> **해설** ① 옥스퍼드(Oxford) 지수 : 습건지수라고도 하며 습구온도와 건구온도의 단순
> 가중치이다.
> ② 옥스퍼드지수 $W_D = 0.85W(습구온도) + 0.15D(건구온도)$

06 다음 시스템의 신뢰도를 계산하시오. (단, 각 요소의 신뢰도는 a, b가 각각 0.8이고 c, d가 각각 0.6이다.)

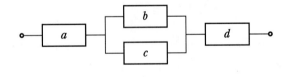

> **풀이** $R_s = a \times [1 - (1-b) \times (1-c)] \times d$
> $= 0.8 \times [1 - (1-0.8) \times (1-0.6)] \times 0.6 ≒ 0.44$
>
> **해답** 0.44

07 다음은 산업안전보건기준에 관한 규칙 중 비파괴검사의 실시 기준이다. (   ) 안에 알맞은 수를 쓰시오.

> 사업주는 고속 회전체(회전축의 중량이 (①)톤을 초과하고 원주속도가 (②)m/s 이상인 것으로 한정한다)의 회전시험을 하는 경우, 미리 회전축의 재질 및 형상 등에 상응하는 종류의 비파괴검사를 실시하여 결함 유무를 확인해야 한다.

> **해답** ① 1   ② 120

08 와이어로프 등의 달비계에 사용해서는 안 되는 기준을 4가지 쓰시오.

해답 ① 이음매가 있는 것
② 와이어로프의 한 꼬임에서 끊어진 소선의 수가 10% 이상인 것
③ 지름의 감소가 공칭지름의 7%를 초과하는 것
④ 꼬인 것
⑤ 심하게 변형되거나 부식된 것
⑥ 열과 전기충격에 의해 손상된 것

09 누전차단기의 정격감도전류에서의 동작시간이 정격감도전류 30mA 이하에서 0.03초 이내일 때 알맞은 누전차단기를 쓰시오.

해답 인체 감전 보호형
해설 누전차단기의 정격감도전류에서 동작시간

누전차단기 종류	누전차단기의 동작시간
고감도 고속형	• 정격감도전류에서 0.1초 이내
고감도 시연형	• 정격감도전류에서 0.1초 초과 2초 이내
고감도 반한시형	• 정격감도전류에서 0.2초 초과 1초 이내 • 정격감도전류의 1.4배의 전류에서 0.1초 초과 0.5초 이내 • 정격감도전류의 4.4배의 전류에서 0.05초 이내
중감도 고속형	• 정격감도전류에서 0.1초 이내
중감도 시연형	• 정격감도전류에서 0.1초 초과 2초 이내
인체 감전 보호형	• 정격감도전류 30mA 이하에서 0.03초 이내
물을 사용하는 장소	• 정격감도전류 15mA 이하에서 0.03초 이내

10 방폭 전기기기의 성능을 나타내는 표시기호가 EX P IIA T5 IP54와 같을 때, 빈칸을 채우시오.

EX	P	IIA	T5	IP54
①	②	③	④	⑤

해답 ① 방폭구조의 상징　② 방폭구조(압력 방폭구조)
③ 가스 · 증기 및 분진의 그룹　④ 온도등급
⑤ 보호등급

11 물이 관 속을 흐를 때, 유동하는 물속 어느 부분의 정압이 물의 증기압보다 낮아지면 물이 증발하여 부분적으로 증기가 발생하고, 이로 인해 배관의 부식을 초래하는 경우가 있다. 이러한 현상을 무엇이라 하는지 쓰시오.

해답 공동현상(cavitation)

참고 보일러 증기 발생 시 이상현상 : 캐리오버, 프라이밍, 포밍, 수격현상 등

12 사업주가 철근 조립 등의 작업을 할 경우 작업 시 준수해야 할 사항을 2가지 쓰시오.

해답 ① 양중기로 철근을 운반할 때는 두 군데 이상을 묶어서 수평으로 운반해야 한다.
② 작업 위치의 높이가 2m 이상일 때는 작업 발판을 설치하거나 안전대를 착용하게 하는 등 위험방지를 위해 필요한 조치를 해야 한다.

13 철골 구조물에서 강풍에 의한 풍압 등 외압에 대한 내력이 설계에 고려되었는지 확인해야 하는 기준을 5가지 쓰시오.

해답 ① 높이 20m 이상인 구조물
② 구조물의 폭과 높이의 비가 1 : 4 이상인 구조물
③ 기둥이 타이 플레이트형인 구조물
④ 건물 등에서 단면 구조에 현저한 차이가 있는 구조물
⑤ 이음부가 현장용접인 경우의 구조물
⑥ 연면적당 철골량이 $50\,\mathrm{kg/m^2}$ 이하인 구조물

14 산업안전보건법령에 따라 유해·위험방지 계획서를 제출해야 하는 제조업의 종류를 5가지 쓰시오. (단, 해당하는 사업 중 유해·위험방지 계획서를 제출해야 하는 사업장의 전기 계약용량은 300kW 이상이어야 한다.)

해답 ① 비금속 광물제품 제조업
② 금속가공제품(기계 및 가구는 제외) 제조업
③ 기타 기계 및 장비 제조업   ④ 자동차 및 트레일러 제조업
⑤ 목재 및 나무제품 제조업   ⑥ 고무제품 및 플라스틱제품 제조업
⑦ 화학물질 및 화학제품 제조업   ⑧ 1차 금속 제조업
⑨ 전자부품 제조업   ⑩ 반도체 제조업
⑪ 식료품 제조업   ⑫ 가구 제조업

>>> **제2회** <<<

01 산업안전보건법상 산업안전보건위원회의 회의록 작성에 관한 사항을 3가지 쓰시오.

해답 ① 개최일시 및 장소
② 출석위원
③ 심의내용 및 의결 · 결정사항
④ 기타 토의사항

참고 산업안전보건위원회 회의록은 2년간 보존해야 한다.

02 A 사업장의 도수율이 4이고, 연간 총근로시간이 12,000,000시간이면 이 사업장에서는 연간 몇 건의 재해가 발생하였는지 구하시오.

풀이 연간 재해 건수 $=\dfrac{연간\ 총근로시간\ 수 \times 도수율}{10^6}=\dfrac{12000000 \times 4}{10^6}=48$건

해답 48건

해설 ① 도수율(빈도율) $=\dfrac{연간\ 재해\ 건수}{연간\ 총근로시간\ 수} \times 10^6$

② 연천인율 $=\dfrac{연간\ 재해자\ 수}{연평균\ 근로자\ 수} \times 1000 =$ 도수율(빈도율) $\times 2.4$

03 강의계획에 있어 학습목적의 3요소를 쓰고, 간단히 설명하시오.

해답 ① 목표 : 학습의 궁극적인 목적이자 지표로, 학습이 추구하는 방향을 제시한다.
② 주제 : 학습 목표를 달성하기 위한 학습의 주제 또는 내용이다.
③ 학습정도 : 학습해야 할 주제를 어느 정도로 다룰 것인지, 즉 학습할 범위와
내용의 깊이를 나타낸다.

04 데이비스(Davis)의 동기부여 이론 식을 쓰시오.

해답 ① 지식×기능=능력
② 상황×태도=동기유발
③ 능력×동기유발=인간의 성과
④ 인간의 성과×물질의 성과=경영의 성과

05 인간이 기계보다 우수한 기능 중 감지기능에 대한 장점을 2가지 쓰시오. (단, 인공지능은 제외한다.)

해답 ① 다양한 자극의 형태를 식별한다.
② 예기치 못한 사건들을 감지한다.

해설 인간과 기계 기능의 장점 비교

구분	인간의 장점	기계의 장점
감지 기능	• 다양한 자극의 형태 식별 • 예기치 못한 사건 감지	• 인간이 감지하는 범위 밖의 자극 감지 • 인간과 기계의 동시 모니터링
정보 처리 저장	• 다량의 정보를 장시간 보관 • 귀납적 추리 • 다양한 문제 해결 • 원칙 적용 • 관찰을 일반화함	• 명시된 절차에 따라 신속 정확한 정보처리 • 연역적 추리 • 암호화된 정보를 신속하게 대량 보관 • 정량적 정보처리에 능숙함 • 관찰보다 감지 센서를 통해 작동
행동 기능	• 과부하 상태에서 중요한 일에만 전념할 수 있음	• 과부하 상태에서도 효율적으로 작동 • 장시간 중량작업, 반복작업, 동시에 여러 작업 수행

06 HAZOP기법에 사용되는 가이드 워드(유인어)를 쓰시오.

(1) 설계 의도의 완전한 부정 :
(2) 성질상의 감소, 일부 변경 :
(3) 완전한 대체 :
(4) 정량적인 증가 또는 감소 :

해답 (1) No/Not
(2) Part Of
(3) Other Than
(4) More/Less

참고 HAZOP기법에 사용되는 유인어(그 외)
① Reverse : 설계 의도의 논리적인 역(설계 의도와 완전히 정반대로 나타나는 상태)
② As Well As : 성질상의 증가(설계 의도 외에 부가적인 행위와 함께 나타나는 상태)

07 프레스의 양수조작식 방호장치의 설치방법 3가지를 쓰시오.

해답 ① 누름버튼(레버 포함)을 양손으로 동시에 조작하지 않으면 작동시킬 수 없는 구조로 설치한다.

② 누름버튼은 매립형 구조로 설치해야 하며, 상호 간 내측거리는 $300\,\text{mm}$ 이상 격리하여 설치한다.

③ 안전거리 $D_m = 1.6T_m = 1.6 \times (T_c + T_s)$를 확보하여 설치한다.

여기서, D_m : 안전거리(m)

T_c : 방호장치의 작동시간(s)

T_s : 프레스의 최대 정지시간(s)

08 천장 크레인 안전검사주기에 관한 내용이다. (   ) 안에 알맞은 기간을 쓰시오.

> 사업장에 설치가 끝난 날부터 (①) 이내에 최초 안전검사를 실시하되, 그 이후부터 (②)마다 안전검사를 실시한다. (단, 건설현장에서 사용하는 것은 최초 설치한 날로부터 (③)마다 안전검사를 실시한다.)

해답 ① 3년

② 2년

③ 6개월

09 정전기 제거를 위해 사용하는 제전기의 종류를 3가지 쓰시오.

해답 ① 이온 스프레이식 제전기

② 방사선식 제전기

③ 자기방전식 제전기

④ 전압인가식 제전기

해설 ① 이온 스프레이식 제전기 : 코로나 방전을 통해 발생한 이온을 송풍기로 대전체에 방출하여 전하를 중화시킨다.

② 방사선식 제전기 : 방사선 원소의 전리 작용을 이용하여 전하를 중화시킨다.

③ 자기방전식 제전기 : 스테인리스, 카본, 도전성 섬유 등에 코로나 방전을 일으켜 전하를 중화시킨다.

④ 전압인가식 제전기 : 약 $7000\,\text{V}$의 고압으로 코로나 방전을 발생시키고, 이로 인해 생성된 이온으로 전하를 중화시킨다.

10 고체연소의 물질 그 자체가 연소하는 형태를 각각 2가지씩 쓰시오.

(1) 표면연소 :
(2) 분해연소 :
(3) 증발연소 :
(4) 자기연소 :

해답 (1) ① 목탄　② 코크스
(2) ① 석탄　② 플라스틱　③ 목재
(3) ① 황　② 나프탈렌
(4) ① 다이너마이트　② 니트로화합물

11 대기 중에 구름 형태로 모여 바람, 대류 등의 영향으로 움직이다가 점화원에 의해 순간적으로 폭발하는 현상을 무엇이라 하는지 쓰시오.

해답 증기운 폭발(UVCE)
해설 UVCE
① 증기운 폭발은 BLEVE보다 폭발효율이 작다.
② 증기운의 크기가 증가하면 점화확률이 높아진다.
③ 증기운 폭발의 방지대책으로 자동차단 밸브 설치, 위험물질의 노출방지, 가스 누설 여부를 확인한다.
참고 증기운 : 다량의 가연성 증기가 대기 중으로 급격히 방출되어 공기 중에 분산·확산되어 있는 상태를 말한다.

12 교량 작업 시 작업계획서에 포함되어야 하는 내용을 4가지 쓰시오.

해답 ① 작업방법 및 순서
② 부재의 낙하, 전도 또는 붕괴를 방지하기 위한 방법
③ 작업에 종사하는 근로자의 추락 위험을 방지하기 위한 안전조치 방법
④ 공사에 사용되는 가설 철골 구조물 등의 설치, 사용, 해체 시 안전성 검토 방법
⑤ 사용하는 기계 등의 종류 및 성능, 작업방법
⑥ 작업 지휘자 배치계획
⑦ 기타 안전·보건에 관련된 사항

13　추락 및 감전 위험방지용 안전모의 일반구조를 5가지 쓰시오.

해답　① 안전모는 모체, 착장체 및 턱끈을 가질 것
② 안전모의 착용 높이는 85mm 이상이고 외부 수직거리는 80mm 미만일 것
③ 안전모의 내부 수직거리는 25mm 이상 50mm 미만일 것
④ 안전모의 수평 간격은 5mm 이상일 것
⑤ 머리받침끈의 폭은 15mm 이상일 것
⑥ 턱끈의 폭은 10mm 이상일 것

14　산업안전보건기준에 관한 규칙에 따라 고소작업대를 사용하여 작업할 때 작업시작 전 점검해야 할 사항을 쓰시오.

해답　① 비상정지장치 및 비상하강방지장치 기능의 이상 유무
② 과부하방지장치의 작동 여부(와이어로프 또는 체인구동방식의 경우)
③ 아웃트리거 또는 바퀴의 이상 유무
④ 작업면의 기울기 또는 요철의 유무
⑤ 활선작업용 장치의 경우 홈, 균열, 파손 등 기타 손상 유무

01 다음에 해당하는 산업재해의 기인물과 가해물, 사고유형을 쓰시오.

> 작업 통로에 공구와 자재가 어지럽게 널려 있는 상태에서 근로자가 보행 중, 공구에 걸려 넘어지면서 바닥에 머리를 부딪히는 사고가 발생하였다.

(1) 기인물 :
(2) 가해물 :
(3) 사고유형 :

해답 (1) 공구　　　　　　　　(2) 바닥　　　　　　　　(3) 전도(넘어짐)

해설 기인물과 가해물
　　① 기인물 : 재해발생의 주원인으로 근원이 되는 기계, 장치, 기구, 환경 등
　　② 가해물 : 인간에게 직접 접촉하여 피해를 주는 기계, 장치, 기구, 환경 등

02 다음 물음에 답하시오.

(1) 도급인의 산업재해발생 건수에 수급인의 산업재해 발생 건수를 포함하여 공표해야 하는 사업장은 도급인이 사용하는 상시근로자 수가 몇 명 이상인 사업장인가?
(2) 도급인 사업장의 사고 사망만인율보다 수급인의 근로자를 포함한 통합 사고 사망만인율이 높은 사업장 중 산업재해 발생 건수를 통합하여 공표해야 하는 사업장의 종류를 3가지 쓰시오.

해답 (1) 500명
　　(2) ① 제조업　　② 철도운송업　　③ 도시철도운송업　　④ 전기업

03 다음은 휴먼에러(인간의 오류)에 대한 내용이다. 해당하는 내용을 [보기]에서 찾아 쓰시오.

> | 보기 |
> 　　　　　　착각　　　착오　　　실수　　　건망증　　　위반

(1) 상황 해석을 잘못하거나 목표를 착각하여 행하는 인간의 실수
(2) 알고 있음에도 의도적으로 따르지 않거나 무시한 경우

해답 (1) 착오   (2) 위반
해설 인간의 오류(그 외)

① 착각 : 어떤 사물이나 사실을 실제와 다르게 왜곡하는 감각적 지각현상

② 실수 : 의도는 올바른 것이었지만, 행동이 의도한 것과는 다르게 나타나는 오류

③ 건망증 : 경험한 일을 전혀 기억하지 못하거나, 어느 시기 동안의 일을 기억하지 못하는 기억장애

---

04 2개 공정의 소음수준을 측정한 결과 1공정은 100 dB에서 2시간, 2공정은 90 dB에서 1시간 소요될 때, 총소음량(TND)과 소음설계의 적합성을 순서대로 쓰시오. (단, 90 dB에 8시간 노출될 때를 허용기준으로 하며, 5 dB 증가할 때 허용시간은 1/2로 감소되는 법칙을 적용한다.)

풀이 소음량$(\text{TND}) = \dfrac{(\text{실제 노출시간})_1}{(\text{1일 노출기준})_1} + \cdots = \dfrac{2}{2} + \dfrac{1}{8} = 1.125 > 1$

TND > 1이므로 부적합하다.

해답 ① 총소음량(TND) : 1.125
② 소음설계의 적합성 : 부적합

---

05 패스셋(path set)의 정의를 쓰시오.

해답 모든 기본사상이 발생하지 않을 때, 처음으로 정상사상이 발생하지 않는 기본사상의 집합

참고 컷셋(cut set) : 정상사상을 발생시키는 기본사상의 집합으로, 모든 기본사상이 발생할 때 정상사상을 발생시킬 수 있는 기본사상의 집합

---

06 다음은 승강기 방호장치에 대한 설명이다. ( ) 안에 알맞은 수를 쓰시오.

승강기 카의 속도가 정격속도의 ( )배(정격속도가 매분 45 m 이하인 승강기에는 매분 60 m) 이내에서 동력을 자동적으로 차단하는 장치를 설치해야 한다.

해답 1.3
해설 승강기 카의 속도가 정격속도의 1.3배 이내에서 동력을 자동적으로 차단하는 동력차단장치를 설치해야 한다.

07 사업주는 보일러 폭발사고를 예방하기 위해 기능이 정상적으로 작동될 수 있도록 유지·관리해야 한다. 보일러의 방호장치를 4가지 쓰시오.

해답 ① 압력방출장치   ② 압력제한 스위치
③ 수위조절장치   ④ 화염검출기

08 퓨즈의 종류별 용단시간에 대한 설명 중 (   ) 안에 알맞은 내용을 쓰시오.

> 과전류 차단기로 시설하는 퓨즈 중 고압전로에 사용되는 비포장 퓨즈는 정격전류의 (①)의 전류에 견디고, (②)의 전류에는 (③) 안에 용단되어야 한다.

해답 ① 1.25배 ② 2배 ③ 2분
참고 과전류 차단기로 시설하는 퓨즈 중 고압전로에 사용되는 포장 퓨즈는 정격전류의 1.3배의 전류에 견디고, 2배의 전류에는 120분 안에 용단되어야 한다.

09 뇌해를 받을 우려가 있는 곳에는 피뢰기를 설치해야 한다. 피뢰기를 설치해야 하는 장소를 4군데 쓰시오.

해답 ① 발전소, 변전소 및 이에 준하는 장소의 가공전선 인입구 및 인출구
② 가공전선로에 접속된 배전용 변압기의 고압 측과 특고압 측
③ 고압 또는 특고압의 가공전선로로부터 공급을 받는 수용장소의 인입구
④ 가공전선로와 지중전선로가 접속되는 곳
⑤ 발전소 또는 변전소의 가공전선 인입구 및 인출구
⑥ 배선설로 차단기, 개폐기의 전원 측과 부하 측

10 공기 중에서 A 물질의 폭발하한계가 4vol%, 상한계가 75vol%라면 이 물질의 위험도를 구하시오.

풀이 $H = \dfrac{U-L}{L} = \dfrac{75-4}{4} = 17.75$

해답 17.75

해설 위험도 $H = \dfrac{U-L}{L}$

여기서, U : 폭발상한계값(%), L : 폭발하한계값(%)

11 사업주가 근로자의 추락 등의 위험을 방지하기 위해 안전난간을 설치할 때, 준수해야 할 설치요건을 3가지 쓰시오.

해답 ① 상부 난간대, 중간 난간대, 발끝막이판, 난간기둥으로 구성해야 한다.
② 상부 난간대는 지면에서 90 cm 이상 120 cm 이하의 높이에 설치한다. 120 cm 이상의 높이에 설치할 경우, 중간 난간대를 최소 60 cm 간격으로 균등하게 설치해야 한다. 단, 난간기둥 간의 간격이 25 cm 이하인 경우에는 중간 난간대를 설치하지 않아도 된다.
③ 발끝막이판은 바닥면으로부터 10 cm 이상의 높이로 설치해야 한다.
④ 상부 난간대와 중간 난간대는 난간 전체에 걸쳐 바닥면과 평행을 유지해야 한다.
⑤ 난간대는 지름 2.7 cm 이상의 금속제 파이프 또는 그 이상의 강도가 있는 재료로 만들어야 한다.
⑥ 안전난간은 구조적으로 가장 취약한 지점에서 100 kg 이상의 하중에 견딜 수 있는 튼튼한 구조이어야 한다.

12 사업주가 발파작업에 종사하는 근로자에게 발파작업의 기준을 준수하도록 지시해야 할 사항을 2가지 쓰시오.

해답 ① 얼어붙은 다이너마이트는 화기나 고열에 직접 접촉하여 융해되지 않도록 한다.
② 화약 또는 폭약을 장전할 때, 그 부근에서 화기를 사용하거나 흡연을 하지 않도록 한다.
③ 장전구는 마찰, 충격, 정전기 등에 의한 폭발위험이 없는 안전한 것을 사용한다.
④ 발파공의 충진 재료는 점토, 모래 등 발화성 또는 인화성 위험이 없는 재료를 사용한다.

13 산업안전보건법령상 안전보건표지 중 금지표지를 나타낸 표이다. 표지의 명칭을 쓰시오.

①	②	③

해답 ① 차량통행금지
② 사용금지
③ 보행금지

해설 안전보건표지 중 금지표지(그 외)

 출입금지	 탑승금지	 금연	 화기금지	 물체이동금지

14 산업안전보건기준에 관한 규칙에 따라 화물 취급작업을 할 때 관리감독자가 유해·위험을 방지하기 위해 수행해야 할 직무 내용을 3가지 쓰시오.

해답 ① 작업방법 및 순서를 결정하고 작업을 지휘하는 일
② 기구 및 공구를 점검하고 불량품을 제거하는 일
③ 작업장소에 관계 근로자가 아닌 사람의 출입을 금지하는 일
④ 로프 등의 해체작업을 할 때, 하대 위 화물의 낙하 위험 유무를 확인하고 작업의 착수를 지시하는 일

>>> **제1회** <<<

01 중대 재해가 발생했을 때, 보고시점과 보고사항을 2가지 쓰시오.

(1) 보고시점 :

(2) 보고사항 :

해답 (1) 지체 없이 보고한다.

    (2) ① 발생개요 및 피해상황

       ② 조치 및 전망

       ③ 기타 중요한 사항

참고 중대 재해(고용노동부령으로 정하는 재해)

    ① 사망자가 1명 이상 발생한 재해

    ② 3개월 이상 요양이 필요한 부상자가 동시에 2명 이상 발생한 재해

    ③ 부상자 또는 직업성 질병자가 동시에 10명 이상 발생한 재해

02 버드(Bird)의 재해분포에 따른 사고빈도의 법칙을 설명하시오.

해답 버드의 사고빈도의 법칙은 641건의 사고 가운데 중상 1건, 경상 10건, 무상해 (물적 손실) 30건, 무상해 · 무사고 · 고장(위험 순간) 600건의 비율로 사고가 발생한다는 법칙이다.

해설

버드의 1 : 10 : 30 : 600의 법칙

03 다음은 산업안전보건법에 관한 내용이다. (　　) 안에 알맞은 기간을 쓰시오.

> 산업안전보건법상 고용노동부장관은 자율안전확인 대상 기계·기구 등의 안전에 관한 성능이 자율안전기준에 맞지 않을 경우, 관련 사항을 신고한 자에게 (　　) 이내의 기간을 정하여 자율안전확인 표시의 사용을 금지하거나 자율안전기준에 맞게 개선하도록 명할 수 있다.

해답 6개월

04 안전보건교육의 3단계를 순서대로 쓰시오.

해답 지식교육, 기능교육, 태도교육

해설 ① 제1단계(지식교육) : 교육 등을 통해 지식을 전달하는 단계
② 제2단계(기능교육) : 교육 대상자가 스스로 행동하여 시범, 견학, 실습, 현장실습 교육을 통한 경험을 체득하는 단계
③ 제3단계(태도교육) : 작업동작 지도 등을 통해 안전행동을 습관화하는 단계

05 자연습구온도가 20℃, 흑구온도가 30℃일 때, 실내의 습구흑구온도지수(WBGT : Wet-Bulb Globe Temperature)를 계산하시오.

풀이 $\text{WBGT} = 0.7 \times T_w + 0.3 \times T_g = 0.7 \times 20 + 0.3 \times 30 = 23℃$

해답 23℃

해설 습구흑구온도지수 $\text{WBGT} = 0.7 \times T_w + 0.3 \times T_g$
여기서, T_w : 자연습구온도(℃), T_g : 흑구온도(℃)

06 FT도에서 a, b, c의 부품 고장률이 각각 0.01일 때, 최소 컷셋과 신뢰도를 구하시오.

풀이 $\text{T}=(\text{a, b})\begin{pmatrix}\text{c}\\\text{a}\end{pmatrix}=\begin{pmatrix}\text{a, b, c}\\\text{a, b, a}\end{pmatrix}$

컷셋은 {a, b, c}, {a, b}, 최소 컷셋은 {a, b}이다.

고장률 F=ab=0.01×0.01=0.0001

T=1−F=1−0.0001=0.9999이므로 신뢰도는 99.99%이다.

해답 ① 최소 컷셋 : {a, b}   ② 신뢰도 : 99.99%

---

07 **설비 진단방법에 있어 다음에 해당하는 비파괴검사 방법을 쓰시오.**

(1) 짧은 파장의 음파를 검사물의 내부에 입사시켜 내부 결함을 검출하는 방법

(2) 강자성체의 표면을 자화시켜 누설 자장이 형성된 부위에 자분을 도포함으로써 자분이 흡착되는 원리를 이용하여 육안으로 결함을 검출하는 방법

해답 (1) 초음파 탐상검사   (2) 자분 탐상시험

해설 비파괴검사(그 외)

① 방사선 투과검사 : 물체에 X선, γ선을 투과하여 물체의 내부 결함을 검출하는 방법

② 액체침투 탐상시험 : 침투액과 현상액을 사용하여 부품 표면에 있는 결함을 눈으로 관찰하는 방법

③ 음향 탐상시험 : 재료가 변형될 때 외부 응력이나 내부 변형과정에서 방출되는 낮은 응력파를 감지하여 측정 분석하는 방법

---

08 **달기 체인을 달비계에 사용해서는 안 되는 기준을 3가지 쓰시오.**

해답 ① 균열이 있거나 심하게 변형된 것

② 달기 체인의 길이가 달기 체인이 제조된 때의 길이의 5%를 초과한 것

③ 링의 단면지름이 달기 체인이 제조된 때의 해당 링 지름의 10%를 초과하여 감소한 것

---

09 **자동전격방지장치의 특징을 2가지 쓰시오.**

해답 ① 자동전격방지장치 무부하 전압은 1±0.3초 이내에 2차 무부하 전압을 25 V 이하로 낮춰준다.

② 용접 시 용접기의 2차 측 출력전압을 무부하 전압으로 변경시킨다.

③ SCR(실리콘 제어 정류기) 등 개폐용 반도체 소자를 사용한 무접점 방식을 많이 이용한다.

10 다음 조건에 해당하는 방폭구조의 표시기호를 쓰시오.

- 방폭구조 : 외부로부터 폭발성 가스에 인화될 우려가 없는 내압 방폭구조
- 그룹 : ⅡB
- 최고 표면온도 : 90℃

해답 d ⅡB T5

해설 ① 그룹 Ⅰ : 폭발성 메탄가스 위험 분위기에서 사용되는 광산용 전기기기
② 그룹 Ⅱ : 잠재적 폭발성 위험 분위기에서 사용되는 전기기기
③ 최대 안전틈새

분류	ⅡA	ⅡB	ⅡC
최대 안전틈새(mm)	0.9 이상	0.5 초과 0.9 미만	0.5 이하

④ 최고 표면온도

최고 표면온도(℃)	온도 등급	최고 표면온도(℃)	온도 등급
300 초과 450 이하	T1	100 초과 135 이하	T4
200 초과 300 이하	T2	85 초과 100 이하	T5
135 초과 200 이하	T3	85 이하	T6

11 펌프의 공동현상(cavitation)을 방지하기 위한 방법 5가지를 쓰시오.

해답 ① 펌프의 유효 흡입양정을 작게 한다.
② 펌프의 설치높이를 낮추어 흡입양정을 짧게 한다.
③ 펌프의 회전속도를 낮춘다.
④ 펌프의 흡입수두를 작게 한다.
⑤ 흡입관의 직경을 크게 한다.
⑥ 흡입관의 내면에 마찰저항을 작게 한다.
⑦ 양흡입 펌프를 사용한다.

12 사업주가 거푸집 동바리 등을 조립할 경우 준수해야 할 안전조치사항 4가지를 쓰시오.

해답 ① 깔목 사용, 콘크리트 타설, 말뚝박기 등 동바리의 침하를 방지하기 위한 조치를 한다.
② 개구부 상부에 동바리를 설치할 경우에는 상부하중을 견딜 수 있는 견고한

받침대를 설치한다.

③ 동바리의 상하 고정 및 미끄러짐 방지조치를 하고, 하중의 지지상태를 유지한다.

④ 동바리의 이음은 맞댄이음이나 장부이음으로 하고, 동일한 품질의 재료를 사용한다.

⑤ 강재와 강재의 접속부 및 교차부는 볼트, 클램프 등 전용 철물을 사용하여 단단히 연결한다.

⑥ 거푸집이 곡면일 경우에는 버팀대 부착 등을 통해 거푸집의 부상을 방지한다.

13 산업안전보건법령에 따라 철골작업을 중지해야 하는 기후조건을 쓰시오.

해답 ① 풍속이 1초당 10m 이상인 경우(10m/s)
② 강우량이 1시간당 1mm 이상인 경우(1mm/h)
③ 강설량이 1시간당 1cm 이상인 경우(1cm/h)

14 산업안전보건법령상 제조업과 건설업에서 사업주가 유해·위험방지 계획서를 제출할 때, 사업장별로 첨부해야 하는 관련 서류의 부수, 제출기한, 제출기관을 쓰시오.

(1) 제조업
(2) 건설업

해답 (1) 제조업
① 서류의 부수 : 2부
② 제출기한 : 작업시작 15일 전까지
③ 제출기관 : 안전보건공단
(2) 건설업
① 서류의 부수 : 2부
② 제출기한 : 착공 전날까지
③ 제출기관 : 안전보건공단

01 산업안전보건기준에 관한 규칙에 따라 차량계 건설기계를 이용하여 작업할 경우, 작업시작 전 점검해야 할 사항을 쓰시오.

해답 브레이크 및 클러치 등의 기능
참고 화물자동차를 이용하여 작업할 경우 작업시작 전 점검사항
① 제동장치 및 조종장치의 기능
② 하역장치 및 유압장치의 기능
③ 바퀴의 이상 유무

02 의무안전인증 대상 보호구에서 성능구분에 따른 안전화의 종류 3가지를 쓰시오.

해답 ① 가죽제 안전화
② 고무제 안전화
③ 정전기 안전화
④ 발등 안전화

03 화물 취급작업 시 관리감독자의 유해·위험을 방지하기 위해 수행해야 하는 직무 내용을 3가지 쓰시오.

해답 ① 작업방법 및 순서를 결정하고 작업을 지휘하는 일
② 기구 및 공구를 점검하고 불량품을 제거하는 일
③ 작업장소에는 관계 근로자가 아닌 사람의 출입을 금지하는 일
④ 로프 등의 해체작업을 할 때, 하대 위 화물의 낙하위험 유무를 확인하고 작업의 착수를 지시하는 일

04 산업안전보건기준에 관한 규칙에 따라 근로자가 작업이나 통행 중 전기기계·기구 또는 전류 등의 충전부에 접촉하거나 접근하여 감전 위험이 있는 경우, 감전을 방지하기 위한 방법 3가지를 쓰시오.

해답 ① 충전부는 내구성이 있는 절연물로 완전히 덮어 감싸야 한다.
② 충전부는 노출되지 않도록 폐쇄형 외함이 있는 구조로 한다.
③ 충전부에 절연효과가 있는 방호망이나 절연덮개를 설치한다.

05 지게차의 높이가 6 m이고 안정도가 30%일 때 지게차의 수평거리를 계산하시오.

풀이 수평거리 $L = \dfrac{\text{높이}}{\text{안정도}} \times 100 = \dfrac{6}{30} \times 100 = 20\,\text{m}$

해답 20 m

06 산업안전보건법상 밀폐공간에서 스프레이건을 사용하여 인화성 액체로 세척 또는 도장작업을 할 때, 전기기계 · 기구를 작동시키기 전에 취해야 할 조치사항 3가지를 쓰시오.

해답 ① 인화성 액체, 인화성 가스 등으로 폭발위험 분위기가 조성되지 않도록, 해당 물질의 공기 중 농도가 인화하한계값의 25%를 넘지 않게 충분히 환기시킬 것
② 조명 등은 고무 또는 실리콘 등의 패킹이나 실링재료를 사용하여 완전히 밀봉할 것
③ 가열성 전기기계 · 기구를 사용하는 경우에는 세척 또는 도장용 스프레이건과 동시에 작동되지 않도록 연동장치 등의 조치를 할 것
④ 방폭구조 외의 스위치, 콘센트 등의 전기기기는 밀폐공간 외부에 설치할 것

07 전기화재의 원인을 분석할 때, 발화원이 될 수 있는 항목을 4가지 쓰시오.

해답 ① 이동 절연기 ② 고정된 전열기
③ 전기기기 ④ 전기장치
⑤ 배선기구

08 개구부에서 회전하는 롤러의 위험점까지 최단거리가 60 mm일 때 개구부 간격을 구하시오.

풀이 $X < 160$이므로 $Y = 6 + 0.15X = 6 + 0.15 \times 60 = 15\,\text{mm}$

해답 15 mm

해설 개구부의 간격
$Y = 6 + 0.15X$(단, $X \geq 160\,\text{mm}$이면 $Y = 30\,\text{mm}$이다.)
여기서, X : 가드와 위험점 간의 거리
Y : 가드의 개구부 간격

09 다음은 불꽃놀이용 화학물질 취급설비에 대한 정량적 평가이다. 해당 항목에 대한 위험등급을 구하시오.

항목	A(10점)	B(5점)	C(2점)	D(0점)	위험등급
취급 물질	○	○	○		①
조작		○		○	②
화학설비의 용량	○		○		③
온도	○	○			④
압력		○	○	○	⑤

풀이 각 항목의 위험등급 계산

① 취급 물질 : 10+5+2=17점, Ⅰ등급

② 조작 : 5+0=5점, Ⅲ등급

③ 화학설비의 용량 : 10+2=12점, Ⅱ등급

④ 온도 : 10+5=15점, Ⅱ등급

⑤ 압력 : 5+2+0=7점, Ⅲ등급

참고 위험등급 평가기준

Ⅰ등급	16점 이상	위험도 높음
Ⅱ등급	11점 이상~16점 미만	다른 설비와 관련해서 평가
Ⅲ등급	11점 미만	위험도 낮음

10 주물공장 A 작업자의 작업 지속시간과 휴식시간을 열압박지수(HSI)를 활용하여 계산했더니 각각 45분, 15분이었다. A 작업자의 1일 작업량(TW)을 구하시오. (단, 휴식시간은 포함되지 않으며 1일 근무시간은 8시간이다.)

풀이 $TW = \dfrac{W}{W+R} \times 8 = \dfrac{45}{45+15} \times 8 = 6$시간

해답 6시간

해설 1일 작업량 $TW = \dfrac{W}{W+R} \times 8$

여기서, TW : 1일 작업량

W : 작업 지속시간

R : 휴식시간

11 안전성 평가에 활용되는 용어를 [보기]에서 찾아 쓰시오.

| 보기 |

FMEA   FTA   ETA   DT   THERP   FHA   CA   MORT   PHA

(1) 시스템의 결함을 연역적, 정량적으로 분석 가능한 방법
(2) 요소의 관측값과 목표값을 연결시켜주는 분석 기법
(3) 최초 단계의 분석으로, 시스템 내 위험요소가 얼마나 위험한 상태에 있는지 정성적으로 평가하는 분석 기법

해답 (1) FTA (2) DT (3) PHA

해설 ① FMEA : 시스템과 서브 시스템의 위험을 분석하기 위해 사용되는 전형적인 정성적·귀납적 분석 기법으로, 연역적이고 정량적인 분석도 가능한 방법
② ETA : 설계에서 사용까지의 사건 발생경로를 파악하고 위험을 평가하기 위한 귀납적이고 정량적인 분석 기법
③ THERP : 인간의 실수율을 예측하는 분석 기법
④ FHA : 서브 시스템 간의 인터페이스를 조정하여 전체 시스템의 안전에 악영향을 미치지 않도록 하는 분석 기법
⑤ CA : 고장 형태가 기기 전체에 어느 정도 영향을 미치는지 정량적으로 평가하는 분석 기법
⑥ MORT : 관리, 설계, 생산, 보전 등에 대한 광범위한 안전성을 확보하기 위한 분석 기법

12 산업안전보건법에 따라 관리감독자의 정기 안전·보건교육 내용 5가지를 쓰시오.

해답 ① 산업안전 및 사고예방에 관한 사항
② 산업보건 및 직업병 예방에 관한 사항
③ 위험성 평가에 관한 사항
④ 유해·위험 작업환경 관리에 관한 사항
⑤ 직무 스트레스 예방 및 관리에 관한 사항
⑥ 작업공정의 유해·위험과 재해예방 대책에 관한 사항
⑦ 표준 안전작업방법 결정 및 지도·감독 요령에 관한 사항
⑧ 산업안전보건법령 및 산업재해보상보험 제도에 관한 사항
⑨ 사업장 내 안전보건관리체제 및 안전·보건조치 현황에 관한 사항
⑩ 직장 내 괴롭힘, 고객의 폭언 등으로 인한 건강장해 예방 및 관리에 관한 사항
⑪ 현장 근로자와 의사소통·강의능력 등 안전보건교육 능력배양에 관한 사항

13 연평균 500명의 근로자가 근무하는 사업장에서 지난 1년 동안 20명의 재해자가 발생하였다. 이 사업장에서 한 근로자가 평생 동안 작업한다면, 약 몇 건의 재해를 당할 수 있겠는가? (단, 1인당 평생 근로시간은 120,000시간으로 가정한다.)

풀이 ① 연천인율 $= \dfrac{\text{연간 재해자 수}}{\text{연평균 근로자 수}} \times 1000 = \dfrac{20}{500} \times 1000 = 40$

② 도수율 $=$ 연천인율 $\div 2.4 = 40 \div 2.4 = 16.67$

③ 환산도수율 $=$ 도수율 $\times 0.12 = 16.67 \times 0.12 = 2$건

해답 약 2건

14 산업안전보건법령에 따라 사업장의 안전보건관리 규정에 포함하여 근로자에게 알려야 하며, 사업장에 비치해야 할 사항을 4가지 쓰시오.

해답 ① 안전·보건관리 조직과 그 직무에 관한 사항

② 안전·보건교육에 관한 사항

③ 작업장의 안전 및 보건관리에 관한 사항

④ 사고 조사 및 대책 수립에 관한 사항

⑤ 기타 안전·보건에 관한 사항

01 산업안전보건법령에 따라 안전보건개선 계획서에 반드시 포함되어야 할 내용을 4가지 쓰시오.

해답 ① 시설   ② 안전보건관리 체제
     ③ 안전보건교육   ④ 산업재해 예방 및 작업환경 개선을 위한 사항

02 다음 산업재해 사례의 기인물과 가해물, 그리고 사고유형을 쓰시오.

근로자가 20kg의 제품을 운반하던 중 제품이 발에 떨어져 신체장애등급 14등급의 재해를 입었다. 이 재해의 발생형태는 상해에 해당한다.

해답 ① 기인물 : 제품
     ② 가해물 : 제품
     ③ 사고유형 : 낙하
해설 ① 기인물 : 재해 발생의 주원인이 되는 기계, 장치, 기구, 환경 등을 말한다.
     ② 가해물 : 재해 시 인간에게 직접적으로 접촉하여 피해를 주는 기계, 장치,
            기구, 환경 등을 의미한다.

03 운동의 시지각(착각현상)의 유도운동, 자동운동, 가현운동을 서술하시오.

해답 ① 유도운동 : 실제로 움직이지 않는 대상이 주변의 다른 움직임에 의해 마치
             움직이는 것처럼 느껴지는 현상
     ② 자동운동 : 어두운 방에서 정지된 광점을 응시할 때, 그 광점이 마치 움직이
             는 것처럼 보이는 착각현상
     ③ 가현운동 : 실제로 정지해 있는 대상이 착각에 의해 움직이는 것처럼 보이는
             현상(예를 들어, 영화에서 정지된 화면이 움직이는 것처럼 인식되는 현상)

04 40phon이 1sone일 때 60phon은 몇 sone인지 구하시오.

풀이 sone 값 $= 2^{(\text{phon값}-40)/10} = 2^{(60-40)/10} = 2^2 = 4$
해답 4 sone

05 최소 컷셋(minimal cut set)과 최소 패스셋(minimal path set)의 정의를 설명한 다음 내용을 보고, ( ) 안에 알맞은 용어를 쓰시오.

> • (①) : 정상사상을 일으키기 위한 최소한의 컷을 의미한다. 즉, 모든 기본사상이 발생할 때 정상사상을 발생시키는 기본사상의 최소 집합으로, 시스템의 위험성을 나타낸다.
> • (②) : 모든 고장이나 실수가 발생하지 않으면 재해가 발생하지 않는다는 것을 의미하며, 시스템의 신뢰성을 나타낸다.

해답 ① 최소 컷셋
② 최소 패스셋

06 기계설비에서 방호의 기본 원리를 5가지 쓰시오.

해답 ① 위험의 제거　　② 위험의 차단　　③ 위험의 보강
④ 위험에 적응　　⑤ 위험의 방호

해설 ① 위험의 제거 : 위험을 근본적으로 제거하는 것
② 위험의 차단 : 덮어씌움이나 격리 등을 통해 위험요소를 물리적으로 차단하는 것
③ 위험의 보강 : 위험요소에 대하여 추가적인 안전장치를 통해 보강하는 것
④ 위험에 적응 : 위험상황에 맞추어 작업방법이나 환경을 개선하여 적응하는 것
⑤ 위험의 방호 : 방호장치 등을 이용하여 작업자가 위험에 노출되지 않도록 보호하는 것

07 압력방출장치의 사용에 대한 다음 규정에서 ( ) 안에 알맞은 내용을 쓰시오.

> 압력방출장치는 1년에 (①) 이상 국가교정기관으로부터 교정을 받은 압력계를 이용하여 (②)을 시험한 후 (③)으로 봉인하여 사용해야 한다. 다만, 평가결과가 우수한 사업장은 (④)에 1회 이상 실시한다.

해답 ① 1회　② 토출압력　③ 납　④ 4년

참고 압력방출장치의 교정 및 시험 규정
① 보일러에서 압력방출장치를 2개 설치하는 경우 1개는 최고 사용압력 이하에서 작동되도록 하고, 다른 하나는 최고 사용압력의 1.05배 이하에서 작동되도록 부착한다.

② 보일러의 과열을 방지하기 위해 최고 사용압력과 상용압력 사이에서 보일러의 버너연소를 차단할 수 있도록 압력제한 스위치를 부착하여 사용한다.

08   단로기(DS)를 사용하는 주된 목적을 쓰시오.

[해답] 단로기를 사용하는 주된 목적은 특고압 회로에서 기기를 안전하게 분리하여 점검 및 수리작업을 할 수 있도록 하기 위한 것이다.
[참고] 단로기는 반드시 무부하 상태에서만 조작해야 한다.

09   피뢰기가 반드시 갖추어야 할 조건 4가지를 쓰시오.

[해답] ① 방전 개시전압과 제한전압이 낮을 것
② 상용 주파 방전 개시전압이 높을 것
③ 반복 동작이 가능할 것
④ 구조가 견고하며 특성이 변하지 않을 것
⑤ 점검 및 유지 보수가 쉬울 것
⑥ 속류의 차단이 확실하며 뇌전류의 방전 능력이 클 것

10   프로판(C_3H_8)의 연소에 필요한 최소 산소농도의 값을 구하시오. (단, 프로판의 폭발하한은 Jone식에 의해 추산한다.)

[풀이] ① Jones식에 의한 폭발하한계
프로판(C_3H_8)에서 탄소(n)=3, 수소(m)=8, 할로겐(f)=0, 산소(λ)=0이므로

$$C_{st} = \frac{100}{1+4.773\left(n+\dfrac{m-f-2\lambda}{4}\right)} = \frac{100}{1+4.773\left(3+\dfrac{8-0-2\times0}{4}\right)} \fallingdotseq 4.02\,\text{vol\%}$$

폭발하한계 $= 0.55 \times C_{st} = 0.55 \times 4.02$
$\fallingdotseq 2.21\,\text{vol\%}$

② 최소 산소농도(MOC)
프로판 연소식 : $1C_3H_8 + 5O_2 = 3CO_2 + 4H_2O$ (1, 5, 3, 4는 몰수)

$$MOC = 폭발하한계 \times \frac{산소\ 몰수}{연료\ 몰수} = 2.21 \times \frac{5}{1}$$
$$= 11.05\,\text{vol\%}$$

[해답] $11.05\,\text{vol\%}$

11 건설 현장에서 근로자의 추락재해를 예방하기 위해 안전난간을 설치할 경우, 주요 구성요소 4가지를 쓰시오.

해답 ① 상부 난간대 ② 중간 난간대
③ 발끝막이판 ④ 난간기둥

12 터널공사의 발파작업 시 사업주가 취해야 할 중요한 안전대책을 3가지 쓰시오.

해답 ① 발파 전 도화선의 연결상태, 저항값 조사 등의 목적으로 통전시험을 실시하고, 발파기의 작동상태에 대한 사전점검을 실시한다.
② 모든 동력선을 발원점으로부터 최소 15m 이상 후방으로 옮긴다.
③ 지질, 암의 절리 등을 고려하여 화약량을 검토하고, 시방기준과 비교하여 필요한 안전조치를 실시한다.
④ 발파용 점화회선은 타동력선 및 조명회선과 각각 분리하여 관리한다.

13 다음 안전표지의 명칭을 쓰시오.

①	②	③	④	⑤

해답 ① 인화성물질 경고
② 산화성물질 경고
③ 급성 독성물질 경고
④ 방사성물질 경고
⑤ 고압 전기 경고

14 산업안전보건기준에 관한 규칙에 따라 부두와 선박에서 하역작업을 할 때, 관리감독자가 유해·위험을 방지하기 위해 수행해야 할 직무 내용을 3가지 쓰시오.

해답 ① 작업방법을 결정하고 작업을 지휘하는 일
② 통행설비, 하역기계, 보호구 및 기구·공구를 점검·정비하고, 이들의 사용 상황을 감시하는 일
③ 주변 작업자 간의 연락을 조정하는 일

기출문제를
재구성한 **필답형 실전문제 4**

01 중대사고 발생 시 노동부에 구두 또는 유선으로 보고해야 하는 사항을 3가지 쓰시오.

해답 ① 발생 개요 ② 피해 상황
③ 조치 및 전망 ④ 그 밖의 중요한 사항

02 버드(Bird)의 재해분포에 따르면 20건의 경상(물적, 인적 상해) 사고가 발생했을 때 무상해 · 무사고(위험 순간) 고장 발생 건수를 구하시오.

풀이 1282건의 사고를 분석하면 중상 2건, 경상 20건, 무상해 사고(물적 손실 발생) 60건, 무상해 무사고(위험 순간) 1200건이다.

버드 이론(법칙)	1 : 10 : 30 : 600
$X \times 2$	2 : 20 : 60 : 1200

해답 1200건

03 유해 · 위험방지를 위한 방호조치가 필요한 기계 · 기구의 종류를 5가지 쓰시오.

해답 ① 예초기 ② 원심기 ③ 공기압축기 ④ 금속절단기
⑤ 지게차 ⑥ 포장기계(진공포장기, 랩핑기로 한정함)

04 안전 · 보건교육의 3단계 중 태도교육의 기본과정 4단계를 순서대로 쓰시오.

1단계	2단계	3단계	4단계
①	②	③	④

해답 ① 청취한다. ② 이해, 납득시킨다.
③ 시범을 보인다. ④ 평가한다(상벌 부여).

참고 안전 · 보건교육의 3단계는 주로 지식교육, 기능교육, 태도교육으로 구분하며, 태도교육은 안전에 대한 긍정적인 태도와 책임감을 형성하는 데 초점을 맞춘 교육과정이다.

05 상대습도가 100%, 온도 21℃일 때 실효온도(ET : Effective Temperature)는 몇 ℃인지 구하시오.

해답 21℃

해설 상대습도가 100%이면 공기가 완전히 포화된 상태이므로 습구온도와 건구온도가 동일하다.

06 기계의 고장률이 일정한 지수분포를 가지며 고장률이 0.04/시간일 때, 이 기계가 10시간 동안 고장 나지 않고 작동할 확률을 구하시오.

풀이 $R(t)=e^{-\lambda t}=e^{-0.04\times 10}=e^{-0.4}\fallingdotseq 0.67$

해답 0.67

해설 신뢰도 $R(t)=e^{-\lambda t}$

여기서, λ : 고장률, t : 가동시간

07 연삭기의 종류별 덮개의 노출 각도를 쓰시오.

(1) 절단기, 평면 연삭기 :

(2) 원통 연삭기, 휴대용 연삭기, 센터리스 연삭기, 스윙 연삭기, 슬리브 연삭기 :

해답 (1) 150°

(2) 180°

참고 탁상용 연삭기의 개방부 각도

① 상부를 사용하는 경우 : 60°

② 수평면 이하에서 연삭하는 경우 : 125°

③ 수평면 이상에서 연삭하는 경우 : 80°

④ 최대 원주속도가 50m/s 이하 : 90°

08 섬유로프 또는 안전대의 섬유벨트를 달비계에 사용해서는 안 되는 기준을 4가지 쓰시오.

해답 ① 꼬임이 끊어진 것

② 심하게 손상되거나 부식된 것

③ 2개 이상의 작업용 섬유로프 또는 섬유벨트를 연결한 것

④ 작업 높이보다 길이가 짧은 것

09 교류아크용접기의 자동전격방지장치의 기능을 3가지 쓰시오.

해답 ① 감전 위험 방지
② 전력 손실 감소
③ 무부하 시 안전전압 이하로 저하

10 폭발성 가스의 폭발등급 측정에 대한 내용이다. (　) 안에 알맞게 쓰시오.

> 폭발성 가스의 폭발등급 측정에 사용되는 표준용기는 내용적이 (①), 반구상의 플랜지 접합면의 안길이 (②)인 구상용기의 틈새를 통과시켜 화염일주한계를 측정하는 장치이다.

해답 ① $8000\,cm^3 (=8\,L)$
② $25\,mm$

11 거푸집을 작업 발판과 일체로 제작하여 사용하는 작업 발판 일체형 거푸집의 종류를 3가지 쓰시오.

해답 ① 갱폼(gang form)
② 슬립폼(slip form)
③ 클라이밍폼(climbing form)
④ 터널 라이닝폼(tunnel lining form)
⑤ 그 밖에 거푸집과 작업 발판이 일체로 제작된 거푸집 등

12 강풍이 불어올 때 안전을 위해 타워크레인 운전작업을 중지해야 하는 순간풍속의 기준을 쓰시오.

해답 순간풍속이 초당 15m를 초과할 때
참고 타워크레인 풍속에 따른 안전기준
① 순간풍속이 초당 10m 초과 : 타워크레인의 수리, 점검, 해체작업 중지
② 순간풍속이 초당 15m 초과 : 타워크레인의 운전작업 중지
③ 순간풍속이 초당 30m 초과 : 타워크레인의 이탈 방지조치
④ 순간풍속이 초당 35m 초과 : 승강기 붕괴 방지조치

13 사업주가 화학설비 및 그 부속설비의 안전검사 내용을 사용 전에 점검한 후 사용해야 하는 경우를 3가지 쓰시오.

해답 ① 처음으로 사용하는 경우
② 분해하거나 개조 또는 수리를 한 경우
③ 계속하여 1개월 이상 사용하지 않다가 다시 사용하는 경우

14 산업안전보건법령에 따라 제출된 유해·위험방지 계획서의 심사 결과에 따른 구분·판정 결과를 쓰고, 설명하시오.

해답 ① 적정 : 근로자의 안전과 보건에 필요한 조치가 구체적으로 확보되었다고 인정되는 경우
② 조건부 적정 : 근로자의 안전과 보건을 확보하기 위해 일부 개선이 필요한 경우
③ 부적정 : 건설물, 기계·기구 및 설비 또는 건설공사가 심사기준에 위반되어 착공 시 중대한 위험이 발생할 우려가 있거나 계획에 근본적인 결함이 있다고 인정되는 경우

01 산업안전보건법상 안전보건 총괄책임자 지정 대상 사업장을 쓰시오.

> 해답 ① 상시근로자 수는 관계수급인에게 고용된 근로자를 포함한 상시근로자가
> 100명 이상인 사업장
> ② 선박 및 보트 건조업, 1차 금속 제조업, 토사석 광업의 경우에는 50명 이상
> 인 사업장
> ③ 총공사 금액이 20억 원 이상인 건설업

02 도수율이 8.24인 기업체의 연천인율은 약 얼마인지 구하시오.

> 풀이 연천인율＝도수율×2.4＝8.24×2.4＝19.776
> 해답 약 19.776

03 안전교육의 3요소를 각각의 교육요소와 연결하여 쓰시오.

교육요소	교육의 주체	교육의 객체	교육의 매개체
형식적 요소	①	②	③

> 해답 ① 교수자(강사)
> ② 교육생(수강자)
> ③ 교재(교육자료)

04 동기부여 이론 중 알더퍼의 ERG 이론에서 제시한 인간의 3가지 욕구를 설명하시오.

> 해답 ① 생존 욕구(Existence) : 의식주와 관련된 욕구
> ② 관계 욕구(Relatedness) : 인간관계와 관련된 욕구
> ③ 성장 욕구(Growth) : 발전적 성장을 추구하는 욕구
>
> 해설 ① 생존 욕구 : 생리적 욕구와 물리적 측면의 안전 욕구로, 저차원적인 욕구에
> 해당한다.
> ② 관계 욕구 : 대인관계를 포함한 인간관계와 관련된 욕구로, 사회적 측면에
> 서의 안전 욕구를 의미한다.
> ③ 성장 욕구 : 자아실현과 성장을 추구하는 욕구에 해당한다.

05 인간공학의 궁극적인 목적을 3가지 쓰시오.

해답 ① 작업의 안전성 향상과 사고 방지
② 기계 조작의 능률성과 생산성 향상
③ 작업환경의 쾌적성 개선

06 시스템 안전 프로그램 계획(SSPP)에 포함되어야 할 사항을 5가지 쓰시오.

해답 ① 계약조건
② 계획의 개요
③ 관련 부분과의 조정
④ 안전조직
⑤ 안전기준
⑥ 안전자료 수집과 갱신
⑦ 안전해석
⑧ 안전성 평가

07 급정지 기구가 있는 1행정 프레스의 광전자식 방호장치에서 광선에 신체의 일부가 감지된 후로부터 급정지 기구가 작동하는 데 40 ms 소요되고, 급정지 기구가 작동한 후 프레스가 정지될 때까지 20 ms가 소요된다면, 안전거리는 몇 mm 이상 되어야 하는지 구하시오.

풀이 안전거리 $D_m = 1.6T_m = 1.6 \times (T_c + T_s) = 1.6 \times (0.04 + 0.02)$
$= 0.096\,\text{m} = 96\,\text{mm}$

해답 96 mm 이상

해설 안전거리 $D_m = 1.6T_m = 1.6 \times (T_c + T_s)$
여기서, D_m : 안전거리(m)
T_c : 방호장치의 작동시간(s)
T_s : 프레스의 최대 정지시간(s)

08 화물의 중량이 200 kgf, 지게차의 중량이 400 kgf, 앞바퀴에서 화물의 무게중심까지의 최단거리가 1 m일 때, 지게차가 안정되려면 앞바퀴에서 지게차의 무게중심까지의 거리는 최소 몇 m를 초과해야 하는지 구하시오.

풀이 $W \times a < G \times b$ 이므로 $200 \times 1 < 400 \times b$, $\dfrac{200}{400} < b$, $b > 0.5\,\mathrm{m}$

해답 최소 $0.5\,\mathrm{m}$

해설

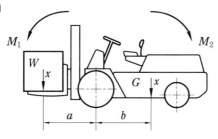

$W \times a < G \times b$

여기서, W : 화물 중심에서 화물의 중량, G : 지게차의 중량

M_1 : 화물의 모멘트, M_2 : 지게차의 모멘트

a : 앞바퀴에서 화물 중심까지 거리

b : 앞바퀴에서 지게차 중심까지의 거리

---

09 정전기재해 방지를 위한 배관 내 액체의 유속 제한에 관한 사항이다. (   ) 안에 알맞은 유속을 쓰시오.

(1) 저항률이 $10^{10}\,\Omega \cdot \mathrm{cm}$ 미만인 도전성 위험물의 배관 유속은 (   ) 이하로 할 것

(2) 에테르, 이황화탄소 등과 같이 유동 대전이 심하고 폭발위험성이 높으면 (   ) 이하로 할 것

(3) 물이나 기체를 혼합하는 비수용성 위험물의 배관 내 유속은 (   ) 이하로 할 것

(4) 저항률이 $10^{10}\,\Omega \cdot \mathrm{cm}$ 이상인 위험물의 배관 내 유속은 기준에 따라야 하며, 유입구가 액면 아래로 충분히 잠길 때까지는 (   ) 이하로 할 것

해답 (1) $7\,\mathrm{m/s}$ (2) $1\,\mathrm{m/s}$

      (3) $1\,\mathrm{m/s}$ (4) $1\,\mathrm{m/s}$

---

10 소화방법을 4가지로 분류하여 설명하시오.

해답 ① 질식소화 : 가연물이 연소할 때 산소농도를 낮추어 소화하는 방법이다.

② 억제소화 : 연소과정에서 발생하는 연쇄반응을 차단하여 소화하는 방법이다.

③ 냉각소화 : 가연물을 냉각시켜 인화점 및 발화점을 낮추어 소화하는 방법이다.

④ 제거소화 : 가연물을 제거하여 연소를 멈추는 방법이다.

11 불활성화(퍼지)의 종류를 4가지 쓰시오.

해답 ① 진공 퍼지
② 압력 퍼지
③ 스위프 퍼지
④ 사이펀 퍼지

참고 불활성화는 가연성 혼합가스에 불활성 가스를 주입하여 산소농도를 최소 농도 이하로 하여 연소를 방지하는 것을 말한다.

12 잠함 또는 우물통 내부에서 굴착작업을 할 때의 준수사항을 3가지 쓰시오.

해답 ① 굴착 깊이가 20m를 초과하는 경우에는 해당 작업장소와 외부와의 연락을 원활히 하기 위해 통신설비 등을 설치해야 한다.
② 산소결핍의 우려가 있는 경우에는 산소농도를 측정할 책임자를 지명하여 측정하게 한다.
③ 근로자가 안전하게 승강할 수 있도록 승강용 설비를 설치해야 한다.
④ 측정 결과 산소결핍이 확인되면 송기설비를 설치하여 필요한 양의 공기를 공급해야 한다.

13 고무제 안전화의 구비조건 4가지를 쓰시오.

해답 ① 유해한 흠, 균열, 기포, 이물질 등이 없어야 한다.
② 바닥, 발등, 발뒤꿈치 등의 접착 부분에 물이 들어오지 않아야 한다.
③ 에나멜을 칠한 경우에는 에나멜이 벗겨지지 않고 완전히 건조되어 있어야 한다.
④ 완성품은 압박감, 충격 등의 성능시험에 합격해야 한다.

14 산업안전보건기준에 관한 규칙에 따라 컨베이어 등을 이용하여 작업할 때 작업시작 전 점검해야 할 사항을 3가지 쓰시오.

해답 ① 원동기 및 풀리(pulley) 기능의 이상 유무
② 이탈 등의 방지장치 기능의 이상 유무
③ 비상정지장치 기능의 이상 유무
④ 원동기, 회전축, 기어 및 풀리 등의 덮개 또는 울 등의 이상 유무

01 다음은 안전보건개선 계획의 수립·시행에 대한 내용이다. (   ) 안에 알맞은 기간을 쓰시오.

> 안전보건개선 계획의 수립·시행 명령을 받은 사업주는 고용노동부장관이 정하는 바에 따라 안전보건개선 계획서를 작성하여 그 명령을 받은 날부터 (   ) 이내에 관할 지방 고용노동관서의 장에게 제출해야 한다.

해답 60일

02 다음 그림이 의미하는 재해발생 형태를 각각 쓰시오.

(1)

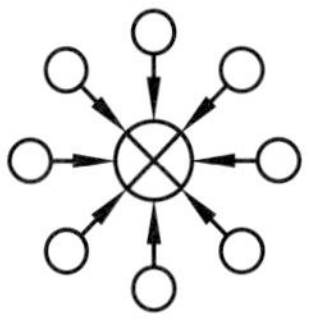

(2)

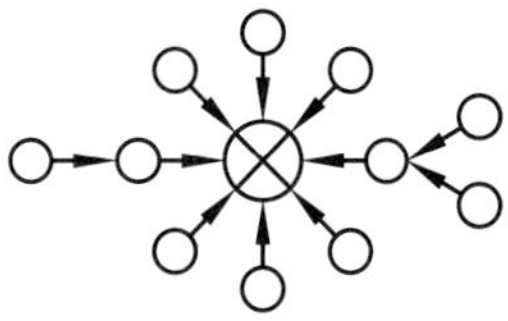

해답 (1) 단순자극형(집중형)   (2) 복합형

해설 재해발생의 형태(그 외)

① 단순연쇄형 :

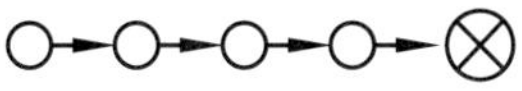

② 복합연쇄형 :

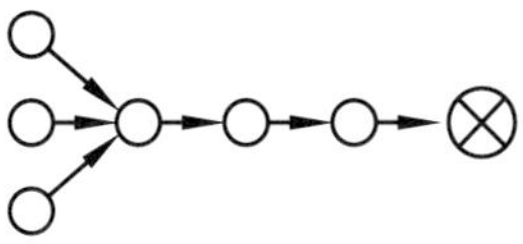

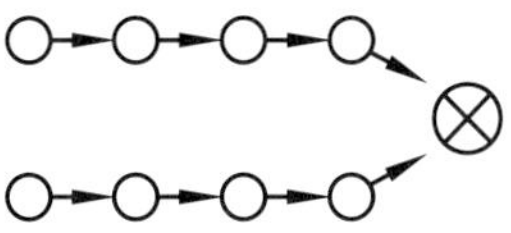

03 동작 실패의 원인이 되는 조건을 각각 구분하여 쓰시오.

(1) 작업강도 :   (2) 환경조건 :

(3) 기상조건 :   (4) 피로도 :

해답 (1) 작업량, 작업속도, 작업시간   (2) 작업환경, 심리환경

(3) 온도, 습도   (4) 신체조건, 질병, 스트레스

04 인간의 실수(human errors)를 심리적 분류에 따라 5가지 유형으로 구분한다면, 다음에 해당하는 에러 유형을 쓰시오.

(1) 작업공정 절차를 수행하지 않아 발생한 에러
(2) 작업공정의 순서 착오로 발생한 에러

해답 (1) 생략 오류(omission error)　　(2) 순서 오류(sequential error)

해설 인간의 실수의 심리적 분류 5가지 유형
　① 생략 오류(omission error) : 작업공정 절차를 수행하지 않아 발생한 에러
　② 시간 지연 오류(timing error) : 시간 지연으로 발생한 에러
　③ 순서 오류(sequential error) : 작업공정의 순서 착오로 발생한 에러
　④ 실행 오류(commission error) : 필요한 작업 절차를 불확실하게 수행하여 발생한 에러
　⑤ 과잉행동 오류(extraneous error) : 불필요한 작업을 수행하여 발생한 에러

05 란돌트(landolt) 고리에 있어 1.5mm의 틈을 5m의 거리에서 겨우 구분할 수 있는 사람의 최소 분간 시력은 얼마인지 구하시오.

풀이 시각(분)$=\dfrac{57.3\times 60\times L}{D}=\dfrac{57.3\times 60\times 1.5}{5000}=1.0314$

시력$=\dfrac{1}{\text{시각}}=\dfrac{1}{1.0314}≒0.97$

해답 0.97

해설 시각(분)$=\dfrac{57.3\times 60\times L}{D}$

여기서, L : 틈 간격(mm), D : 눈과 글자 사이의 거리(mm)

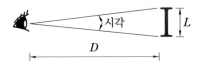

06 인장강도가 350MPa인 강판의 안전율이 4라면 허용응력은 몇 N/mm²인지 구하시오.

풀이 허용응력$=\dfrac{\text{인장강도}}{\text{안전율}}=\dfrac{350}{4}=87.5\,\text{MPa}=87.5\,\text{N/mm}^2$

해답 $87.5\,\text{N/mm}^2$

참고 $Pa=N/m^2$, $MPa=N/mm^2$

07 보일러의 장해 및 사고의 원인 4가지를 쓰고, 각각 설명하시오.

해답 ① 프라이밍 : 보일러의 과부하로 보일러수가 과도하게 끓어 물방울이 튀고, 증기에 물방울이 많이 포함되어 정확한 수위 판단이 어려운 현상이다.
② 포밍 : 보일러수에 불순물이 농축되면서 수면에 거품층이 형성되어 수위가 불안정해지는 현상이다.
③ 수격현상(워터 해머) : 배관 내의 물이 급격히 압력을 받으면서 배관을 강하게 치는 현상으로, 캐리오버에 의해 발생한다.
④ 캐리오버 : 보일러 증기에 다량의 물방울이 포함되는 현상으로, 프라이밍과 포밍을 유발한다.

08 다음은 산업안전보건법에 따른 비상전원 설치에 관한 내용이다. (   ) 안에 알맞은 말을 쓰시오.

> 산업안전보건법상 사업주는 정전에 의한 기계 · 설비의 갑작스러운 정지로 인해 화재 · 폭발 등 재해가 발생할 우려가 있는 경우에는 해당 기계 · 설비에 (①), (②), (③), (④) 등 비상전원을 접속하여 정전 시 비상전력이 공급되도록 해야 한다.

해답 ① 비상발전기　　　　　　　② 비상전원용 수전설비
③ 축전지설비　　　　　　　④ 전기저장장치

09 피뢰설비를 보호 능력의 관점에서 4등급으로 분류하여 쓰시오.

해답 ① 완전보호　　　　　　　② 보통보호
③ 증강보호　　　　　　　④ 간이보호

10 부탄(C_4H_{10})의 연소에 필요한 최소 산소농도(MOC)를 추정하여 계산하면 약 몇 vol%가 되는지 구하시오. (단, 부탄의 폭발하한계는 공기 중에서 1.6vol%이다.)

풀이 ① $C_4H_{10} + 6.5O_2 \rightarrow 4CO_2 + 5H_2O$(1, 6.5, 4, 5는 몰수)
② 부탄에 대한 폭발범위 : 1.6~8.4vol%
③ $MOC = 폭발하한계 \times \dfrac{산소\ 몰수}{연료\ 몰수} = 1.6 \times \dfrac{6.5}{1} = 10.4\,vol\%$

해답 약 $10.4\,vol\%$

11 사업주는 근로자의 추락 등을 방지하기 위해 안전난간을 설치해야 하며, 이 난간의 구조는 다음과 같은 기준을 충족해야 한다. (   ) 안에 알맞은 수를 쓰시오.

(1) 상부 난간대 : 바닥면, 발판 또는 경사로의 표면으로부터 (①)cm 이상
(2) 난간대 : 지름 (②)cm 이상의 금속제 파이프
(3) 하중 : (③)kg 이상의 하중에 견딜 수 있는 튼튼한 구조
(4) 발끝막이판 : 바닥면 등으로부터 (④)cm 이상

해답 ① 90 ② 2.7 ③ 100 ④ 10

12 터널공사의 전기 발파작업에 대한 주요 내용을 3가지 쓰시오.

해답 ① 전선은 점화하기 전에 화약류를 충전한 장소로부터 30m 이상 떨어진 안전한 장소에서 도통시험과 저항시험을 해야 한다.
② 점화할 때는 충분한 허용량을 갖춘 발파기를 사용하고, 반드시 규정된 스위치를 사용해야 한다.
③ 발파가 끝난 후에는 발파기와 발파 모선을 분리하여 재점화되지 않도록 한다.
④ 점화는 선임된 발파책임자가 진행하며, 발파기의 핸들을 점화할 때 이외에는 시건장치를 하거나 모선을 분리하여 발파책임자의 엄중한 관리하에 두어야 한다.

13 산업안전보건법령에 따라 다음 지시표지의 명칭을 쓰시오.

①	②	③	④	⑤	⑥

해답 ① 보안경 착용   ② 방독마스크 착용
③ 방진마스크 착용   ④ 안전화 착용
⑤ 안전장갑 착용   ⑥ 안전복 착용

14 안전대를 보관하는 장소의 환경조건을 3가지 쓰시오.

해답 ① 통풍이 잘되고 습기가 없는 곳   ② 화기 등이 근처에 없는 곳
③ 부식성 물질이 없는 곳   ④ 직사광선이 닿지 않고 건조한 곳

기출문제를
재구성한 **필답형 실전문제 5**

01 페일 세이프(fail safe)와 풀 프루프(fool proof)에 대하여 설명하시오.

[해답] ① 페일 세이프 : 기계의 고장이 있어도 안전사고가 발생하지 않도록 2중, 3중 통제를 가하는 장치이다.
② 풀 프루프 : 작업자의 실수가 있어도 안전사고가 발생하지 않도록 2중, 3중 통제를 가하는 장치이다.

02 재해조사를 하는 목적을 3가지 쓰시오.

[해답] ① 재해 발생원인 및 결함 규명　② 재해 예방을 위한 자료 수집
③ 동종 및 유사 재해의 재발 방지　④ 재해 예방을 위한 대책 수립

03 산업안전보건법령에 따라 설치·이전하는 경우 안전인증을 받아야 하는 기계·기구 및 설비를 3가지 쓰시오.

[해답] ① 크레인
② 리프트
③ 곤돌라
[해설] ① 설치·이전하는 경우 안전인증을 받아야 하는 기계·기구 : 크레인, 리프트, 곤돌라
② 주요 구조 부분을 변경하는 경우 안전인증을 받아야 하는 기계·기구 : 프레스, 전단기 및 절곡기, 크레인, 리프트, 압력용기, 롤러기, 사출성형기, 고소작업대, 곤돌라

04 안전·보건교육 및 훈련의 목적은 인간의 행동 변화를 안전하게 유지하는 것이다. 이러한 행동 변화의 전개과정을 순서대로 나열하시오.

[해답] 자극 → 욕구 → 판단 → 행동

05 실제로 감각되는 온도, 즉 실효온도(effective temperature)에 영향을 주는 요인을 3가지 쓰시오.

〔해답〕 ① 온도 ② 습도 ③ 공기 유동(대류)

〔해설〕 실효온도(체감온도, 감각온도) : 온도, 습도, 공기 유동, 속도 등이 인체에 미치는 열 효과를 하나의 수치로 표현한 감각 지수로, 특정 온도에서 사람이 더 덥거나 춥게 느끼는 체감온도를 의미한다.

06 어떤 기기의 고장률이 시간당 0.002로 일정하다면, 이 기기를 100시간 사용했을 때 고장이 발생할 확률을 구하시오.

〔풀이〕 ① 신뢰도 $R(t) = e^{-\lambda t} = e^{-0.002 \times 100} = e^{-0.2} \fallingdotseq 0.82$
② 고장률 $F(t) = 1 - R(t) = 1 - 0.82 = 0.18$

〔해답〕 0.18

07 연삭기 방호장치의 설치에 관한 내용이다. (   ) 안에 알맞게 쓰시오. (단, 위험 기계 · 기구 자율안전 확인 고시 기준에 따른다.)

(1) 회전 중인 연삭숫돌의 지름이 (①) 이상인 경우 방호장치 덮개를 설치해야 한다.
(2) 상용 연삭기 연삭숫돌의 외주면과 가공물 받침대 사이의 거리는 (②) 이내이어야 한다.
(3) 워크레스트는 연삭숫돌과의 간격을 (③) 이내로 조정할 수 있는 구조이어야 한다.

〔해답〕 ① 5cm ② 3mm ③ 3mm

〔참고〕 원통형 연삭기의 방호장치는 a : 65° 이내, b : 3mm 이내, c : 5mm 이내이어야 한다.

08 근로자의 추락 위험을 방지하기 위해 취해야 할 안전장치의 조치사항을 3가지 쓰시오.

〔해답〕 ① 달비계에 구명줄을 설치한다.

② 근로자에게 안전대를 착용하도록 하고, 착용한 안전줄을 달비계의 구명줄에 체결하도록 한다.

③ 달비계에 안전난간을 설치할 수 있는 구조라면 반드시 안전난간을 설치한다.

09 | 감전사고를 방지하기 위한 대책을 5가지 쓰시오.

해답 ① 설비의 필요한 부분에 보호접지를 사용한다.
② 노출된 충전부에 절연용 방호구를 설치하고 충전부를 절연, 격리한다.
③ 안전전압 이하의 전기기기를 사용한다.
④ 사고회로를 신속히 차단하고, 전기기기 및 설비를 정비한다.
⑤ 전기기기 및 설비의 위험부에 위험표지를 한다.
⑥ 전기설비에 대한 누전차단기를 설치한다.
⑦ 무자격자는 전기기계 및 기구에 전기적인 접촉을 금지시킨다.

10 | 폭발등급에 따라 등급별 안전간격과 해당 가스를 각각 하나씩 쓰시오.

폭발등급	1등급	2등급	3등급
안전간격	①	②	③
해당 가스	④	⑤	⑥

해답 ① 0.6mm 이상
② 0.4mm 초과 0.6mm 이하
③ 0.4mm 이하
④ 부탄, 메탄
⑤ 에틸렌, 석탄가스
⑥ 수소, 아세틸렌

11 | 사업주는 화학설비 또는 그 부속설비의 용도를 변경할 경우, 해당 설비의 안전점검을 실시한 후 사용해야 한다. 이 경우 점검해야 할 사항을 3가지 쓰시오.

해답 ① 설비 내부에 폭발이나 화재의 우려가 있는 물질이 존재하는지 확인한다.
② 안전밸브, 긴급차단장치 및 기타 방호장치의 기능에 이상이 없는지 확인한다.
③ 냉각장치, 가열장치, 교반장치, 압축장치, 계측장치 및 제어장치의 기능에 이상이 없는지 점검한다.

12 작업발판 일체형 거푸집 중 갱폼의 조립, 이동, 양중, 해체작업을 할 경우 준수해야 할 사항을 4가지 쓰시오.

해답 ① 조립 등의 범위 및 작업절차를 작업에 종사하는 근로자에게 사전에 주지시킬 것
② 근로자가 구조물 내부에서 갱폼의 작업 발판으로 안전하게 출입할 수 있는 이동 통로를 설치할 것
③ 갱폼의 지지 또는 고정 철물의 이상 유무를 수시로 점검하고, 이상이 발견되면 즉시 교체할 것
④ 갱폼을 조립하거나 해체할 때는 갱폼을 인양장비에 매단 후 작업을 실시하고, 인양장비에 매달기 전에는 지지 또는 고정 철물을 미리 해체하지 않도록 할 것
⑤ 작업 발판용 케이지에 근로자가 탑승한 상태에서 갱폼의 인양작업을 하지 않을 것

13 타워크레인의 안전한 작업을 위해 특정 순간풍속 조건에서는 작업을 중지하거나 추가적인 안전조치를 해야 한다. ( ) 안에 알맞은 수를 쓰시오.

- 운전작업을 중지해야 하는 순간풍속 : (①)m/s
- 설치, 수리, 점검 또는 해체작업을 중지해야 하는 순간풍속 : (②)m/s
- 타워크레인의 이탈을 방지하기 위한 조치를 해야 하는 순간풍속 : (③)m/s
- 승강기가 붕괴되는 것을 방지하기 위한 조치를 해야 하는 순간풍속 : (④)m/s

해답 ① 15 ② 10 ③ 30 ④ 35

14 대통령령으로 정하는 안전보건 분야의 전문가 자격 요건을 3가지 쓰시오.

해답 ① 건설안전 분야의 산업안전지도사 자격을 가진 사람
② 건설안전기술사 자격을 가진 사람
③ 건설안전기사 자격을 취득한 후 건설안전 분야에서 3년 이상의 실무경력이 있는 사람
④ 건설안전산업기사 자격을 취득한 후 건설안전 분야에서 5년 이상의 실무경력이 있는 사람

제2회

01 산업안전보건법상 안전보건관리 책임자의 직무를 5가지 쓰시오.

해답 ① 산업재해 예방계획 수립에 관한 사항
② 안전보건관리규정의 작성 및 변경에 관한 사항
③ 근로자의 안전 · 보건교육에 관한 사항
④ 작업환경 측정 등 작업환경의 점검 및 개선에 관한 사항
⑤ 근로자의 건강진단 등 건강관리에 관한 사항
⑥ 산업재해의 원인조사 및 재발방지대책 수립에 관한 사항
⑦ 산업재해에 관한 통계의 기록 및 유지에 관한 사항
⑧ 안전장치 및 보호구 구입 시 적격품 여부의 확인에 관한 사항
⑨ 유해 · 위험성 평가 실시에 관한 사항
⑩ 근로자의 유해 · 위험 또는 건강장해의 방지에 관한 사항

02 강도율이 7인 사업장에서 한 작업자가 평생 동안 작업을 한다면 산업재해로 인한 근로 손실일수는 며칠로 예상되는지 구하시오. (단, 이 사업장의 연간 근로시간과 한 작업자 의 평생 근로시간은 100,000시간으로 가정한다.)

풀이 환산 강도율 = 강도율 × 100 = 7 × 100 = 700일
해답 700일

03 안전 · 보건교육의 3단계는 주로 지식교육, 기능교육, 태도교육으로 구분한다. 그 중 태도교육의 구체적인 5단계를 쓰시오.

1단계	2단계	3단계	4단계	5단계
①	②	③	④	⑤

해답 ① 청취한다.
② 이해, 납득시킨다.
③ 시범을 보인다.
④ 권장한다.
⑤ 평가한다(상벌 부여).

04 동기부여의 이론 중 매슬로의 욕구위계이론 5단계와 알더퍼의 ERG 이론을 비교한 표이다. 빈칸에 알맞은 내용을 쓰시오.

구분	욕구위계이론	ERG 이론
제1단계	생리적 욕구	④
제2단계	①	
제3단계	②	⑤
제4단계	③	
제5단계	자아실현의 욕구	⑥

해답 ① 안전의 욕구 ② 사회적 욕구 ③ 존경의 욕구
④ 생존 욕구 ⑤ 관계 욕구 ⑥ 성장 욕구

05 인간공학의 연구 조사에서 사용되는 기준 척도가 갖춰야 할 기본 구비요건을 4가지 쓰시오.

해답 ① 무오염성(순수성) ② 적절성(타당성) ③ 신뢰성(반복성) ④ 민감성
해설 ① 무오염성(순수성) : 척도는 측정하고자 하는 변수 이외에 다른 변수의 영향을 받지 않아야 한다.
② 적절성(타당성) : 기준이 의도한 목적에 적합해야 한다.
③ 신뢰성(반복성) : 반복적인 시험에서 일관된 결과를 보이며, 신뢰성은 이러한 일관성을 의미한다.
④ 민감성 : 피실험자 간의 예상되는 차이를 감지할 수 있을 만큼 정밀하게 측정할 수 있어야 한다.
참고 인간공학의 정의 : 인간의 특성과 한계 능력을 공학적으로 분석, 평가, 연구하여 이를 복잡한 체계의 설계에 응용함으로써 효율을 최대로 활용할 수 있도록 하는 학문 분야를 말한다.

06 시스템 위험분석 기법의 알맞은 명칭을 쓰시오.
(1) 모든 시스템 안전 프로그램 중 최초 단계의 분석으로, 시스템 내의 위험요소가 얼마나 위험한 상태인지 정성적으로 평가하는 기법
(2) 각 장비의 잠재된 위험과 기능 저하가 시설에 미치는 영향을 평가하기 위해 공정이나 설계도를 체계적으로 검토하는 기법
(3) 인간의 과오를 정량적으로 평가하기 위해 Swain 등이 개발한 기법

해답 (1) 예비위험분석(PHA)　　　　　(2) 위험 및 운전성 검토(HAZOP)

(3) 인간 실수율 예측기법(THERP)

해설 시스템 위험분석 기법(그 외)

① 결함위험분석(FHA) : 분업 설계된 서브시스템 간의 인터페이스를 조정하여 전체 시스템의 안전에 악영향이 없도록 하는 분석 기법

② 안전성 위험분석(SSHA) : 정의단계나 시스템 개발의 초기 설계단계에서 수행되며, 생산물의 적합성을 검토하는 기법

③ 운용위험분석(OHA) : 다양한 작업상황에서 제품의 사용과 함께 발생하는 작동 시스템의 기능이나 활동으로부터 발생되는 위험을 분석하는 기법

④ 치명도 분석(CA) : 고장형태가 기기 전체의 고장에 미치는 영향을 정량적으로 평가하는 기법

⑤ 고장형태 및 영향분석(FMEA) : 시스템에 영향을 미치는 모든 요소의 고장형태를 분석하여, 그 영향을 최소화하기 위한 전형적인 정성적, 귀납적 분석 기법

---

07 완전 회전식 클러치 기구가 있는 양수조작식 방호장치에서 확동 클러치의 봉합 개소가 4개이고, 분당 행정 수가 200spm일 때, 방호장치의 최소 안전거리는 몇 mm 이상이어야 하는지 구하시오.

풀이 $D_m = 1.6 \times T_m = 1.6 \times \left(\dfrac{1}{4} + \dfrac{1}{2}\right) \times \dfrac{60000}{200} = 360\,mm$

해답 360 mm 이상

해설 안전거리 $D_m = 1.6 \times T_m$

$$= 1.6 \times \left(\dfrac{1}{\text{클러치 개소 수}} + \dfrac{1}{2}\right) \times \dfrac{60000}{\text{분당 행정수}}$$

---

08 컨베이어 작업 중 발생할 수 있는 사고를 예방하기 위해 설치해야 하는 방호장치 3가지를 쓰시오.

해답 ① 비상정지장치

② 역주행 방지장치

③ 이탈 등의 방지장치

④ 건널다리

⑤ 덮개

⑥ 울

09 콘덴서의 단자전압이 $1\,kV$, 정전용량이 $740\,pF$일 경우 방전에너지는 약 몇 mJ인지 구하시오.

풀이 $E = \dfrac{1}{2}CV^2 = \dfrac{1}{2} \times 740 \times 10^{-12} \times 1000^2 = 0.37\,mJ$

해답 약 $0.37\,mJ$

해설 방전에너지 $E = \dfrac{1}{2}CV^2$

여기서, C : 정전용량(F), V : 전압(V)

10 할로겐화합물 소화약제를 구성하는 원소를 4가지 쓰시오.

해답 ① C(탄소) ② F(불소) ③ Cl(염소) ④ Br(브롬)

해설 ① 할로겐화합물 소화약제를 구성하는 원소 : F(불소), Cl(염소), Br(브롬), C(탄소), I(요오드) 등

② 할로겐 소화약제를 구성하는 할로겐 원소 : F(불소), Cl(염소), Br(브롬), I(요오드)

참고 불소(플루오린), 브롬(브로민)

11 사업주는 가스 폭발 또는 분진 폭발위험이 있는 장소에 설치된 건축물 등에 대해 내화구조로 해야 할 부분과 그 기준을 제시하고, 항상 성능이 유지되도록 점검과 보수 등 적절한 조치를 취해야 한다. 내화 기준을 3가지 쓰시오.

해답 ① 건축물의 기둥 및 보 : 지상 1층까지(지상 1층의 높이가 $6\,m$를 초과하는 경우는 $6\,m$)

② 위험물 저장·취급용기의 지지대(높이가 $30\,cm$ 이하인 것은 제외) : 지상으로부터 지지대의 끝부분까지

③ 배관·전선관 등의 지지대 : 지상으로부터 1단까지(1단의 높이가 $6\,m$를 초과하는 경우는 $6\,m$)

12 잠함 또는 우물통 내부에서 근로자가 굴착작업을 할 때, 급격한 침하로 인한 위험을 방지하기 위해 준수해야 할 사항을 2가지 쓰시오.

해답 ① 침하 관계도에 따라 굴착방법과 재하량 등을 정할 것

② 바닥에서 천장 또는 보까지의 높이를 $1.8\,m$ 이상으로 할 것

13 보호구 안전인증 고시에 따른 고무제 안전화의 성능을 시험하는 방법을 4가지 쓰시오.

해답 ① 내유성 시험
② 내화학성 시험
③ 내알칼리성 시험
④ 누출방지성 시험

14 산업안전보건기준에 관한 규칙에 따라 차량계 건설기계를 이용하여 작업할 경우, 작업 시작 전 점검해야 할 사항을 쓰시오.

해답 브레이크 및 클러치 등의 기능
참고 이동식 크레인을 사용하여 작업할 경우, 작업시작 전 점검해야 할 사항
① 권과방지장치나 기타 경보장치의 기능
② 브레이크, 클러치 및 조정장치의 기능
③ 와이어로프가 통하고 있는 곳 및 작업장소의 지반상태

01 산업안전보건법령상 안전보건진단을 받고 안전보건개선 계획을 수립·제출하도록 명할 수 있는 사업장의 기준을 3가지 쓰시오.

해답 ① 사업주가 필요한 안전·보건 조치 의무를 이행하지 않아 중대 재해가 발생한 사업장
② 산업재해율이 같은 업종에서 평균 산업재해율의 2배 이상인 사업장
③ 작업환경 불량, 화재·폭발 또는 누출사고 등으로 사회적 물의를 일으킨 사업장
④ 직업병에 걸린 사람이 연간 2명 이상 발생한 사업장(상시근로자 1천 명 이상 사업장의 경우 3명 이상)

02 아차사고(near accident)가 의미하는 뜻을 설명하시오.

해답 산업재해에 있어 인적, 물적 손실이 발생하지 않은 사고를 아차사고 또는 무상해 사고라 한다.

해설 사고로 이어질 뻔했으나 다행히 피해나 손실이 발생하지 않은 상황으로, 사고로 이어질 수 있는 위험요소나 잠재적 위험을 사전에 인지하고 예방할 수 있도록 한다.

03 인간의 행동 특성 중 태도에 관한 특성을 3가지 쓰시오.

해답 ① 인간의 행동은 태도에 따라 달라진다.
② 한 번 태도가 결정되면 오랫동안 유지된다.
③ 개인의 심적 태도 교정보다 집단의 심적 태도 교정이 더 용이하다.
④ 행동을 결정하고 지시하는 것은 내적 행동체계이다.

04 휴먼에러(human errors)를 원인별로 분류한 설명을 보고, 해당하는 에러 유형을 쓰시오.

(1) 작업자 자신으로부터 발생한 에러
(2) 작업형태, 작업조건 등에서 문제가 생겨 발생한 에러
(3) 작업을 하려고 해도 필요한 정보, 물건, 에너지 등이 없어 작업할 수 없는 상태에서 발생하는 에러

[해답] (1) 1차 오류(primary error)

(2) 2차 오류(secondary error)

(3) 지시 오류(command error)

05 25cm 거리에서 글자를 식별하기 위해 2디옵터(diopter) 안경이 필요했다. 동일한 사람이 1m의 거리에서 글자를 식별하기 위해서는 몇 디옵터의 안경이 필요한지 구하시오.

[풀이] ① $D(0.25\,\mathrm{m}) = \dfrac{1}{\text{단위 초점거리}} = \dfrac{1}{0.25} = 4\,\mathrm{D}$

실제 시력 $D = 2 + 4 = 6\,\mathrm{D}$

② $D(1\,\mathrm{m}) = \dfrac{1}{\text{단위 초점거리}} = \dfrac{1}{1} = 1\,\mathrm{D}$

③ 필요한 디옵터 $= 6 - 1 = 5\,\mathrm{D}$

[해답] 5디옵터(5D)

06 단면 6×10cm인 목재가 4000kg의 압축하중을 받고 있다. 안전율을 5로 하면 실제 사용응력은 허용응력의 약 몇 %인지 구하시오. (단, 목재의 압축강도는 500kg/cm²이다.)

[풀이] ① 허용응력 $= \dfrac{\text{압축강도}}{\text{안전율}} = \dfrac{500}{5} = 100\,\mathrm{kg/cm^2}$

② 압축강도 $= \dfrac{\text{압축하중}}{\text{단면적}} = \dfrac{4000}{6 \times 10} = 66.67\,\mathrm{kg/cm^2}$

③ 사용응력 = 허용응력의 $66.67\%(= \dfrac{66.67}{100} \times 100)$

[해답] 약 66.67%

07 보일러에서 프라이밍(priming)과 포밍(foaming)의 발생원인을 4가지 쓰시오.

[해답] ① 보일러의 고수위   ② 보일러의 급격한 과열

③ 기계적 결함이 있을 경우   ④ 보일러가 과부하로 사용될 경우

⑤ 보일러수에 불순물이 많이 포함되었을 경우

[해설] 프라이밍과 포밍

① 프라이밍 : 보일러 내 물이 과도하게 끓어 물방울이 증기와 함께 튀어나와 수위 판단이 어려워지는 현상이다.

② 포밍 : 보일러수에 불순물이 농축되어 거품이 형성되고, 이로 인해 수위가 불안정해지는 현상이다.

08 산업안전보건법상 정전작업 시 전로 차단을 위한 절차를 4가지 쓰시오.

해답 ① 전기기기 등에 공급되는 모든 전원과 관련 도면, 배선도 등으로 확인할 것
② 전원을 차단한 후 각 단로기 등을 개방하고 확인할 것
③ 차단장치나 단로기 등에 잠금장치 및 꼬리표를 부착할 것
④ 전기기기 등은 접촉하기 전에 잔류전하를 완전히 방전시킬 것
⑤ 검전기를 이용하여 작업대상 기기가 충전되었는지를 확인할 것
⑥ 전기기기 등이 다른 노출 충전부와의 접촉, 유도 또는 예비동력원의 역송전 등으로 전압이 발생할 우려가 있는 경우에는 충분한 용량을 가진 단락 접지 기구를 이용하여 접지할 것

09 피뢰시스템의 등급에 따른 회전구체의 반지름 기준을 단위와 함께 쓰시오.

(1) 피뢰레벨 Ⅰ :　　　　　　　　(2) 피뢰레벨 Ⅱ :
(3) 피뢰레벨 Ⅲ :　　　　　　　　(4) 피뢰레벨 Ⅳ :

해답 (1) 20 m　(2) 30 m　(3) 45 m　(4) 60 m

10 메탄 1 vol%, 헥산 2 vol%, 에틸렌 2 vol%, 공기 95 vol%로 된 혼합가스의 폭발하한 계값(vol%)을 구하시오. (단, 메탄, 헥산, 에틸렌의 폭발하한계값은 각각 5.0, 1.1, 2.7 vol%이다.)

풀이 혼합가스의 폭발범위

$$\frac{100}{L}=\frac{V_1}{L_1}+\frac{V_2}{L_2}+\frac{V_3}{L_3}+\cdots \text{이므로 } L=\frac{100}{\frac{V_1}{L_1}+\frac{V_2}{L_2}+\frac{V_3}{L_3}}\text{이다.}$$

이때 $V_1=\frac{1}{(1+2+2)}\times100=20\%$, $V_2=\frac{2}{(1+2+2)}\times100=40\%$,

$V_3=\frac{2}{(1+2+2)}\times100=40\%$

$$\therefore L=\frac{100}{\frac{V_1}{L_1}+\frac{V_2}{L_2}+\frac{V_3}{L_3}}=\frac{100}{\frac{20}{5}+\frac{40}{1.1}+\frac{40}{2.7}}\fallingdotseq1.81\,vol\%$$

여기서, L : 혼합가스의 폭발하한계, L_1, L_2, L_3 : 단독가스의 폭발하한계
V_1, V_2, V_3 : 단독가스의 공기 중 부피

해답 1.81 vol%

11 통나무 비계를 조립할 때 준수해야 할 사항이다. ( ) 안에 알맞게 쓰시오.

- 통나무 비계는 지상 높이 (①) 이하 또는 (②) 이하인 건축물의 해체 및 조립 등의 작업에서만 사용한다.
- 통나무 비계의 조립 간격은 수직 방향이 (③), 수평 방향이 (④)이다.

해답 ① 4층 ② 12 m ③ 5.5 m ④ 7.5 m

12 발파구간 인접 구조물의 피해 및 손상을 예방하기 위한 건물 기초의 허용 진동치 (cm/s) 기준을 쓰시오. (단, 기존 구조물에 금이 가 있거나 노후 구조물의 경우는 고려하지 않는다.)

(1) 문화재 :   (2) 주택, 아파트 :
(3) 상가 :   (4) 철골콘크리트 빌딩

해답 (1) 0.2 cm/s (2) 0.5 cm/s (3) 1.0 cm/s (4) 1.0~4.0 cm/s

13 안전보건표지 중 다음과 같은 안내표지의 명칭을 쓰시오.

①	②	③	④
		비상용기구	

해답 ① 응급구호표지 ② 들것 ③ 비상용 기구 ④ 비상구

14 보호구 안전인증 고시에 따른 사용 장소별 방독마스크의 등급 기준이다. ( ) 안에 알맞은 수를 쓰시오.

- 고농도의 가스 또는 증기의 농도가 전체 농도의 100분의 (①) 이하인 대기 중에서 사용한다.
- 중농도의 가스 또는 증기의 농도가 전체 농도의 100분의 (②) 이하인 대기 중에서 사용한다.
- 송기마스크는 산소농도가 (③)% 이상인 장소에서 사용해야 한다.

해답 ① 2 ② 1 ③ 18

기출문제를
재구성한 **필답형 실전문제 6**

>>> 제1회 <<<

01 안전보건관리 조직의 3가지 유형을 나타낸 그림이다. 각 유형에 해당하는 조직의 이름을 쓰시오.

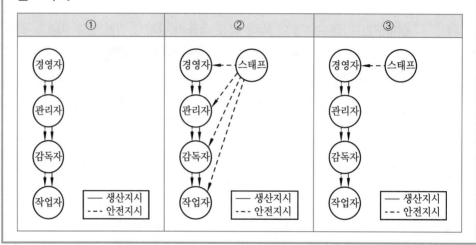

해답 ① 라인형(직계형) 조직
② 스태프형(참모형) 조직
③ 라인-스태프형(혼합형) 조직

02 재해조사를 할 때 유의해야 할 사항을 3가지 쓰시오.

해답 ① 사실을 있는 그대로 수집한다.
② 조사는 2인 이상이 실시한다.
③ 기계설비, 사람, 환경에 관한 재해요인을 직접적으로 도출한다.
④ 목격자의 증언 등 사실 이외의 추측은 참고로만 한다.

03 산업안전보건법령상 주요 구조 부분을 변경하는 경우 안전인증을 받아야 하는 기계ㆍ기구 및 설비를 5가지 쓰시오.

해답 ① 프레스   ② 크레인   ③ 전단기 및 절곡기

④ 리프트　　　　　⑤ 압력용기　　　　　⑥ 롤러기

⑦ 사출성형기　　　　⑧ 고소작업대　　　　⑨ 곤돌라

참고 설치·이전하는 경우 안전인증을 받아야 하는 기계·기구에는 크레인, 리프트, 곤돌라 등이 있다.

---

04 안전·보건교육 중 지식교육을 실시할 때의 4단계를 순서대로 쓰시오.

제1단계	제2단계	제3단계	제4단계
①	②	③	④

해답 ① 도입(학습할 준비)

② 제시(작업 설명)

③ 적용(작업 진행)

④ 확인(결과)

---

05 신체와 환경 간의 열교환 과정을 식으로 바르게 나타내시오. (단, W는 수행한 일, M은 대사열 발생량, S는 신체 열함량 변화, R은 복사열 교환량, C는 대류열 교환량, E는 증발열 발산량이다.)

해답 $S = M - E \pm R \pm C - W$

---

06 조작자 한 사람의 신뢰도가 0.98일 때, 요원을 중복하여 2인 1조로 작업을 진행하는 공정이 있다. 작업기간 동안 항상 요원이 지원된다면, 이 조의 인간 신뢰도를 구하시오.

풀이 인간 신뢰도 $= 1 - (1 - 0.98)^2 \fallingdotseq 0.99$

해답 0.99

---

07 다음은 연삭숫돌 사용 시 안전을 위한 시운전 절차에 관한 내용이다. (　　) 안에 알맞은 시간을 쓰시오.

연삭숫돌을 사용하는 경우, 작업시작 전 (①) 이상 시운전을 실시해야 하며, 연삭숫돌을 교체한 후에는 (②) 이상 시운전을 통해 이상 유무를 확인해야 한다.

해답 ① 1분　② 3분

08 사업주가 작업의자형 달비계를 설치할 때 필요한 안전장치에 취해야 할 조치사항을 6가지 쓰시오.

해답 ① 작업대는 나무 등 근로자의 하중을 견딜 수 있는 강도의 재료를 사용하여 견고한 구조로 제작한다.
② 작업대의 네 모서리에 로프를 매달아 작업대가 뒤집히거나 떨어지지 않도록 연결한다.
③ 작업용 섬유로프는 콘크리트에 매립된 고리, 건축물의 콘크리트 또는 철재 구조물 등 2개 이상의 견고한 고정점에 풀리지 않도록 결속한다.
④ 작업용 섬유로프와 구명줄은 다른 고정점에 결속되도록 한다.
⑤ 근로자의 하중을 충분히 견딜 수 있는 강도를 가진 작업용 섬유로프, 구명줄 및 고정점을 사용한다.
⑥ 작업용 섬유로프에 작업대를 연결하여 하강하는 경우, 근로자의 조종 없이는 작업대가 하강하지 않도록 한다.
⑦ 작업용 섬유로프 또는 구명줄이 결속된 고정점의 로프는 다른 사람이 풀지 못하게 하고, 작업 중임을 알리는 경고표지를 부착한다.
⑧ 작업용 섬유로프와 구명줄이 건물이나 구조물의 끝부분, 날카로운 물체 등에 의해 절단되거나 마모될 우려가 있는 경우, 이를 방지할 수 있는 보호 덮개를 씌우는 등의 조치를 한다.
⑨ 근로자의 추락 위험을 방지하기 위해 달비계에 구명줄을 설치한다.
⑩ 근로자에게 안전대를 착용하도록 하고, 근로자가 착용한 안전줄을 달비계의 구명줄에 체결하도록 한다.

09 물 등의 도전성이 높은 액체가 있는 습윤한 장소에서 배선공사를 할 때, 유의해야 할 사항을 3가지 쓰시오.

해답 ① 애자 사용 배선의 경우 22kV 이상의 전압이 걸리는 경우에는 판 애자 이상의 크기를 사용한다.
② 이동 전선을 사용할 때는 단면적이 $0.75\,\text{mm}^2$ 이상인 코드 또는 캡타이어 케이블을 사용한다.
③ 배관 공사를 할 때는 습기나 물기가 내부에 침투하지 않도록 적절한 조치를 취한다.
④ 전선의 접속 개소는 가능한 한 최소화하고, 접속 부분에는 반드시 절연 처리를 한다.

10 다음은 최고 표면온도 등급에 따른 표면온도와 방폭 전기기기의 발화도 등급에 따른 증기·가스의 발화도를 나타낸 표이다. 빈칸을 채우시오.

최고 표면온도 등급	최고 표면온도(℃)		발화도 등급	증기·가스의 발화도(℃)	
	초과	이하		초과	이하
T1	300	450	G1	①	–
T2	②	③	G2	300	450
T3	135	200	G3	④	⑤
T4	⑥	⑦	G4	135	200
T5	85	100	G5	⑧	⑨
T6	–	85	G6	85	100

해답 ① 450 ② 200 ③ 300 ④ 200 ⑤ 300 ⑥ 100 ⑦ 135
⑧ 100 ⑨ 135

11 분진 등을 배출하기 위해 설치하는 국소배기장치(이동식은 제외)의 덕트는 기준에 맞도록 설치해야 한다. 이때 고려해야 할 사항을 4가지 쓰시오.

해답 ① 덕트의 길이는 가능하면 짧게 하고, 굴곡부의 수는 적게 할 것
② 접속부의 안쪽은 돌출된 부분이 없도록 할 것
③ 청소구를 설치하여 청소하기 쉬운 구조로 할 것
④ 덕트 내부에 오염물질이 쌓이지 않도록 이송 속도를 유지할 것
⑤ 연결 부위 등에서 외부 공기가 들어오지 않도록 할 것

12 건설공사에 사용되는 표준안전관리비 항목을 6가지 쓰시오.

해답 ① 안전시설비
② 본사 사용비
③ 사업장의 안전진단비
④ 안전보건 교육비 및 행사비
⑤ 근로자의 건강관리비
⑥ 건설 재해예방 기술지도비
⑦ 안전관리자 등의 인건비 및 각종 업무수당
⑧ 개인 보호구 및 안전장비 구입비

13 사업주가 작업 발판 일체형 거푸집 조립 등의 작업을 수행할 경우, 준수해야 할 사항을 3가지 쓰시오.

해답 ① 조립 등의 작업 시 거푸집 부재의 변형 여부와 연결 및 지지재의 이상 유무를 확인할 것
② 조립작업과 관련된 이동, 양중, 운반장비의 고장, 오조작 등으로 인해 근로자에게 위험이 발생할 수 있는 장소에는 근로자의 출입을 금지하는 등 위험방지 조치를 할 것
③ 거푸집이 콘크리트면에 지지될 때, 콘크리트의 굳기 정도와 거푸집의 무게, 풍압 등의 영향으로 거푸집의 이탈 또는 낙하가 발생할 수 있는 경우에는 설계도서에서 정한 콘크리트 양생기간을 준수하거나 콘크리트면에 견고하게 지지하는 등 필요한 조치를 할 것
④ 연결 또는 지지 형식으로 조립된 부재의 조립작업을 할 때는 거푸집을 인양장비에 매단 후 작업을 수행하는 등 낙하, 붕괴, 전도의 위험방지를 위해 필요한 조치를 할 것

14 산업안전보건법령상 유해하거나 위험한 장소에서 사용하는 기계·기구 및 설비를 설치 또는 이전할 경우, 유해·위험방지 계획서를 작성하여 제출해야 하는 대상을 5가지 쓰시오.

해답 ① 금속 용해로
② 가스집합 용접장치
③ 화학설비
④ 건조설비
⑤ 분진작업 관련 설비
⑥ 제조금지물질 또는 허가대상물질 관련 설비

>>> 제2회 <<<

01 산업안전보건법상 안전관리자의 직무 5가지를 쓰시오.

해답 ① 사업장 안전교육계획의 수립 및 안전교육 실시에 관한 보좌 및 조언·지도
② 사업장 순회점검 지도 및 조치의 건의
③ 산업재해 발생의 원인 조사·분석 및 재발 방지를 위한 기술적 보좌 및 조언·지도
④ 산업재해에 관한 통계의 유지·관리 및 분석을 위한 보좌 및 조언·지도
⑤ 안전인증 대상 기계·기구 등과 자율안전확인 대상 기계·기구 등 구입 시 적격품 선정에 관한 보좌 및 조언·지도
⑥ 위험성 평가에 관한 보좌 및 조언·지도
⑦ 안전에 관한 사항의 이행에 관한 보좌 및 조언·지도
⑧ 산업안전보건위원회 또는 노사협의체, 안전보건관리규정 및 취업규칙에서 정한 직무
⑨ 업무수행 내용의 기록·유지
⑩ 기타 안전에 관한 사항으로 노동부장관이 정하는 사항

02 도수율이 12.57, 강도율이 17.45인 사업장에서 1명의 근로자가 평생 근무할 경우, 며칠의 근로손실이 발생하는지 구하시오. (단, 1인 근로자의 평생 근로시간은 10^5시간이다.)

풀이 평생 근로손실일수(환산강도율)=강도율×100=17.45×100=1745일
해답 1745일

03 관리감독자 교육의 종류를 4가지 쓰고 간단히 설명하시오.

해답 ① TWI(Training Within Industry) : 작업방법, 작업지도, 인간관계, 작업안전에 관한 훈련
② MTP(Management Training Program) : 관리자 및 중간 관리층을 대상으로 하는 관리자 훈련 프로그램
③ ATT(Activity Training Techniques) : 직급에 관계없이 부하직원이 상사에게 강사 역할을 할 수 있는 훈련
④ CCS(Case Study and Seminar) : 강의법과 토의법이 결합된 형태로 정책의 수립, 조직, 통제 및 운영을 다루는 교육

04 | 리더십의 유형을 3가지 쓰시오.

해답 ① 전제형(권위형)
② 민주형
③ 자유방임형

해설 리더십의 유형
① 전제형 : 리더가 모든 정책을 단독으로 결정하며, 부하직원들에게 지시하고 명령하는 형태의 독재적인 리더십이다.
② 민주형 : 집단토론을 통해 의사결정을 하는 형태의 리더십이다.
③ 자유방임형 : 리더가 명목상으로만 자리를 유지하며, 부하직원들에게 자율적인 권한을 부여하는 형태의 리더십이다.

05 | 작업개선을 위해 도입되는 원리인 ECRS의 의미를 나타낸 표이다. 빈칸에 알맞은 내용을 쓰시오.

E	제거(Eliminate)	생략과 배제의 원칙
C	결합(Combine)	①
R	재조정(Rearrange)	②
S	단순화(Simplify)	단순화의 원칙

해답 ① 결합과 통합의 원칙
② 재편성과 재배열의 원칙

06 | 예비위험분석(PHA)에서 위험의 정도를 4가지 범주로 분류하고, 각 범주에 대하여 간단히 설명하시오.

해답 ① 범주 I (파국적, 치명적, catastrophic) : 시스템 고장이나 사고로 사망이나 중대한 시스템 손상이 발생하는 경우
② 범주 II (위기적, critical) : 시스템 고장이나 사고로 심각한 상해나 중대한 시스템 손상이 발생하는 경우
③ 범주 III (한계적, marginal) : 시스템 성능 저하가 발생하나 상해는 경미하며, 시스템의 주요 기능에 큰 영향을 미치지 않는 경우
④ 범주 IV (무시, negligible) : 경미한 상해나 거의 무시할 수 있는 수준의 시스템 성능 저하가 발생하는 경우

07 작업자의 신체 움직임을 감지하여 프레스의 작동을 급정지시키는 광전자식 안전장치가 부착된 프레스가 있다. 안전거리가 32cm일 때 급정지에 소요되는 시간은 최대 몇 초 이내이어야 하는지 구하시오. (단, 급정지에 소요되는 시간은 손이 광선을 차단한 순간부터 급정지 기구가 작동하여 하강하는 슬라이드가 정지할 때까지의 시간을 의미한다.)

풀이 안전거리 $D_m = 1.6T_m$, $0.32 = 1.6T_m$, $T_m = \dfrac{0.32}{1.6} = 0.2$초

해답 0.2초 이내

08 다음은 항타기, 항발기의 설치 및 작업 시 안전을 위해 준수해야 하는 사항이다. ( ) 안에 알맞은 내용을 쓰시오.

(1) 버팀대, 버팀줄만으로 상단 부분을 고정시킬 때는 버팀대, 버팀줄은 (①) 이상 설치하고 하단 부분은 견고한 버팀, 말뚝 또는 철골 등으로 고정시킨다.
(2) 항타기 또는 항발기 권상장치의 드럼축과 권상장치로부터 첫 번째 도르래 축과의 거리는 권상장치 드럼 폭의 (②) 이상으로 해야 한다.

해답 ① 3개 · ② 15배

해설 ① 연약한 지반에 설치할 때는 각부 또는 가대의 침하를 방지하기 위해 깔목, 깔판 등을 사용한다.
② 권상용 와이어로프는 추 또는 해머가 최저 위치에 있거나, 널말뚝을 빼기 시작한 때를 기준으로 권상장치의 드럼에 적어도 2회 감기고 남을 수 있는 충분한 길이여야 한다.
③ 도르래는 권상장치의 드럼 중심을 지나야 하며, 축과 수직면상에 있어야 한다.

09 폭발범위 내에 있는 가연성 가스 혼합물에 전압을 변화시키며 전기 불꽃을 발생시켰더니 1000V가 되는 순간 폭발이 일어났다. 이때 사용한 전기 불꽃의 콘덴서 용량이 0.1 μF였다면, 이 가스의 최소 발화에너지는 몇 mJ인지 구하시오.

풀이 $E = \dfrac{1}{2}CV^2 = \dfrac{1}{2} \times 0.1 \times 10^{-6} \times 1000^2 = 0.05\,\text{J} = 50\,\text{mJ}$

해답 50mJ

해설 최소 발화에너지 $E = \dfrac{1}{2}CV^2$

여기서, C : 정전용량(F), V : 전압(V)

10 산업안전보건법상 통풍이나 환기가 충분하지 않고 가연물이 있어 화재 위험이 있는 건축물이나 설비 내부에서 화재 위험작업을 할 때, 사업주가 준수해야 할 사항을 3가지 쓰시오.

해답 ① 화기작업 시 인근 인화성 액체에 대한 방호조치를 하고 소화기구를 비치한다.
② 작업장 내 위험물의 사용 및 보관 현황을 파악한다.
③ 인화성 액체의 증기가 남아 있지 않도록 환기 등의 조치를 취한다.
④ 용접 불티 비산방지 덮개나 방화포 등을 사용하여 불꽃과 불티가 비산하지 않도록 조치한다.

11 다음은 건설공사에서 산업재해 예방 및 안전관리에 관한 내용이다. (   ) 안에 알맞은 내용을 쓰시오.

• 총공사 금액이 (①) 이상인 건설공사의 발주자는 건설공사의 계획, 설계 및 시공 단계에서 산업재해 예방을 위해 필요한 조치를 해야 한다.
• 건설공사 계획단계 : 해당 건설공사에서 중점적으로 관리해야 할 유해 · 위험요인과 그 감소방안을 포함한 (②)을 작성해야 한다.

해답 ① 50억 원   ② 기본안전보건대장
참고 ① 건설공사 설계단계 : 기본안전보건대장을 설계자에게 제공하고, 설계자가 유해 · 위험요인의 감소방안을 포함한 설계안전보건대장을 작성하도록 하며, 이를 확인해야 한다.
② 건설공사 시공단계 : 발주자로부터 건설공사를 최초로 도급받은 수급인에게 설계안전보건대장을 제공하고, 수급인이 이를 반영하여 안전한 작업을 위한 공사안전보건대장을 작성하도록 하여, 그 이행 여부를 확인해야 한다.

12 사업주는 잠함, 우물통, 수직갱 등 이와 유사한 건설물이나 설비 내부에서 굴착작업을 할 때 준수해야 할 사항을 2가지 쓰시오.

해답 ① 산소결핍이 우려되는 경우에는 산소농도를 측정할 사람을 지명하여 측정하도록 한다.
② 근로자가 안전하게 오르내릴 수 있도록 적절한 설비를 설치한다.
③ 굴착 깊이가 20m를 초과할 경우에는 작업장소와 외부 간의 연락을 위한 통신설비를 설치한다.

13 의무 안전인증 대상 보호구에서 성능구분에 따른 안전화의 종류를 4가지 쓰시오.

해답 ① 가죽제 안전화
② 고무제 안전화
③ 정전기 안전화
④ 발등 안전화
⑤ 절연화

14 산업안전보건기준에 관한 규칙에 따라 용접·용단작업 등 화재 위험작업을 할 때, 작업시작 전 점검해야 할 사항을 4가지 쓰시오.

해답 ① 작업준비 및 작업절차가 수립되었는지 여부
② 화기작업에 따른 인근 가연성 물질에 대한 방호조치와 소화기구가 비치되었는지 여부
③ 용접 불티 비산 방지 덮개 또는 방화포 등으로 불꽃과 불티가 비산하지 않도록 조치되었는지 여부
④ 인화성 액체의 증기 또는 인화성 가스가 남아 있지 않도록 환기 조치가 이루어졌는지 여부
⑤ 작업 근로자에 대한 화재 예방 및 피난 교육 등 비상조치가 이루어졌는지 여부

제3회

01 안전보건관리계획의 주요 평가척도를 4가지 쓰고, 평가척도에 대하여 간단히 설명하시오.

해답 ① 절대척도 : 재해 건수와 같은 수치적인 데이터를 기준으로 평가하는 척도
② 상대척도 : 도수율, 강도율 등을 계산하여 상대적인 비교를 통해 평가하는 척도
③ 도수척도 : 목표나 성과의 달성 정도를 백분율로 나타내어 평가하는 척도
④ 평정척도 : 상, 중, 하와 같은 등급으로 양적인 분류를 통해 평가하는 척도

02 산업안전보건법령에 따라 사업장에서 산업재해가 발생했을 때 사업주가 기록하고 보존해야 할 사항을 4가지 쓰시오.

해답 ① 사업장의 개요 및 근로자의 인적사항
② 재해발생의 일시 및 장소
③ 재해발생의 원인 및 과정
④ 재해 재발방지 계획

03 집단의 기능 요소인 응집력, 집단의 규범, 집단의 목표에 대해 각각 설명하시오.

해답 ① 응집력 : 집단 내 구성원들이 함께 머물도록 하는 내부의 힘으로, 집단의 결속을 강화한다.
② 집단의 규범 : 집단의 유지와 목표 달성을 위해 형성된 행동 기준이나 기대치로, 자연스럽게 형성되며 변화 가능하고 유동적이다.
③ 집단의 목표 : 집단이 하나의 단위로 기능을 하기 위해 설정된 목표로, 집단의 역할 수행에 필수적인 요소이다.

04 인간의 실수(human errors)를 행동과정에 따라 5가지로 분류하고, 각 오류의 특징을 설명하시오.

해답 ① 입력 오류(input error) : 감지나 인식과정에서 발생하는 오류
② 정보처리 오류(information processing error) : 정보해석이나 판단과정에서 착각하는 오류

③ 출력 오류(output error) : 행동이나 작업을 수행하는 과정에서 발생하는 오류

④ 의사결정 오류(decision–making error) : 결정을 내리는 과정에서 발생하는 오류

⑤ 피드백 오류(feedback error) : 결과를 평가하거나 제어하는 과정에서 발생하는 오류

---

05 소음이 심한 기계로부터 1.5m 떨어진 곳의 음압수준이 100dB일 때, 이 기계로부터 5m 떨어진 곳에서의 음압수준을 구하시오.

풀이 $dB_2 = dB_1 - 20\log\left(\dfrac{d_2}{d_1}\right) = 100 - 20\log\left(\dfrac{5}{1.5}\right) \fallingdotseq 89.55\,dB$

해답 $89.55\,dB$

해설 음압수준

$$dB_2 = dB_1 - 20\log\left(\dfrac{d_2}{d_1}\right)$$

여기서, dB_1 : 소음기계로부터 d_1 떨어진 곳의 소음

dB_2 : 소음기계로부터 d_2 떨어진 곳의 소음

---

06 허용응력이 100kgf/mm²이고 단면적이 2mm²인 강판의 극한하중이 400kgf일 때 안전율을 구하시오.

풀이 ① 극한강도 $= \dfrac{극한하중}{단면적} = \dfrac{400}{2} = 200\,kgf/mm^2$

② 안전율 $= \dfrac{극한강도}{허용응력} = \dfrac{200}{100} = 2$

해답 2

---

07 보일러에서 발생할 수 있는 캐리오버 현상의 원인에 대해 각각 설명하시오.

해답 캐리오버 현상은 보일러에서 관으로 보내는 증기에 대량의 물방울이 포함되어 증기의 순도가 저하되는 현상으로, 관 내에 응축수가 생기며 수격현상의 원인이 될 수 있다.

참고 수격현상(워터해머) : 배관 내의 급격한 압력 변화로 관 벽을 강하게 치는 현상으로, 캐리오버 현상에 의해 증기 내 응축수가 과도하게 발생하는 경우 원인이 될 수 있다.

08 산업안전보건법상 정전작업을 시작하기 전에 취해야 할 조치사항을 3가지 쓰시오.

[해답] ① 개로 개폐기의 시건 또는 표시
② 전로의 충전 여부를 검전기로 확인
③ 전력용 커패시터 및 전력 케이블 등의 잔류전하 방전
④ 작업 지휘자에 의한 작업내용의 명확한 전달

09 피뢰기의 제한전압이 800kV, 충격 절연강도가 1000kV일 때 보호 여유도를 구하시오.

[풀이] 보호 여유도 $= \dfrac{\text{충격 절연강도} - \text{제한전압}}{\text{제한전압}} \times 100 = \dfrac{1000 - 800}{800} \times 100 = 25\%$

[해답] 25%

10 메탄(CH_4) 70vol%, 부탄(C_4H_{10}) 30vol%로 구성된 혼합가스의 25℃, 대기압에서의 공기 중 폭발하한계(vol%)를 구하시오. (단, 각 물질의 폭발하한계는 다음 식을 이용하여 추정, 계산한다.)

$$C_{st} = \frac{1}{1 + 4.77 \times O_2} \times 100, \quad L_{25} \fallingdotseq 0.55 C_{st}$$

[풀이] ① 메탄(CH_4)에서 탄소(n)=1, 수소(m)=4, 할로겐(f)=0, 산소(λ)=0이므로

$$C_{st} = \frac{100}{1 + 4.77\left(n + \dfrac{m-f-2\lambda}{4}\right)} = \frac{100}{1 + 4.77\left(1 + \dfrac{4-0-0}{4}\right)} \fallingdotseq 9.49\,\text{vol\%}$$

폭발하한계 $= 0.55 \times C_{st} = 0.55 \times 9.49 \fallingdotseq 5.22\,\text{vol\%}$

② 부탄(C_4H_{10})에서 n=4, m=10, f=0, λ=0이므로

$$C_{st} = \frac{100}{1 + 4.77\left(n + \dfrac{m-f-2\lambda}{4}\right)} = \frac{100}{1 + 4.77\left(4 + \dfrac{10-0-0}{4}\right)} \fallingdotseq 3.12\,\text{vol\%}$$

폭발하한계 $= 0.55 \times C_{st} = 0.55 \times 3.12 \fallingdotseq 1.72\,\text{vol\%}$

③ 혼합가스의 폭발하한계

$$L = \frac{100}{\dfrac{V_1}{L_1} + \dfrac{V_2}{L_2}} = \frac{100}{\dfrac{70}{5.22} + \dfrac{30}{1.72}} \fallingdotseq 3.24\,\text{vol\%}$$

[해답] 3.24vol%

11 사업주가 통나무 비계를 조립할 때 준수해야 할 사항으로, ( ) 안에 알맞은 내용을 쓰시오.

> 비계 기둥의 간격은 (①) 이하로 하고, 지상으로부터 첫 번째 띠장은 (②) 이하의 위치에 설치한다. 다만, 작업의 성질상 이를 준수하기 어려워 쌍기둥 등으로 보강한 경우는 예외로 한다.

[해답] ① 2.5m   ② 3m

[해설] 통나무 비계를 조립할 때 준수해야 할 사항(그 외)

① 비계 기둥의 이음이 겹침이음인 경우에는 이음 부분에서 1m 이상을 겹쳐서 두 군데 이상을 묶고, 맞댄이음인 경우에는 비계 기둥을 쌍기둥틀로 하거나 1.8m 이상의 덧댐목을 사용하여 네 군데 이상을 묶는다.

② 비계 기둥, 띠장, 장선 등의 접속부 및 교차부는 철선이나 그 밖의 튼튼한 재료로 견고하게 묶는다.

③ 교차 가새로 보강한다.

④ 외줄비계, 쌍줄비계, 돌출비계에 대해서는 다음 기준에 따라 벽이음 및 버팀을 설치한다.

• 간격은 수직 방향에서 5.5m 이하, 수평 방향에서 7.5m 이하로 한다.

• 강관, 통나무 등의 재료를 사용하여 견고하게 한다.

• 인장재와 압축재로 구성 시 인장재와 압축재의 간격은 1m 이내로 한다.

12 쇼벨계 굴착기계의 종류를 3가지 쓰시오.

[해답] ① 파워쇼벨(power shovel)   ② 클램셸(clamshell)

③ 드래그라인(dragline)

[참고] ① 굴착기계의 종류 : 파워쇼벨, 드래그쇼벨, 드래그라인, 클램셸, 모터그레이더, 트랙터쇼벨 등

② 차량계 건설기계의 종류 : 불도저, 스트레이트도저, 틸트도저, 앵글도저, 버킷도저, 모터그레이더, 로더, 스크레이퍼, 클램셸, 드래그라인, 브레이커, 크러셔, 항타기 및 항발기, 어스드릴, 어스오거, 크롤러드릴, 점보드릴, 샌드드레인머신, 페이퍼드레인머신, 팩드레인머신, 타이어롤러, 매커덤롤러, 탠덤롤러, 버킷준설선, 그래브준설선, 펌프준설선, 콘크리트 펌프카, 덤프트럭, 콘크리트 믹서트럭, 아스팔트 살포기, 콘크리트 살포기, 아스팔트 피니셔, 콘크리트 피니셔 등 유사한 구조 또는 기능을 갖는 건설기계로서 건설작업에 사용하는 것

13 산업안전보건법상 안전보건표지 중 응급구호표지를 그리시오. (단, 바탕과 관련 부호 및 그림의 색상은 글자로 나타내고, 크기에 대한 기준은 나타내지 않아도 된다.)

해답 ①

② 바탕 색상 : 녹색

③ 관련 부호 및 그림 색상 : 흰색

참고 안전 · 보건표지의 형식

구분	금지표지	경고표지	지시표지	안내표지	출입금지
바탕	흰색	노란색	파란색	흰색	흰색
기본 모양	빨간색	검은색	–	녹색	검은색 글자
부호 및 그림	검은색	검은색	흰색	흰색	빨간색 글자

14 보호구 안전인증 고시에 따른 방음용 귀마개 또는 귀덮개와 관련된 용어의 정의이다. (   ) 안에 알맞은 내용을 쓰시오.

> 음압수준이란 음압을 특정 식에 따라 데시벨(dB)로 나타낸 것으로, 적분 평균 소음계 (KS C 1505) 또는 소음계(KS C 1502)에 규정하는 소음계의 (   )을 기준으로 한다.

해답 C특성

해설 주파수 응답 특성이 C특성인 소음계는 일반적으로 저주파 소음을 잘 감지하며, 음압수준 측정 시 넓은 주파수 대역을 포함한다.

기출문제를
재구성한 **필답형 실전문제 7**

01 안전보건관리 조직에서 라인형(직계형) 조직의 특징을 3가지 쓰시오.

> **해답** ① 일반적으로 소규모 사업장(100명 이하 사업장)에 적용한다.
> ② 명령과 지시가 빠르고 정확하게 이루어진다.
> ③ 안전정보가 불충분할 수 있으며, 라인에 과도한 책임이 부여될 수 있다.
> ④ 생산과 안전을 동시에 지시하는 형태이다.

02 산업안전보건법령상 사업장에서 산업재해 발생 시 사업주가 기록 · 보존해야 하는 사항을 5가지 쓰시오.

> **해답** ① 사업장의 개요 및 근로자의 인적사항
> ② 재해발생의 일시 및 장소
> ③ 재해발생의 원인 및 과정
> ④ 재해 재발방지 계획
> ⑤ 휴업 예상일수
> ⑥ 고용형태

03 산업안전보건법상 안전인증 방호장치의 종류를 5가지 쓰시오.

> **해답** ① 프레스 및 전단기 방호장치　② 양중기용 과부하방지장치
> ③ 보일러 압력방출용 안전밸브　④ 압력용기 압력방출용 안전밸브
> ⑤ 압력용기 압력방출용 파열판　⑥ 절연용 방호구 및 활선작업용 기구
> ⑦ 방폭구조 전기기계 · 기구 및 부품

04 안전 · 보건교육의 3단계 중 각 단계의 내용을 쓰시오.

> **해답** ① 1단계 : 준비　② 2단계 : 위험작업 규제
> ③ 3단계 : 안전작업 표준화

05 다음 작업별 조도 기준을 쓰시오.

(1) 초정밀작업 :   (2) 정밀작업 :
(3) 보통작업 :   (4) 그 밖의 일반작업 :

해답 (1) 750lux 이상   (2) 300lux 이상
     (3) 150lux 이상   (4) 75lux 이상

06 첨단 경보기 시스템의 고장률은 0이다. 경계의 효과로 조작자의 오류율은 0.01t/h이며, 인간의 실수율은 균질한 것으로 가정한다. 또한, 이 시스템의 스위치 조작자는 1시간마다 스위치를 작동해야 하며, 인간오류 확률(HEP : Human Error Probability)이 0.001인 경우 2시간에서 6시간 사이의 인간-기계 시스템의 신뢰도를 구하시오.

풀이 인간-기계 시스템의 신뢰도
$$R_s = (1-0.01)^4 \times (1-0.001)^4 = 0.99^4 \times 0.999^4 = 0.96 \times 0.996 = 0.956$$
해답 0.956

07 밀링(milling) 가공에서 상향절삭의 특징을 3가지 쓰시오.

해답 ① 백래시 제거가 불필요하다.   ② 공작물 고정이 불리하다.
     ③ 공구 수명이 짧다.   ④ 소비 동력이 크다.
     ⑤ 가공면이 거칠다.   ⑥ 기계 강성이 낮아도 된다.
참고 하향절삭의 특징
     ① 백래시 제거가 필요하다.   ② 공작물 고정이 유리하다.
     ③ 공구 수명이 길다.   ④ 소비 동력이 작다.
     ⑤ 가공면이 깨끗하다.   ⑥ 기계 강성이 높아야 한다.

08 달비계의 적재하중을 정할 때 (   ) 안에 알맞은 수를 쓰시오.

- 달기 와이어로프 및 달기 강선의 안전계수 : (①) 이상
- 달기 체인 및 달기 훅의 안전계수 : (②) 이상
- 달기 강대와 달비계의 하부 및 상부 지점의 안전계수는 강재의 경우 (③) 이상, 목재의 경우 (④) 이상

해답 ① 10   ② 5   ③ 2.5   ④ 5

09 안전인증 절연장갑에 안전인증 표시 외에도 추가로 표시해야 하는 등급별 색상과 최대 사용전압을 나타낸 표이다. 빈칸을 채우시오.

등급	색상	최대 사용전압(V)		비고
		교류	직류	
00	갈색	①	750	
0	빨간색	1,000	②	직류값은 교류 의 1.5배이다.
1	③	7,500	11,250	
2	노란색	④	25,500	
3	⑤	26,500	39,750	
4	등색	36,000	⑥	

해답 ① 500 ② 1,500 ③ 흰색 ④ 17,000 ⑤ 녹색 ⑥ 54,000

10 위험물의 정의를 쓰시오.

해답 위험물은 인화성, 발화성, 폭발성 등 위험한 성질을 가지고 있으며, 이러한 성질로 인해 화재나 폭발과 같은 사고를 유발할 가능성이 큰 물질을 말한다.

11 재료비가 30억 원, 직접노무비가 50억 원인 건설공사에서 예정 가격상 안전관리비를 구하시오. (단, 이 공사는 일반건설공사(갑)에 해당되며, 계상 기준은 1.97%이다.)

풀이 안전관리비＝(재료비＋직접노무비)×계상 기준표의 비율
＝(30억 원＋50억 원)×0.0197＝157,600,000원
해답 157,600,000원

12 토사가 붕괴되는 외적 원인을 5가지 쓰시오.

해답 ① 사면 및 법면의 경사와 기울기의 증가
② 지진 발생, 차량 또는 구조물의 중량의 작용
③ 공사로 인한 진동 및 반복하중의 증가
④ 절토 및 성토 높이의 증가
⑤ 지표수 및 지하수의 침투로 인한 토사의 중량 증가
⑥ 토사 및 암석의 혼합층 두께 증가

13 고용노동부장관이 실시하는 공정안전보고서 이행 상태 평가에 대한 내용이다. (   )
안에 알맞은 기간을 쓰시오.

> • 고용노동부장관은 공정안전보고서를 확인한 후 1년이 경과한 날부터 (①) 이내
> 에 공정안전보고서 이행 상태의 평가를 해야 한다.
> • 사업주가 이행 평가에 대한 추가 요청을 하는 경우 (②) 내에 이행 평가를 할 수
> 있다.

해답 ① 2년   ② 1년 또는 2년

14 산업안전보건법령상 연삭기 덮개의 시험방법 중 연삭기 작동시험 사항에 대하여 (   )
안에 알맞은 내용을 쓰시오.

> • 연삭숫돌과 (①)의 접촉 여부
> • 탁상용 연삭기는 (②), (③) 및 조정편 부착상태의 적합성 여부

해답 ① 덮개   ② 덮개   ③ 워크레스트
참고 워크레스트 : 연삭기에서 작업물이 안정적으로 지지되도록 하는 평평한 지지
대이다.

01 산업안전보건법상 안전보건관리 담당자의 직무를 4가지 쓰시오.

해답 ① 안전보건교육 실시에 관한 보좌 및 조언 · 지도
② 위험성 평가에 관한 보좌 및 조언 · 지도
③ 작업환경 측정 및 개선에 관한 보좌 및 조언 · 지도
④ 건강진단에 관한 보좌 및 조언 · 지도
⑤ 산업재해 발생원인 조사, 산업재해 통계 기록 및 유지를 위한 보좌 및 조언 · 지도
⑥ 산업안전보건과 관련된 안전장치 및 보호구 구입 시 적격품 선정에 관한 보좌 및 조언 · 지도

02 어느 공장의 재해율을 조사한 결과 도수율 20, 강도율 1.2로 나타났다. 이 공장의 근로자가 입사부터 정년퇴직할 때까지 예상되는 재해 건수 a와 이로 인한 근로손실일수 b를 구하시오. (단, 이 공장의 1인당 입사부터 정년퇴직할 때까지 평균 근로시간은 100,000시간으로 한다.)

풀이 ① 평생 근로 시 예상 재해 건수 (환산도수율 : a)
환산도수율 a=도수율×0.1=20×0.1=2건
② 평생 근로 시 예상 근로손실일수 (환산강도율 : b)
환산강도율 b=강도율×100=1.2×100=120일
해답 ① a : 2건　　　　② b : 120일

03 관리감독자를 위한 TWI 훈련의 교육내용을 4가지 쓰고, 각각 설명하시오.

해답 ① 작업방법 훈련(JMT : JOb Method Training) : 작업방법 개선
② 작업지도 훈련(JIT : JOb Instruction Training) : 작업지시
③ 인간관계 훈련(JRT : JOb Relations Training) : 부하직원 리드
④ 작업안전 훈련(JST : JOb Safety Training) : 안전한 작업

04 French(프렌치)와 Raven(레이븐)이 제시한 리더의 세력 유형을 5가지 쓰시오.

해답 ① 보상세력　② 합법세력　③ 전문세력　④ 강제세력　⑤ 참조세력

해설 French와 Raven이 제시한 리더의 세력 유형
　① 보상세력 : 보상이나 혜택을 제공함으로써 영향력을 행사하는 세력
　② 합법세력 : 직위나 권한을 통해 영향력을 행사하는 세력
　③ 전문세력 : 지식과 전문성을 바탕으로 영향력을 행사하는 세력
　④ 강제(강압)세력 : 벌이나 처벌을 통해 영향을 미치는 세력
　⑤ 참조(준거)세력 : 리더의 매력이나 존경심을 통해 영향력을 행사하는 세력

05 시각 심리에서 형태를 식별하는 논리적 배경을 정리한 Gestalt(게슈탈트)의 4법칙을 쓰고, 각각 설명하시오.

해답 ① 접근성 : 서로 근접해 있는 시각적 요소들이 서로 짝지어져 보이는 착시현상
　② 유사성 : 형태, 규모, 색, 질감 등 유사한 시각적 요소들끼리 서로 연관되어 보이는 착시현상
　③ 연속성 : 유사한 배열이 하나의 묶음으로 인식되며, 시각적 연속성을 가지는 장면처럼 보이는 착시현상
　④ 폐쇄성 : 시각적 요소들이 연결되어 완전하지 않은 형상도 하나의 전체적인 형상으로 보이는 착시현상

06 예비위험분석(PHA : Preliminary Hazard Analysis)에 대하여 설명하시오.

해답 예비위험분석(PHA)은 모든 시스템 안전 프로그램 중 최초 단계에서 수행되는 분석으로, 시스템 내의 위험요소가 얼마나 위험한 상태에 있는지를 정성적으로 평가하는 분석 기법이다.

해설 예비위험분석은 시스템 내에 존재하는 잠재적 위험요소의 심각도를 정성적으로 평가하는 기법으로, 이를 통해 시스템 설계 초기단계에서 주요 위험을 식별하고 안전하게 조치를 할 수 있다.

07 광전자식 방호장치의 광선에 신체의 일부가 감지된 후 급정지기구가 작동을 시작하기까지의 시간이 40ms이며, 광축의 최소 설치거리(안전거리)가 200mm일 때 급정지기구가 작동을 시작한 후 프레스의 슬라이드가 정지될 때까지의 시간은 몇 ms인지 구하시오.

풀이 $D = 1.6(T_1 + T_2)$에서 $200 = 1.6 \times (40 + T_2)$이므로

$$\frac{200}{1.6} = 40 + T_2, \quad T_2 = 125 - 40 = 85\,\text{ms}$$

해답 $85\,\text{ms}$

해설 안전거리 $D = 1.6(T_1 + T_2)$

여기서, T_1 : 방호장치의 작동시간(ms)

T_2 : 프레스의 급정지시간(ms)

---

08 항타기 및 항발기를 조립할 때 점검해야 할 사항을 4가지 쓰시오.

해답 ① 본체 연결부의 풀림 또는 손상 여부

② 권상용 와이어로프, 드럼 및 도르래 부착상태의 이상 여부

③ 권상장치의 브레이크 및 쐐기장치 기능의 이상 여부

④ 권상기 설치상태의 이상 여부

⑤ 버팀방법 및 고정상태의 이상 여부

---

09 착화에너지가 0.1 mJ이고 가스를 사용하는 사업장의 전기설비 정전용량이 0.6 nF일 때 방전 시 착화 가능한 최소 대전 전위를 계산하시오.

풀이 $E = \dfrac{1}{2}CV^2$이므로 $V = \sqrt{\dfrac{2E}{C}}$

$V = \sqrt{\dfrac{2E}{C}} = \sqrt{\dfrac{2 \times (0.1 \times 10^{-3})}{0.6 \times 10^{-9}}} = \sqrt{\dfrac{0.1 \times 10^6}{0.3}} \fallingdotseq 577\,\mathrm{V}$

해답 577V

해설 착화에너지 $E = \dfrac{1}{2}CV^2$

여기서, C : 정전용량(F), V : 전위(V)

참고 $\mathrm{mJ} = 10^{-3}\mathrm{J}$, $\mathrm{nF} = 10^{-9}\mathrm{F}$

---

10 산업안전보건법상 공정안전보고서 내용 중 안전작업 허가지침에 포함되어야 하는 위험작업의 종류를 4가지 쓰시오.

해답 ① 화기작업 ② 일반 위험작업 ③ 정전작업 ④ 굴착작업 ⑤ 방사능작업

---

11 수평거리가 20m이고 높이가 5m일 때 지게차의 안정도를 계산하시오.

풀이 안정도 $= \dfrac{\text{높이}}{\text{수평거리}} \times 100 = \dfrac{5}{20} \times 100 = 25\%$

해답 25%

12 화물 취급작업 시 관리감독자가 유해 · 위험방지를 위해 수행해야 하는 직무 내용을 3가지 쓰시오.

> **해답** ① 작업방법 및 순서를 결정하고 작업을 지휘하는 일
> ② 기구 및 공구를 점검하고 불량품을 제거하는 일
> ③ 작업장소에 관계없는 근로자의 출입을 금지하는 일
> ④ 로프 등의 해체작업을 할 때, 하대 위 화물의 낙하위험 유무를 확인하고 작업의 착수를 지시하는 일

13 보호구 안전인증 고시에 따른 안전화의 정의 중 (   ) 안에 알맞은 수를 쓰시오.

> 경작업용 안전화란 (①)mm의 낙하 높이에서 시험했을 때 충격을 견디고, (② ±0.1) kN의 압축하중에서 시험했을 때 압박으로부터 착용자를 보호해 줄 수 있는 선심을 부착한 안전화를 말한다.

> **해답** ① 250 ② 4.4
> **해설** 안전화의 높이와 하중

구분	중작업용	보통 작업용	경작업용
높이(mm)	1000	500	250
하중(kN)	15±0.1	10±0.1	4.4±0.1

14 산업안전보건기준에 관한 규칙에서 근로자가 반복하여 계속적으로 중량물을 취급하는 작업을 할 때 작업시작 전 점검해야 할 사항을 나열하시오.

> **해답** ① 중량물 취급 시 올바른 자세와 복장 확인
> ② 위험물이 흩어질 가능성에 따른 보호구 착용 여부 확인
> ③ 카바이드, 생석회(산화칼슘) 등과 같이 온도상승이나 습기에 의해 위험성이 있는 중량물의 안전한 취급방법
> ④ 기타 하역 운반기계 등의 적절한 사용방법

제3회

01 재해발생 시 조치 순서이다. 빈칸에 알맞은 내용을 쓰시오.

1단계	2단계	3단계	4단계	5단계
①	②	③	④	⑤

해답 ① 재해발생 ② 긴급조치
③ 재해조사 ④ 원인분석
⑤ 대책수립

02 재해의 원인 분석법 중 통계에 의한 분석방법을 쓰시오.

- (①) : 재해발생 건수 등을 시간에 따라 대략적으로 파악한다.
- (②) : 사고 유형, 기인물 등을 큰 값에서 작은 값 순서로 도표화한다.
- (③) : 특성의 원인를 연계하여 상호관계를 어골상으로 세분하여 분석한다.
- (④) : 2가지 이상의 요인이 상호관계를 유지할 때 문제점을 분석한다.

해답 ① 관리도(control chart)
② 파레토도(pareto chart)
③ 특성요인도(cause and effect diagram)
④ 클로즈 분석도(close analysis diagram)

03 재해 누발자의 유형 중 상황성 누발자에 대하여 2가지 설명하시오.

해답 ① 작업에 어려움이 많은 자
② 기계설비의 결함으로 사고를 당할 가능성이 있는 자
③ 심신에 걱정이 있거나 주의집중이 어려운 환경에 처한 자
해설 재해 누발자의 유형(그 외)
① 습관성 누발자 : 트라우마나 슬럼프로 인해 반복적으로 재해를 겪는 자
② 미숙성 누발자 : 작업기술이 미숙하여 숙련도가 부족한 자, 환경에 적응하지 못한 자
③ 소질성 누발자 : 주의력이 산만하거나 쉽게 흥분하는 성향을 가진 자, 비협조적이거나 도덕성이 결여된 자, 소심한 성격이나 감각운동 능력이 부족한 자

04 스웨인(Swain)의 인간오류(human error)의 분류에 따르면 오류는 작위적 오류 (commission error)와 부작위적 오류(omission error)로 나눌 수 있다. 각각에 대해 간단히 설명하시오.

> **해답** ① 작위적 오류(실행 오류) : 필요한 작업 절차를 잘못 수행하여 발생하는 오류
> ② 부작위적 오류(생략 오류) : 작업공정 절차를 수행하지 않아서 발생하는 오류

05 다음 톱사상 T를 일으키는 컷셋을 구하시오.

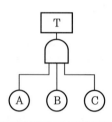

> **풀이** 주어진 조건에 따르면 톱사상 T는 AND 게이트를 통과해야 하므로 T가 발생하기 위해서는 A, B, C 모두 발생해야 한다. 이는 AND 게이트 조건에 따라 세 가지 조건이 모두 성립할 때 컷셋이 형성된다는 의미이므로 톱사상 T를 일으키는 컷셋은 {A, B, C} 하나이다.
> **해답** {A, B, C}

06 일반구조용 압연강판(SS400)으로 구조물을 설계할 때, 허용응력을 10kg/mm²로 설정하였다. 이때 안전율을 계산하시오.

> **풀이** SS400의 인장강도는 $400\,\text{MPa}$이며 허용응력 $10\text{kg/mm}^2 = 100\,\text{MPa}$이므로
> $$\text{안전율} = \frac{\text{인장강도}}{\text{허용응력}} = \frac{400}{100} = 4$$
> **해답** 4

07 보일러에서 발생하는 공동현상과 맥동현상의 원인을 설명하시오.

> **해답** ① 공동현상 : 유동하는 물속에서 어느 부분의 정압이 물의 증기압보다 낮을 경우 해당 부분에서 증기가 발생하여 배관을 부식시키는 현상이다.
> ② 맥동현상(서징) : 펌프의 입구와 출구에 부착된 진공계와 압력계가 흔들리면서 진동과 소음이 발생하고, 유출량이 변동하는 현상이다.

08 산업안전보건법에 따라 정전작업 시 취해야 할 조치사항을 4가지 쓰시오.

> **해답** ① 작업 지휘자의 지도하에 작업을 진행한다.
> ② 개폐기를 적절하게 관리한다.
> ③ 단락 접지상태를 확인한다.
> ④ 근접 활선에 대한 방호상태를 점검한다.

09 피뢰기의 여유도가 33%이고 충격 절연강도가 1000kV일 때, 피뢰기의 제한전압은 약 몇 kV인지 구하시오.

> **풀이** 여유도$=\dfrac{\text{충격 절연강도}-\text{제한전압}}{\text{제한전압}}\times100$이므로
>
> $33=\dfrac{(1000-x)\times100}{x}$
>
> $33x=100000-100x,\ 33x+100x=100000$
>
> $x=\dfrac{100000}{133}\fallingdotseq751.88\,\mathrm{kV}$
>
> **해답** 약 $751.88\,\mathrm{V}$

10 공기 중에서 A 가스의 폭발하한계가 2.2vol%일 때, 이 값을 기준으로 표준상태에서 A 가스와 공기의 혼합기체 $1\,\mathrm{m^3}$에 포함된 A 가스의 질량은 약 몇 g인지 구하시오. (단, A 가스의 분자량은 26g/mol이다.)

> **풀이** ① A 가스의 몰수$=\dfrac{22\mathrm{L}}{22.4\mathrm{L/mol}}\fallingdotseq0.982\,\mathrm{mol}$
>
> ② A 가스의 질량$=0.982\,\mathrm{mol}\times26\mathrm{g/mol}\fallingdotseq25.5\,\mathrm{g}$
>
> ① A 가스의 부피$=1000\times0.022=22\mathrm{L}$
>
> ② 표준상태 0℃, 1기압에서
> 기체 $1\,\mathrm{mol}$의 부피는 $22.4\mathrm{L}$, 분자량은 $26\mathrm{g/mol}$
> 농도는 폭발하한계로 구하면 22L이므로
> $22.4\mathrm{L/mol}:26\mathrm{g/mol}=22\mathrm{L}:x$
> $22.4\mathrm{L/mol}\times x=26\mathrm{g/mol}\times22\mathrm{L}$
> $\therefore\ x=\dfrac{22\times26}{22.4}\fallingdotseq25.5\,\mathrm{g}$
>
> **해답** 약 $25.5\,\mathrm{g}$
> **참고** $2.2\mathrm{vol}\%=0.022\,\mathrm{m^3}=22\mathrm{L}$

11 통나무 비계에 대한 다음 설명을 보고, (　　) 안에 알맞은 내용을 쓰시오.

> 통나무 비계는 지상높이 (①) 이하 또는 (②) 이하인 건축물이나 공작물 등의 건조, 해체 및 조립 등의 작업에만 사용할 수 있다.

해답 ① 4층
② 12m

참고 통나무 비계의 조립 간격
① 수직 방향 : 5.5m
② 수평 방향 : 7.5m

12 해체작업 시 사용할 수 있는 기구의 종류를 5가지 쓰고, 각각의 기구가 어떤 용도로 쓰이는지 설명하시오.

해답 ① 대형 브레이커 : 콘크리트나 아스팔트 등 대형 구조물을 해체하는 데 사용한다.
② 압쇄기 : 콘크리트 구조물을 압착하여 분해하는 데 사용한다.
③ 핸드 브레이커 : 소형 구조물이나 타일 등을 해체하는 데 사용한다.
④ 쇄석기 : 암석이나 콘크리트 덩어리를 분쇄하는 데 사용한다.
⑤ 철제 해머 : 철제 구조물을 두드려 해체하거나 철근을 제거하는 데 사용한다.
⑥ 절단톱 : 금속, 플라스틱, 나무 등의 재료를 절단하는 데 사용한다.
⑦ 잭(jack) : 구조물을 들어 올리거나 힘을 가하여 분해하는 데 사용한다.

13 보건법령에 따라 귀마개(EP)의 등급별 기호와 성능을 나타낸 표이다. 각 등급에 해당하는 기호를 쓰시오.

등급	기호	성능
1종	①	저음부터 고음까지 차음하는 것
2종	②	주로 고음을 차음하고, 저음인 회화음 영역은 차음하지 않는 것

해답 ① EP-1
② EP-2

참고 귀덮개의 기호는 EM이다.

14 산업안전보건법상 안전보건표지 중 출입금지 표지를 그리고, 표를 완성하시오. (단, 바탕과 관련 부호 및 그림의 색상은 글자로 나타내고, 크기에 대한 기준은 나타내지 않아도 된다.)

그림	①	바탕	②
		도형	③
		화살표	④

해답 ①

② 흰색

③ 빨간색

④ 검은색

참고 안전 · 보건표지의 형식

구분	금지표지	경고표지	지시표지	안내표지	출입금지
바탕	흰색	노란색	파란색	흰색	흰색
기본모형	빨간색	검은색	−	녹색	검은색 글자
부호 및 그림	검은색	검은색	흰색	흰색	빨간색 글자

기출문제를
재구성한 **필답형 실전문제 8**

01 안전보건관리 조직에서 스태프형(참모형) 조직의 특징을 3가지 쓰시오.

해답 ① 일반적으로 100명에서 1000명 정도의 중규모 사업장에 적용되는 조직 형
태이다.
② 안전정보를 체계적으로 수집하고 빠르게 분석할 수 있는 장점이 있다.
③ 안전과 생산활동을 별개로 취급하여 안전조치와 생산 효율 간의 협력이 부
족할 수 있다.

02 산업재해 발생 시 사업주의 보고 의무에 관한 내용이다. (   ) 안에 알맞은 수를 쓰
시오.

> 사업주는 사망자가 발생하거나 (①)일 이상의 휴업이 필요한 부상을 입은 근로자
> 또는 질병에 걸린 근로자가 발생한 경우, 해당 산업재해가 발생한 날로부터 (②)개
> 월 이내에 산업재해조사표를 작성하여 관할지방 고용노동관서장 또는 지청장에게
> 제출해야 한다.

해답 ① 3
② 1

03 산업안전보건법상 자율안전확인 방호장치의 종류를 6가지 쓰시오.

해답 ① 아세틸렌, 가스집합 용접장치용 안전기
② 교류아크용접기용 자동전격방지기
③ 롤러기 급정지장치
④ 연삭기 덮개
⑤ 목재 가공용 둥근톱 반발예방장치 및 날 접촉예방장치
⑥ 동력식 수동대패의 칼날 접촉방지장치
⑦ 추락, 낙하 및 붕괴 등 위험방호에 필요한 가설 기자재(안전인증 제외)

04 기능(기술)교육의 진행방법 중 하버드 학파의 5단계 교수법을 쓰시오.

1단계	2단계	3단계	4단계	5단계
①	②	③	④	⑤

해답 ① 준비시킨다.
② 교시시킨다.
③ 연합한다.
④ 총괄한다.
⑤ 응용시킨다.

해설 하버드 학파의 5단계 교수법 : 학습자가 새로운 기능과 기술을 효과적으로 습득할 수 있도록 돕는 체계적인 교수 방법으로, 이 교수법은 준비, 교시, 연합, 총괄, 응용의 5단계별로 학습자의 이해와 실습을 강화하여 기술 습득을 촉진시킨다.

05 광원의 밝기가 100cd이고 10m 떨어진 곡면을 비출 때의 조도를 계산하시오.

풀이 1m의 조도 $= \dfrac{\text{광도}}{\text{거리}^2} = \dfrac{100}{10^2} = 1$

해답 1

06 불(Bool) 대수의 정리를 나타낸 관계식을 보고, 어떤 법칙인지 명칭을 쓰시오.

(1) $A(BC)=(AB)C$, $A+(B+C)=(A+B)+C$:
(2) $A+(B \cdot C)=(A+B) \cdot (A+C)$, $A \cdot (B+C)=(A \cdot B)+(A \cdot C)$:

해답 (1) 결합법칙
(2) 분배법칙

해설 불(Bool) 대수의 법칙
① 항등법칙 : $A+0=A$, $A+1=1$, $A \cdot 0=0$, $A \cdot 1=A$
② 멱등법칙 : $A+A=A$, $A \cdot A=A$, $A+A'=1$, $A \cdot A'=0$
③ 교환법칙 : $A+B=B+A$, $A \cdot B=B \cdot A$
④ 보수법칙 : $A+\overline{A}=1$, $A \cdot \overline{A}=0$
⑤ 흡수법칙 : $A(A \cdot B)=A \cdot B$, $A \cdot (A+B)=A$
⑥ 결합법칙 : $A(BC)=(AB)C$, $A+(B+C)=(A+B)+C$
⑦ 분배법칙 : $A+(B \cdot C)=(A+B) \cdot (A+C)$, $A \cdot (B+C)=(A \cdot B)+(A \cdot C)$

07 드릴링 작업에서 공작물을 고정하는 방법을 3가지 쓰시오.

해답 ① 작은 공작물은 바이스나 지그(jig)를 이용하여 고정한다.
② 대량 생산과 높은 정밀도가 요구될 때 지그를 이용하여 고정한다.
③ 공작물이 크고 복잡할 때는 볼트와 고정구를 이용하여 고정한다.

08 크레인 로프에 2t의 중량을 걸어 20m/s의 가속도로 감아올릴 때 로프에 걸리는 총하중을 계산하시오.

풀이 $W = W_1 + W_2 = 2000 + \dfrac{2000}{9.8} \times 20 = 2000 + 4081.63 \fallingdotseq 6082\,\mathrm{kg}$
$= 6082\,\mathrm{kg} \times 9.8 = 59603.6\,\mathrm{N} \fallingdotseq 59.6\,\mathrm{kN}$

해답 59.6kN

해설 총하중 $W = W_1 + W_2 = W_1 + \dfrac{W_1}{g} \times a$

여기서, W_1 : 정하중(kg), W_2 : 동하중(kg)
g : 중력가속도($9.8\,\mathrm{m/s^2}$), a : 가속도($\mathrm{m/s^2}$)

09 A 도체에 20초 동안 100C의 전하량이 이동할 때, 이때 흐르는 전류(A)를 구하시오.

풀이 $I = \dfrac{Q}{T} = \dfrac{100}{20} = 5\,\mathrm{A}$

해답 5A

해설 전류 $I = \dfrac{Q}{T}$

여기서, I : 전류(A), Q : 전하량(C), T : 시간(s)

10 산업안전보건법상 위험물의 종류를 5가지 쓰시오.

해답 ① 폭발성 물질 및 유기과산화물
② 물반응성 물질 및 인화성 고체
③ 산화성 액체 및 산화성 고체
④ 인화성 액체
⑤ 인화성 가스
⑥ 부식성 물질

⑦ 급성 독성물질

참고 ① 물반응성 물질은 스스로 발화하거나 물과 접촉하여 발화하는 등 발화가 용이하고 인화성 가스가 발생할 수 있는 물질을 말한다.

② 나트륨, 칼륨과 같은 알칼리 금속은 물과 접촉했을 때 폭발적인 반응 일으킬 수 있다.

11 위험물 건조설비 중 건조실을 설치하는 건축물의 구조는 독립된 단층건물로 해야 한다. (   ) 안에 알맞게 쓰시오.

> • 고체 또는 액체연료의 최대 사용량이 시간당 (①) 이상
> • 기체연료의 최대 사용량이 시간당 (②) 이상
> • 전기 사용 정격용량이 (③) 이상

해답 ① $10\,\mathrm{kg}$ ② $1\,\mathrm{m}^3$ ③ $10\,\mathrm{kW}$

해설 건축물의 위험물 건조설비 구조

① 위험물 또는 위험물이 발생하는 물질을 가열·건조하는 경우 내용적이 $1\,\mathrm{m}^3$ 이상인 건조설비

② 위험물이 아닌 물질을 가열·건조하는 경우로 다음 중 어느 하나의 용량에 해당하는 건조설비

• 고체 또는 액체연료의 최대 사용량이 시간당 $10\,\mathrm{kg}$ 이상

• 기체연료의 최대 사용량이 시간당 $1\,\mathrm{m}^3$ 이상

• 전기 사용 정격용량이 $10\,\mathrm{kW}$ 이상

참고 건조설비의 구조

① 구조 부분 : 보온판, 바닥 콘크리트

② 가열장치 : 열원장치, 열원공급장치

③ 부속설비 : 소화장치, 전기설비, 환기장치

12 토사 붕괴의 발생을 예방하기 위해 점검해야 할 사항을 5가지 쓰시오.

해답 ① 전 지표면의 답사

② 부석의 상황 변화 확인

③ 경사면의 지층 변화부의 상황 확인

④ 결빙과 해빙에 대한 상황의 확인

⑤ 각종 경사면 보호공의 변위 및 탈락 유무

⑥ 용수의 발생 유무 또는 용수량의 변화 확인

13 산업안전보건관리비 계상을 위한 대상액이 56억 원인 교량공사의 산업안전보건관리비를 계산하시오. (단, 일반건설공사(갑)에 해당한다.)

풀이 산업안전보건관리비＝대상액×계상 기준표의 비율
＝56억 원×0.0197
＝110,320,000원

해답 110,320천 원

14 사업주가 안전검사를 받은 경우 작업환경 측정을 할 때 준수해야 할 사항을 4가지 쓰시오.

해답 ① 작업환경 측정을 하기 전에 예비조사를 한다.
② 작업이 정상적으로 이루어져 작업시간과 유해인자에 대한 근로자의 노출 정도를 정확히 평가할 수 있을 때 실시한다.
③ 모든 측정은 개인 시료채취 방법으로 하되, 개인 시료채취가 어려운 경우에는 지역 시료채취 방법으로 실시한다. 이때 그 사유를 작업환경 측정결과표에 분명하게 기록한다.
④ 작업환경 측정을 위탁할 경우에는 해당 측정기관에 공정별 작업내용, 화학물질 사용현황, 물질안전보건자료 등 필요한 정보를 제공한다.
참고 작업환경 측정 : 작업환경 실태를 파악하기 위해 시료를 채취, 분석·평가하는 것

01　산업안전보건법상 관리감독자가 수행해야 하는 직무를 5가지 쓰시오.

해답　① 기계 · 기구 또는 설비의 안전 · 보건 점검 및 이상 유무의 확인
②　근로자의 작업복, 보호구 및 방호장치의 점검과 그 착용 · 사용에 관한 교육 및 지도
③　산업재해에 관한 보고 및 이에 대한 응급조치
④　작업장 정리정돈 및 통로 확보에 대한 확인과 감독
⑤　산업보건의, 안전관리자 및 보건 관리자, 안전보건관리 담당자의 지도 · 조언에 대한 협조
⑥　위험성 평가를 위한 유해 · 위험요인의 파악 및 개선조치의 시행에 대한 참여
⑦　기타 해당작업의 안전 · 보건에 관한 사항으로 고용노동부령으로 정하는 사항

02　연간 근로자 수가 300명인 A 공장에서 지난 1년간 1명의 재해자(신체장해등급 : 1급)가 발생하였다면 이 공장의 강도율을 구하시오. (단, 근로자 1인당 1일 8시간씩 연간 300일을 근무하였다.)

풀이　$강도율 = \dfrac{근로손실일수}{연간\ 총근로시간\ 수} \times 1000 = \dfrac{7500}{300 \times 8 \times 300} \times 1000 ≒ 10.42$

해답　10.42

해설　근로손실일수는 산업안전보건법에 따라 사고의 심각도를 평가하기 위해 장해 등급별로 정해진 수치를 사용한다. 일반적으로 1급 장해는 가장 높은 근로손실일수인 7500일로 간주된다.

03　산업안전보건법상 사업장에서 실시해야 하는 안전교육 중 정기교육에 대한 교육시간을 쓰시오.

(1) 사무직 종사 근로자 :
(2) 사무직 종사자 외의 근로자(판매업무에 직접 종사하는 근로자) :
(3) 사무직 종사자 외의 근로자(판매업무 직접 종사자 외 근로자) :
(4) 관리감독자의 지위에 있는 사람　:

해답　(1) 매반기 6시간 이상　　　　(2) 매반기 6시간 이상
(3) 매반기 12시간 이상　　　(4) 연간 16시간 이상

참고 신규채용 시 교육시간

교육대상	교육시간
일용근로자 및 근로계약기간이 1주일 이하인 기간제 근로자	1시간 이상
근로계약기간이 1주일 초과 1개월 이하인 기간제 근로자	4시간 이상
그 밖의 근로자(관리감독자 포함)	8시간 이상

04 리더십(leadership)과 헤드십(headship)의 특성을 비교한 다음 표를 채우시오.

분류	리더십	헤드십
권한 행사	①	임명직
권한 부여	밑으로부터 동의	위에서 위임
권한 귀속	②	공식 규정에 의함
권한 근거	개인적, 비공식적	③

해답 ① 선출직
② 집단목표에 기여한 공로 인정
③ 법적, 공식적

해설 리더십과 헤드십(그 외)

분류	리더십(leadership)	헤드십(headship)
상사와 부하의 관계	개인적인 영향	지배적인 영향
사회적 관계	좁음	넓음
지휘 형태	민주주의적	권위주의적
책임 귀속	상사와 부하	상사

05 정량적 표시장치의 유형을 3가지 쓰고, 각 유형의 특징을 설명하시오.

해답 ① 동침형 : 표시 값의 변화 방향이나 속도를 나타낼 때 사용되며, 눈금이 고정되고 지침이 움직이는 지침 이동형이다.
② 동목형 : 나타내고자 하는 값의 범위가 클 때 유리하며, 지침이 고정되고 눈금이 움직이는 지침 고정형이다.
③ 계수형 : 수치를 정확하게 읽어야 할 경우 유리하며, 원형 표시장치보다 판독 오차가 적고 판독 시간이 짧다. (예 전력계, 택시 요금계)

06 예비위험분석(PHA)의 목표를 달성하기 위한 주요 특징 4가지를 쓰시오.

[해답] ① 주요 사고 식별 및 표현　② 사고요인 식별
③ 사고결과 평가　④ 사고 분류

[해설] ① 주요 사고 식별 및 표현 : 시스템 내에서 발생할 수 있는 모든 주요 사고를 식별하고, 사고를 대략적으로 표현한다.
② 사고요인 식별 : 각 사고의 원인 요소를 찾아내어 분석한다.
③ 사고결과 평가 : 사고 발생 시 시스템에 미치는 결과를 가정하고, 이를 식별하여 평가한다.
④ 사고 분류 : 식별된 사고를 파국적, 위기적, 한계적, 무시 가능의 4가지 카테고리로 분류하여 심각도를 구분한다.

07 롤러기의 방호장치(급정지장치)를 설치하는 위치를 구분하여 설명하시오.

[해답] ① 손 조작식 : 밑면으로부터 1.8m 이내 위치
② 복부 조작식 : 밑면으로부터 0.8m~1.1m 위치
③ 무릎 조작식 : 밑면으로부터 0.4m~0.6m 위치

08 고압 전선로 인근에서 항타기 및 항발기 작업을 할 때, 준수해야 할 안전작업수칙 3가지를 쓰시오.

[해답] ① 고압 전선과 최대한 이격거리를 확보한다.
② 감전 위험을 방지하기 위한 울타리를 설치한다.
③ 해당 충전 전로에 절연용 방호구를 설치한다.
④ 감시인을 배치하여 작업을 감시하도록 한다.

09 최대 공급전류가 200A인 단상 전로의 한 선에서 누설되는 최소 전류는 몇 A인지 구하시오.

[풀이] 최소 전류＝최대 공급전류$\times\dfrac{1}{2000}=200\times\dfrac{1}{2000}=0.1$A

[해답] 0.1A

10 다음에서 설명하는 폭발 방호대책은 무엇인지 쓰시오.

> 공기 중에서 유독성 물질 등이 폭발할 때 안전밸브나 파열판을 통해 다른 탱크나 저 장소 등으로 보내어 압력을 완화시켜 폭발을 방지하는 방법

해답 폭발봉쇄

해설 폭발 방호대책(그 외)
① 폭발억제 : 압력이 상승할 때 폭발억제장치가 작동하여 증기, 가스, 분진폭 발 등의 폭발을 억제하고, 큰 폭발압력으로 이어지지 않도록 하는 방법
② 폭발방산 : 안전밸브나 파열판 등의 작동으로 탱크 내 기체 압력을 밖으로 방출하여 폭발을 방지하는 방법

11 지게차의 높이가 6m이고 안정도가 30%일 때 지게차의 수평거리를 계산하시오.

풀이 수평거리 $L = \dfrac{높이}{안정도} \times 100 = \dfrac{6}{30} \times 100 = 20\,\text{m}$

해답 20 m

12 항만 하역작업에서 선박 승강설비의 설치기준을 4가지 쓰시오.

해답 ① 300t급 이상의 선박에서 하역작업을 할 때, 근로자들이 안전하게 오르내 릴 수 있도록 현문 사다리를 설치하고, 이 사다리 밑에 안전망을 설치해야 한다.
② 현문 사다리는 견고한 재료로 제작되어야 하며, 너비는 55cm 이상이어야 한다.
③ 현문 사다리의 양측에는 82cm 이상의 높이로 울타리가 설치되어야 한다.
④ 현문 사다리는 근로자의 통행에만 사용해야 하며, 화물용 발판이나 화물용 보판으로 사용해서는 안 된다.

13 안전인증 방독마스크에는 안전인증의 표시 외에 추가로 더 표시해야 하는 내용이 있 다. 그 내용을 3가지 쓰시오.

해답 ① 파과곡선도
② 정화통의 외부 측면의 표시 색

③ 사용시간 기록카드

④ 사용상 주의사항

참고 ① 파과 : 대응하는 가스에 대해 정화통 내부의 흡착제가 포화상태에 이르러 흡착능력을 상실한 상태를 말한다.

② 파과곡선 : 파과시간과 유해물질에 대한 농도의 관계를 나타낸 곡선을 말한다.

---

14 산업안전보건기준에 관한 규칙에 따라 이동식 방폭구조 전기기계 · 기구를 사용할 때 작업시작 전 점검해야 할 사항을 쓰시오.

해답 전선 및 접속부 상태

01 다음은 재해 사례연구의 5단계를 나타낸 것이다. 각 단계에 해당하는 내용을 빈칸에 알맞게 쓰시오.

1단계	2단계	3단계	4단계	5단계
①	②	③	④	⑤

해답 ① 상황파악   ② 사실확인   ③ 문제점 발견
④ 문제점 결정   ⑤ 대책 수립

02 다음 설명에 해당되는 재해의 발생형태를 쓰시오.

(1) 재해 당시 바닥면과 신체가 떨어진 상태에서 더 낮은 위치로 떨어진 경우
(2) 재해 당시 바닥면과 신체가 접해 있는 상태에서 더 낮은 위치로 떨어진 경우
(3) 재해자가 전도로 인해 기계의 동력전달 부위 등에 협착되어 신체 부위가 절단된 경우

해답 (1) 추락(떨어짐)
(2) 전도(넘어짐)
(3) 협착(끼임)

03 재해 누발자의 유형을 4가지 쓰시오.

해답 ① 상황성 누발자   ② 습관성 누발자
③ 미숙성 누발자   ④ 소질성 누발자

해설 재해 누발자의 유형
① 상황성 누발자 : 작업 미숙, 기계설비 결함 등 환경상의 혼란으로 발생한 재해 누발자
② 습관성 누발자 : 재해 경험으로 신경과민이 되거나 슬럼프에 빠져 발생한 재해 누발자
③ 미숙성 누발자 : 환경에 익숙하지 못하거나 기능의 미숙으로 발생한 재해 누발자
④ 소질성 누발자 : 지능, 성격, 감각운동 등에 의한 소질적 요소로 발생한 재해 누발자

04 다음 FT도에서 컷셋과 최소(미니멀) 컷셋을 각각 구하시오.

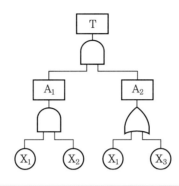

풀이 $T = A_1 \cdot A_2 = (X_1\ X_2)\binom{X_1}{X_3} = (X_1\ X_2\ X_1)(X_1\ X_2\ X_3) = (X_1\ X_2)(X_1\ X_2\ X_3)$

해답 ① 컷셋 : $\{X_1,\ X_2\}$, $\{X_1,\ X_2,\ X_3\}$
② 최소 컷셋 : $\{X_1,\ X_2\}$

05 안전계수가 5인 체인의 최대 설계하중이 1000N일 때, 이 체인의 극한하중은 약 몇 N 인지 구하시오.

풀이 극한하중＝안전계수×최대 설계하중＝$5 \times 1000 = 5000\,\mathrm{N}$
해답 약 $5000\,\mathrm{N}$

06 다음은 보일러의 장해 원인에 대한 설명이다. 이 원인에 해당하는 용어를 쓰시오.

> 보일러 내에 용해된 고형물이나 수분이 증기에 다량 포함되면, 증기의 순도가 낮아 지고 관 내 응축수가 발생하여 워터해머의 원인이 되며, 이로 인해 증기 과열기나 터 빈에 고장이 발생할 수 있다.

해답 캐리오버(carry over)
참고 ① 프라이밍 : 보일러의 과부하 상태로 보일러수가 과도하게 끓어 물방울이 튀 고, 증기에 물방울이 많이 포함되어 정확한 수위 판단이 어려운 현상이다.
② 포밍 : 보일러수에 불순물이 농축되면서 수면에 거품층이 형성되어 수위가 불안정해지는 현상이다.
③ 수격현상 : 배관 내의 물이 급격히 압력을 받으면서 배관을 강하게 치는 현 상으로, 캐리오버에 의해 발생한다.

07 스웨인(Swain)이 제시한 인간오류 중 작위적 실수(commission error)의 착오를 4가지 쓰시오.

해답 ① 선택 착오   ② 순서 착오

③ 시간 착오   ④ 정성적 착오

참고 작위적 오류(실행 오류)는 필요한 작업절차를 제대로 수행하지 못해 발생하는 오류를 말한다.

08 산업안전보건기준에 관한 규칙 제319조에 따라 감전 위험이 있는 장소에서 작업을 하기 위해서는 전로를 차단해야 한다. 전로 차단을 위한 절차를 4가지 쓰시오.

해답 ① 전기기기 등에 공급되는 모든 전원을 관련 도면이나 배선도를 통해 확인한다.

② 전원을 차단한 후, 각 단로기 등을 개방하고 상태를 확인한다.

③ 차단장치나 단로기에 잠금장치 및 꼬리표를 부착한다.

④ 검전기를 사용하여 작업대상 기기가 충전되었는지 확인한다.

⑤ 개로된 전로에서 유도전압 또는 전기에너지가 축적된 전기기기는 접촉하기 전에 잔류전하를 완전히 방전시킨다.

⑥ 전기기기 등이 다른 노출 충전부와의 접촉, 유도, 예비동력원의 역송전 등으로 전압이 발생할 우려가 있을 때는 충분한 용량의 단락 접지기구를 이용하여 접지한다.

09 전자 및 통신기기의 전자파장해(EMI)를 방지하기 위한 대책을 4가지 쓰시오.

해답 ① 필터링   ② 배선   ③ 차폐   ④ 접지

참고 전자 및 통신기기의 전자파장해를 일으키는 노이즈와 이를 방지하기 위한 조치

① 전자파장해를 일으키는 노이즈를 방지하기 위한 실제 기술로는 필터링, 배선, 차폐, 접지 등이 있다.

② 방사 노이즈는 접지나 차폐로 노이즈 대책 실시

③ 전도 노이즈는 접지로 노이즈 대책 실시

10 산업안전보건법에 따른 차량계 건설기계 중 도저형 건설기계의 종류를 3가지 쓰시오.

해답 ① 불도저   ② 스트레이트도저   ③ 틸트도저

④ 앵글도저   ⑤ 버킷도저

11 25℃에서 액화 프로판가스 용기에 10kg의 LPG가 들어 있다. 용기가 파열되어 대기압 상태로 되었다고 할 때, 파열되는 순간 증발되는 프로판의 질량은 몇 kg인지 구하시오. (단, LPG의 비열은 2.4kJ/kg · ℃이고, 표준비점은 −42.2℃, 증발잠열은 384.2kJ/kg 이다.)

풀이 프로판의 질량 $= \dfrac{C_m \Delta T}{K} = \dfrac{10 \times 2.4 \times (25 - (-42.2))}{384.2} \fallingdotseq 4.2 \mathrm{kg}$

해답 4.2kg

---

12 강관을 사용하여 비계를 구성하는 강관비계의 설치기준을 4가지 쓰시오.

해답 ① 비계 기둥의 간격은 띠장 방향에서는 1.85m 이하, 장선 방향에서는 1.5m 이하로 한다.
② 띠장 간격은 2.0m 이하로 한다.
③ 비계 기둥의 제일 윗부분으로부터 31m되는 지점 밑부분의 비계 기둥은 2 개의 강관으로 묶어 세워야 한다.
④ 비계 기둥 간의 적재하중은 400kg을 초과하지 않도록 한다.

---

13 산업안전보건법령상 안전 · 보건표지 중 안내표지에 해당하는 것을 4가지 쓰시오.

해답 ① 녹십자표지   ② 응급구호표지
③ 들것   ④ 세안장치
⑤ 비상용 기구   ⑥ 비상구
⑦ 좌측 비상구   ⑧ 우측 비상구

---

14 산업안전보건기준에 관한 규칙에서 채석을 위한 굴착작업 시 관리감독자가 유해 · 위험방지를 위해 수행해야 하는 직무 내용을 3가지 쓰시오.

해답 ① 대피방법을 미리 교육하는 일
② 작업시작 전이나 폭우가 내린 후에는 암석 · 토사의 낙하 · 균열의 유무, 함수 · 용수 및 동결의 상태를 점검하는 일
③ 발파 후에는 발파장소 및 그 주변의 암석 · 토사의 낙하 · 균열의 유무를 점검하는 일

>>> **제1회** <<<

01 안전보건관리 조직에서 라인 스태프형(혼합형) 조직의 특징을 쓰시오.

해답 ① 1000명 이상의 대규모 사업장에 적용한다.
② 안전전문가에 의해 입안된 계획을 경영자가 명령하므로 명령이 신속하고 정확하게 전달된다.
③ 안전정보 수집이 용이하고 빠르다.
④ 명령 계통과 조언 또는 권고적 참여 간에 혼란이 발생할 수 있다.
⑤ 스태프의 월권행위가 우려되며, 지나치게 스태프에게 의존할 가능성이 있다.

02 산업재해조사표를 작성할 때 기입하는 상해(외적 상해)의 종류를 6가지 쓰시오.

해답 ① 골절 ② 동상 ③ 부종 ④ 자상 ⑤ 타박상
⑥ 절단 ⑦ 중독 ⑧ 질식 ⑨ 찰과상 ⑩ 화상

참고 재해(사고)의 발생형태 : 낙하 · 비래, 넘어짐, 끼임, 부딪힘, 감전, 유해광선 노출, 이상온도 노출 · 접촉, 산소결핍, 소음 노출, 폭발, 화재 등

03 산업안전보건법상 안전인증 대상 보호구의 종류를 7가지 쓰시오.

해답 ① 추락 및 감전 위험방지용 안전모 ② 안전화
③ 안전장갑   ④ 방진마스크
⑤ 방독마스크   ⑥ 송기마스크
⑦ 전동식 호흡보호구   ⑧ 보호복
⑨ 안전대   ⑩ 차광 및 비산물 위험방지용 보안경
⑪ 용접용 보안면   ⑫ 방음용 귀마개 또는 귀덮개

04 안전보건교육 계획에 포함해야 할 사항을 5가지 쓰시오.

해답 ① 교육목표 설정

② 교육의 종류 및 대상 설정

③ 강사 및 조교 편성

④ 교육기간 및 시간 설정

⑤ 교육장소 및 교육방법 설정

⑥ 교육과목 및 교육내용 설정

⑦ 소요예산 산정

⑧ 교육대상 설정

05 1cd의 점광원에서 1m 떨어진 지점의 조도가 3lux일 때, 동일한 조건에서 5m 떨어진 지점의 조도를 구하시오.

풀이 ① 조도 $=\dfrac{광도}{거리^2}=\dfrac{광도}{1^2}=3$ 이므로 광도는 3이다.

② 5m의 조도 $=\dfrac{광도}{거리^2}=\dfrac{3}{5^2}=0.12\,\mathrm{lux}$

해답 $0.12\,\mathrm{lux}$

06 MTBF, MTTF, MTTR는 기기의 신뢰성과 관련된 지표이다. 각각에 대하여 설명하시오.

해답 ① 평균고장간격(MTBF) : 수리가 가능한 기기에서 고장 발생 후 다음 고장까지 걸리는 평균시간

② 고장까지의 평균시간(MTTF) : 수리가 불가능한 기기에서 처음 고장이 발생하기까지 걸리는 시간

③ 평균수리시간(MTTR) : 고장 발생 후 수리에 소요되는 평균시간

07 셰이퍼(shaper) 작업 시 작업자의 안전을 확보하기 위해 설치해야 하는 방호장치 3가지를 쓰시오.

해답 ① 방책   ② 칸막이

③ 칩받이   ④ 가드

해설 ① 방책 : 작업자가 위험한 기계 부위에 접근하지 못하게 막는다.

② 칸막이 : 비산물이나 절삭물이 작업자에게 튀는 것을 막는다.

③ 칩받이 : 절삭 칩이 작업자에게 날아오는 것을 막는다.

④ 가드 : 기계의 위험한 부위에 작업자가 접촉하지 않도록 보호한다.

08 다음 그림과 같이 50kN의 중량물을 와이어로프를 이용하여 상부에 60°의 각도가 되도록 들어 올릴 때, 로프 하나에 걸리는 하중(T)을 구하시오.

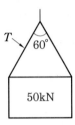

풀이 하중 $T=\dfrac{W}{2}\div\cos\dfrac{\theta}{2}=\dfrac{50}{2}\div\cos\dfrac{60°}{2}≒28.87\,\text{kN}$

여기서, W : 물체의 무게(kN), θ : 로프의 각도(°)

해답 28.87 kN

09 모터에 걸리는 대지 전압이 50V이고 인체 저항이 5000 Ω일 때, 인체에 흐르는 전류는 몇 mA인지 구하시오.

풀이 $I=\dfrac{V}{R}=\dfrac{50}{5000}=0.01\,\text{A}=10\,\text{mA}$

해답 10 mA

해설 전류 $I=\dfrac{V}{R}$ 여기서, V : 전압(V), R : 저항(Ω)

10 다음은 인화성 가스의 정의이다. (   ) 안에 알맞은 내용을 쓰시오.

폭발한계 농도의 하한이 (①) 또는 상하한의 차가 (②)인 것으로, 표준압력 (③)의 (④)에서 가스 상태인 물질이다.

해답 ① 13% 이하   ② 12% 이상
     ③ 101.3kPa 이하   ④ 20℃

11 사업주가 건조설비를 사용하여 작업할 경우 폭발이나 화재를 예방하기 위해 준수해야 할 사항을 3가지 쓰시오.

해답 ① 위험물 건조설비를 사용할 때는 미리 내부를 청소하거나 환기시킨다.

② 건조과정에서 발생하는 가스, 증기 또는 분진에 의해 폭발이나 화재의 위험을 초래할 수 있는 경우, 이물질을 안전한 장소로 배출시킨다.

③ 위험물 건조설비를 사용하여 가열 건조하는 물체는 쉽게 이탈되지 않도록 한다.

④ 고온으로 가열 건조된 인화성 액체는 발화 위험이 없는 온도로 냉각한 후 격납시킨다.

⑤ 건조설비에 가까운 장소에 인화성 액체를 두지 않는다.

12 산업안전보건법령에 따른 지반 종류별 굴착면의 기울기 기준에 관한 표이다. 빈칸에 알맞은 내용을 채우시오.

구분	지반 종류	기울기
보통 흙	습지	$1:1 \sim 1:1.5$
	건지	①
암반	풍화암	②
	연암	$1:1.0$
	경암	③

해답 ① $1:0.5 \sim 1:1.0$ ② $1:1.0$ ③ $1:0.5$

13 다음은 건설업 산업안전보건 관리비의 계상 및 사용에 관한 내용이다. (   ) 안에 알맞은 수를 쓰시오.

발주자가 재료를 제공하거나 물품이 완제품 형태로 제작 또는 납품되어 설치되는 경우, 해당 재료비 또는 완제품의 가액을 대상액에 포함시킬 때의 안전관리비는 해당 재료비 또는 완제품의 가액을 포함시키지 않은 대상액을 기준으로 계상한 안전관리비의 (   )배를 초과할 수 없다.

해답 1.2

해설 건설업 안전관리비 계상 및 사용기준(그 외)

① 대상액이 구분되지 않은 공사의 경우, 도급계약 또는 자체사업계획상의 총 공사 금액의 70%를 대상액으로 하여 안전관리비를 계산한다.

② 수급인 또는 자기공사자는 안전관리비 사용내역에 대해 공사시작 후 6개월 마다 1회 이상 발주자 또는 감리원의 확인을 받아야 한다. 단, 6개월 이내에 공사가 종료되는 경우에는 종료 시 확인을 받는다.

14 | 산업안전보건법에 따른 사업주의 직무를 2가지 쓰시오.

해답 ① 산업재해 예방정책에 따른 명령으로 정하는 산업재해 예방을 위한 기준에 따른다.

② 근로자의 신체적 피로와 정신적 스트레스를 줄일 수 있는 쾌적한 작업환경을 조성하고 근로조건을 개선한다.

③ 해당 사업장의 안전 및 보건에 관한 정보를 근로자에게 제공한다.

참고 용어의 정의

① 산업재해 : 근로자라는 사람이 업무로 인해 사망 또는 부상하거나 질병에 걸리는 것

② 근로자 : 임금을 목적으로 사업장에 근로를 제공하는 자

③ 사업주 : 근로자를 고용하여 사업을 하는 자

④ 근로자 대표 : 근로자의 과반수로 조직된 노동조합 또는 근로자의 과반수를 대표하는 자

⑤ 안전보건진단 : 산업재해를 예방하기 위해 그 개선 대책을 목적으로 조사·평가하는 것

01 산업안전보건법상 근로자가 수행해야 할 직무를 2가지 쓰시오.

해답 ① 법에서 정하는 산업재해 예방에 필요한 사항을 준수해야 한다.
② 사업주, 근로감독관, 공단 등 관계자가 실시하는 산업재해방지에 관한 조치에 따라야 한다.

02 연간 상시근로자가 100명인 화학공장에서 1년 동안 8명이 부상당하여 휴업일수 219일의 손실이 발생하였다. 이때 총근로손실일수와 강도율을 구하시오. (단, 근로자는 1일 8시간씩 연간 300일을 근무하였다.)

풀이 ① 총근로손실일수 = 휴업일수 × $\dfrac{근무일수}{365}$ = $219 × \dfrac{300}{365}$ = 180일

② 강도율 = $\dfrac{근로손실일수}{연간\ 총근로시간\ 수} × 1000$ = $\dfrac{180}{100 × 8 × 300} × 1000$ = 0.75

해답 ① 총근로손실일수 : 180일　　　　② 강도율 : 0.75

03 산업안전보건법상 사업장 안전교육의 종류 중 신규채용 시 교육시간에 해당하는 교육시간을 쓰시오.

교육대상	교육시간
일용근로자 및 근로계약기간이 1주일 이하인 기간제 근로자	①
근로계약기간이 1주일 초과 1개월 이하인 기간제 근로자	②
그 밖의 근로자(관리감독자 포함)	③

해답 ① 1시간 이상　　　　② 4시간 이상　　　　③ 8시간 이상

04 다음 설명에 해당하는 착각현상의 명칭을 쓰시오.

(1) 영화의 영상과 같이 대상물이 운동하는 것처럼 인식되는 현상
(2) 움직이지 않는 것이 움직이는 것처럼 느껴지는 현상

해답 (1) 가현운동　　　　(2) 유도운동

05 정량적 표시장치의 지침을 설계할 때 유의해야 할 사항을 4가지 쓰시오.

해답 ① 뾰족한 지침의 선각은 20° 정도로 설계한다.
② 지침의 끝은 눈금과 맞닿되 겹치지 않게 한다.
③ 원형 눈금의 경우 지침의 색은 선단에서 눈의 중심까지 칠한다.
④ 시차를 없애기 위해 지침을 눈금 면에 밀착시킨다.

06 다음은 HAZOP 기법에서 사용하는 유인어(guide words)이다. (   ) 안에 알맞은 내용을 쓰시오.

• (①) : 설계 의도의 논리적인 역을 의미
• (②) : 성질상의 증가로 설계 의도와 운전 조건 등의 부가적인 행위와 함께 나타나는 것

해답 ① Reverse
② As Well As

해설 HAZOP 기법에서 사용하는 유인어
① No/Not : 설계 의도의 완전한 부정
② More/Less : 정량적인 증가 또는 감소
③ Part Of : 성질상의 감소, 일부 변경
④ Other Than : 완전한 대체
⑤ Reverse : 설계 의도의 논리적인 역
⑥ As Well As : 성질상의 증가로 설계 의도와 운전 조건 등의 부가적 행위와 함께 나타내는 것

07 롤러기에서 앞면 롤러의 표면속도에 따른 급정지장치의 급정지거리 공식을 빈칸에 쓰시오.

| 표면속도가 30m/min 미만일 때 | ① |
| 표면속도가 30m/min 이상일 때 | ② |

해답 ① 급정지거리 $= \pi \times D \times \dfrac{1}{3}$ (D는 롤러의 직경)

② 급정지거리 $= \pi \times D \times \dfrac{1}{2.5}$ (D는 롤러의 직경)

08 동력 프레스 중 hand in die 방식(금형 안에 손이 들어가는 구조)의 프레스에서 사용하는 방호대책을 각각 2가지씩 쓰시오.

해답 (1) 프레스의 종류, 압력능력 S.P.M, 행정길이, 작업방법에 상응하는 방호장치 설치
① 가드식 방호장치
② 수인식 방호장치
③ 손쳐내기식 방호장치
(2) 정지 성능에 상응하는 방호장치 설치
① 양수조작식 방호장치
② 감응식(광전자식) 방호장치−비접촉, interlock(접촉)

09 전기화재의 원인을 분석할 때 고려해야 할 발생 경로를 4가지 쓰시오.

해답 ① 단락
② 누전
③ 접촉부의 과열
④ 절연 열화에 의한 발열
⑤ 정전기
⑥ 과전류
⑦ 지락
⑧ 낙뢰
⑨ 접속 불량

10 산업안전보건법에 따라 사업주는 밀폐된 공간에서 스프레이건을 사용하여 인화성 액체로 세척이나 도장작업을 할 때, 적절한 조치를 취한 후 전기기계나 기구를 작동시켜야 한다. 이에 해당하는 적절한 조치사항 2가지를 쓰시오.

해답 ① 인화성 액체나 가스로 인해 폭발위험이 조성되지 않도록 해당 물질의 공기 중 농도가 인화하한계값의 25%를 넘지 않게 충분히 환기시킨다.
② 조명 등은 고무, 실리콘 등의 패킹이나 실링 재료를 사용하여 완전히 밀봉한다.
③ 가열성 전기기계 및 기구는 세척 또는 도장용 스프레이건과 동시에 작동하지 않도록 연동장치 등의 조치를 한다.
④ 방폭구조 외의 스위치와 콘센트 등 전기기기는 밀폐된 공간 외부에 설치한다.

11 근로자가 추락하거나 넘어질 위험이 있는 장소에서 추락 방호망의 설치기준은 다음과 같다. ( ) 안에 알맞은 내용을 쓰시오.

> • 추락 방호망의 설치위치는 작업면에 가깝게 하며, 작업면에서 망 설치 지점까지의 수직거리는 (①)를 초과하지 않도록 할 것
> • 건축물 등의 바깥쪽에 설치하는 경우, 추락 방호망의 내민 길이는 벽면으로부터 (②) 이상 되도록 할 것

해답 ① 10m ② 3m

해설 추락 방호망의 설치기준
① 추락 방호망의 설치위치는 작업면에 가깝게 하며, 작업면에서 망 설치 지점까지의 수직거리는 10m를 초과하지 않도록 한다.
② 건축물 등의 바깥쪽에 설치하는 경우, 추락 방호망의 내민 길이는 벽면으로부터 3m 이상 되도록 한다.
③ 추락 방호망은 수평으로 설치하고, 망의 처짐은 짧은 변 길이의 수평 이상이 되도록 한다.

12 화물 취급작업과 관련된 위험을 방지하기 위해 조치해야 할 사항을 4가지 쓰시오.

해답 ① 하역작업을 하는 장소에서는 작업장 및 통로의 위험한 부분에 안전하게 작업할 수 있는 조명을 유지한다.
② 하역작업을 하는 장소에서 부두 또는 안벽의 선을 따라 통로를 설치할 때는 폭을 90cm 이상으로 유지한다.
③ 차량 등에서 화물을 내릴 때, 작업 중인 근로자가 쌓여있는 화물의 중간에서 화물을 빼내지 않도록 한다.
④ 꼬임이 끊어진 섬유로프 등을 화물 운반용 또는 고정용으로 사용하지 않는다.

13 산업안전보건법에 따르면 보호구를 사용할 때는 안전인증을 받은 제품을 사용해야 한다. 안전인증대상 보호구를 8가지 쓰시오.

해답 ① 안전화 및 방진마스크
② 안전장갑 및 방독마스크
③ 송기마스크 및 전동식 호흡보호구
④ 보호복 및 용접용 보안면

⑤ 안전대

⑥ 방음용 귀마개 또는 귀덮개

⑦ 추락 및 감전 위험방지용 안전모

⑧ 차광 및 비산물 위험방지용 보안경

14   산업안전보건기준에 관한 규칙에서 양화장치를 사용하여 화물을 싣고 내리는 작업을 할 때, 작업시작 전 점검해야 할 사항을 2가지 쓰시오.

해답 ① 양화장치의 작동상태를 점검한다.

② 양화장치에 제한하중을 초과하는 하중이 실리지 않았는지 확인한다.

참고 이동식 크레인을 이용하여 작업할 경우, 작업시작 전 점검해야 할 사항

① 제동장치 및 조종장치 기능의 이상 유무

② 하역장치 및 유압장치 기능의 이상 유무

③ 바퀴의 이상 유무

④ 전조등·후미등·방향지시기 및 경보장치 기능의 이상 유무

>>> **제3회** <<<

01 산업현장에서 재해가 발생했을 때 조치해야 할 순서를 7단계로 나열하시오.

해답 긴급처리 → 재해조사 → 원인분석 → 대책수립 → 실시계획 → 실시 → 평가

02 점검시기에 따른 안전점검의 종류를 4가지 쓰시오.

해답 ① 일상점검(수시점검) ② 정기점검 ③ 특별점검 ④ 임시점검

해설 ① 일상점검(수시점검) : 매일 작업 전후나 작업 중에 수시로 실시하는 점검이다.
② 정기점검 : 일정한 기간마다 정기적으로 실시하는 점검으로, 책임자가 실시
한다.
③ 특별점검 : 태풍, 지진 등의 천재지변이 발생하거나 기계 및 기구의 신설,
변경, 고장 또는 수리 후 특별히 실시하는 점검으로, 책임자가 실시한다.
④ 임시점검 : 이상이 발견되거나 재해가 발생한 경우 임시로 실시하는 점검이다.

참고 ① 검사대상에 의한 분류 : 기능검사, 형식검사, 규격검사
② 검사방법에 의한 분류 : 육안검사, 기능검사, 검사기기에 의한 검사, 시험에
의한 검사

03 다음은 피로를 측정하는 3가지 방법이다. 그 예를 각각 3가지씩 제시하시오.

(1) 심리적인 방법 :
(2) 생리학적인 방법 :
(3) 생화학적인 방법 :

해답 (1) ① 연속반응시간 ② 변별 역치 ③ 정신작업 ④ 피부저항
(2) ① 근력 ② 근활동 ③ 호흡순환 기능 ④ 대뇌피질 활동
(3) ① 혈색소 농도 ② 요단백 ③ 혈액의 수분

04 휴먼에러 중 원인에 대한 분류와 심리적 분류를 각각 종류별로 쓰시오.

해답 ① 원인에 대한 분류 : 1차 오류, 2차 오류, 지시 오류
② 심리적 분류(독립 행동에 관한 분류) : 생략 오류, 순서 오류, 시간 오류, 수
행 오류, 불필요한 행동 오류

05 다음 FT도에서 최소 컷셋(minimal cut set)을 구하시오.

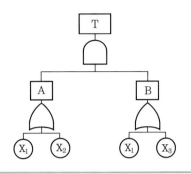

> **풀이** $T = A \cdot B = \begin{pmatrix} X_1 \\ X_2 \end{pmatrix} \begin{pmatrix} X_1 \\ X_3 \end{pmatrix}$
>
> $\qquad = (X_1)(X_1\ X_3)(X_1\ X_2)(X_2\ X_3)$
>
> 컷셋은 $\{X_1\}$, $\{X_1,\ X_3\}$, $\{X_1,\ X_2\}$, $\{X_2,\ X_3\}$
>
> 최소 컷셋은 $\{X_1\}$, $\{X_2,\ X_3\}$이다.

> **해답** $\{X_1\}$, $\{X_2,\ X_3\}$

06 다음은 방호조치가 필요한 기계 및 기구이다. 각 기계 및 기구에 적합한 방호장치를 쓰시오.

(1) 예초기 :   (2) 원심기 :

(3) 공기압축기 :   (4) 금속절단기 :

(5) 지게차 :   (6) 포장기계(진공포장기, 랩핑기로 한정):

> **해답** (1) 날 접촉예방장치
> (2) 회전체 접촉예방장치
> (3) 압력방출장치
> (4) 날 접촉예방장치
> (5) 헤드가드, 백레스트, 전조등, 후미등, 안전벨트
> (6) 잠김방지장치

07 보일러가 부식되는 원인을 3가지 쓰시오.

> **해답** ① 급수 처리를 하지 않은 물을 사용할 때
> ② 급수에 해로운 불순물이 혼입되었을 때
> ③ 산소와 같은 부식성 가스가 물에 녹아 있을 때

08 다음 충전 전로에서의 활선작업 시 접근 한계거리를 나타낸 표이다. 표의 빈칸을 채우시오.

충전 전로의 전압(kV)	접근 한계거리(cm)	충전 전로의 전압(kV)	접근 한계거리(cm)
0.3 이하	접촉 금지	37 초과 88 이하	⑤
0.3 초과 0.75 이하	①	88 초과 121 이하	⑥
0.75 초과 2 이하	②	121 초과 145 이하	⑦
2 초과 15 이하	③	145 초과 169 이하	⑧
15 초과 37 이하	④	169 초과 242 이하	⑨

해답 ① 30 ② 45 ③ 60 ④ 90 ⑤ 110 ⑥ 130 ⑦ 150 ⑧ 170 ⑨ 230

09 전기기기의 충격 전압시험 시 사용하는 표준 충격파형(T_f, T_r)을 쓰시오.

해답 $1.2 \times 50\mu s$

해설 ① 충격파는 파고치, 파두장, 파미장으로 표시되며, 파고치는 파형의 최대 전압값을 나타낸다.
② 파두장($T_f = 1.2\mu s$) : 파형이 최대 전압의 특정 비율(일반적으로 90%)까지 상승하는 데 걸리는 시간, 즉 파고치에 도달할 때까지의 시간을 말한다.
③ 파미장($T_r = 50\mu s$) : 파형이 최대 전압에서 절반 수준까지 감소하는 데 걸리는 시간, 즉 기준점에서 파고치의 50%로 감소할 때까지의 시간을 말한다.

10 공기 중에 3ppm의 디메틸아민(TLV-TWA : 10ppm)과 20ppm의 시클로핵산올(cyclohexanol, TLV-TWA : 50ppm), 10ppm의 산화프로필렌(TLV-TWA : 20ppm)이 존재할 때, 혼합 TLV-TWA는 몇 ppm인지 구하시오.

풀이
$$\text{노출기준(TLV-TWA)} = \frac{1}{\frac{f_1}{(TLV-TWA)_1} + \frac{f_2}{(TLV-TWA)_2} + \frac{f_3}{(TLV-TWA)_3}}$$
$$= \frac{1}{\frac{3/33}{10} + \frac{20/33}{50} + \frac{10/33}{20}} = \frac{1}{\frac{3}{33 \times 10} + \frac{20}{33 \times 50} + \frac{10}{33 \times 20}}$$
$$\fallingdotseq 27.5\text{ppm}$$

해답 27.5ppm

11 강관비계 조립 시 준수해야 할 사항을 4가지 쓰시오.

해답 ① 비계 기둥이 미끄러지거나 침하하지 않도록 밑받침 철물, 깔판, 깔목 등을
      사용한다.
    ② 비계 구조를 견고하게 하기 위해 교차가새로 보강한다.
    ③ 외줄비계, 쌍줄비계 또는 돌출비계의 경우에는 벽이음 및 버팀을 설치한다.
    ④ 강관의 접속부나 교차부는 적합한 부속 철물을 사용하여 접속하거나 단단
      히 묶는다.
    ⑤ 가공 전로에 근접하여 비계를 설치할 경우에는 가공 전로를 이설하거나 절
      연용 방호구를 장착하여 접촉을 방지한다.

12 설치 또는 이전하는 경우 안전인증을 받아야 하는 기계·기구를 3가지 쓰시오.

해답 ① 크레인 ② 리프트 ③ 곤돌라
해설 크레인, 리프트, 곤돌라 외에도 승강기, 압력용기, 고소작업대 등이 설치 또는
      이전하는 경우 안전인증을 받아야 하는 대표적인 장비에 해당한다.

13 다음 용도 및 사용 장소에 알맞은 경고표지를 쓰시오.

- 낙석(돌) 및 블록 등 물체가 떨어질 우려가 있는 장소 : (①)
- 경사진 통로 입구, 미끄러운 장소 : (②)
- 휘발유 등 화기의 취급을 극히 주의해야 하는 물질이 있는 장소 : (③)
- 폭발성 물질이 있는 장소 : (④)

해답 ① 낙하물 경고표지   ② 몸 균형 상실 경고표지
    ③ 인화성 물질 경고표지   ④ 폭발성 물질 경고표지

14 산업안전보건기준에 관한 규칙에 따라 화물 취급작업을 할 때 관리감독자가 유해·위
험방지를 위해 수행해야 할 직무를 4가지 쓰시오.

해답 ① 작업방법 및 순서를 결정하고 작업을 지휘하는 일
    ② 기구 및 공구를 점검하고 불량품을 제거하는 일
    ③ 작업장소에 관계근로자가 아닌 사람의 출입을 금지하는 일
    ④ 로프 등의 해체작업을 할 때, 하대 위 화물의 낙하위험 유무를 확인하고 작
      업의 착수를 지시하는 일

>>> **제1회** <<<

01 산업안전보건법상 전담 안전관리자를 선임해야 하는 사업장의 규모 기준(선임대상 사업의 규모)을 2가지 쓰시오.

해답 ① 상시근로자 300명 이상인 사업장
② 건설업 : 공사금액이 120억 원 이상(토목공사는 150억 원 이상)인 사업장

02 산업안전보건법령에 따라 사업장에서 산업재해가 발생할 경우 사업주가 기록 · 보존해야 하는 사항을 4가지 쓰시오.

해답 ① 사업장의 개요 및 근로자의 인적사항
② 재해발생의 일시 및 장소
③ 재해발생의 원인 및 과정
④ 재해 재발방지 계획

03 자율안전인증 대상 보호구의 종류를 쓰시오. (단, 안전인증이 필요한 보호구는 제외한다.)

해답 ① 안전모   ② 보안경   ③ 보안면
참고 안전인증대상 보호구
　　① 안전화　　　　　　　　　② 방진마스크
　　③ 송기마스크　　　　　　　④ 안전대
　　⑤ 안전장갑　　　　　　　　⑥ 방독마스크
　　⑦ 보호복　　　　　　　　　⑧ 용접용 보안면
　　⑨ 전동식 호흡보호구　　　　⑩ 차광 및 비산물 위험방지용 보안경
　　⑪ 방음용 귀마개 또는 귀덮개　⑫ 추락 및 감전 위험방지용 안전모

04 적응기제의 형태 중 방어적 기제(escape mechanism)를 3가지 쓰시오.

해답 ① 억압 ② 퇴행 ③ 백일몽 ④ 고립
해설 ① 억압 : 고통스러운 기억이나 감정을 무의식적으로 억눌러 마음속 깊이 감추
　　　는 기제
　　② 퇴행 : 유아기나 어린시절의 행동 방식으로 돌아가는 기제
　　③ 백일몽 : 꿈나라(공상) 속에서 이상적인 상황을 상상하는 기제
　　④ 고립 : 외부와의 접촉을 단절하는 기제

05 반사형 없이 모든 방향으로 빛을 발하는 점광원에서 2m 떨어진 곳의 조도가 150lux
일 때 3m 떨어진 곳의 조도를 구하시오.

풀이 ① 조도 $=\dfrac{\text{광원}}{\text{거리}^2}$ 이므로 광원 = 조도 × 거리^2 = $150 \times 2^2 = 600\,\text{cd}$

② 3m 떨어진 곳에서의 조도 $= \dfrac{\text{광원}}{\text{거리}^2} = \dfrac{600}{3^2} ≒ 66.67\,\text{lux}$

해답 66.67lux

06 A 공장에서 10,000시간 동안 15,000개의 부품을 생산했을 때 설비고장으로 15개의
불량품이 발생했다면 평균고장간격(MTBF)을 구하시오.

풀이 $\text{MTBF} = \dfrac{1}{\lambda(\text{고장률})} = \dfrac{\text{총가동시간}}{\text{고장 건수}} = \dfrac{15{,}000 \times 10{,}000}{15} = 1 \times 10^7\,\text{시간}$

해답 1×10^7시간

해설 평균고장간격 $\text{MTBF} = \dfrac{1}{\lambda(\text{고장률})}$

여기서, $\lambda(\text{고장률}) = \dfrac{\text{총가동시간}}{\text{고장 건수}}$(건/시간)

07 목재 가공용 둥근톱기계에 필요한 방호장치를 2가지 쓰시오.

해답 ① 반발예방장치
② 톱날접촉 예방장치

08 작업장에서 사용하는 로프의 최대 사용하중이 200kgf이고 절단하중이 600kgf일 때,
이 로프의 안전율을 구하시오.

풀이 안전율(안전계수) $= \dfrac{\text{파단하중}}{\text{최대 사용하중}} = \dfrac{600}{200} = 3$

해답 3

---

09 다음은 절연 내력시험에 대한 내용이다. (   ) 안에 알맞은 내용을 쓰시오.

> 개폐기, 차단기, 유도 전압 조정기의 최대 사용전압이 (①) 이하인 전로의 경우, 절연 내력시험은 최대 사용전압의 (②)배의 전압에서 (③)분간 가하여 견뎌야 한다.

해답 ① 7kV   ② 1.5   ③ 10

---

10 위험물 중 폭발성 물질 및 유기과산화물의 종류를 5가지 쓰시오.

해답 ① 질산에스테르류
② 니트로 화합물
③ 니트로소 화합물
④ 아조 화합물
⑤ 디아조 화합물
⑥ 하이드라진 유도체
⑦ 유기과산화물

---

11 할론 소화기의 종류와 각 할론의 화학식을 3가지 쓰시오.

해답 할론 소화기의 종류와 화학식
① 할론 1040(CCl_4)   ② 할론 1011(CH_2ClBr)
③ 할론 1211(CF_2ClBr)   ④ 할론 1301(CF_3Br)
⑤ 할론 2402($C_2F_4Br_2$)

---

12 지반의 사면 파괴 유형을 3가지 쓰고, 각각 설명하시오.

해답 ① 사면 내 파괴 : 하부 지반이 단단한 경우 얕은 지표층의 붕괴가 발생하는 유형
② 사면 선단 파괴 : 경사가 급하고 비점착성 토질에서 발생하는 유형
③ 사면 저부 파괴 : 경사가 완만하고 점착성이 있는 경우 사면의 하부에 견고한 지층이 있을 때 발생하는 유형

13 사업주가 고소작업대를 설치할 때 안전을 확보하기 위해 준수해야 할 설치기준을 5가지 쓰시오.

해답 ① 작업대를 와이어로프 또는 체인으로 올리거나 내릴 경우에는 와이어로프 또는 체인이 끊어져 작업대가 떨어지지 않도록 안전율이 5 이상일 것
② 작업대를 유압에 의해 올리거나 내릴 경우에는 작업대를 일정한 위치에 유지할 수 있는 장치를 갖추고, 압력의 이상 저하를 방지할 수 있는 구조일 것
③ 권과방지장치를 갖추거나 압력의 이상 상승을 방지할 수 있는 구조일 것
④ 붐이 최대 지면 경사각을 초과하는 각도에서도 운전할 경우 전도되지 않도록 할 것
⑤ 작업대에 정격하중(안전율 5 이상)을 표시할 것
⑥ 작업대에 끼임 및 충돌 등 재해를 예방하기 위한 가드 또는 과상승방지장치를 설치할 것

14 흙막이 지보공을 설치하였을 때 정기적으로 점검하고 보수해야 할 사항을 3가지 쓰시오.

해답 ① 부재의 손상 · 변형 · 부식 · 변위 및 탈락의 유무와 상태
② 침하의 정도와 버팀대의 긴압의 정도
③ 부재의 접속부 · 부착부 및 교차부의 상태
④ 기둥침하의 유무 및 상태

01 산업안전보건법에서 정하는 안전보건 총괄책임자 지정대상 사업을 2가지 쓰시오.

해답 ① 상시근로자가 50명 이상인 규모의 사업장
② 수급인 및 하수급인의 공사 금액을 포함한 당해 총공사 금액이 20억 원 이상인 건설업

02 평균 근로자 수가 50명인 A 공장에서 지난 한 해 동안 3명의 재해자가 발생하였다. 이 공장의 강도율이 1.5일 경우 총근로손실일수는 며칠인지 구하시오. (단, 근로자는 1일 8시간씩 300일을 근무하였다.)

풀이 ① 강도율 $= \dfrac{\text{근로손실일수}}{\text{총근로시간 수}} \times 1000$

② 근로손실일수 $= \dfrac{\text{강도율} \times \text{총근로시간 수}}{1000} = \dfrac{1.5 \times (50 \times 8 \times 300)}{1000} = 180$일

해답 180일

03 안전보건관리책임자 등에게 필요한 직무교육의 교육시간을 쓰시오.

교육대상	신규교육시간	보수교육시간
안전보건관리 책임자	①	②
안전관리자, 안전관리전문기관의 종사자	③	④
보건관리자, 보건관리전문기관의 종사자	⑤	⑥
건설재해예방 전문지도기관 종사자	⑦	⑧
석면조사기관 종사자	⑨	⑩
안전검사기관, 자율안전검사기관의 종사자	⑪	⑫
안전보건관리 담당자	–	⑬

해답 ① 6시간 이상 ② 6시간 이상 ③ 34시간 이상
④ 24시간 이상 ⑤ 34시간 이상 ⑥ 24시간 이상
⑦ 34시간 이상 ⑧ 24시간 이상 ⑨ 34시간 이상
⑩ 24시간 이상 ⑪ 34시간 이상 ⑫ 24시간 이상
⑬ 8시간 이상

04　암실에서 정지된 소광점을 응시할 때 광점이 움직이는 것 같이 보이는 현상을 운동의 착각현상 중 자동운동이라 한다. 자동운동이 발생하기 쉬운 조건을 3가지 쓰시오.

해답　① 광점이 작은 것
② 대상이 단순한 것
③ 광의 강도가 작은 것
④ 시야의 다른 부분이 어두운 것

05　시각적 표시장치보다 청각적 표시장치를 사용하는 것이 더 유리한 상황을 설명하는 특성을 5가지 쓰시오.

해답　① 메시지가 짧고 간단할 때
② 메시지가 재참조되지 않을 때
③ 메시지가 시간적인 사상을 다룰 때
④ 수신자의 시각 계통이 과부하 상태일 때
⑤ 주위 장소가 밝거나 암조응일 때
⑥ 메시지에 대한 즉각적인 행동을 요구할 때
⑦ 수신자가 자주 움직일 때

해설　암조응은 어두운 환경에 눈이 적응하는 과정을 의미하는 용어로, 암조응 상태에서는 눈이 빛에 더 민감해져서 미세한 광점도 더 쉽게 인식된다.

06　다음은 FMEA에서 고장의 발생확률 β의 범위에 따른 고장의 영향을 나타낸 표이다. 빈칸을 채우시오.

발생확률(β의 값)	고장의 영향	빈도
$\beta = 1.0$	①	⑤
$0.10 \leq \beta < 1.00$	②	⑥
$0 < \beta \leq 0.1$	③	⑦
$\beta = 0$	④	⑧

해답　① 실제 손실이 발생됨　② 실제 손실이 예상됨
③ 가능한 손실　④ 손실의 영향이 없음
⑤ 자주　⑥ 보통
⑦ 가끔　⑧ 없음

07 롤러기에서 앞면 롤러의 지름이 200mm, 분당 회전수가 30rpm인 롤러의 무부하 동작에서의 급정지거리를 구하시오.

풀이 ① $V = \dfrac{\pi DN}{1000} = \dfrac{\pi \times 200 \times 30}{1000} \fallingdotseq 18.84\,\text{m/min}$

② 급정지거리 $= \pi \times D \times \dfrac{1}{3} = \pi \times 200 \times \dfrac{1}{3} \fallingdotseq 209.33\,\text{mm}$

해답 209.33mm

해설 ① 표면속도 $V = \dfrac{\pi DN}{1000}$

여기서, V : 롤러의 표면속도, D : 롤러의 직경, N : 1분간 회전수

② 급정지거리 $= \pi \times D \times \dfrac{1}{3}$ ($V = 30\,\text{m/min}$ 미만일 때)

급정지거리 $= \pi \times D \times \dfrac{1}{2.5}$ ($V = 30\,\text{m/min}$ 이상일 때)

08 기계설비의 작업능률과 안전을 위해 공장의 설비 배치 3단계를 [보기]에서 찾아 순서대로 쓰시오.

| 보기 |
• 기계배치   • 지역배치   • 건물배치

해답 지역배치 → 건물배치 → 기계배치

09 전기화재의 원인을 분석할 때 화재를 일으킬 수 있는 발화원을 4가지 쓰시오.

해답 ① 이동 절연기　　　　② 전등 및 전기기기
③ 전기장치　　　　　④ 배선기구
⑤ 고정된 전열기

10 다음은 산업안전보건법상 어떤 용어의 정의를 나타낸 것인지 쓰시오.

(1) 산소결핍, 유해가스로 인한 질식, 화재, 폭발 등의 위험이 있는 장소로서 밀폐된 공간 :

(2) 공기 중의 산소농도가 18% 미만인 상태 :

해답 (1) 밀폐공간　　　　　　　　　　(2) 산소결핍

참고 ① 유해가스 : 탄산가스, 일산화탄소, 황화수소 등 인체에 유해한 영향을 미치는 기체
② 적정공기 : 산소농도가 18% 이상 23.5% 미만, 탄산가스의 농도가 1.5% 미만, 일산화탄소의 농도가 30 ppm 미만, 황화수소의 농도가 10 ppm 미만인 상태의 공기
③ 산소결핍증 : 산소가 결핍된 공기를 들이마심으로써 발생하는 증상

11 다음은 방망사의 신품과 폐기 대상의 인장하중을 나타낸 표이다. 빈칸에 알맞은 값을 쓰시오.

그물코의 크기 (단위 : cm)	매듭 없는 방망		매듭 방망	
	신품	폐기 시	신품	폐기 시
10	①	②	③	④
5	–	–	⑤	⑥

해답 ① 240 kg　② 150 kg　③ 200 kg　④ 135 kg　⑤ 110 kg　⑥ 60 kg

12 굴착작업 시 근로자의 위험을 방지하기 위해 해당 작업 및 작업장에 대한 사전조사를 실시해야 하는데, 이때 사전조사 항목을 3가지 쓰시오.

해답 ① 형상, 지질 및 지층의 상태
② 균열, 함수, 용수 및 동결의 유무 또는 상태
③ 매설물 등의 유무 또는 상태
④ 지반의 지하수위 상태

13 다음 작업조건에 따라 발생할 수 있는 위험을 고려하여, 그에 알맞은 보호구를 쓰시오.

(1) 물체가 낙하 · 비산 위험이 있거나 근로자가 추락할 위험이 있는 작업
(2) 물체의 낙하 충격, 물체에 끼임, 감전 또는 정전기에 의한 위험이 있는 작업
(3) 용접 시 불꽃에 의해 근로자가 화상의 위험이 있는 작업
(4) 용해 등 고열에 의한 화상의 위험이 있는 작업

해답 (1) 안전모　　　　　　(2) 안전화
(3) 보안면　　　　　　(4) 방열복

14 산업안전보건기준에 관한 규칙에서 슬링 등을 사용하여 작업할 때, 작업시작 전 점검해야 할 사항을 2가지 쓰시오.

해답 ① 훅이 붙어 있는 슬링, 와이어슬링 등이 제대로 매달려 있는지의 여부
② 슬링, 와이어슬링 등의 상태(작업시작 전 및 작업 중 수시로 점검하여 이상이 없는지 확인)

참고 크레인을 이용하여 작업할 경우, 작업시작 전 점검해야 할 사항
① 권과방지장치·브레이크·클러치 및 운전장치의 기능
② 주행로의 상측 및 트롤리(trolley)가 횡행하는 레일의 상태
③ 와이어로프가 통하고 있는 곳의 상태

제3회

01 산업재해 예방의 4원칙을 쓰고, 각각 설명하시오.

해답 ① 손실우연의 원칙 : 사고로 인한 상해의 종류나 정도는 사고 발생 시 사고대
상의 조건에 따라 우연히 결정된다.
② 원인계기의 원칙 : 재해발생에는 반드시 원인이 있으며, 직접 원인과 간접
원인이 연계되어 일어난다.
③ 예방가능의 원칙 : 재해는 원칙적으로 원인을 제거하면 예방이 가능하다.
④ 대책선정의 원칙 : 재해예방을 위한 적절한 안전대책은 반드시 존재한다.

02 유해 · 위험기계 등이 안전인증기준에 적합한지 확인하기 위한 심사의 종류를 3가지
쓰시오.

해답 ① 예비심사　　　　　　　② 서면심사
③ 기술능력 및 생산체계 심사　　④ 제품심사

해설 ① 예비심사 : 기계 · 기구 및 방호장치 · 보호구가 유해 · 위험한 기계 · 기구 ·
설비인지 확인하는 심사
② 서면심사 : 유해 · 위험한 기계 · 기구 · 설비 등의 제품기술 관련 문서가 안
전인증 기준에 적합한지 확인하는 심사
③ 기술능력 및 생산체계 심사 : 기계 · 설비 등이 서면심사 내용과 일치하며
안전에 관한 성능이 안전인증 기준에 적합한지 확인하는 심사
④ 제품심사 : 개별 제품 혹은 형식별 표본 추출을 통해 제품이 서면심사와 일
치하며 안전인증 기준에 적합한지 확인하는 심사
• 개별 제품심사 : 모든 개별 제품에 대하여 수행
• 형식별 제품심사 : 형식별로 표본을 추출하여 수행

03 생체 리듬(bio rhythm)의 종류를 3가지로 구분하여 쓰시오.

해답 ① 육체적 리듬(P)　　② 감성적 리듬(S)　　③ 지성적 리듬(I)

해설 ① 육체적 리듬(P) : 23일 주기로 식욕, 소화력, 활동력, 지구력 등을 좌우하는
리듬
② 감성적 리듬(S) : 28일 주기로 주의력, 창조력, 예감 및 통찰력 등을 좌우하
는 리듬

③ 지성적 리듬(I) : 33일 주기로 상상력, 사고력, 기억력, 인지력, 판단력 등을
   좌우하는 리듬

해설 생체 리듬 주기와 상태 변화

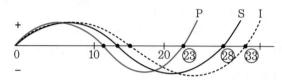

04

[보기]는 작업 중 보고된 오류의 일부이다. 각 오류를 생략 오류(omission error)와 작위적 오류(commission error)로 분류하여 알맞은 기호를 쓰시오.

(1) 생략 오류 :

(2) 작위적 오류 :

┌─| 보기 |──

① 부품을 빠뜨려 부품이 남았다.

② 부품이 거꾸로 배열되었다.

③ 납 접합을 빠뜨렸다.

④ 전선의 연결이 바뀌었다.

⑤ 잘못된 부품을 사용하였다.

⑥ 전기난로를 끄지 않고 외출하여 화재가 발생하였다.

해답 (1) ①, ③, ⑥

(2) ②, ④, ⑤

05

다음 FT도에서 시스템에 고장이 발생할 확률을 구하시오. (단, X_1과 X_2의 발생확률은 각각 0.05, 0.03이다.)

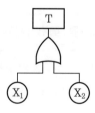

해설 고장률$=1-(1-X_1)\times(1-X_2)=1-(1-0.05)\times(1-0.03)=0.0785$

해답 0.0785

06 산업안전보건법상 유해 · 위험방지를 위한 방호조치를 하지 않고는 양도, 대여, 설치 진열해서는 안 되는 기계 · 기구를 4가지 쓰시오.

해답 ① 예초기
② 원심기
③ 공기압축기
④ 금속절단기
⑤ 지게차
⑥ 포장기계(진공포장기, 랩핑기로 한정함)

07 압축기와 송풍의 관로에 심한 공기의 맥동현상과 진동이 발생하여 불안정한 운전상태가 되는 서징(surging)을 방지하는 방법을 3가지 쓰시오.

해답 ① 교축 밸브를 기계 가까이에 설치한다.
② 서징 방지 밸브를 설치한다.
③ 압축기나 송풍기의 회전속도를 조절한다.
④ 인터쿨러를 사용한다.

해설 맥동현상(서징) : 펌프의 입출구에 부착된 진공계와 압력계가 흔들리고, 기계에서 진동과 소음이 일어나며 유출량이 변하는 현상이다.

08 [보기]와 같은 충전 전로에 대한 접근 한계거리를 쓰시오.

┌─ 보기 ┐
① 220V　② 1kV　③ 22kV　④ 155kV
⑤ 380V　⑥ 1.6kV　⑦ 7.6kV　⑧ 23.9kV

해답 ① 접촉 금지　　　　　② 45cm
③ 90cm　　　　　　④ 170cm
⑤ 30cm　　　　　　⑥ 45cm
⑦ 60cm　　　　　　⑧ 90cm

해설 충전 전로의 접근 한계거리는 산업안전보건 기준에 관한 규칙에서 규정된 것으로 전압에 따라 다르며, 작업자가 감전 위험을 피하기 위해 반드시 지켜야할 최소 안전거리이다.

09 다음은 통전 전류에 따른 성인 남성의 인체 영향(60Hz)에 대한 설명이다. 해당하는 전류의 값을 쓰시오.

(1) 고통을 참을 수 있는 한계전류(고통 한계전류) :
(2) 신경이 마비되고 신체를 움직일 수 없으며 말을 할 수 없는 상태(불수 전류) :

해답 (1) 2~8mA　　　　　　(2) 20~50mA

해설 통전 전류에 따른 성인 남성의 인체 영향
① 최소 감지전류(1mA) : 전류가 흐르는 것을 느낄 수 있는 최소 전류
② 고통 한계전류(2~8mA) : 고통을 참을 수 있는 최대 전류
③ 이탈전류(8~15mA) : 전원에서 스스로 떨어질 수 있는 최대 전류
④ 불수전류(20~50mA) : 신경이 마비되어 신체를 움직일 수 없고 말을 할 수 없는 상태
⑤ 심실세동전류(50~100mA) : 심장의 리듬에 영향을 주어 심장마비를 유발할 수 있는 전류

10 파열판(rupture disk)을 설치해야 하는 필요성을 3가지 쓰시오.

해답 ① 반응 폭주 등으로 급격한 압력 상승의 우려가 있는 경우
② 운전 중 안전밸브의 이상으로 안전밸브가 작동하지 못하는 경우
③ 위험물질의 누출로 작업장이 오염될 수 있는 경우
④ 파열판의 형식과 재질을 충분히 검토하고, 일정 기간을 정해 교환이 필요한 경우

11 비계 조립 간격(벽이음 간격)을 정리한 표이다. 빈칸에 알맞은 간격을 쓰시오.

비계의 종류		수직 방향	수평 방향
강관비계	단관비계	①	②
	틀비계(높이 5m 미만은 제외)	③	④
통나무비계		⑤	⑥

해답 ① 5m　② 5m　③ 6m　④ 8m　⑤ 5.5m　⑥ 7.5m

참고 단관비계, 틀비계, 통나무비계
① 단관비계 : 단일 강관을 수직과 수평으로 조립하여 만든 비계로, 구조가 단순하고 자유로운 설계가 가능하지만 조립에 시간이 걸린다.

② 틀비계 : 규격화된 강관 틀을 조립하여 만든 비계로, 조립과 해체가 빠르고 안정성이 높아 대규모 건설현장에서 많이 사용된다.

③ 통나무비계 : 통나무나 대나무를 묶어 만든 전통 방식의 비계로, 강도가 낮지만 특수 작업이나 전통 건축에서 사용된다.

12 주요 구조 부분을 변경하는 경우 안전인증을 받아야 하는 기계 · 기구 6가지를 쓰시오.

해답 ① 프레스 ② 전단기 및 절곡기
③ 크레인 ④ 리프트
⑤ 압력용기 ⑥ 롤러기
⑦ 사출성형기 ⑧ 고소작업대
⑨ 곤돌라

13 산업안전보건법령상 안전 · 보건표지의 종류 중 지시표지의 기본모형을 글로 쓰시오.

금지표지	경고표지	지시표지	안내표지
원형	삼각형 및 마름모	①	정사각형 또는 직사각형
빨간색 테두리와 대각선이 있는 흰색 바탕에 검은색 그림	노란색 바탕에 검은색 테두리와 그림	②	초록색 바탕에 흰색 그림 또는 글자

해답 ① 원형 ② 파란색 바탕에 흰색 그림

14 산업안전보건 기준에 관한 규칙에 따라 부두와 선박에서 하역작업을 할 때, 관리감독자가 유해 · 위험을 방지하기 위해 수행해야 할 직무를 2가지 쓰시오.

해답 ① 작업방법을 결정하고 작업을 지휘하는 일
② 통행설비, 하역기계, 보호구 및 기구 · 공구를 점검 및 정비하고, 이들의 사용 상황을 감시하는 일
③ 주변 작업자 간의 연락을 조정하는 일

>>> **제1회** <<<

01 산업안전보건법상 산업안전보건위원회를 두어야 할 사업을 2가지 쓰시오.

해답 ① 상시근로자 50인 이상 사업장부터
② 건설업 : 공사 금액 120억 원 이상(토목공사 : 150억 원 이상)인 사업장

02 다음은 시몬즈(Simonds)의 재해 코스트 산정방식 중 비보험 코스트 산정기준이 되는 재해와 사고의 분류 및 내용을 나타낸 표이다. 빈칸을 채우시오.

분류	재해사고 내용
①	영구 부분 노동 불능, 일시적인 전 노동 불능
통원상해(B)	일시 부분 노동 불능, 의사의 조치가 필요한 통원상해
응급처치(C)	②
무상해사고(D)	의료조치가 필요하지 않은 경미한 상해

해답 ① 휴업상해(A)
② 8시간 미만의 휴업손실을 초래하는 상해
해설 비보험 코스트는 재해로 인해 발생한 비용 중 보험으로 보상되지 않는 비용을 의미한다. 시몬즈의 재해 코스트 산정 방식에서는 이러한 비보험 코스트를 중점적으로 평가하여, 재해가 발생했을 때 발생하는 모든 간접 비용을 포함하여 총손실을 산출한다.

03 보안경을 크게 3가지로 분류하고, 그 역할을 쓰시오.

해답 ① 차광보안경 : 적외선, 자외선, 가시광선으로부터 눈을 보호한다.
② 유리보안경 : 미분, 칩, 기타 비산물로부터 눈을 보호한다
③ 플라스틱 보안경 : 미분, 칩, 액체 약품 등 다양한 비산물과 유해 물질로부터 눈을 보호한다.

04 적응기제의 형태 중 방어기제(defense mechanism)를 5가지 쓰시오.

해답 ① 보상   ② 합리화   ③ 승화   ④ 동일시   ⑤ 투사

해설 ① 보상 : 스트레스를 다른 곳에서 강점으로 발휘하려는 기제
② 합리화 : 실패를 변명하거나 자기미화하려는 기제
③ 승화 : 열등감과 욕구불만이 사회적 · 문화적 가치로 나타나는 기제
④ 동일시 : 힘과 능력이 있는 사람을 모방하여 대리만족을 얻는 기제
⑤ 투사 : 열등감을 다른 사람이나 사물에 떠넘겨 그 감정에서 벗어나려는 기제

05 휘도(luminance)가 10 cd/m²이고 조도(illuminace)가 100 lux인 경우 반사율(reflectance)(%)을 구하시오.

풀이 ① 광속발산도 = 휘도 $\times \pi = 10\pi \, \text{cd/m}^2$

② 반사율 = $\dfrac{광속발산도}{조도} \times 100 = \dfrac{10\pi}{100} \times 100 = 10\pi \, \%$

해답 $10\pi \, \%$

해설 광속발산도 = 휘도 $\times \pi$, 반사율 = $\dfrac{광속발산도}{조도} \times 100$

06 목재 가공용 둥근톱기계에서 사용되는 반발예방장치의 종류를 3가지 쓰시오.

해답 ① 반발방지기구(finger)
② 반발방지 롤(roll)
③ 분할 날(spreader)

07 화물용 승강기를 설계하면서 와이어로프의 안전하중이 10t이라면 로프의 가닥수를 구하시오. (단, 와이어로프 한 가닥의 파단강도는 4t이며, 화물용 승강기의 와이어로프 안전율은 6이다.)

풀이 $S = N \times \dfrac{P}{Q}$, $6 = x \times \dfrac{4}{10}$, $x = \dfrac{6 \times 10}{4} = 15$가닥

해답 15가닥

해설 와이퍼로프 안전율 $S = N \times \dfrac{P}{Q}$

여기서, N : 로프의 가닥수, P : 로프의 파단강도(kg), Q : 안전하중(kg)

08 K 전자기기의 수명이 지수분포를 따르며 평균수명이 1000시간일 때, 500시간 동안 고장 없이 작동할 확률을 구하시오.

풀이 고장 없이 작동할 확률 $R=e^{-\lambda t}=e^{-t/t_0}=e^{-500/1000}=e^{-0.5}\fallingdotseq 0.61$

해답 0.61

09 인체가 전격을 받았을 때 가장 위험한 경우는 심실세동이 발생하는 경우이다. 정현파 교류에 있어 인체의 전기저항이 500Ω일 때, 심실세동을 일으키는 전기에너지를 구하시오.

풀이 $Q=I^2RT=(\dfrac{165}{\sqrt{T}}\times 10^{-3})^2\times R\times T=(\dfrac{165}{\sqrt{1}}\times 10^{-3})^2\times 500\times 1$

$=165^2\times 10^{-6}\times 500\fallingdotseq 13.61\,\text{J}$

해답 13.61 J

해설 전기에너지 $Q=I^2RT$

여기서, I : 전류(A), R : 저항(Ω), T : 시간(s)

10 위험물 중 물반응성 물질 및 인화성 고체를 6가지 쓰시오.

해답 ① 리튬

② 칼륨 · 나트륨

③ 황

④ 황린

⑤ 황화인 · 적린

⑥ 셀룰로이드류

⑦ 알킬알루미늄 · 알킬리튬

⑧ 마그네슘 분말

⑨ 금속 분말(마그네슘 분말 제외)

⑩ 알칼리금속(리튬 · 칼륨 · 나트륨 제외)

⑪ 유기 금속화합물(알킬알루미늄 · 알킬리튬 제외)

⑫ 금속의 수소화물

⑬ 금속의 인화물

⑭ 칼슘 탄화물, 알루미늄 탄화물

참고 물반응성 물질은 스스로 발화하거나 물과 접촉하여 발화하는 등 발화가 용이하고 인화성 가스가 발생할 수 있는 물질을 말한다.

11 할로겐화합물 소화기에 사용하는 할로겐 원소의 연소 억제제를 4가지 쓰시오.

해답 ① 플루오린(F)
② 염소(Cl)
③ 브로민(Br, 브롬)
④ 아이오딘(I, 요오드)

참고 연소 억제제는 연소 반응을 방해하여 불이 확산되지 않도록 하는 부촉매제 역할을 한다.

12 사업주는 지반의 붕괴, 구축물의 붕괴 또는 토석의 낙하 등으로 근로자가 위험해질 우려가 있을 때 붕괴 및 낙하로 인한 위험을 방지하기 위해 어떤 조치를 해야 하는지 3가지 쓰시오.

해답 ① 지반이 안전한 경사를 유지하도록 하고, 낙하 위험이 있는 토석은 제거하거나 옹벽, 흙막이 지보공 등을 설치한다.
② 지반이 붕괴되거나 토석의 낙하를 유발할 수 있는 빗물이나 지하수 등을 배제한다.
③ 갱 내에 낙반이나 측벽 붕괴의 위험이 있는 경우, 지보공을 설치하고 부석을 제거하는 등 필요한 조치를 한다.

13 사업주가 고소작업대를 설치할 경우 준수해야 할 사항을 2가지 쓰시오.

해답 ① 바닥과 고소작업대는 가능하면 수평을 유지하도록 한다.
② 갑작스러운 이동을 방지하기 위해 아웃트리거 또는 브레이크 등을 확실히 사용한다.

14 사업주 등 해당 의무를 가진 자는 발주·설계·제조·수입 또는 건설을 할 때 산업안전보건법과 그에 따른 명령에서 정한 기준을 준수해야 하며, 이 과정에서 사용되는 물건으로 인해 발생할 수 있는 산업재해를 방지하기 위한 조치를 취해야 한다. 이러한 의무를 가진 자의 유형을 3가지 쓰시오.

해답 ① 기계, 기구 및 그 밖의 설비를 설계, 제조 또는 수입하는 자
② 원재료 등을 제조하거나 수입하는 자
③ 건설물을 발주, 설계 또는 건설하는 자

>>> **제2회** <<<

01 산업안전보건법에서 정하는 안전보건 총괄책임자 지정대상 사업 중 상시근로자 50명 이상 규모의 사업장 종류를 6가지 쓰시오.

> **해답** ① 토사석 광업
> ② 1차 금속 제조업
> ③ 선박 및 보트 건조업
> ④ 금속 가공제품 제조업
> ⑤ 비금속 광물제품 제조업
> ⑥ 목재 및 나무제품 제조업
> ⑦ 자동차 및 트레일러 제조업
> ⑧ 화학물질 및 화학제품 제조업
> ⑨ 기타 기계 및 장비 제조업
> ⑩ 기타 운송장비 제조업

02 강도율이 5.5라 함은 연 근로시간 몇 시간 중 재해로 인한 근로손실이 110일 발생하였음을 의미하는가?

> **풀이** ① 강도율$=\dfrac{\text{근로손실일수}}{\text{총근로시간 수}}\times 1000$
>
> ② 총근로시간 수$=\dfrac{\text{근로손실일수}}{\text{강도율}}\times 1000=\dfrac{110}{5.5}\times 1000=20,000$시간
>
> **해답** 20,000시간

03 산업안전보건법에 의한 검사원 성능검사 교육의 교육시간을 쓰시오.

> **해답** 28시간 이상

04 에너지 대사율(RMR : Relative Metabolic Rate)에 관한 계산공식을 쓰시오.

> **해답** 에너지 대사율(RMR)$=\dfrac{\text{운동 시 산소 소모량}-\text{안정 시 산소 소모량}}{\text{기초 대사 시 소모량}}$
>
> $\qquad\qquad\qquad\qquad\quad =\dfrac{\text{작업 대사량}}{\text{기초 대사량}}$

참고 작업 강도별 에너지 대사율(RMR)

경작업	보통작업(中)	보통작업(重)	초중작업
0~2	2~4	4~7	7 이상

05 청각적 표시장치보다 시각적 표시장치를 사용하는 것이 더 유리한 상황 5가지를 쓰시오.

해답 ① 메시지가 복잡하고 길 때
② 메시지를 나중에 다시 참조해야 할 때
③ 메시지가 공간적 위치와 관련이 있을 때
④ 수신자의 청각이 이미 과부하 상태일 때
⑤ 주변이 너무 시끄러워 소리가 잘 들리지 않을 때
⑥ 즉각적인 행동이 요구되지 않을 때
⑦ 한 장소에 머무르며 작업할 때

06 FMEA(고장형태 영향분석 기법) 분석 시 고장 평점법의 평가요소를 5가지 쓰시오.

해답 ① 기능적 고장이 미치는 영향의 중요도
② 영향을 미치는 시스템의 범위
③ 고장 발생 빈도
④ 고장 방지 가능성
⑤ 신규 설계의 적용 정도

참고 고장형태 영향분석 기법 : 시스템에 영향을 미치는 모든 요소의 고장을 형태별로 분석하여, 그 영향을 최소로 하기 위해 검토하는 전형적인 정성적, 귀납적 분석 기법이다.

07 위험구역에서 가드까지의 거리가 200mm인 롤러기에 가드를 설치할 때, 허용 가능한 가드의 개구부 간격을 구하시오.

풀이 위험구역에서 가드까지의 거리를 X, 가드의 허용 가능한 개구부 간격을 Y라 할 때, $X=200$은 $X \geq 160$의 조건에 해당하므로 $Y=30$mm이다.

해답 30mm

해설 개구부의 간격
$Y=6+0.15X$ (단, $X \geq 160$mm이면 $Y=30$mm이다.)
여기서, X : 가드와 위험점 간의 거리
Y : 가드의 개구부 간격

08 산업안전보건기준에 따라 근로자가 작업이나 통행 중 전기기계, 기구 또는 전류 등의 충전부에 접촉하거나 접근하여 감전 위험이 발생할 수 있는 경우, 이를 방지하기 위한 방법을 3가지 쓰시오.

> **해답** ① 충전부는 내구성이 있는 절연물로 완전히 덮어 감싸야 한다.
> ② 충전부는 노출되지 않도록 폐쇄형 외함이 있는 구조로 만들어야 한다.
> ③ 충전부에 절연효과가 있는 방호망이나 절연덮개를 설치해야 한다.

09 전기누전으로 인한 화재조사 시 착안해야 할 입증 흔적의 요건 3가지를 쓰시오.

> **해답** ① 누전점   ② 발화점   ③ 접지점

10 산업안전보건법상 근로자가 밀폐공간에서 작업을 시작하기 전에 근로자의 안전을 보장하기 위해 준비해야 할 사항을 4가지 쓰시오.

> **해답** ① 작업일시, 기간, 장소 및 내용 등 작업에 대한 정보
> ② 관리감독자, 근로자, 감시인 등 작업자 정보
> ③ 산소 및 유해가스 농도의 측정결과와 후속조치 사항
> ④ 작업 시 착용해야 할 보호구의 종류
> ⑤ 비상연락체계

11 낙하물 방지망 또는 방호선반의 설치기준을 쓰시오.

> **해답** ① 설치 높이는 10 m 이내마다 설치하고, 내민 길이는 벽면으로부터 2 m 이상으로 한다.
> ② 수평면과의 각도는 20° 이상 30° 이하를 유지한다.

12 굴착작업을 실시하기 전에 조사해야 할 사항 중 지하매설물의 종류를 3가지 쓰시오.

> **해답** ① 가스관
> ② 상하수도관
> ③ 전기 및 통신 케이블
> ④ 건축물의 기초

13 사업주는 근로자에게 작업조건에 맞는 보호구를 작업하는 근로자 수 이상으로 지급하고, 착용하도록 해야 한다. 각 작업조건에 알맞은 보호구를 쓰시오.

> • 높이 또는 깊이 2m 이상의 추락할 위험이 있는 장소에서 하는 작업 : (①)
> • 용접 시 불꽃이나 물체가 흩날릴 위험이 있는 작업 : (②)

해답 ① 안전대   ② 보안면

해설 작업조건에 알맞은 보호구(그 외)

① 감전의 위험이 있는 작업 : 절연용 보호구

② 물체가 떨어지거나 날아올 위험 또는 근로자가 추락할 위험이 있는 작업 : 안전모

③ 물체의 낙하·충격, 물체에의 끼임, 감전 또는 정전기의 대전에 의한 위험이 있는 작업 : 안전화

④ 물체가 흩날릴 위험이 있는 작업 : 보안경

⑤ 감전의 위험이 있는 작업 : 절연용 보호구

⑥ 고열에 의한 화상 등의 위험이 있는 작업 : 방열복

⑦ 선창 등에서 분진이 심하게 발생하는 하역작업 : 방진마스크

⑧ 영하 18℃ 이하인 급냉동어창에서 하는 하역작업 : 방한모, 방한복, 방한화, 방한장갑

14 산업안전보건기준에 관한 규칙에 따라 프레스 등을 사용하여 작업할 때, 관리감독자가 유해·위험방지를 위해 수행해야 할 직무 내용을 3가지 쓰시오.

해답 ① 프레스 등 그 방호장치를 점검하는 일

② 프레스 등 그 방호장치에 이상이 발견되면 즉시 필요한 조치를 하는 일

③ 프레스 등 그 방호장치에 전환 스위치를 설치했을 때, 전환 스위치의 열쇠를 관리하는 일

④ 금형의 부착, 해체 또는 조정작업을 직접 지휘하는 일

제3회

01 다음은 하인리히의 사고예방 대책 기본원리 5단계이다. 빈칸에 알맞은 말을 쓰시오.

1단계	2단계	3단계	4단계	5단계
①	②	③	④	⑤

해답 ① 조직
② 사실(현상)의 발견
③ 분석
④ 시정방법(대책)의 선정
⑤ 시정방법의 적용

02 유해 · 위험기계 등이 서면심사 내용과 일치하는지, 그리고 안전에 관한 성능이 안전인증기준에 적합한지를 확인하기 위한 제품심사 중 개별 제품심사와 형식별 제품심사에 대하여 설명하시오.

해답 ① 개별 제품심사 : 유해 · 위험한 기계, 기구, 설비 등 모든 개별 제품에 대해 수행되는 심사
② 형식별 제품심사 : 동일한 형식의 유해 · 위험한 기계, 기구, 설비 중 표본을 추출하여 수행되는 심사

03 다음 설명에 해당하는 인간관계의 메커니즘을 나타내는 용어를 쓰시오.
(1) 자신의 문제를 다른 사람 탓으로 돌리는 것
(2) 다른 사람의 행동이나 태도 가운데서 자기와 비슷한 점을 발견하는 것

해답 (1) 투사
(2) 동일화
해설 ① 투사 : 자신의 억압된 감정이나 특성을 다른 사람에게 있는 것으로 생각하는 것
② 동일화 : 다른 사람의 행동이나 태도 가운데서 자신과 비슷한 점을 발견하는 것
③ 모방 : 남의 행동이나 판단을 표본으로 하여 그것에 가까운 행동, 판단을 취하려는 것

④ 암시 : 타인의 판단이나 행동을 무비판적으로 논리적, 사실적 근거 없이 받아들이는 것

⑤ 승화 : 사회적으로 승인되지 않은 욕구가 사회적으로 가치 있는 것으로 나타나는 것

⑥ 합리화 : 이유나 변명을 들어 자신의 잘못을 정당화하는 행동

⑦ 억압 : 의식에서 용납하기 힘든 생각이나 욕망 등을 무의식적으로 눌러 버리는 것

⑧ 보상 : 자신의 열등감 등의 결함을 장점 등으로 보충하려는 행동

⑨ 퇴행 : 심하게 좌절했을 때 현재보다 유치한 과거 수준으로 후퇴하는 것

04 인간 신뢰도(human reliability)를 평가하는 방법 중 사고발생 가능한 모든 인간 오류를 파악하고, 이를 정량화하기 위한 5가지 방법을 쓰시오.

해답 ① HCR(Human Cognitive Reliability)

② THERP(Technique for Human Error Rate Prediction)

③ SLIM(Success Likelihood Index Method)

④ CIT(Critical Incident Technique)

⑤ TCRAM(Task Complexity and Risk Assessment Method)

해설 인간 신뢰도의 평가 방법은 사고발생 가능한 모든 인간 오류를 파악하고, 이를 정량화하는 방법으로 HCR, THERP, SLIM, CIT, TCRAM 등이 있다.

05 다음 FT도에서 각 요소의 발생확률이 요소 ①과 요소 ②는 0.2, 요소 ③은 0.25, 요소 ④는 0.3일 때, A 사상의 발생확률을 구하시오.

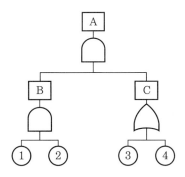

풀이 $T = ① \times ② \times [1 - \{(1 - ③) \times (1 - ④)\}]$

$= 0.2 \times 0.2 \times [1 - \{(1 - 0.25) \times (1 - 0.3)\}] = 0.019$

해답 0.019

06 롤러기의 가드와 위험점 간의 거리가 100mm일 때, ILO 규정(안전 및 보건 관련 국제 기준)에 의한 가드 개구부의 안전간격을 구하시오.

풀이 $Y=6+0.15X=6+(0.15\times100)=21\,mm$

해답 $21\,mm$

해설 개구부의 간격

$Y=6+0.15X$ (단, $X\geq160\,mm$이면 $Y=30\,mm$이다.)

여기서, X : 가드와 위험점 간의 거리, Y : 가드의 개구부 간격

07 산업용 로봇의 방호장치를 3가지 쓰시오.

해답 ① 울타리 ② 안전매트 ③ 광전자식 방호장치

해설 ① 울타리 : 로봇의 작업구역을 물리적으로 구분하며, 높이는 $1.8\,m$ 이상이어야 한다.

② 안전매트 : 작업구역에 설치하여 근로자가 접근하면 로봇을 자동으로 정지시키는 장치이다.

③ 광전자식 방호장치 등 감응형 방호장치 : 근로자의 접근을 감지하여 로봇을 정지시키는 광전자 센서 기반의 방호장치이다.

08 절연용 보호구, 절연용 방호구, 활선작업용 기구, 활선작업용 장치를 사용해야 하는 작업을 5가지 쓰시오.

해답 ① 밀폐공간에서의 전기작업

② 이동 및 휴대장비 등을 사용하는 전기작업

③ 정전 전로 또는 그 인근에서의 전기작업

④ 충전 전로에서의 전기작업

⑤ 충전 전로 인근에서의 차량이나 기계장치를 사용하는 작업

09 다음 각 내용에 해당하는 종별 허용 접촉전압을 쓰시오.

• (①) : 인체가 많이 젖어 있는 상태, 금속제 전기기계장치나 구조물에 인체의 일부가 상시 접촉되어 있는 상태

• (②) : 제1종, 제2종 이외의 경우로서 통상적인 인체 상태에 있어서 접촉전압이 가해지면 위험성이 높은 상태

해답 ① 제2종(25 V 이하)　　　　　　② 제3종(50 V 이하)

해설 종별 허용 접촉전압

① 제1종(2.5 V 이하) : 인체의 대부분이 수중에 있는 상태

② 제2종(25 V 이하) : 인체가 많이 젖어 있는 상태, 금속제 전기기계장치나 구조물에 인체의 일부가 상시 접촉되어 있는 상태

③ 제3종(50 V 이하) : 제1종, 제2종 이외의 경우로서 통상적인 인체 상태에 있어 접촉전압이 가해지면 위험성이 높은 상태

④ 제4종(제한 없음) : 제1종, 제2종 이외의 경우로서 통상적인 인체 상태에 있어 접촉전압이 가해져도 위험성이 낮은 상태

10 산업안전보건법에 따른 안전보건표지의 바탕, 기본모형, 관련 부호 및 그림의 색채 기준이다. 각 항목에 알맞은 안전보건표지의 명칭을 쓰시오.

- (①) : 바탕은 흰색, 기본모형은 빨간색, 관련 부호 및 그림은 검은색
- (③) : 바탕은 파란색, 관련 그림은 흰색

해답 ① 금지표지

② 지시표지

해설 안전보건표지의 색채 기준

① 금지표지 : 바탕은 흰색, 기본모형은 빨간색, 관련 부호 및 그림은 검은색

② 경고표지 : 바탕은 노란색, 기본모형 · 관련 부호 및 그림은 검은색(화학물질 취급장소의 유해 · 위험 경고의 경우 바탕은 무색, 기본모형은 빨간색)

③ 지시표지 : 바탕은 파란색, 관련 그림은 흰색

④ 안내표지 : 바탕은 녹색, 관련 부호 및 그림은 흰색 또는 바탕은 흰색, 기본모형 및 관련 부호는 녹색

11 강관틀 비계 조립 시 안전기준을 3가지 쓰시오.

해답 ① 벽이음 간격은 수직 방향으로 6 m, 수평 방향으로 8 m 이내마다 한다.

② 길이가 띠장 방향으로 4 m 이하이고 높이가 10 m를 초과하는 경우에는 10m 이내마다 띠장 방향으로 버팀기둥을 설치한다.

③ 높이 20 m를 초과하거나 중량물의 적재를 수반하는 작업을 할 경우에는 주틀 간의 간격을 1.8 m 이하로 한다.

④ 주틀 간에 교차 가새를 설치하고, 최상층 및 5층 이내마다 수평재를 설치한다.

12 화물 적재 시 준수해야 할 안전사항을 4가지 쓰시오.

해답 ① 하중이 한쪽으로 치우치지 않도록 균등하게 적재한다.
② 운전자의 시야를 가리지 않도록 화물을 적재한다.
③ 화물을 적재할 때는 반드시 최대 적재량을 초과하지 않는다.
④ 화물이 붕괴되거나 낙하하지 않도록 로프를 걸거나 기타 필요한 조치를 한다.

13 다음은 산업안전보건기준에 관한 규칙에서 부식방지와 관련된 내용이다. (   ) 안에 알맞은 내용을 쓰시오.

> 사업주는 화학설비 또는 그 배관 중 위험물이나 인화점이 섭씨 60도 이상인 물질이 접촉하는 부분에 대해서는 위험물질 등의 영향으로 해당 부분이 부식되어 폭발, 화재 또는 누출이 발생하지 않도록 해야 한다. 이를 위해 사업주는 위험물질 등의 (①), (②), (③)에 따라 부식이 잘되지 않는 재료를 사용하거나 도장 등의 조치를 해야 한다.

해답 ① 종류 ② 온도 ③ 농도

14 산업안전보건기준에 관한 규칙에서 밀폐공간 작업 시 관리감독자가 유해·위험을 방지하기 위해 수행해야 하는 직무를 3가지 쓰시오.

해답 ① 작업시작 전 근로자가 산소결핍된 공기나 유해가스에 노출되지 않도록 해당 근로자의 작업을 지휘하는 업무
② 작업시작 전 작업장소의 공기가 적절한지를 측정하는 업무
③ 작업시작 전 측정장비, 환기장치, 공기호흡기 또는 송기마스크를 점검하는 업무
④ 근로자에게 공기호흡기 또는 송기마스크의 착용을 지도하고 착용상황을 점검하는 업무

>>> 제1회 <<<

01 산업안전보건법에 따라 노사협의체를 반드시 설치해야 하는 건설업 사업장의 공사 금액 기준을 쓰시오.

[해답] 공사 금액 120억 원 이상(토목공사 : 150억 원 이상)인 건설업

02 시몬즈(Simonds)의 재해 코스트 산정방식에 따라 재해발생 시 발생하는 비용을 직접비와 간접비로 구분하여 각각 4가지씩 쓰시오.

[해답] (1) 직접비
    ① 치료비 ② 휴업급여 ③ 장해급여 ④ 간병급여 ⑤ 유족급여
    ⑥ 상병 보상연금 ⑦ 장의비
(2) 간접비
    ① 인적손실 ② 물적손실 ③ 생산손실 ④ 임금손실 ⑤ 시간손실

03 보호구 자율안전확인 대상인 보안경과 안전인증 대상 차광보안경의 종류를 각각 쓰시오.

[해답] ① 자율안전확인 대상 보안경 : 유리 보안경, 플라스틱 보안경, 도수렌즈 보안경
② 안전인증 대상 차광보안경 : 자외선용, 적외선용, 복합용, 용접용

04 기억의 과정 4단계를 쓰고, 각각 간단히 설명하시오.

[해답] ① 기명(1단계) : 사물이나 정보를 처음 받아들이고 마음에 인상을 남기는 단계
② 파지(2단계) : 받아들인 인상을 마음속에 간직하고 보존하는 단계
③ 재생(3단계) : 보존된 인상을 다시 의식 속으로 떠올리는 단계
④ 재인(4단계) : 과거에 경험했던 것과 유사한 상황에 부딪쳤을 때 그 기억을 떠올려 인식하는 단계

05 휘도가 200cd/m²이고 반사율이 40%인 작업장의 조도(lux)를 구하시오.

풀이 조도 $=\dfrac{\text{광속발산도}}{\text{반사율}}\times100=\dfrac{200\pi}{40}\times100=500\,\pi\,\text{lux}$

해답 $500\,\pi\,\text{lux}$

06 지게차 인장벨트의 수명은 평균이 100,000시간, 표준편차가 500시간인 정규분포를 따른다. 이 인장벨트의 수명이 101,000시간 이상일 확률을 구하시오. (단, $P(Z\leq1)=$ 0.8413, $P(Z\leq2)=0.9772$, $P(Z\leq3)=0.9987$이다.)

풀이 $P(X\geq101,000)=P\left(Z\geq\dfrac{101,000-100,000}{500}\right)=P(Z\geq2)$

$\qquad\qquad\qquad\quad=1-P(Z\leq2)=1-0.9772$

$\qquad\qquad\qquad\quad=0.0228$

$\qquad\therefore\ 2.28\%$

해답 2.28%

해설 정규분포 $P\left(Z\geq\dfrac{X-\mu}{\sigma}\right)$

여기서, X : 확률변수, μ : 평균, σ : 표준차

07 다음은 분할 날 설치조건에 대한 설명이다. ( ) 안에 알맞은 내용을 쓰시오.

• 톱날 두께의 (①)이며, 톱날의 (②)보다 작아야 한다.
• 분할 날과 톱날 원주면과의 거리는 (③)로 조정, 유지할 수 있어야 한다.

해답 ① 1.1배 이상

② 치진폭

③ 12mm 이내

해설 분할 날 설치조건

① 분할 날 두께는 톱날 두께의 1.1배 이상이며, 톱날의 치진폭보다 작아야 한다.

② 분할 날과 톱날 원주면과의 거리는 12mm 이내로 조정할 수 있어야 한다.

③ 분할 날은 표준 테이블면상의 톱 뒷날의 2/3 이상을 덮도록 해야 한다.

④ 지름 600mm가 넘는 둥근톱에는 현수식 분할 날을 사용해야 한다.

⑤ 가공재의 상면에서 덮개 하단까지의 간격을 8mm 이하로 조정해야 한다.

08 다음은 와이어로프의 구조를 나타낸 그림이다. 각 부분에 알맞은 명칭을 쓰시오.

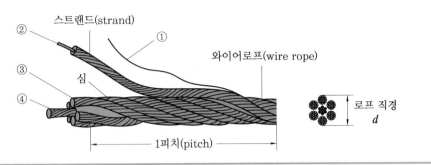

[해답] ① 소선

② 심선

③ 심강

④ 중심

09 어느 변전소에서 고장전류가 유입되었을 때 도전성 구조물과 그 부근 지표상의 점과의 사이(약 1m)의 허용 접촉전압은 약 몇 V인지 구하시오. (단, 심실세동전류 $I_K = \dfrac{0.165}{\sqrt{T}}$ A, 인체 저항 : 1000Ω, 지표면의 저항률 : 150Ω·m, 통전시간은 1초로 한다.)

[풀이] $E = IR = I_k \times (R_b + \dfrac{3}{2}\rho_s) = \dfrac{0.165}{\sqrt{1}} \times (1000 + \dfrac{3}{2} \times 150) = 202.125\,\mathrm{V}$

[해답] 약 202.125 V

[해설] 허용 접촉전압 $E = IR = I_k \times (R_b + \dfrac{3}{2}\rho_s)$

여기서, I_k : 심실세동전류(A), R_b : 인체 저항(Ω),

ρ_s : 지표상층 저항률(Ω·m)

10 위험물 중 산화성 액체 및 산화성 고체에 해당하는 물질의 종류 6가지를 쓰시오.

[해답] ① 차아염소산 및 그 염류　② 아염소산 및 그 염류

③ 염소산 및 그 염류　　　　④ 과염소산 및 그 염류

⑤ 브롬산 및 그 염류　　　　⑥ 요오드산 및 그 염류

⑦ 과산화수소 및 무기 과산화물　⑧ 질산 및 그 염류

⑨ 과망간산 및 그 염류　　⑩ 중크롬산 및 그 염류

11 산업안전보건법령에 따른 MSDS(물질안전보건자료)의 표준 작성항목 4가지를 쓰시오.

> 해답 ① 안정성 및 반응성　　　　　② 누출사고 시 대처방법
> ③ 폭발 · 화재 시 대처방법　　　④ 위험 · 유해성
>
> 해설 ① 안정성 및 반응성 : 취급 및 저장방법, 독성에 관한 정보, 폐기 시 주의사항
> ② 누출사고 시 대처방법 : 운송에 필요한 정보, 물리 · 화학적 특성, 환경에 미
> 치는 영향
> ③ 폭발 · 화재 시 대처방법 : 노출방지 및 개인 보호구, 구성성분의 명칭 및 함
> 유량, 화학제품과 회사에 관한 정보
> ④ 위험 · 유해성 : 응급조치요령, 법적 규제현황, 기타 참고사항

12 사업주는 구축물 또는 이와 유사한 시설물이 자중, 적재하중, 적설, 풍압, 지진, 진동, 충격 등으로 인해 전도, 폭발하거나 무너질 위험을 예방하기 위해 어떤 조치를 취해야 하는지 3가지를 쓰시오.

> 해답 ① 설계도서에 따라 시공되었는지 확인한다.
> ② 건설공사 시방서에 따라 시공되었는지 확인한다.
> ③ 법에 규정된 구조기준을 준수했는지 확인한다.

13 사업주는 고소작업대를 이동할 때 안전을 위해 반드시 준수해야 할 사항을 2가지 쓰시오.

> 해답 ① 작업대를 가장 낮게 내린 상태로 이동한다.
> ② 작업대를 올린 상태에서 작업자를 태우고 이동하지 않는다. 다만, 전도 등
> 의 위험을 예방하기 위해 유도자를 배치하고 짧은 구간을 이동하는 경우는
> 예외로 한다.
> ③ 이동 통로의 요철 상태 또는 장애물의 유무를 확인한다.

14 산업안전보건법에 따라 근로자가 준수해야 할 의무를 2가지 쓰시오.

> 해답 ① 근로자는 산업안전보건법과 이 법에 따른 명령에서 정하는 산업재해 예방
> 을 위한 기준을 준수해야 한다.
> ② 근로자는 사업주 또는 근로기준법에 따른 근로감독관, 공단 등 관계자가 실
> 시하는 산업재해 예방 조치에 따라야 한다.

01 관계수급인 근로자가 도급인의 사업장에서 작업할 때 도급인이 이행해야 할 안전보건 조치사항을 4가지 쓰시오.

해답 ① 도급인과 수급인을 구성원으로 하는 안전 및 보건에 관한 협의체를 구성하고 운영한다.
② 작업장 순회점검을 실시한다.
③ 관계수급인이 근로자에게 실시하는 안전보건교육을 위한 장소 및 자료의 제공 등 지원을 한다.
④ 관계수급인이 근로자에게 실시하는 안전보건교육의 이행 여부를 확인한다.
⑤ 경보체계를 운영하고 대피방법 등을 훈련한다.
⑥ 위생시설 등 고용노동부령으로 정하는 시설의 설치를 위해 필요한 장소를 제공하거나, 도급인이 설치한 위생시설의 이용에 협조한다.

02 어떤 사업장의 종합재해지수가 16.95이고 도수율이 20.83일 때, 이 사업장의 강도율을 계산하시오.

풀이 ① 종합재해지수(FSI) $= \sqrt{\text{도수율} \times \text{강도율}}$
② 강도율 $= \dfrac{(\text{종합재해지수})^2}{\text{도수율}} = \dfrac{16.95^2}{20.83} \fallingdotseq 13.79$

해답 13.79

03 특수 형태 근로종사자에 대한 안전보건교육의 교육시간을 쓰시오.

교육과정	교육시간
최초 노무 제공 시 교육	(①)시간 이상(단기간 작업 또는 간헐적 작업에 노무를 제공하는 경우는 (②)시간 이상 실시하고, 특별교육을 실시한 경우는 면제)
특별교육	(③)시간 이상(최초 작업에 종사하기 전 (④)시간 이상 실시하고 (⑤)시간은 3개월 이내에서 분할하여 실시 가능)
	단기간 작업 또는 간헐적 작업인 경우에는 (⑥)시간 이상

해답 ① 2   ② 1   ③ 16
④ 4   ⑤ 12   ⑥ 2

04 에너지 대사율(RMR)에 따라 작업의 강도를 구분하여 각 작업에 해당하는 에너지 대사율의 범위를 쓰시오.

경작업	보통작업(中)	보통작업(重)	초중작업
①	②	③	④

해답 ① 0~2 ② 2~4 ③ 4~7 ④ 7 이상

참고 에너지 대사율(RMR)$=\dfrac{\text{운동 시 산소 소모량}-\text{안정 시 산소 소모량}}{\text{기초 대사 시 소모량}}$

$=\dfrac{\text{작업 대사량}}{\text{기초 대사량}}$

05 조종장치를 촉각적으로 식별할 수 있도록 하는 촉각적 코드화의 방법을 3가지 쓰시오.

해답 ① 크기를 이용한 코드화
② 조종장치의 형상에 따른 코드화
③ 표면 촉감을 이용한 코드화
④ 기계적 진동이나 전기적 임펄스를 이용한 코드화

06 다음 설명에 해당하는 용어를 쓰시오.

• (①) : FTA와 동일한 논리적 방법을 이용하여 관리, 설계, 생산, 보전 등 다양한 영역에서 안전성을 확보하려는 시스템 안전 프로그램
• (②) : 사고 시나리오에서 연속된 사건들의 발생경로를 파악하고 평가하기 위한 귀납적이고 정량적인 시스템 안전 프로그램

해답 ① MORT(Management Oversight and Risk Tree)
② ETA(Event Tree Analysis)

07 개구부에서 회전하는 롤러의 위험점까지 최단거리가 80mm일 때 개구부 간격을 구하시오.

풀이 $X<160$이므로 $Y=6+0.15\times X=6+0.15\times80=18\,\text{mm}$
해답 18mm

해설 개구부의 간격

$Y = 6 + 0.15X$ (단, $X \geq 160\,\text{mm}$이면 $Y = 30\,\text{mm}$이다.)

여기서, X : 가드와 위험점 간의 거리

Y : 가드의 개구부 간격

---

08 전격의 위험(전기 충격)을 결정하는 주된 인자를 4가지 쓰시오.

해답 ① 통전전류의 크기　　　② 통전시간

③ 전원의 종류　　　　　④ 통전경로

⑤ 주파수 및 파형

---

09 10Ω의 저항에 10A의 전류를 1분간 흘렸을 때 발열량은 몇 caL인지 구하시오.

해답 $Q = 0.24I^2RT = 0.24 \times 10^2 \times 10 \times 60 = 14,400\,\text{cal}$

해설 발열량 $Q = I^2RT$

여기서, I : 전류(A), R : 저항(Ω), T : 시간(s)

---

10 산업안전보건법에 따라 사업주는 밀폐공간에서 근로자가 작업할 때 반드시 포함해야
할 밀폐공간 작업 프로그램의 주요 내용을 4가지 쓰시오.

해답 ① 사업장 내 밀폐공간의 위치 파악 및 관리 방안

② 밀폐공간 내에서 발생할 수 있는 질식 · 중독 등의 유해 · 위험요인을 파악
하고 관리하는 방안

③ 밀폐공간 작업 시 사전에 확인해야 할 사항에 대한 절차

④ 안전보건교육 및 훈련

⑤ 기타 밀폐공간 작업 근로자의 건강장해 예방에 관한 사항

---

11 다음은 낙하물 방지망 또는 방호선반의 설치기준이다. (　　) 안에 알맞은 수를 쓰시오.

- 높이 (①)m 이내마다 설치하고, 내민 길이는 벽면으로부터 (②)m 이상으로
할 것
- 수평면과의 각도는 (③)도 이상 (④)도 이하를 유지할 것

해답 ① 10　② 2　③ 20　④ 30

12 지반의 상태를 파악하기 위한 보링 방법의 종류를 4가지 쓰시오.

> **해답** ① 오거 보링 　　　　② 수세식 보링
> 　　　　③ 회전식 보링 　　　　④ 충격식 보링

> **해설** ① 오거 보링 : 지표면 근처의 시료를 채취하거나 얕은 지반을 조사할 때 사용하는 방법으로, 깊이 10m 이내의 토사를 채취하는 데 사용된다.
> ② 수세식 보링 : 깊이 30m 내외의 연질층을 조사할 때 사용하는 방법으로, 이중관을 이용하여 충격을 주며 물을 뿜어 파낸 흙을 배출하고 침전시켜 토질을 판별하는 방식이다.
> ③ 회전식 보링 : 날을 회전시켜 천공하는 방법으로, 자연 상태에 가까운 시료를 채취할 수 있다. 연속적으로 시료를 채취할 수 있어 지층의 변화를 비교적 정확하게 파악할 수 있다.
> ④ 충격식 보링 : 와이어로프 끝에 충격날을 부착하여 상하 충격을 가해 천공하는 방법으로, 토사뿐만 아니라 암석에서도 사용할 수 있다.

13 사업주는 작업하는 근로자에게 작업조건에 맞는 보호구를 제공해야 한다. 착용부위에 따른 방열복의 종류를 쓰시오.

(1) 상체 : 　　　　　　　　　　　(2) 하체 :
(3) 몸체 : 　　　　　　　　　　　(4) 손 :
(5) 머리 :

> **해답** (1) 방열상의 　　　　(2) 방열하의
> 　　　　(3) 방열일체복 　　　(4) 방열장갑
> 　　　　(5) 방열두건

14 산업안전보건기준에 관한 규칙에 따라 목재가공용 기계를 취급하는 작업을 할 때, 관리감독자의 유해·위험방지를 위한 직무수행 내용을 3가지 쓰시오.

> **해답** ① 목재가공용 기계를 취급하는 작업을 지휘하고 감독하는 일
> ② 목재가공용 기계와 그 방호장치를 점검하는 일
> ③ 목재가공용 기계나 방호장치에 이상이 발견되었을 때 즉시 보고하고 필요한 조치를 취하는 일
> ④ 작업 중 지그와 공구 등의 사용상황을 감독하는 일

01 다음은 하인리히의 도미노 이론 5단계이다. 빈칸에 알맞은 내용을 쓰시오.

1단계(간접원인)	2단계(1차원인)	3단계(직접원인)	4단계	5단계
①	②	③	④	⑤

해답 ① 선천적(사회적 환경 및 유전적) 결함
② 개인적 결함
③ 불안전 행동 또는 불안전한 상태
④ 사고
⑤ 재해

02 유해 · 위험기계 등이 안전인증 기준에 적합한지 확인하기 위한 심사의 각 단계별 심사기간을 쓰시오.

해답 ① 예비심사 : 7일
② 서면심사 : 15일 (외국에서 제조한 경우는 30일)
③ 기술능력 및 생산체계 심사 : 30일 (외국에서 제조한 경우는 45일)
④ 제품심사
  • 개별 제품심사 : 15일   • 형식별 제품심사 : 30일

03 무재해 추진기법 중 터치 앤 콜(touch and call)에 대하여 간단히 설명하시오.

해답 터치 앤 콜은 작업현장에서 팀 전원이 각자의 왼손을 맞잡아 원을 만든 후, 팀의 행동목표를 지적하고 확인하는 기법을 말한다. 이를 통해 팀 구성원 간의 의사소통과 목표의 공유가 이루어진다.
참고 무재해 운동이념 3원칙 : 무의 원칙, 참가의 원칙, 선취해결의 원칙

04 인간의 과오(human errors)를 정량적으로 분석하기 위해 개발된 시스템 분석기법의 명칭을 쓰고, 간단히 설명하시오.

해답 THERP(인간 실수율 예측기법)은 인간의 과오를 정량적으로 평가하기 위해 Swain 등에 의해 개발된 기법이다.

05 다음 FT도에서 정상사상 T의 발생확률을 구하시오. (단, X_1, X_2, X_3의 발생확률은 각각 0.1, 0.15, 0.1이다.)

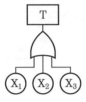

풀이 $T = 1 - (1 - X_1)(1 - X_2)(1 - X_3) = 1 - (1 - 0.1) \times (1 - 0.15) \times (1 - 0.1)$
$= 1 - 0.6885 = 0.3115$

해답 0.3115

06 롤러기의 맞물림점 전방에 가드를 설치하려고 할 때, 가드의 개구부 간격을 30 mm로 설정하고자 한다. 이때 가드는 맞물림점에서 적어도 얼마의 간격을 두고 설치해야 하는지 구하시오.

풀이 $Y = 6 + 0.15X$이므로 $0.15X = Y - 6$, $X = \dfrac{Y-6}{0.15}$이다.

$Y = 30$으로 설정하려고 하므로 $X = \dfrac{Y-6}{0.15} = \dfrac{30-6}{0.15} = 160 \, \text{mm}$

해답 160 mm

해설 개구부의 간격
$Y = 6 + 0.15X$ (단, $X \geq 160 \, \text{mm}$이면 $Y = 30 \, \text{mm}$이다.)
　여기서, X : 가드와 위험점 간의 거리, Y : 가드의 개구부 간격

07 산업용 로봇의 작동범위 내에서 해당 로봇에 대해 교시 등의 작업을 할 때, 예기치 못한 작동 및 오조작에 의한 위험을 방지하기 위해 수립해야 할 지침을 4가지 쓰시오.

해답 ① 로봇의 조작방법 및 순서
② 작업 중 매니퓰레이터의 속도
③ 2인 이상의 근로자가 작업할 때의 신호방법
④ 이상을 발견했을 때의 조치 및 로봇의 운전을 정지시킨 후 재가동할 때의 조치
⑤ 그 밖의 로봇의 예기치 못한 작동이나 오조작에 따른 위험을 방지하기 위해 필요한 조치

08 고압 충전 전선로에서 작업을 할 때 가죽장갑과 고무장갑을 안전하게 사용하는 방법을 설명하시오.

해답 고압 충전 전선로 작업 시 고무장갑을 먼저 착용하고, 그 위에 가죽장갑을 착용하여 보호한다.

해설 고무장갑이 전기적 절연을 제공하고, 가죽장갑이 외부 손상으로부터 고무장갑을 보호하기 위한 것이다.

09 인체의 전기저항은 피부 상태에 따라 달라진다. 다음 설명을 참고하여 (   ) 안에 알맞은 값을 채우시오.

> 인체 피부의 전기저항은 (①)이며, 내부조직은 $500\,\Omega$이다. 물에 젖을 경우 피부저항은 (②)로 감소하고, 땀에 젖을 경우는 $\frac{1}{12} \sim \frac{1}{20}$로 감소하며, 습기가 많을 경우는 (③)로 감소한다.

해답 ① $2500\,\Omega$ ② $\frac{1}{25}$ ③ $\frac{1}{10}$

10 (   ) 안에 알맞은 내용을 쓰시오.

> 화학설비에 안전밸브가 2개 이상 설치된 경우 하나는 (①)에서 작동하고, 다른 하나는 최고 사용압력의 (②)에서 작동하도록 해야 한다. 또한 외부 화재에 대비한 경우 최고 사용압력의 (③)에서 작동되도록 설치할 수 있다.

해답 ① 최고 사용압력 이하   ② 1.05배 이하
③ 1.1배 이하

11 사업주는 차량계 하역운반기계 및 차량계 건설기계의 운전자가 운전위치를 이탈하는 경우 취해야 할 조치사항을 3가지 쓰시오.

해답 ① 포크, 버킷, 디퍼 등의 장치를 가장 낮은 위치로 내리거나 지면에 내려 둔다.
② 원동기를 정지시키고 브레이크를 확실히 걸어 갑작스러운 주행이나 기계의 이탈을 방지하는 조치를 한다.
③ 운전석을 이탈할 때는 반드시 시동키를 운전대에서 분리시킨다.

12 사업주는 법에 따라 시스템 비계를 사용하여 비계를 구성할 경우 반드시 준수해야 할 사항을 3가지 쓰시오.

해답 ① 수직재, 수평재, 가새재를 견고하게 연결하여 비계 구조가 안정적이도록 한다.
② 비계 밑단의 수직재와 받침철물을 밀착시켜 설치하고, 수직재와 받침철물의 연결부 겹침길이는 받침철물 전체 길이의 3분의 1 이상이 되도록 한다.
③ 수평재는 수직재와 직각으로 설치하며, 체결 후 흔들림이 없도록 견고하게 설치한다.
④ 수직재와 수직재 사이의 연결철물은 이탈되지 않도록 견고한 구조로 설치한다.
⑤ 벽 연결재의 설치 간격은 제조사의 기준에 따라 설치한다.

13 지게차가 주행할 때 전후 및 좌우 안정도를 쓰시오.

(1) 주행 시 지게차의 좌우 안정도 :
(2) 주행 시 지게차의 전후 안정도 :

해답 (1) $(15+1.1V)\%$　　　　(2) 18% 이내
참고 지게차의 안정도(그 외)
① 하역작업 시 좌우 안정도 : 6% 이내
② 하역작업 시 전후 안정도 : 4% 이내(5t 이상의 것은 3.5%)

14 안전·보건표지의 색채 및 색도 기준 중 빈칸에 알맞은 내용을 채우시오.

색채	색도기준	용도	색의 용도
①	5Y 8.5/12	경고	화학물질 취급장소의 유해·위험 경고 이외의 위험 경고, 주의표지
파란색	②	지시	특정 행위의 지시 및 사실의 고지
녹색	③	안내	비상구 및 피난소, 사람 또는 차량의 통행표지
④	N9.5	-	파란색 또는 녹색의 보조색

해답 ① 노란색　　② 2.5PB 4/10
③ 2.5G 4/10　　④ 흰색

기출문제를 재구성한 필답형 실전문제 *13*

>>> 제1회 <<<

01 산업안전보건법에 따라 안전보건관리 책임자를 반드시 두어야 하는 사업을 2가지 쓰시오.

해답 ① 상시근로자 50명 이상인 선박 및 보트 건조업
② 상시근로자 50명 이상인 1차 금속 제조업 및 토사석 광업
③ 총공사 금액 20억 원 이상인 건설업

02 하인리히의 재해 손실비용 평가방식에 따르면 총재해 손실비용을 직접비와 간접비로 구분할 때 그 비율을 쓰시오. (단, 순서는 직접비 : 간접비로 한다.)

해답 하인리히의 평가에 따르면 직접비와 간접비의 비율은 1:4이다.
참고 ① 간접비 : 인적손실, 물적손실, 생산손실, 특수손실, 기타손실
② 직접비 : 요양, 휴업, 장해, 간병, 유족급여와 상병보상연금, 장의비, 직업재활급여 등

03 안전교육방법 중 강의법의 주요 특징에 대하여 장단점을 포함하여 4가지 쓰시오.

해답 ① 많은 내용을 체계적으로 전달할 수 있다.
② 다수를 대상으로 동시에 교육할 수 있다.
③ 전체적인 전망을 제시하는 데 유리하다.
④ 구체적인 사실과 정보를 제공하여 요점을 파악하는 데 효율적이다.
⑤ 수강자 개인별로 학습강도(진도)를 조절할 수 없는 한계가 있다.

04 $60fL$의 광도를 요구하는 시각 표시장치의 반사율이 75%일 때 필요한 소요조명(fc)을 구하시오.

풀이 소요조명 $= \dfrac{\text{광속발산도}}{\text{반사율}} \times 100 = \dfrac{60}{75} \times 100 = 80fc$

해답 $80fc$

05 다음은 자율검사 프로그램의 유효기간에 대한 내용이다. (   ) 안에 알맞은 기간을 쓰시오.

> 사업주는 근로자 대표와 협의하여 검사기준, 검사주기 및 검사 합격 표시방법 등을 충족하는 검사 프로그램을 마련하고, 고용노동부장관의 인정을 받아 유해 · 위험기계 등의 안전 성능검사를 실시할 수 있다. 이 경우 자율검사 프로그램의 유효기간은 (   )으로 한다.

해답 2년

06 발생 확률이 각각 0.05와 0.08인 두 결함사상이 AND 조합으로 연결된 시스템을 FTA(결함수 분석법)로 분석하였을 때, 이 시스템의 신뢰도를 구하시오.

풀이 ① 불신뢰도 $= 0.05 \times 0.08 = 0.004$
② 신뢰도 $= 1 -$ 불신뢰도 $= 1 - 0.004 = 0.996$

해답 0.996

07 다음 목재가공용 기계에 사용되는 방호장치의 종류를 각각 쓰시오.

(1) 둥근톱기계 :
(2) 띠톱기계 :
(3) 모떼기기계 :
(4) 동력식 수동대패기계 :

해답 (1) 톱날 접촉예방장치　　　(2) 날 접촉예방장치
　　　(3) 날 접촉예방장치　　　(4) 날 접촉예방장치

08 산업안전기준에 관한 규칙에서 동력을 이용하여 사람이나 화물을 운반하는 리프트의 종류를 3가지 쓰시오.

해답 ① 건설작업용 리프트
② 자동차정비용 리프트
③ 이삿짐운반용 리프트
④ 일반작업용 리프트
⑤ 간이 리프트

09 저항값이 0.1Ω인 도체에 10A의 전류가 1분간 흘렀을 때 발생하는 열량을 계산하면 몇 cal인지 구하시오.

풀이 $Q = 0.24I^2RT = 0.24 \times 10^2 \times 0.1 \times 60 = 144\,\mathrm{cal}$

해답 $144\,\mathrm{cal}$

해설 발열량 $Q = 0.24I^2RT$
여기서, I : 전류(A), R : 저항(Ω), T : 시간(s)

10 위험물 중에서 인화성 액체의 종류를 3가지 쓰시오.

해답 ① 에틸에테르, 가솔린, 아세트알데히드, 산화프로필렌, 인화점이 23℃ 미만이고 초기 끓는점이 35℃ 이하인 물질
② 노르말헥산, 아세톤, 메틸에틸케톤, 메틸알코올, 에틸알코올, 이황화탄소, 인화점이 23℃ 미만이고 초기 끓는점이 35℃를 초과하는 물질
③ 크실렌, 아세트산아밀, 등유, 경유, 테레핀유, 이소아밀알코올, 아세트산, 하이드라진, 인화점이 23℃ 이상 60℃ 이하인 물질

11 산업안전보건법령에 따라 물질안전보건자료(MSDS)의 작성 및 비치가 제외되는 대상 5가지를 쓰시오.

해답 ① 원자력법에 따른 방사성 물질   ② 약사법에 따른 의약품 및 의약외품
③ 화장품법에 따른 화장품   ④ 농약관리법에 따른 농약
⑤ 사료관리법에 따른 사료   ⑥ 식품위생법에 따른 식품 및 식품첨가물
⑦ 비료관리법에 따른 비료   ⑧ 의료기기법에 따른 의료기기
⑨ 총포·도검·화약류 등 단속법에 따른 화약류
⑩ 폐기물관리법에 따른 폐기물
⑪ 마약류관리에 관한 법률에 따른 마약 및 향정신성 의약품

12 산업안전보건법에 따라 사업주가 준수해야 할 의무를 2가지 쓰시오.

해답 ① 해당 사업장의 안전과 보건에 관한 정보를 근로자에게 제공하고, 근로자의 안전과 건강을 유지·증진시키며, 국가의 산업재해 예방시책에 따라야 한다.
② 건설물을 설계하거나 건설하는 자는 설계, 제조, 수입 또는 건설 과정에서 해당 물건을 사용함으로써 발생하는 산업재해를 방지하기 위해 필요한 조치를 취해야 한다.

13 고소작업대를 이용하는 경우 작업자의 안전을 보장하기 위해 준수해야 할 사항을 5가지 쓰시오.

해답 ① 작업자가 작업 중 안전모와 안전대 등의 보호구를 착용하도록 한다.
② 관계자가 아닌 사람이 작업구역에 들어오지 않도록 방지하는 조치를 한다.
③ 안전한 작업을 위해 적절한 조도를 유지한다.
④ 전로에 근접하여 작업할 경우, 작업감시자를 배치하여 감전사고를 예방하는 조치를 한다.
⑤ 작업대를 정기적으로 점검하고, 붐과 작업대의 각 부위에 이상이 없는지 확인한다.
⑥ 전환 스위치를 다른 물체로 고정하지 않는다.
⑦ 작업대는 정격하중을 초과하지 않도록 한다.
⑧ 작업대의 붐대를 상승시킨 상태에서 작업자는 작업대를 벗어나지 않도록 한다. 단, 작업대에 안전대 부착설비를 설치하고 안전대를 연결한 경우에는 예외로 한다.

14 사업주는 구축물 또는 이와 유사한 시설물의 안전진단 등 안전성 평가를 통해 근로자에게 미칠 위험을 사전에 제거해야 한다. 이러한 안전조치를 해야 하는 경우를 4가지 쓰시오.

해답 ① 구축물 또는 이와 유사한 시설물 인근에서 굴착, 항타작업 등으로 침하 또는 균열이 발생하여 붕괴 위험이 예상되는 경우
② 구축물 또는 이와 유사한 시설물에 지진, 동해, 부동침하 등으로 균열이나 비틀림 등이 발생한 경우
③ 구조물, 건축물, 그 밖의 시설물이 그 자체의 무게, 적설, 풍압 또는 그 밖에 부가되는 하중 등으로 붕괴 등의 위험이 있을 경우
④ 화재 등으로 구축물 또는 유사한 시설물의 내력이 심하게 저하된 경우
⑤ 오랜 기간 사용하지 않던 구축물이나 시설물을 재사용하기 위해 안전성을 검토해야 하는 경우
⑥ 그 밖의 잠재적 위험이 예상되는 경우

>>> 제2회 <<<

01 작업을 도급하여 자신의 사업장에서 수급인의 근로자가 그 작업을 하지 못하도록 하는 작업의 종류를 3가지 쓰시오.

해답 ① 도금작업
② 수은, 납 또는 카드뮴을 제련, 주입, 가공 및 가열하는 작업
③ 허가대상물질을 제조하거나 사용하는 작업

02 평균 근로자 수가 1000명인 사업장에서 도수율이 10.25이고 강도율이 7.25일 때, 이 사업장의 종합재해지수(FSI)를 계산하시오.

풀이 종합재해지수(FSI)$=\sqrt{\text{도수율}\times\text{강도율}}$
$=\sqrt{10.25\times7.25}\fallingdotseq8.62$

해답 8.62

03 산업안전보건법에 따라 사업주가 근로자에게 반드시 시행해야 하는 안전보건교육의 종류를 5가지 쓰시오.

해답 ① 정기교육   ② 특별교육
③ 채용 시 교육   ④ 작업내용 변경 시 교육
⑤ 건설업 기초안전보건교육

04 다음 [조건]에 따른 작업에서 1시간의 총작업시간 내에 포함시켜야 하는 휴식시간을 계산하시오.

• 작업 시 평균에너지 소비량 : 4.7kcal/min
• 작업에 대한 평균에너지 소비량 : 4kcal/min
• 1시간 휴식시간 중 에너지 소비량 : 2kcal/min

풀이 휴식시간 $R=\dfrac{60(\text{작업에너지}-\text{평균에너지})}{\text{작업에너지}-\text{소비에너지}}=\dfrac{60(4.7-4)}{4.7-2}\fallingdotseq15.6\text{분}$

해답 15.6분

05 근골격계 질환의 누적손상장애(CTDs)가 발생하는 주요 인자를 4가지 쓰시오.

[해답] ① 부적절한 자세로 작업하는 경우
② 과도한 힘을 사용하는 작업을 하는 경우
③ 반복적으로 수행되는 작업과 휴식 부족
④ 장시간의 진동 노출
⑤ 낮은 온도(저온)에서 작업하는 경우

06 다음은 불꽃놀이용 화학물질 취급설비에 대한 정량적 평가이다. 해당 항목에 대한 위험등급을 구하시오.

항목	A(10점)	B(5점)	C(2점)	D(0점)	등급
취급물질	○	○	○		①
조작		○		○	②
화학설비의 용량	○		○		③
온도	○	○			④
압력		○	○	○	⑤

[풀이] 각 항목의 위험등급 계산
① 취급물질 : 10+5+2=17점, I등급
② 조작 : 5+0=5점, III등급
③ 화학설비의 용량 : 10+2=12점, II등급
④ 온도 : 10+5=15점, II등급
⑤ 압력 : 5+2+0=7점, III등급

[해답] ① I등급 ② III등급 ③ II등급 ④ II등급 ⑤ III등급

[해설] 위험등급 평가기준

I등급	16점 이상	위험도가 높음
II등급	11점 이상~16점 미만	다른 설비와 관련해서 평가
III등급	11점 미만	위험도가 낮음

07 전단기 개구부의 가드 간격이 12mm일 때, 가드와 전단 지점 간의 안전거리를 구하시오.

풀이 $Y=6+0.15X$이므로 $12=6+0.15X$, $0.15X=6$, $X=40\,mm$

해답 $40\,mm$

해설 가드의 개구부 간격

$Y=6+0.15X$ (단, $X\geq160\,mm$이면 $Y=30\,mm$이다.)

　여기서, X : 가드와 위험점 간의 거리

　　　　Y : 가드의 개구부 간격

---

08 다음은 감전 방지용 누전차단기에 관한 내용이다. (　　) 안에 알맞게 채우시오.

> 감전 방지용 누전차단기 : 정격감도 전류 (①)에서 동작시간은 (②), 전격 전부하전류가 (③)에서 (④)일 때는 동작시간이 (⑤)에 작동해야 한다.

해답 ① $30\,mA$ 이하　　　　② 0.03초 이내

　　　③ $50\,mA$ 이상　　　　④ $200\,mA$ 이하

　　　⑤ 0.1초 이내

참고 고속형 누전차단기 : 정격감도 전류에서 동작시간은 0.1초 이내에 작동해야 하며, 감전 보호용은 0.03초 이내에 작동해야 한다.

---

09 저항 $20\,Ω$인 전열기에 $5A$의 전류가 1시간 동안 흘렀을 때 몇 kcal의 열량이 발생하는지 구하시오.

풀이 $Q=0.24I^2RT=0.24\times5^2\times20\times60\times60=432,000\,cal=432\,kcal$

해답 $432\,kcal$

해설 발열량 $Q=I^2RT$

　여기서, I : 전류(A), R : 저항(Ω), T : 시간(s)

---

10 물질의 자연발화를 촉진시키는 주요 요인을 4가지 쓰시오.

해답 ① 물질의 표면적이 넓을 것

　　　② 물질의 발열량이 클 것

　　　③ 주위 온도가 높을 것

　　　④ 물질이 적당한 수분을 보유할 것

　　　⑤ 열전도율이 작을 것

11 사업주는 작업 중 물체가 떨어지거나 날아올 위험이 있을 경우, 낙하물 방지망 또는 방호선반을 설치해야 한다. 이때 설치 시 준수해야 할 사항을 2가지 쓰시오.

해답 ① 낙하물 방지망 또는 방호선반은 높이 10m 이내마다 설치하고, 내민 길이는 벽면으로부터 2m 이상이어야 한다.
② 방호선반과 수평면과의 각도는 20° 이상 30° 이하로 유지해야 한다.

12 표준관입시험(standard penetration test)에 대하여 2가지로 설명하시오.

해답 ① N값(N-value)은 지반을 30cm 굴진하는 데 필요한 타격횟수를 의미한다.
② 63.5kg 무게의 추가 76cm 높이에서 자유낙하하여 타격하는 방식으로 진행된다.
③ 표준관입시험은 주로 사질지반에 적용되며, 점토지반에서는 편차가 커 신뢰성이 떨어질 수 있다.

13 방진마스크를 선정할 때 고려해야 할 기준 5가지를 쓰시오.

해답 ① 여과효율이 우수할 것
② 흡·배기 저항이 낮을 것
③ 사용적이 작을 것
④ 시야가 넓을 것
⑤ 안면 밀착성이 좋을 것
⑥ 피부 접촉 부분의 고무질이 좋을 것

14 산업안전보건기준에 관한 규칙에 따라 크레인을 이용하는 작업을 할 때, 관리감독자가 유해·위험방지를 위해 수행해야 할 직무 내용을 3가지 쓰시오.

해답 ① 작업방법과 근로자 배치를 결정하고 작업을 지휘하는 일
② 작업에 사용하는 재료의 결함 유무 또는 기구 및 공구의 기능을 점검하고, 불량품을 제거하는 일
③ 작업 중 근로자들이 안전대 또는 안전모를 올바르게 착용하고 있는지 감시하는 일

01 하인리히의 도미노 이론 5단계 중에서 제거 가능한 단계를 쓰고, 그 단계에서 제거할 수 있는 요인을 쓰시오.

해답 ① 제거 가능한 단계 : 3단계(직접 원인)
② 제거 가능한 요인 : 불안전한 행동과 불안전한 상태

02 안전점검표(체크리스트) 항목을 작성할 때 유의해야 할 사항을 4가지 쓰시오.

해답 ① 정기적으로 검토하여 설비·작업방법이 타당성 있게 개조된 내용을 반영한다.
② 사업장에 적합한 독자적 내용을 포함하여 작성한다.
③ 위험성이 높은 순서 또는 긴급을 요하는 순서대로 작성한다.
④ 점검 항목을 이해하기 쉽게 구체적으로 표현한다.

03 안전보건관리 책임자 등에 대한 직무교육에 해당하는 대상을 4가지 쓰시오.

해답 ① 안전보건관리 책임자　② 안전관리자
③ 보건관리자　④ 안전보건관리 담당자
⑤ 안전관리전문기관 또는 보건관리전문기관에서 안전관리자 또는 보건관리자의 위탁 업무를 수행하는 사람
⑥ 건설재해예방 전문지도기관에서 지도업무를 수행하는 사람
⑦ 안전검사기관에서 검사업무를 수행하는 사람
⑧ 자율안전검사기관에서 검사업무를 수행하는 사람
⑨ 석면조사기관에서 석면조사 업무를 수행하는 사람

04 검사공정에서 작업자가 10,000개의 제품을 검사하여 200개의 부적합품을 발견하였으나, 실제로는 500개의 부적합품이 있었다. 이때 인간의 과오 확률(HEP : Human Error Probability)을 구하시오.

풀이 인간의 과오 확률(HEP) $= \dfrac{\text{인간 실수의 수}}{\text{실수 발생의 전체 기회의 수}} = \dfrac{500-200}{10,000} = 0.03$

해답 0.03

05 그림과 같은 FT도에서 발생확률 F₁=0.015, F₂=0.02, F₃=0.05일 때 정상사상 T가 발생할 확률을 구하시오.

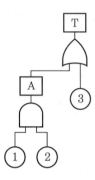

풀이 $T=1-(1-A)\times(1-③)=1-[1-(①\times②)]\times(1-③)$
$\quad=1-[1-(0.015\times0.02)]\times(1-0.05)≒0.0503$

해답 0.0503

06 롤러기 물림점(nip point)의 가드 개구부의 간격이 15mm일 때, 가드와 위험점 간의 거리는 몇 mm인지 구하시오. (단, 위험점이 전동체는 아니다.)

풀이 $Y=6+0.15X$이므로 $15=6+0.15X$, $0.15X=9$, $X=60$mm

해답 60mm

해설 개구부의 간격

$Y=6+0.15X$ (단, $X≥160$mm이면 $Y=30$mm이다.)

여기서, X : 가드와 위험점 간의 거리
Y : 가드의 개구부 간격

07 공기압축기의 방호장치를 4가지 쓰시오.

해답 ① 언로드 밸브
② 압력방출장치
③ 회전부의 덮개
④ 안전밸브
⑤ 드레인밸브의 조작 및 배수
⑥ 윤활유의 상태

08 | 가스폭발 위험장소인 0종, 1종, 2종 장소를 구분하여 설명하시오.

[해답] ① 0종 장소 : 설비 및 기기가 운전 중일 때도 폭발성 가스가 지속적으로 존재
하는 장소
② 1종 장소 : 설비 및 기기가 운전, 유지보수 또는 고장일 때 폭발성 가스가
가끔 누출되어 위험 분위기가 형성될 수 있는 장소
③ 2종 장소 : 설비의 운전 조작 실수로 폭발성 가스가 일시적으로 누출될 수
있는 장소

09 | 다음 안전장치에 대하여 설명하시오.

(1) 통기설비(대기밸브, breather valve)
(2) 화염방지기(flame arrestor)

[해답] (1) 인화성 물질이 저장된 탱크 내의 압력을 대기압과 평형하게 유지하여, 탱크
내부의 과압이나 진공 상태를 방지하는 안전장치이다.
(2) 인화성 가스나 액체가 저장된 탱크에서 증기가 외부로 방출될 때, 외부에서
유입될 수 있는 화염을 차단하여 탱크 내부의 폭발을 방지하는 장치이다.

10 | 사업주가 시스템 비계를 조립할 때 준수해야 할 사항을 4가지 쓰시오.

[해답] ① 비계 기둥의 밑둥에는 밑받침 철물을 사용해야 하며, 밑받침에 고저차가 있
는 경우 조절형 밑받침 철물을 사용하여 시스템 비계가 항상 수평 및 수직
을 유지하도록 한다.
② 경사진 바닥에 설치하는 경우에는 피벗형 받침 철물 또는 쐐기 등을 사용하
여 밑받침 철물의 바닥면이 수평을 유지하도록 한다.
③ 가공전로에 근접하여 비계를 설치하는 경우에는 가공전로를 이설하거나 가
공전로에 절연용 방호구를 설치하는 등 가공전로와의 접촉을 방지하기 위
해 필요한 조치를 한다.
④ 비계 내에서 근로자가 상하 또는 좌우로 이동하는 경우에는 반드시 지정된
통로를 이용하도록 인지시킨다.
⑤ 비계 작업 근로자는 같은 수직면상의 위와 아래 동시 작업을 하지 않는다.
⑥ 작업 발판에는 제조사가 정한 최대 적재하중을 초과하여 적재하지 않으며,
최대 적재하중이 표기된 표지판을 부착하고 근로자에게 인지시킨다.

11 사업주가 전기기계 · 기구를 설치할 때 안전한 사용을 위해 고려해야 할 사항을 3가지 쓰시오.

해답 ① 전기기계 · 기구의 충분한 전기적 용량과 기계적 강도
② 습기, 분진 등 사용 장소의 주위 환경
③ 전기적 및 기계적 방호수단의 적정성

12 사업주가 차량계 하역운반기계에 단위화물의 무게가 100kg 이상인 화물을 싣거나 내리는 작업을 할 경우, 해당 작업의 지휘자가 준수해야 할 사항을 3가지 쓰시오.

해답 ① 작업순서와 그 순서에 따른 작업방법을 정하여 작업을 지휘한다.
② 기구와 공구를 점검하고 불량품을 제거한다.
③ 해당 작업을 수행하는 장소에 관계자가 아닌 사람이 출입하지 않도록 한다.
④ 로프 풀기 작업이나 덮개 벗기기 작업은 적재함의 화물이 떨어질 위험이 없는지 확인한 후 실시한다.

13 다음은 안전 · 보건표지의 색채 및 용도를 나타낸 표이다. 빈칸을 채우시오.

색채	색도기준	용도	색의 용도
①	7.5R 4/14	금지	정지신호, 소화설비 및 그 장소, 유해행위 금지
		경고	②
노란색	③	경고	화학물질 취급장소의 유해 · 위험 경고 이외의 위험 경고, 주의표지
파란색	2.5PB 4/10	④	⑤
녹색	2.5G 4/10	안내	⑥

해답 ① 빨간색 ② 화학물질 취급장소의 유해 · 위험 경고 ③ 5Y 8.5/12
④ 지시 ⑤ 특정 행위의 지시 및 사실의 고지
⑥ 비상구 및 피난소, 사람 또는 차량의 통행표지

14 지게차의 하역작업 시 전후 및 좌우 안정도 기준을 쓰시오.

해답 ① 전후 안정도 : 4% 이내(5t 이상의 경우는 3.5%)
② 좌우 안정도 : 6% 이내

기출문제를
재구성한 **필답형 실전문제 14**

01 산업안전보건법에 따라 안전보건관리책임자를 보좌하고 관리감독자에게 지도·조언하는 업무를 수행하는 안전관리자를 두어야 한다. 다음 각 경우에 필요한 안전관리자의 최소 인원을 쓰시오.

(1) 상시근로자 수 300명인 고무제품 제조업 :
(2) 총공사 금액 700억 원인 건설업 :

해답 (1) 1명　(2) 1명
참고 ① 상시근로자 수 600명인 펄프 제조업 : 2명
　　② 상시근로자 수 500명인 우편 및 통신업 : 1명

02 재해로 인한 직접비용으로 8,000만 원이 산재보상비로 지급되었다면 하인리히 방식에 따를 때 총손실비용은 얼마인지 구하시오.

풀이 하인리히 총손실비용＝직접비＋간접비＝직접비＋(직접비×4)
　　　　　　　　　　　＝8,000＋(8,000×4)＝40,000만 원
해답 40,000만 원
해설 하인리히 방식에 따르면 총손실액은 직접비와 간접비의 합으로 계산되며, 직접비와 간접비의 비율이 1 : 4로 계산된다.

03 보건법령에 따라 자율검사 프로그램을 인정받기 위해 충족해야 하는 요건을 3가지 쓰시오.

해답 ① 검사원을 고용하고 있어야 한다.
　　② 검사를 할 수 있는 장비를 갖추고, 이를 유지·관리할 수 있어야 한다.
　　③ 자율검사 프로그램의 검사기준이 안전검사기준을 충족해야 한다.
　　④ 검사주기의 $\frac{1}{2}$에 해당하는 주기(크레인 중 건설현장 외에서 사용하는 크레인의 경우 6개월)마다 검사를 해야 한다.

04 몇 명의 전문가에 의해 과제에 관한 견해를 발표한 후, 참가자로 하여금 의견이나 질문을 하게 하여 토의하는 방법을 무엇이라 하는지 쓰시오.

해답 심포지엄

참고 토의방식의 종류

① 심포지엄 : 몇 명의 전문가가 과제에 대한 견해를 발표하고, 참가자들이 의견이나 질문을 통해 토론하는 방법이다.

② 버즈세션(6-6 회의) : 6명의 소집단으로 구성된 그룹이 자유롭게 토론을 진행하고, 그 의견을 조합하여 해결 방안을 찾는 방법이다.

③ 케이스 메소드(사례연구법) : 특정 사례를 제시하고, 그 사례의 사실과 상호관계를 검토한 후 해결책을 논의하는 방법이다.

④ 패널 디스커션 : 패널 멤버가 토의를 진행하고, 이후 참가자들이 토론에 참여하는 방식으로 의견을 교환하는 방법이다.

⑤ 포럼 : 새로운 자료나 문제를 제시하고, 참가자들이 문제를 제기하며 토의하는 방법이다.

⑥ 롤 플레잉(역할연기) : 참가자에게 역할을 주어 실제 연기를 시킴으로써 본인의 역할을 인식하게 하는 방법이다.

05 조도가 400lux인 위치에 놓인 흰색 종이 위에 짙은 회색 글자가 씌어져 있다. 종이의 반사율은 80%이고 글자의 반사율은 40%일 때, 종이와 글자의 대비를 계산하시오.

풀이 대비 $= \dfrac{L_b - L_t}{L_b} \times 100 = \dfrac{80-40}{80} \times 100 = 50\%$

해답 50%

해설 대비 $= \dfrac{L_b - L_t}{L_b} \times 100$

여기서, L_b : 배경(종이)의 광속발산도, L_t : 표적(글자)의 광속발산도

06 날개가 2개인 비행기의 양 날개에 각각 2개의 엔진이 장착되어 있다. 이 비행기는 양 날개에서 각각 최소한 1개의 엔진이 작동해야 추락하지 않고 비행할 수 있다. 엔진의 신뢰도가 각각 0.9이며, 엔진은 독립적으로 작동한다고 할 때, 이 비행기가 정상적으로 비행할 신뢰도를 구하시오.

풀이 A=1-(1-①)(1-②)=1-(1-0.9)(1-0.9)=0.99

B=1-(1-③)(1-④)=1-(1-0.9)(1-0.9)=0.99

$$T = A \times B = 0.99 \times 0.99 = 0.9801 \fallingdotseq 0.98$$

해답 0.98

참고 각 날개에 있는 2개의 엔진은 병렬로 연결되어 있으며, 양쪽 날개에 장착된 엔진은 직렬로 연결되어 있다.

07 목재가공용 둥근톱기계에 설치해야 하는 방호장치에 대한 내용이다. (   ) 안에 알맞은 수를 쓰시오.

> • 분할 날의 두께는 둥근톱 두께의 (①)배 이상으로 한다.
> • 분할 날과 톱날 원주면과의 거리는 (②)mm 이내로 조정, 유지할 수 있어야 한다.
> • 분할 날은 표준 테이블면상의 톱 뒷날을 (③) 이상 덮도록 한다.
> • 둥근톱의 두께가 1.20mm일 때 분할 날의 두께는 (④)mm 이상이어야 한다.

해답 ① 1.1   ② 12   ③ 2/3   ④ 1.32

08 산업안전보건법령에 따른 양중기(화물을 들어 올리는 기계)의 종류를 5가지 쓰시오.

해답 ① 승강기(적재 용량이 $300\,\mathrm{kg}$ 미만인 것은 제외)
② 곤돌라
③ 이동식 크레인
④ 크레인(호이스트 포함)
⑤ 리프트(이삿짐 운반용은 적재하중이 0.1t 이상인 것으로 한정)

09 폭발범위에 있는 가연성 가스 혼합물에 전압을 변화시키며 전기 불꽃을 주었더니 1000V가 되는 순간 폭발이 일어났다. 이때 사용한 전기 불꽃의 콘덴서 용량이 0.1μF이었다면, 이 가스에 대한 최소 발화에너지는 몇 mJ인지 구하시오.

풀이 $E = \dfrac{1}{2}CV^2 = \dfrac{1}{2} \times 0.1 \times 10^{-6} \times 1000^2 = 50\,\mathrm{mJ}$

해답 $50\,\mathrm{mJ}$

해설 최소 발화에너지 $E = \dfrac{1}{2}CV^2$

여기서, C : 정전용량(F), V : 전압(V)

10 위험물 중 인화성 가스의 종류를 5가지 쓰시오.

해답 ① 수소　　　　　　　② 아세틸렌
　　③ 에틸렌　　　　　　　④ 메탄
　　⑤ 에탄　　　　　　　　⑥ 프로판
　　⑦ 부탄

11 산업안전보건법에 따라 혼합물로서 분류기준에 해당하는 것을 제조하거나 수입하려는 자는 고용노동부령으로 정하는 바에 따라 물질안전보건자료를 작성하여 고용노동부장관에게 제출해야 한다. 이때 고용노동부장관이 물질안전보건자료의 기재사항이나 작성방법과 관련된 사항에 대하여 환경부장관과 협의해야 하는 사항을 3가지 쓰시오.

해답 ① 제품명
　　② 물질안전보건자료 대상물질을 구성하는 화학물질 중 제104조에 따른 분류기준에 해당하는 화학물질의 명칭 및 함유량
　　③ 안전 및 보건상의 취급 주의사항
　　④ 건강 및 환경에 대한 유해성, 물리적 위험성
　　⑤ 물리·화학적 특성 등 고용노동부령으로 정하는 사항

12 콘크리트 타설작업을 진행할 때 근로자의 안전을 확보하기 위해 준수해야 할 안전수칙 4가지를 쓰시오.

해답 ① 작업을 시작하기 전에 거푸집, 동바리 등의 변형·변위 및 지반 침하 여부를 점검하고, 이상이 있으면 즉시 보수한다.
　　② 콘크리트를 타설할 때는 편심이 발생하지 않도록 골고루 분산하여 타설한다.
　　③ 진동기의 지나친 진동은 거푸집의 붕괴를 유발할 수 있으므로 주의해야 한다.
　　④ 손수레로 콘크리트를 운반할 때는 타설 위치까지 천천히 운반하여 거푸집에 충격을 주지 않도록 주의한다.
　　⑤ 설계도서에 명시된 콘크리트 양생 기간을 준수하고, 거푸집 동바리 등을 해체한다.
　　⑥ 콘크리트 타설작업 중 거푸집 붕괴 위험이 발생하면 즉시 작업을 중지하고, 근로자를 대피시킨 후 충분한 보강 조치를 한다.

13 공정안전보고서 심사기준에 따라 공정배관계장도(P&ID)에 반드시 표시되어야 할 사항을 3가지 쓰시오.

해답 ① 공정배관계장도에 사용되는 부호 및 범례
② 장치, 기계, 배관, 계장 등에 고유번호를 부여하는 체계
③ 약어 및 약자의 정의
④ 기타 특수 요구사항

참고 P&ID(공정배관계장도) : 공정 설비의 안전성을 평가하고 유지 · 보수를 원활하게 하기 위해 필수적으로 작성되는 도면이다. 이 도면은 부호, 범례, 약어 등을 명확히 표기하여 공정 흐름과 장치의 상호작용을 정확히 표현해야 하며, 이를 통해 사고 예방과 위험 관리를 용이하게 한다.

14 산업안전보건법상 도급에 따른 산업재해 예방조치에서 "위생시설 등 고용노동부령으로 정하는 시설"의 설치 항목을 쓰시오.

해답 ① 휴게시설
② 세면 및 목욕시설
③ 세탁시설
④ 탈의시설
⑤ 수면시설

01 산업안전보건법령에 따라 사내 안전관리규정을 제정할 때 고려해야 할 사항을 3가지 쓰시오.

해답 ① 법정 기준을 상회하도록 작성한다.
② 법령의 제 · 개정 시 즉시 수정한다.
③ 현장의견을 충분히 반영한다.
④ 정상 시 및 이상 시 조치에 관한 규정을 포함한다.
⑤ 관리자층의 직무 및 권한 등을 명확히 기재한다.

02 강도율이 1.5이고 도수율이 2.0일 때 평균강도율을 구하시오.

풀이 평균강도율 $= \dfrac{강도율}{도수율} \times 1000$

$= \dfrac{1.5}{2.0} \times 1000 = 750$

해답 750

03 산업안전보건법에 따라 채용 시 교육 및 작업내용을 변경할 경우 안전보건 교육의 교육 내용 6가지를 쓰시오.

해답 ① 산업안전 및 사고예방에 관한 사항
② 산업보건 및 직업병 예방에 관한 사항
③ 위험성 평가에 관한 사항
④ 작업개시 전 점검에 관한 사항
⑤ 정리 정돈 및 청소에 관한 사항
⑥ 직무 스트레스 예방 및 관리에 관한 사항
⑦ 물질안전보건자료에 관한 사항
⑧ 사고 발생 시 긴급 조치에 관한 사항
⑨ 기계 · 기구의 위험성과 작업의 순서 및 동선에 관한 사항
⑩ 산업안전보건법령 및 산업재해보상보험 제도에 관한 사항
⑪ 직장 내 괴롭힘, 고객의 폭언 등으로 인한 건강장해 예방 및 관리에 관한 사항

04 작업에 대한 평균에너지 소비량이 4kcal/min이고, 휴식시간 중의 에너지 소비량을 1.5kcal/min으로 가정할 때, 프레스 작업의 에너지가 6kcal/min이라면 60분 동안의 총작업시간 내에 포함되어어 하는 휴식시간을 계산하시오.

풀이 휴식시간 $R = \dfrac{60(작업에너지 - 평균에너지)}{작업에너지 - 소비에너지} = \dfrac{60(6-4)}{6-1.5} ≒ 26.67분$

해답 26.67분

05 다음은 안전성 평가에 활용되는 용어이다. 해당 용어를 쓰시오.

(1) 설계에서 사용까지의 사건 발생경로를 파악하고 위험을 평가하기 위한 귀납적이고 정량적인 분석 기법
(2) 서브 시스템 간의 인터페이스를 조정하여 전체 시스템의 안전에 악영향이 없도록 하는 분석 기법

해답 (1) ETA
(2) FHA

해설 안전성 평가에 활용되는 주요 용어(그 외)
① FMEA : 시스템과 서브 시스템의 위험분석을 위해 사용되는 전형적인 정성적, 귀납적, 연역적, 정량적 분석이 가능한 방법
② FTA : 시스템의 결함을 연역적이고 정량적으로 분석할 수 있는 방법
③ DT : 요소의 관측값과 목표값을 연결시켜주는 분석 기법
④ THERP : 인간 실수율 예측 기법
⑤ CA : 고장의 형태가 기기 전체 고장에 미치는 영향을 정량적으로 평가하는 기법
⑥ MORT : 관리, 설계, 생산, 보전 등에 대한 광범위한 안전성을 확보하려는 기법
⑦ PHA : 최초 단계 시스템의 위험한 상태를 평가하는 분석 기법

06 기계의 위험점인 끼임점과 물림점에 대하여 설명하시오.

해답 ① 끼임점 : 회전운동을 하는 부분과 고정 부분 사이에 형성되는 위험점이다.
② 물림점 : 맞물려 돌아가는 두 회전체 사이에 말려 들어가면서 발생하는 위험점이다.

해설 기계의 위험점

① 협착점 : 왕복운동을 하는 부분과 고정 부분 사이에 형성되는 위험점

② 끼임점 : 회전운동을 하는 부분과 고정 부분 사이에 형성되는 위험점

③ 절단점 : 회전하는 운동부 자체의 위험점

④ 물림점 : 맞물려 돌아가는 두 회전체 사이에 말려 들어가면서 발생하는 위험점으로, 롤러와 롤러 또는 기어와 기어의 물림점

⑤ 회전 말림점 : 회전하는 물체에 장갑, 작업복 등이 말려 들어가면서 발생하는 위험점

⑥ 접선 물림점 : 회전하는 부분의 접선 방향으로 물려 들어가면서 발생하는 위험점

---

07 롤러기의 급정지 장치에 대해 원주 표면속도에 따른 기준을 쓰시오.

(1) V=30m/min 이상 : 앞면 롤러 원주의 (①) 이내
(2) V=30m/min 이하 : 앞면 롤러 원주의 (②) 이내

해답 ⑴ 1/2.5 ⑵ 1/3

참고 롤러의 급정지거리

$$\frac{1}{3}\pi D < V(=30\,\text{m/min}) \leq \frac{1}{2.5}\pi D$$

---

08 다음은 감전 방지용 누전차단기에 관한 내용이다. (   ) 안에 알맞은 내용을 쓰시오.

- 누전차단기는 (①), 트립장치, 개폐기구 등으로 구성된다.
- 중감도형 누전차단기는 정격감도 전류가 50mA ~ (②)이다.
- 시연형 누전차단기는 동작시간이 0.1초를 초과하여 (③) 이내에 작동해야 한다.

해답 ① 지락검출장치 ② 1000mA ③ 2초

---

09 저항이 0.2Ω인 도체에 10A의 전류가 1분간 흐를 경우 발생하는 열량은 몇 cal인지 구하시오.

풀이 $Q=0.24I^2RT=0.24\times10^2\times0.2\times60=288\,\text{cal}$

해답 288 cal

해설 발열량 $Q=0.24I^2RT$

여기서, I : 전류(A), R : 저항(Ω), T : 시간(s)

10 산업안전보건법상 관리대상 유해물질 관련 국소배기장치 후드의 제어 풍속 기준에 대해 빈칸을 채우시오.

물질의 상태	후드 형식	제어풍속(m/s)
가스 상태	포위식 포위형	①
	외부식 측방흡인형	0.5
	외부식 하방흡인형	0.5
	외부식 상방흡인형	②
입자 상태	포위식 포위형	③
	외부식 측방흡인형	④
	외부식 하방흡인형	1.0
	외부식 상방흡인형	1.2

해답 ① 0.4 ② 1.0 ③ 0.7 ④ 1.0

11 작업장에서 발생할 수 있는 낙하 및 비래 위험을 방지하기 위한 대책을 3가지 쓰시오.

해답 ① 낙하물 방지망과 수직 보호망을 설치한다.
② 방호선반을 설치하고 작업자는 보호구를 착용한다.
③ 출입금지구역을 설정하여 안전을 확보한다.

12 표준관입시험 결과로 나타난 타격횟수에 따라 지반을 구분하여 쓰시오.

타격횟수		지반 밀도
모래지반	점토지반	
3 이하	2 이하	①
4~10	3~4	②
10~30	4~8	③
30~50	8~15	④
50 이상	15~30	⑤
–	30 이상	⑥

해답 ① 아주 느슨(연약) ② 느슨(연약) ③ 보통 ④ 조밀(점착력)
⑤ 아주 조밀(강한 점착력) ⑥ 견고(경질)

13 방진마스크의 구비조건을 4가지 쓰시오.

해답 ① 흡·배기 밸브는 미약한 호흡에도 확실하고 민감하게 작동해야 하며, 흡·배기 저항이 낮아야 한다.
② 여과재는 여과 성능이 우수하고 인체에 해를 끼치지 않아야 한다.
③ 쉽게 착용할 수 있어야 하며, 착용 시 안면부가 얼굴에 밀착되어 공기가 새지 않아야 한다.
④ 머리끈은 적당한 길이와 탄력성을 갖고, 쉽게 길이를 조절할 수 있어야 한다.

참고 방진마스크의 선정기준
① 여과효율이 우수할 것
② 흡·배기 저항이 낮을 것
③ 사용적이 작을 것
④ 시야가 넓을 것
⑤ 안면 밀착성이 좋을 것
⑥ 피부 접촉 부분의 고무질이 좋을 것

14 산업안전보건기준에 관한 규칙에 따라 위험물을 제조하거나 취급하는 작업을 할 때, 관리감독자가 유해·위험을 방지하기 위해 수행해야 할 직무 내용을 3가지 쓰시오.

해답 ① 작업을 지휘하는 일
② 위험물을 제조하거나 취급하는 설비 및 그 부속설비가 있는 장소의 온도, 습도, 차광 및 환기 상태 등을 수시로 점검하고, 이상을 발견하면 즉시 필요한 조치를 취하는 일
③ 위의 조치사항을 기록하고 보관하는 일

01 재해발생의 주요 원인 중 직접 원인을 2가지 쓰시오.

해답 ① 인적 원인 : 불안전한 행동으로 인한 재해발생, 예를 들어 안전장비를 착용하지 않거나 주의 의무를 소홀히 한 경우
② 물적 원인 : 불안전한 상태로 인한 재해발생, 예를 들어 고장 난 기계나 정비 부족으로 인한 사고

해설

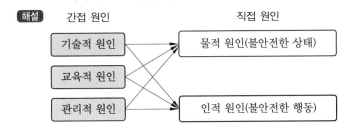

간접 원인   직접 원인

기술적 원인 → 물적 원인(불안전한 상태)

교육적 원인

관리적 원인 → 인적 원인(불안전한 행동)

02 안전점검표(check list)에 반드시 포함되어야 할 사항을 4가지 쓰시오.

해답 ① 점검 대상   ② 점검 부분
③ 점검 항목   ④ 점검 방법
⑤ 점검 주기   ⑥ 판정 기준
⑦ 조치할 사항

참고 안전점검표 작성 시 유의사항
① 위험성이 높은 순이나 긴급을 요하는 순으로 작성할 것
② 정기적으로 검토하여 재해예방에 실효성이 있는 내용일 것
③ 내용은 이해하기 쉽고 표현이 구체적일 것

03 안전보건관리책임자에 관한 설명이다. ( ) 안에 알맞은 기간을 쓰시오.

안전보건관리책임자 등에 대한 직무교육에 해당하는 사람은 해당 직위에 선임된 후 (①)(보건관리자가 의사인 경우는 1년) 이내에 직무를 수행하는 데 필요한 신규교육을 받아야 하며, 신규교육을 이수한 후 매 (②)이 되는 날을 기준으로 전후 (③) 사이에 고용노동부장관이 실시하는 안전·보건에 관한 보수교육을 받아야 한다.

해답 ① 3개월   ② 2년   ③ 3개월

04 5000개의 베어링을 품질 검사한 결과 400개의 불량품이 발견되었으나, 실제로는 1000개의 불량 베어링이 존재하였다. 이러한 상황에서 HEP(Human Error Probability)를 구하시오.

[풀이] 인간 과오 확률(HEP)$=\dfrac{\text{인간 실수의 수}}{\text{실수 발생의 전체 기회 수}}=\dfrac{1000-400}{5000}=0.12$

[해답] 0.12

05 다음과 같은 FT도에서 ①∼⑤ 사상의 발생확률이 모두 0.06일 경우 T 사상의 발생확률을 구하시오.

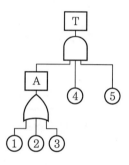

[풀이] $A=1-(1-①)\times(1-②)\times(1-③)$
$\qquad =1-(1-0.06)\times(1-0.06)\times(1-0.06)≒0.17$
$\qquad T=A\times④\times⑤=0.17\times0.06\times0.06=0.000612$

[해답] 0.000612

06 롤러기의 앞면 롤의 지름이 300mm이고 분당 회전수가 30회일 때, 허용되는 급정지장치의 급정지거리는 약 몇 mm 이내이어야 하는지 구하시오.

[풀이] ① $V=\dfrac{\pi DN}{1000}=\dfrac{\pi\times300\times30}{1000}=28.26\,\text{m/min}$

② 급정지거리$=\pi\times D\times\dfrac{1}{3}=\pi\times300\times\dfrac{1}{3}=314\,\text{mm}$

[해답] 약 314mm

[해설] ① 표면속도 $V=\dfrac{\pi DN}{1000}$

여기서, V : 롤러의 표면속도(m/min), D : 롤러 원통의 직경(mm)
$\qquad N$: 1분간 롤러기가 회전되는 수(rpm)

② 급정지거리 $=\pi \times D \times \dfrac{1}{3}$ ($V=30\,\mathrm{m/min}$ 미만일 때)

급정지거리 $=\pi \times D \times \dfrac{1}{2.5}$ ($V=30\,\mathrm{m/min}$ 이상일 때)

07 산업안전보건법상 양중기 중 크레인과 호이스트(hoist)에 포함되는 방호장치를 4가지 쓰시오.

해답 ① 과부하방지장치　② 권과방지장치　③ 비상정지장치　④ 제동장치

08 산업안전보건법 제322조에 따라 충전 전로 인근에서 차량 및 기계장치 작업 시 안전조치사항이다. (　) 안에 알맞은 수를 쓰시오.

> 사업주는 충전 전로 인근에서 차량, 기계장치 등(이하 "차량 등"이라 한다)의 작업이 있는 경우에는 차량 등을 충전 전로의 충전부로부터 (①)cm 이상 이격시켜 유지시키되, 대지 전압이 (②)KV를 넘는 경우 이격시켜 유지해야 하는 거리(이하 "이격거리"라 한다)는 (③)KV 증가할 때마다 (④)cm씩 증가시켜야 한다. 다만, 차량 등의 높이를 낮춘 상태에서 이동하는 경우에는 이격거리를 (⑤)cm 이상(대지 전압이 (⑥)KV를 넘는 경우에는 (⑦)KV 증가할 때마다 이격거리를 10cm씩 증가)으로 할 수 있다.

해답 ① 300　② 50　③ 10　④ 10　⑤ 120　⑥ 50　⑦ 10

09 분진폭발 위험장소를 20종, 21종, 22종으로 구분하여 설명하시오.

해답 ① 20종 장소 : 공기 중에 가연성 폭발성 분진운이 연속적으로 존재하여 폭발성 분진 분위기가 항상 형성되는 장소이다.
② 21종 장소 : 공기 중에 가연성 폭발성 분진운이 운전 중 가끔 발생하여 폭발성 분진 분위기가 형성되는 장소이다.
③ 22종 장소 : 공기 중에 가연성 폭발성 분진운이 운전 중 거의 발생하지 않으며, 만약 발생하더라도 단기간만 존재하는 장소이다.
참고 가스폭발 위험장소
① 0종 장소 : 폭발성 가스가 지속적으로 존재하는 장소
② 1종 장소 : 폭발성 가스가 가끔 누출되어 위험 분위기가 형성될 수 있는 장소
③ 2종 장소 : 폭발성 가스가 일시적으로 누출될 수 있는 장소

10 특수화학설비를 설치할 때 내부의 이상상태를 조기에 파악하기 위해 필요한 계측장치를 4가지 쓰시오.

해답 ① 압력계   ② 유량계
      ③ 온도계   ④ 긴급차단장치

참고 계측장치를 설치해야 하는 특수화학설비
① 가열로 또는 가열기
② 발열반응이 일어나는 반응장치
③ 증류 · 정류 · 증발 · 추출 등 분리를 행하는 장치
④ 반응 폭주 등 이상 화학반응에 의해 위험물질이 발생할 우려가 있는 설비
⑤ 온도가 섭씨 350도 이상이거나 게이지 압력이 980 kPa 이상인 상태에서 운전되는 설비
⑥ 가열시켜 주는 물질의 온도가 가열되는 위험물질의 분해온도 또는 발화점 보다 높은 상태에서 운전되는 설비

11 사업주가 이동식 비계를 조립하여 작업을 수행할 경우 준수해야 할 사항을 4가지 쓰시오.

해답 ① 이동식 비계의 바퀴는 갑작스러운 이동 또는 전도를 방지하기 위해 브레이크 및 쐐기 등으로 고정한 후, 비계의 일부를 견고한 시설물에 고정하거나 아웃트리거를 설치하여 필요한 조치를 취해야 한다.
② 승강용 사다리는 견고하게 설치해야 한다.
③ 비계의 최상부에서 작업할 경우 안전난간을 설치해야 한다.
④ 작업 발판은 항상 수평을 유지하고, 작업 발판 위에서 안전난간을 밟고 작업하거나 받침대 또는 사다리를 사용하여 작업하지 않도록 해야 한다.
⑤ 작업 발판의 최대 적재하중은 250 kg을 초과하지 않도록 해야 한다.

12 차량계 건설기계의 운전자가 운전 위치를 이탈할 경우 준수해야 할 사항을 4가지 쓰시오.

해답 ① 버킷은 지면 또는 가장 낮은 위치에 두어야 한다.
② 브레이크를 걸어두어야 한다.
③ 디퍼는 지면에 내려두어야 한다.
④ 원동기를 정지시켜야 한다.

13 안전 · 보건표지의 경고표지 중 바탕이 무색이고 기본모형이 빨간색 그림은 검은색으로 표시되는 표지의 종류를 4가지 쓰시오.

해답 ① 인화성 물질 경고
② 산화성 물질 경고
③ 폭발성 물질 경고
④ 급성 독성물질 경고
⑤ 부식성 물질 경고

참고 바탕이 무색이고 기본모형이 빨간색 그림은 검은색으로 표시되는 금지 표지
출입금지, 보행금지, 차량통행금지, 탑승금지, 화기금지, 사용금지, 물체이동
금지, 금연

14 보호구 안전인증 고시에 따른 가죽제 안전화의 성능시험 방법을 4가지 쓰시오.

해답 ① 내답발성 시험
② 박리 저항 시험
③ 내충격성 시험
④ 내압박성 시험
⑤ 내유성 시험
⑥ 내부식성 시험

>>> **제1회** <<<

01 산업안전보건법에 따라 안전보건관리책임자를 보좌하고 관리감독자에게 지도 및 조언하는 업무를 수행하는 안전관리자의 최소 인원을 쓰시오.

(1) 상시근로자 수가 200명 이하인 고무 및 플라스틱 제품 제조업 : ① 이상
(2) 상시근로자 수가 700명 이하인 펄프 및 종이 제품 제조업 : ② 이상
(3) 상시근로자 수가 300명 이하인 운수 및 창고업 : ③ 이상
(4) 총공사 금액이 50억 원 이상 120억 원 미만인 건설업 : ④ 이상

해답 ① 1명   ② 2명
      ③ 1명   ④ 1명

02 어떤 사업장에서 산업재해로 인한 생산 손실과 시간 손실 등의 간접 손실비로 지출한 금액이 4억 원이라고 한다. 이 사업장의 총재해 코스트는 얼마로 추정되는지 구하시오. (단, 하인리히의 재해 코스트 산정 방식을 따른다.)

풀이 ① 직접비 : 간접비＝1 : 4
         직접비＝간접비÷4＝4억 원÷4＝1억 원
      ② 총손실액＝직접비＋간접비＝4억 원＋1억 원＝5억 원
해답 5억 원

03 산업안전보건법령에 따라 자율검사 프로그램을 인정받기 위해 공단에 서류 2부를 제출해야 한다. 이때 제출해야 할 서류의 내용을 4가지 쓰시오.

해답 ① 안전검사 대상 기계 등의 보유현황
      ② 검사원 보유현황과 검사를 할 수 있는 장비 및 장비 관리방법(자율안전검사
         기관에 위탁한 경우에는 위탁 증명서류를 제출함)
      ③ 안전검사 대상 기계 등의 검사주기 및 검사기준
      ④ 향후 2년간 검사대상 유해 · 위험기계 등의 검사 수행 계획
      ⑤ 과거 2년간 자율검사 프로그램 수행 실적(재신청의 경우에 해당함)

04 구안법(project method)의 학습지도 형태를 3가지 쓰시오.

해답 ① 자발적 참여 ② 실제 문제해결
③ 협동 학습 ④ 창의적 표현
⑤ 반성적 사고

해설 구안법 : 마음속에 생각하고 있는 것을 외부에 구체적으로 실현하고 형상화하기 위해 학습자가 스스로 실제에 있어서 일의 계획과 수행 능력을 기르는 교육방법이다.

참고 구안법의 4단계 순서
목적 결정 → 계획 수립 → 활동(수행) → 평가

05 종이의 반사율이 50%이고 종이 위의 글자 반사율이 10%일 때, 종이에 의한 글자의 대비를 구하시오.

풀이 대비 $= \dfrac{L_b - L_t}{L_b} = \dfrac{50-10}{50} \times 100 = 80\%$

해답 80%

해설 대비 $= \dfrac{L_b - L_t}{L_b}$

여기서, L_b : 배경의 광속발산도, L_t : 표적의 광속발산도

06 프레스에 설치된 안전장치의 수명은 지수분포를 따르며 평균수명은 100시간이다. 새로 구입한 안전장치가 50시간 동안 고장 없이 작동할 확률(A)과 이미 100시간을 사용한 안전장치가 앞으로 100시간 이상 견딜 확률(B)을 구하시오.

풀이 ① 50시간 동안 고장 없이 작동할 확률 $A = R_A = e^{-\frac{t}{t_1}} = e^{-\frac{50}{100}} = e^{-0.5} \fallingdotseq 0.607$
② 앞으로 100시간 이상 견딜 확률 $B = R_B = e^{-\frac{t}{t_1}} = e^{-\frac{100}{100}} = e^{-1} \fallingdotseq 0.368$
여기서, t_1 : 평균고장시간 또는 평균수명
t : 앞으로 고장 없이 사용할 시간

해답 0.368

07 프레스의 본질 안전조건을 충족하는 구조로서 금형 내에 손이 들어가지 않도록 설계된(no hand in die type) 프레스의 종류를 4가지 쓰시오.

해답 ① 안전금형을 부착한 프레스　　② 안전울(방호울)이 부착된 프레스
③ 전용 프레스의 도입　　　　　　④ 자동 프레스의 도입

---

08 산업안전보건법령상 승강기의 종류를 4가지 쓰시오.

해답 ① 승객용 엘리베이터　　　　② 승객화물용 엘리베이터
③ 화물용 엘리베이터　　　　④ 소형화물용 엘리베이터
⑤ 에스컬레이터

---

09 다음은 통전 경로별 위험도를 나타낸 표이다. 빈칸을 채우시오.

통전 경로	위험도	통전 경로	위험도
오른손 – 등	①	⑥	1.5
②	0.4	오른손 – 한 발 또는 양발	⑦
③	0.7	왼손 – 한 발 또는 양발	⑧
양손 – 양발	④	한 손 또는 양손 – 앉아 있는 자리	⑨
⑤	1.3		

해답 ① 0.3　② 왼손-오른손　③ 왼손-등　④ 1.0　⑤ 오른손 – 가슴
⑥ 왼손-가슴　⑦ 0.8　⑧ 1.0　⑨ 0.7

---

10 위험물의 부식성 물질 중 부식성 산류와 부식성 염기류에 해당하는 물질을 쓰시오.

해답 (1) 부식성 산류
① 농도가 20% 이상인 염산, 황산, 질산 등과 같은 부식성을 가진 물질
② 농도가 60% 이상인 인산, 아세트산, 불산 등과 같은 부식성을 가진 물질
(2) 부식성 염기류
농도가 40% 이상인 수산화나트륨, 수산화칼륨 등과 같은 부식성을 가진 염기류

---

11 산업안전보건법에 따라 사업주는 허가대상 유해물질을 제조하거나 사용하는 작업장에서 허가대상 유해물질을 보기 쉬운 장소에 게시해야 한다. 게시해야 할 사항을 3가지 쓰시오.

해답 ① 허가대상 유해물질의 명칭　② 인체에 미치는 영향
③ 취급상의 주의사항　　　　　④ 착용해야 할 보호구
⑤ 응급처치와 긴급 방재요령

12　거푸집에 작용하는 콘크리트 측압에 영향을 미치는 요인을 4가지 쓰시오.

해답 ① 대기의 온도와 습도가 낮을수록 측압이 커진다.
② 콘크리트 타설 속도가 빠를수록 측압이 증가한다.
③ 콘크리트의 비중이 클수록 측압이 커진다.
④ 콘크리트 타설 높이가 높을수록 측압이 커진다.
⑤ 철골이나 철근량이 적을수록 측압은 커진다.

13　공정안전보고서에 포함해야 할 공정안전자료의 세부 내용을 5가지 쓰시오.

해답 ① 취급 및 저장 중이거나 취급 및 저장하려는 유해 · 위험물질의 종류와 수량
② 유해 · 위험물질에 대한 물질안전보건자료(MSDS)
③ 유해하거나 위험한 설비의 목록과 사양
④ 유해 · 위험 설비의 운전방법을 알 수 있는 공정도면
⑤ 각종 건물 및 설비의 배치도
⑥ 폭발위험장소 구분도와 전기단선도
⑦ 위험설비의 안전설계 · 제작 및 설치 관련 지침서

14　대통령령으로 정하는 건설공사의 발주자는 산업재해 예방을 위해 건설공사의 계획, 설계 및 시공 단계에서 해야 할 산업재해 예방조치를 각각 설명하시오.

해답 ① 건설공사의 계획단계 : 해당 건설공사에서 중점적으로 관리해야 할 유해 · 위험요인과 이를 감소시키기 위한 방안을 포함한 기본안전보건대장을 작성한다.
② 건설공사의 설계단계 : 기본안전보건대장을 설계자에게 제공하고, 설계자가 유해 · 위험요인의 감소 방안을 포함한 설계안전보건대장을 작성하도록 하며, 이를 확인한다.
③ 건설공사의 시공단계 : 발주자는 최초 도급받은 수급인에게 설계안전보건대장을 제공하고, 수급인이 이를 반영하여 공사안전보건대장을 작성하도록 하며, 그 이행 여부를 확인한다.

01 안전보건관리규정 작성 요건에 대한 설명이다. (   ) 안에 알맞은 내용을 쓰시오.

(1) 안전보건관리규정을 작성해야 할 사업은 상시근로자 (①) 이상을 사용하는 사업으로 한다.
(2) 안전보건관리규정을 작성하거나 변경할 때는 (②)의 심의 · 의결을 거쳐야 한다.
(3) 산업안전보건위원회가 설치되어 있지 않은 사업장의 경우에는 (③)의 동의를 받아야 한다.

해답 ① 100명
② 산업안전보건위원회
③ 근로자 대표

02 A 사업장의 1일 근무시간은 9시간이며, 지난 한 해 동안의 근무일수는 300일이었다. 재해 건수는 24건이며, 의사진단에 의한 총휴업일수는 3650일이었다. 해당 사업장의 평균 근로자 수가 450명일 때, 도수율과 강도율을 계산하시오.

풀이 ① 도수율 $= \dfrac{\text{연간 재해 건수}}{\text{연간 총근로시간 수}} \times 10^6 = \dfrac{24}{450 \times 300 \times 9} \times 10^6 ≒ 19.75$

② 강도율 $= \dfrac{\text{근로손실일수}}{\text{총근로시간 수}} \times 1000 = \dfrac{3650 \times \frac{300}{365}}{450 \times 300 \times 9} \times 1000 ≒ 2.47$

해답 ① 도수율 : 19.75   ② 강도율 : 2.47

03 산업안전보건법상 근로자의 정기안전 · 보건교육의 교육내용을 5가지 쓰시오.

해답 ① 산업안전 및 사고예방에 관한 사항
② 산업보건 및 직업병 예방에 관한 사항
③ 위험성 평가에 관한 사항
④ 건강증진 및 질병예방에 관한 사항
⑤ 유해 · 위험 작업환경 관리에 관한 사항
⑥ 직무 스트레스 예방 및 관리에 관한 사항
⑦ 산업안전보건법령 및 산업재해보상보험 제도에 관한 사항
⑧ 직장 내 괴롭힘, 고객의 폭언 등으로 인한 건강장해 예방 및 관리에 관한 사항

04 주물공장 A 작업자의 작업지속시간과 휴식시간을 열압박지수(HSI)를 활용하여 계산하니 각각 45분, 15분이었다. A 작업자의 1일 작업량(TW)을 계산하시오. (단, 휴식시간은 포함하지 않으며, 1일 근무시간은 8시간이다.)

풀이 1일 작업량 $TW = \dfrac{작업지속시간(W)}{작업지속시간(W) + 휴식시간(R)} \times 8 = \dfrac{45}{45+15} \times 8$
$$= 6시간$$

해답 6시간

05 결함수 분석(FTA)에 의한 재해사례 연구의 5단계 순서를 쓰고, 간단히 설명하시오.

해답 ① 1단계 : 목표 사상의 선정
② 2단계 : 사상마다 재해 원인 및 요인 규명
③ 3단계 : FT(Fault Tree)도 작성
④ 4단계 : 개선계획 작성
⑤ 5단계 : 개선안 실시계획

06 기계의 위험점을 6가지로 분류하여 쓰시오.

해답 ① 협착점   ② 끼임점   ③ 절단점
④ 물림점   ⑤ 접선물림점   ⑥ 회전말림점

07 다음은 롤러기 급정지장치 조작부에 사용하는 일반 요구사항이다. (   ) 안에 적합한 기준을 쓰시오.

> 조작부에 사용하는 로프의 성능 기준으로 지름 (①) 이상의 와이어로프 또는 지름 (②) 이상이고 절단하중이 (③) 이상인 합성섬유 로프이다.

해답 ① 4mm   ② 6mm   ③ 2.94kN

08 누전차단기를 구성하는 주요 요소를 4가지 쓰시오.

해답 ① 누전검출부   ② 영상변류기   ③ 차단장치
④ 시험버튼   ⑤ 트립코일

09 절연물은 시간이 지나면서 전기저항이 저하되어 절연 불량이 발생할 수 있다. 이러한 절연 불량의 주요 원인을 3가지 쓰시오.

해답 ① 진동, 충격 등에 의한 기계적 요인
② 산화 등에 의한 화학적 요인
③ 온도 상승에 따른 열적 요인
④ 높은 이상전압 등에 의한 전기적 요인

10 산업안전보건기준에 관한 규칙상 인체에 해로운 분진, 흄(fume), 미스트(mist), 증기 또는 가스 상태의 물질을 배출하기 위한 국소배기장치의 후드(hood) 설치기준을 4가지 쓰시오.

해답 ① 유해물질이 발생하는 모든 장소에 후드를 설치한다.
② 유해인자의 발생형태, 비중, 작업방법 등을 고려하여 분진 등의 발산원을 효과적으로 제어할 수 있는 구조로 설치한다.
③ 후드의 형식은 가능한 한 포위식 또는 부스식으로 설치한다.
④ 외부식 또는 리시버식 후드는 해당 분진 발생장소에 적합하게 설치한다.
⑤ 후드의 개구면적은 발산원을 충분히 제어할 수 있는 구조로 해야 한다.

11 가설계단의 설치에 관한 기준을 4가지 쓰시오.

해답 ① 가설계단을 설치할 때, 높이가 3m를 초과하는 경우에는 매 3m 이내마다 최소 1.2m 이상의 계단참을 설치해야 한다.
② 계단기둥의 간격은 2m 이하로 설치해야 한다.
③ 계단 난간은 100kg 이상의 하중을 견딜 수 있는 강도로 설치해야 한다.
④ 계단 및 계단참의 강도는 $500\,kg/m^2$ 이상이어야 하며, 안전율은 4 이상을 유지해야 한다.
⑤ 높이가 1m 이상인 계단의 개방된 측면에는 안전난간을 설치해야 한다.
⑥ 계단의 폭은 최소 1m 이상으로 설치해야 한다.

12 베인 테스트(vane test)의 용도에 대하여 쓰시오.

해답 점토 지반의 점착력 판별

해설 베인 테스트는 주로 점토(진흙) 지반의 전단강도를 측정하여 점착력을 판별하기 위해 실시하는 현장시험이다.

13 | 1급 방진마스크를 착용해야 하는 장소를 3군데 쓰시오.

해답 ① 특급 마스크 착용장소를 제외한 분진 등이 발생하는 장소
② 금속 흄 등과 같이 열적으로 생기는 분진 등이 발생하는 장소
③ 기계적으로 생기는 분진 등이 발생하는 장소

참고 방진마스크의 구분 및 사용장소

구분	사용장소
특급	• 베릴륨 등과 같이 독성이 강한 물질들을 함유한 분진 등이 발생하는 장소 • 석면 취급장소
1급	• 특급 마스크 착용장소를 제외한 분진 등이 발생하는 장소 • 금속 흄 등과 같이 열적으로 생기는 분진 등이 발생하는 장소 • 기계적으로 생기는 분진 등이 발생하는 장소
2급	특급 및 1급 마스크 착용장소를 제외한 분진 등이 발생하는 장소
※ 배기밸브가 없는 안면부 여과식 마스크는 특급 및 1급 장소에 사용해서는 안 된다.	

14 | 산업안전보건기준에 관한 규칙에 따라 건조설비를 사용하는 작업을 할 때 관리감독자의 유해·위험방지를 위한 직무수행 내용을 2가지 쓰시오.

해답 ① 건조설비를 처음 사용하거나 건조방법 또는 건조물의 종류가 변경된 경우, 작업자에게 작업방법을 사전에 교육하고, 작업을 직접 지휘하여 안전하게 수행하도록 하는 일
② 건조설비가 설치된 장소를 정리정돈하고, 해당 장소에 가연성 물질이 방치되지 않도록 지속적으로 관리하는 일

>>> **제3회** <<<

01 근로자의 작업 수행 중 나타나는 불안전한 행동에는 많은 형태가 있지만 안전보건관리를 추진하는 입장에서 구분하는 불안전한 행동의 원인을 3가지 쓰시오.

해답 ① 인간의 과오(휴먼에러)로 인한 실수
② 태도 불량으로 인한 불안전한 행동
③ 작업 기능이나 기술의 미숙으로 인한 불안전한 행동
④ 작업 중 보호구 미착용으로 인한 불안전한 행동

02 안전인증 취소 또는 6개월 이내의 기간을 정하여 안전인증표시의 사용 금지와 시정을 명할 수 있는 경우를 2가지 쓰시오.

해답 ① 거짓이나 기타 부정한 방법으로 안전인증을 받은 경우(이 경우에는 안전인증 취소에 해당함)
② 안전인증을 받은 유해·위험기계 등의 안전성능이 안전인증 기준에 맞지 않게 된 경우
③ 정당한 사유 없이 안전인증 확인을 거부하거나 방해 또는 기피한 경우

03 산업안전보건법령에 따라 밀폐된 장소(탱크 내 또는 환기가 극히 불량한 좁은 장소)에서의 용접작업이나 습한 장소에서의 전기용접작업에 대한 특별안전보건교육 내용을 4가지 쓰시오.

해답 ① 작업순서, 안전작업방법 및 수칙에 관한 사항
② 환기설비의 중요성 및 관리에 관한 사항
③ 전격 방지와 보호구 착용에 관한 사항
④ 질식 시 응급조치 방법에 관한 사항
⑤ 작업환경의 사전점검 및 관리에 관한 사항
⑥ 그 밖에 안전·보건관리에 필요한 사항

04 빨강, 노랑, 파랑의 3가지 색으로 구성된 교통 신호등이 있다. 이 신호등은 항상 3가지 색 중 하나가 켜져 있으며, 1시간 동안 신호등을 조사한 결과 파란등은 30분 동안, 빨간등과 노란등은 각각 15분 동안 켜져 있었다고 한다. 이때 이 신호등의 총 정보량을 몇 bit로 구할 수 있는지 계산하시오.

[풀이] 정보량 $H = \Sigma P_x \log\left(\dfrac{1}{P_x}\right) = \left(0.5 \times \dfrac{\log\dfrac{1}{0.5}}{\log 2}\right) + \left(0.25 \times \dfrac{\log\dfrac{1}{0.25}}{\log 2}\right)$

$$+ \left(0.25 \times \dfrac{\log\dfrac{1}{0.25}}{\log 2}\right) = 1.5 \,\text{bit}$$

[해답] $1.5 \,\text{bit}$

05 다음 FT도에서 정상사상(top event)이 발생하는 최소 컷셋의 P(T)를 계산하시오. (단, 원 안의 수치는 각 사상의 발생확률이다.)

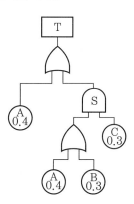

[풀이] $S = \begin{pmatrix} A \\ B \end{pmatrix} C = (AC)(BC)$

① S값
- $S_1 = AC = 0.4 \times 0.3 = 0.12$
- $S_2 = BC = 0.3 \times 0.3 = 0.09$

② T값
- S_1일 경우 $T_1 = 1 - (1-0.4)(1-0.12) = 0.472$
- S_2일 경우 $T_2 = 1 - (1-0.4)(1-0.09) = 0.454$

∴ T_1과 T_2값 중에서 가장 작은 $T_2 = 0.454$값이 최소 컷셋의 P(T)이다.

[해답] 0.454

06 롤러의 급정지를 위한 방호장치를 설치하려고 한다. 롤러의 앞면 직경이 36cm이고, 분당 회전속도가 50rpm일 때, 급정지거리는 약 얼마 이내이어야 하는지 구하시오. (단, 무부하 상태에서의 동작을 가정한다.)

풀이 ① $V=\dfrac{\pi DN}{1000}=\dfrac{\pi\times360\times50}{1000}=56.52\,\text{m/min}$

② 급정지거리$=\pi\times D\times\dfrac{1}{2.5}=\pi\times360\times\dfrac{1}{2.5}=452.16\,\text{mm}≒45.22\,\text{cm}$

해답 약 $45.22\,\text{cm}$

07 산업안전보건법상 가공전선의 충전 전로가 있는 장소에서 시설물의 건설, 해체, 점검, 수리 또는 이동식 크레인, 콘크리트 펌프카, 항타기, 항발기 등의 작업을 할 때, 감전 위험을 방지하기 위한 조치사항을 4가지 쓰시오.

해답 ① 해당 충전 전로를 이설하여 작업이 안전하게 이루어질 수 있도록 한다.
② 감전의 위험을 방지하기 위해 방책을 마련하고 실시한다.
③ 해당 충전 전로에 절연용 방호구를 설치한다.
④ 작업 중 감시인을 배치하여 작업을 감시한다.

08 아크용접작업 시 발생할 수 있는 감전사고를 방지하기 위한 대책을 3가지 쓰시오.

해답 ① 절연장갑을 착용한다.
② 자동전격방지장치를 사용한다.
③ 적정한 케이블을 사용한다.
④ 절연 용접봉 홀더를 사용한다.

09 전기설비를 사용하는 장소에서 폭발 위험성을 평가할 때 고려해야 할 판정기준을 3가지 쓰시오.

해답 ① 해당 장소에 위험 가스가 존재할 가능성을 평가한다.
② 발생할 수 있는 위험 증기의 양을 고려한다.
③ 작업 공간의 통풍 및 환기 정도를 확인한다.

10 사업주는 위험물질을 기준량 이상으로 제조하거나 취급하는 경우 특수화학설비를 설치해야 하며, 내부의 이상상태를 조기에 파악하기 위해 온도계, 유량계, 압력계 등의 계측장치를 설치해야 한다. 이러한 계측장치가 필요한 특수화학설비의 종류를 4가지 쓰시오.

해답 ① 가열로 또는 가열기
② 발열반응이 일어나는 반응장치
③ 증류, 정류, 증발, 추출 등 분리작업을 수행하는 장치
④ 반응 폭주 등 이상 화학반응으로 인해 위험물질이 발생할 우려가 있는 설비
⑤ 온도가 350℃ 이상이거나 게이지 압력이 980kPa 이상에서 운전되는 설비
⑥ 가열되는 위험물질의 분해온도 또는 발화점보다 높은 온도에서 운전되는 설비

11 말비계를 조립할 때 준수해야 할 사항이다. ( ) 안에 알맞은 수를 쓰시오.

> 말비계의 높이가 (①)m를 초과하는 경우에는 작업 발판의 폭이 (②)cm 이상이어야 하며, 발판 재료 간의 틈은 (③)cm 이하로 유지해야 한다.

해답 ① 2 ② 40 ③ 3
참고 비계의 고정 및 작업 발판의 안전기준
① 비계의 발판과 비계 구조는 견고하게 고정되어야 하며, 이동식 말비계의 경우 바퀴에는 브레이크 장치 또는 쐐기를 사용하여 고정해야 한다.
② 작업 발판은 최소 40cm 이상의 폭을 확보해야 하며, 발판재는 미끄럼 방지 처리가 되어 있어야 한다.

12 차량계 하역운반기계의 안전조치사항을 3가지 쓰시오.

해답 ① 최대 제한속도가 시속 10km를 초과하는 차량계 건설기계를 사용할 때는 미리 작업장소의 지형 및 지반상태에 적합한 제한속도를 정하고, 운전자가 이를 준수하도록 한다.
② 차량계 건설기계의 운전자가 운전 위치를 이탈할 때는 포크, 버킷, 디퍼 등의 장치를 가장 낮은 위치 또는 지면에 내려두어야 한다.
③ 차량계 하역운반기계 등에 화물을 적재할 때는 하중이 한쪽으로 치우치지 않도록 적재한다.

13 산업안전보건법상 공정안전보고서의 제출대상 사업장을 5가지 쓰시오.

해답 ① 원유 정제 및 처리업
② 기타 석유 정제물 재처리업
③ 석유화학계 기초 화학물질 제조업 또는 합성수지 및 기타 플라스틱 물질 제조업
④ 질소화합물, 질소, 인산 및 칼리질 화학비료 제조업 중 질소질 화학비료 제조업
⑤ 복합비료 및 기타 화학비료 제조업 중 복합비료 제조업(단순 혼합 또는 배합에 의한 경우는 제외)
⑥ 화학 살균제, 살충제 및 농업용 약제 제조업(농약 원제 제조만 해당)
⑦ 화약 및 불꽃제품 제조업

14 산업안전보건법령상 안전 · 보건표지에서 관계자 외 출입금지와 문자 추가 시 예시문을 구분하여 명칭을 쓰시오.

관계자 외 출입금지 (허가물질 명칭) 제조/사용/보관 중 보호구/보호복 착용 흡연 및 음식물 섭취 금지	관계자 외 출입금지 석면 취급/해체 중 보호구/보호복 착용 흡연 및 음식물 섭취 금지	관계자 외 출입금지 발암물질 취급 중 보호구/보호복 착용 흡연 및 음식물 섭취 금지
(①)	(②)	(③)

해답 ① 허가대상 물질 작업장
② 석면 취급 · 해체 작업장
③ 발암물질 취급 작업장

>>> **제1회** <<<

01 보건법령상 지방고용노동관서의 장이 사업주에게 안전관리자, 보건관리자 또는 안전보건관리 담당자를 정수 이상으로 증원하거나 교체 임명할 것을 명할 수 있는 기준을 3가지 쓰시오.

해답 ① 해당 사업장의 연간 재해율이 같은 업종 평균 재해율의 2배 이상인 경우
② 중대 재해가 연간 2건 이상 발생한 경우
③ 관리자가 질병이나 기타 사유로 3개월 이상 직무를 수행할 수 없게 된 경우
④ 화학적 인자로 인한 직업성 질병자가 연간 3명 이상 발생한 경우

02 A 기업의 한 해 동안 직접비는 7,650,000원이고 산재보험 비용은 9,000,000원이었다. 또한, 휴업상해 건수는 10건, 통원상해 건수는 6건, 구급조치 건수는 3건, 무상해 건수는 1건이 있었다. 하인리히 방식과 시몬즈 방식에 따른 총재해 비용을 각각 구하시오. (단, 각각의 상해별 평균비용은 휴업상해 400,000원, 통원상해 190,000원, 구급조치상해 100,000원, 무상해 100,000원으로 한다.)

풀이 ① 하인리히 방식
총손실액 = 직접비 + 간접비 = 7,650,000원 + (4 × 7,650,000원)
= 38,250,000원
② 시몬즈 방식
총재해 비용 = 산재보험 비용 + 비보험 비용
= 산재보험 비용 + (휴업상해 건수 × A) + (통원상해 건수 × B)
+ (응급조치 건수 × C) + (무상해 사고 건수 × D)
= 산재보험 비용 + (휴업상해 건수 × 400,000원)
+ (통원상해 건수 × 190,000원) + (응급조치 건수 × 100,000원)
+ (무상해 사고 건수 × 100,000원)
= 9,000,000 + [(400,000 × 10) + (190,000 × 6) + (100,000 × 3)
+ (100,000 × 1)]
= 14,540,000원

해답 ① 하인리히 방식 : 38,250,000원 ② 시몬즈 방식 : 14,540,000원

03 자율검사 프로그램의 인정을 취소하거나 인정받은 자율검사 프로그램의 내용을 검사하도록 개선을 명할 수 있는 경우를 3가지 쓰시오.

해답 ① 거짓 또는 부정한 방법으로 자율검사 프로그램을 인정받은 경우
② 자율검사 프로그램을 인정받고도 검사를 하지 않은 경우
③ 인정받은 자율검사 프로그램의 내용에 따라 검사를 하지 않은 경우

04 무재해 운동의 기본이념 3원칙을 쓰시오.

해답 ① 무의 원칙
② 참가의 원칙
③ 선취해결의 원칙

해설 ① 무의 원칙 : 모든 위험요인을 파악하고 해결하여 근본적으로 산업재해를 없앤다는 0의 원칙
② 참가의 원칙 : 작업자 전원이 참여하여 각자의 위치에서 적극적으로 문제를 해결하고 실천하는 원칙
③ 선취해결의 원칙 : 직장의 위험요인을 사전에 발견하고 해결하여 재해를 예방하는 원칙

05 흑판의 반사율이 30%이고 백목의 반사율이 75%일 때 흑판과 백목에 대한 대비를 계산하시오.

풀이 대비 $= \dfrac{L_b - L_t}{L_b} = \dfrac{30 - 75}{30} \times 100 = -150\%$

해답 -150%

해설 대비 $= \dfrac{L_b - L_t}{L_b}$

여기서, L_b : 배경의 광속발산도, L_t : 표적의 광속발산도

06 지수분포를 따르는 A 제품의 평균수명이 5000시간일 때, 이 제품을 연속적으로 6000시간 동안 사용할 경우 고장 없이 작동할 확률을 구하시오.

풀이 고장 없이 작동할 확률 $R = e^{-\lambda t} = e^{-\frac{t}{t_0}} = e^{-\frac{6000}{5000}} = e^{-1.2} \fallingdotseq 0.3011$

해답 0.3011

07 프레스 작업에서 제품 및 스크랩을 자동으로 위험구역 밖으로 배출하기 위해 사용하는 장치를 3가지 쓰시오.

> 해답 ① 키커   ② 이젝터   ③ 공기분사장치

08 산업안전보건법에 따라 사업주가 사업장에서 승강기의 설치, 조립, 수리, 점검 또는 해체작업을 할 때 준수해야 할 조치사항을 3가지 쓰시오.

> 해답 ① 작업을 지휘할 사람을 선임하고, 그 사람의 지휘하에 작업을 수행할 것
> ② 작업구역에 관계자 외 출입을 금지하고, 이를 알리는 표지판을 보기 쉬운 장소에 게시할 것
> ③ 비, 눈 등 기상상태가 불안정하여 날씨가 매우 나쁠 때 작업을 중지할 것

09 교류아크용접기에 설치된 자동전격방지장치의 성능을 설명하시오.

> 해답 자동전격방지장치는 무부하 상태에서 1 ± 0.3초 이내에 2차 무부하 전압을 25V 이하로 낮추어 전격(감전) 위험을 줄이는 기능을 한다.

10 위험물 중 급성 독성물질의 종류를 2가지 쓰시오.

> 해답 ① 쥐에 대한 경구 투입 실험에서 실험동물의 50%를 사망시킬 수 있는 물질의 양, 즉 LD50(경구, 쥐)이 체중 kg당 300mg 이하인 화학물질
> ② 쥐 또는 토끼에 대한 경피 흡수 실험에서 실험동물의 50%를 사망시킬 수 있는 물질의 양, 즉 LD50(경피, 토끼 또는 쥐)이 체중 kg당 1000mg 이하인 화학물질
> ③ 쥐에 대한 4시간 동안의 흡입 실험에서 실험동물의 50%를 사망시킬 수 있는 물질의 농도, 즉 가스의 LC50(쥐, 4시간 흡입)이 2500ppm 이하인 화학물질, 증기의 LC50(쥐, 4시간 흡입)이 10mg/L 이하인 화학물질, 분진 또는 미스트의 LC50이 1mg/L 이하인 화학물질

11 산업안전보건법에 따라 물질안전보건자료의 작성 및 비치, 대상제외, 제재대상 6가지를 쓰시오.

해답 ① 방사성 물질　　② 화장품
③ 농약　　④ 사료
⑤ 비료　　⑥ 화약류
⑦ 폐기물

12 콘크리트 옹벽(흙막이 지보공)의 안정성 검토사항을 3가지 쓰시오.

해답 ① 활동(sliding)에 대한 안전성 검토
② 전도(overturning)에 대한 안전성 검토
③ 지반 지지력(settlement)에 대한 안전성 검토

13 공정안전보고서의 공정위험성 평가서 및 잠재위험에 대한 사고예방과 피해 최소화를 위해 단위 공정에 적용해야 하는 위험성 평가기법을 6가지 쓰시오.

해답 ① 체크리스트(Check List)
② 상대위험순위 결정(Dow and Mond Indices)
③ 작업자 실수 분석(HEA)
④ 사고 예상 질문 분석(What-if)
⑤ 위험과 운전 분석(HAZOP)
⑥ 이상 위험도 분석(FMECA)
⑦ 결함수 분석(FTA)
⑧ 사건수 분석(ETA)
⑨ 원인결과 분석(CCA)

14 산업안전보건기준에 관한 규칙에 따라 프레스 등 기계를 사용하여 작업할 때, 작업시작 전 점검해야 할 사항을 5가지 쓰시오.

해답 ① 클러치 및 브레이크의 기능
② 크랭크축, 플라이휠, 슬라이드, 연결봉 및 연결 나사의 풀림 여부
③ 1행정 1정지기구, 급정지장치 및 비상정지장치의 기능
④ 슬라이드 또는 칼날에 의한 위험방지기구의 기능
⑤ 프레스의 금형 및 고정볼트 상태
⑥ 방호장치의 기능
⑦ 전단기의 칼날 및 테이블의 상태

01 산업안전보건법에 따라 사업장에서 안전보건관리 규정을 작성할 때 반드시 포함해야 할 사항 4가지를 쓰시오.

해답 ① 안전 · 보건교육에 관한 사항
② 작업장 안전관리에 관한 사항
③ 작업장 보건관리에 관한 사항
④ 안전 · 보건관리 조직과 그 직무에 관한 사항
⑤ 사고조사 및 대책수립에 관한 사항

02 K형 베어링을 생산하는 사업장에 300명의 근로자가 근무하고 있다. 1년에 21건의 재해가 발생하였다면, 이 사업장에서 근로자 1명이 평생 작업 시 겪을 수 있는 재해 건수는 약 몇 건인지 구하시오. (단, 1일 8시간씩, 1년에 300일 근무하며, 평생 근로시간은 10만 시간으로 가정한다.)

풀이 ① 도수율 = $\dfrac{\text{연간 재해 건수}}{\text{연간 총근로시간 수}} \times 10^6 = \dfrac{21}{300 \times 8 \times 300} \times 10^6 ≒ 29.17$

② 환산도수율 = 도수율 ÷ 10 = 29.17 ÷ 10 = 2.917 ≒ 3건

해답 약 3건

참고 근로시간별 적용 방법

평생 근로시간 : 10만 시간	평생 근로시간 : 12만 시간
환산도수율 = 도수율 × 0.1	환산도수율 = 도수율 × 0.12
환산강도율 = 강도율 × 100	환산강도율 = 강도율 × 120

03 산업안전보건법상 관리감독자의 정기안전 · 보건교육 내용을 5가지 쓰시오.

해답 ① 산업안전 및 사고 예방에 관한 사항
② 직무 스트레스 예방 및 관리에 관한 사항
③ 작업공정의 유해 · 위험과 재해 예방대책에 관한 사항
④ 표준안전 작업방법 및 지도요령에 관한 사항
⑤ 관리감독자의 역할과 임무에 관한 사항
⑥ 유해 · 위험 작업환경 관리에 관한 사항
⑦ 안전보건교육 능력배양에 관한 사항

04 A 작업의 평균에너지 소비량이 다음과 같을 때, 60분간의 총작업시간 내에 포함되어야 하는 휴식시간(분)을 구하시오.

> • 휴식 중 에너지 소비량 : 1.5kcal/min
> • A 작업 시 평균에너지 소비량 : 6kcal/min
> • 기초대사를 포함한 작업에 대한 평균에너지 소비량 상한 : 5kcal/min

풀이 $R = \dfrac{작업시간 \times (E-5)}{E-1.5} \times 10^6 = \dfrac{60 \times (6-5)}{6-1.5} \fallingdotseq 13.33분$

해답 13.33분

해설 휴식시간 $R = \dfrac{작업시간 \times (E-5)}{E-1.5}$

여기서, E : 작업 시 평균에너지 소비량(kcal/min)
1.5 : 휴식시간 중 에너지 소비량(kcal/min)
5 : 보통작업에 대한 평균에너지 소비량(kcal/min)

05 다음은 안전성 평가 6단계를 나타낸 표이다. 빈칸을 채우시오.

1단계	2단계	3단계	4단계	5단계	6단계
관계자료의 정리	①	②	안전대책	재해정보 재평가	FTA에 의한 재평가

해답 ① 정성적 평가　　　　② 정량적 평가

06 기계설비의 근본적인 안전화를 달성하기 위해 필요한 안전조건을 5가지 쓰시오.

해답 ① 외관상 안전화　　　　② 기능적 안전화
③ 구조의 안전화　　　　④ 작업의 안전화
⑤ 보수유지의 안전화　　　⑥ 표준화

07 산업안전보건법상 양중기 중 리프트(이삿짐 운반용 리프트의 경우 적재하중이 0.1톤 이상인 것)에 포함되어야 할 방호장치를 4가지 쓰시오.

해답 ① 권과방지장치　　② 비상정지장치　　③ 조작반 잠금장치
④ 부하방지장치　　⑤ 제동장치

08 누전차단기를 설치해야 하는 기계ㆍ기구의 종류를 3가지 쓰시오.

해답 ① 대지 전압 150V를 초과하는 이동형 또는 휴대형 전기기계ㆍ기구
② 물 등 도전성이 높은 액체가 있는 습윤장소에서 사용하는 저압용 전기기계ㆍ기구
③ 철판ㆍ철골 위 등 도전성이 높은 장소에서 사용하는 이동형 또는 휴대형 전기기계ㆍ기구
④ 임시배선의 전로가 설치되는 장소에서 사용하는 이동형 또는 휴대형 전기기계ㆍ기구

09 전기설비에 접지를 하는 목적을 3가지 쓰시오.

해답 ① 누설 전류에 의한 감전을 방지한다.
② 낙뢰에 의한 피해를 방지한다.
③ 송배전선에서 지락사고 발생 시 보호계전기를 신속하게 작동시킨다.
④ 송배전선로의 지락사고 시 대지전위의 상승을 억제하고 절연강도를 저하시킨다.

10 관리대상 유해물질을 취급하는 작업장에 게시해야 하는 사항 4가지를 쓰시오.

해답 ① 관리대상 유해물질의 명칭
② 인체에 미치는 영향
③ 취급상의 주의사항
④ 착용해야 할 보호구
⑤ 응급조치와 긴급 방재요령

11 가설통로 설치에 관한 기준을 4가지 쓰시오.

해답 ① 견고한 구조로 할 것
② 경사각은 30° 이하로 할 것
③ 경사로 폭은 90 cm 이상으로 할 것
④ 경사각이 15° 이상일 경우 미끄럼 방지 처리를 할 것
⑤ 높이 8 m 이상인 다리에는 7 m 이내마다 계단참을 설치할 것
⑥ 수직갱 길이가 15 m 이상인 경우 10 m 이내마다 계단참을 설치할 것

참고　계단 및 계단참 설치 시 준수사항(그 외)

　① 가설계단을 설치하는 경우 높이 3m를 초과하는 계단에는 3m 이내마다 최
　　소 1.2m 이상의 계단참을 설치해야 한다.

　② 계단기둥 간격은 2m 이하로 설치해야 한다.

　③ 계단난간의 강도는 100kg 이상의 하중에 견뎌야 한다.

　④ 계단 및 계단참의 강도는 $500 \, kg/m^2$ 이상이어야 하며, 안전율은 4 이상으
　　로 한다.

12 점토질 지반에서 침하 및 압밀 재해를 방지하기 위해 사용하는 지반개량 탈수공법을
3가지 쓰시오.

해답　① 샌드드레인

　② 페이퍼드레인

　③ 프리로딩

　④ 침투압

13 보호구 안전인증 고시에 따라 안전인증을 받은 보호구에 반드시 표시해야 하는 사항
을 4가지 쓰시오.

해답　① 형식 또는 모델명　　　　② 규격 또는 등급

　③ 제조자명　　　　　　　　④ 제조번호 및 제조연월

　⑤ 안전인증번호

참고　안전인증대상 보호구

　① 안전화

　② 방진마스크

　③ 송기마스크

　④ 안전대

　⑤ 안전장갑

　⑥ 방독마스크

　⑦ 방음용 귀마개 또는 귀덮개

　⑧ 보호복

　⑨ 용접용 보안면

　⑩ 전동식 호흡보호구

　⑪ 차광 및 비산물 위험방지용 보안경

　⑫ 추락 및 감전위험방지용 안전모

14 산업안전보건기준에 관한 규칙에 따라 아세틸렌 용접장치를 사용하는 금속의 용접, 용단 또는 가열작업 시 관리감독자가 유해 · 위험방지를 위해 수행해야 할 직무 내용을 3가지 쓰시오.

해답 ① 작업방법을 결정하고 작업을 지휘하는 일
② 아세틸렌 용접작업을 시작할 때, 아세틸렌 용접장치를 점검하고 발생기 내부로부터 공기와 아세틸렌 혼합가스를 배제하는 일
③ 작업에 종사하는 근로자의 보안경 및 안전장갑 착용 상황을 감시하는 일

해설 아세틸렌 용접작업 시 관리감독자의 유해 · 위험방지를 위한 직무 내용(그 외)
① 작업방법을 결정하고 작업을 지휘하는 일
② 아세틸렌 용접작업을 시작할 때, 아세틸렌 용접장치를 점검하고 발생기 내부로부터 공기와 아세틸렌 혼합가스를 배제하는 일
③ 작업에 종사하는 근로자의 보안경 및 안전장갑 착용 상황을 감시하는 일
④ 안전기를 작업 중 쉽게 확인할 수 있는 장소에 두고, 1일 1회 이상 점검하는 일
⑤ 아세틸렌 용접장치 내의 물이 동결되지 않도록 보온하거나 가열할 때 온수나 증기를 사용하는 등 안전한 방법을 적용하는 일
⑥ 발생기 사용을 중지할 때 물과 잔류 카바이드가 접촉하지 않도록 유지하는 일
⑦ 발생기를 수리, 가공, 운반 또는 보관할 때 아세틸렌 및 카바이드에 접촉하지 않도록 유지하는 일
⑧ 아세틸렌 용접장치의 취급에 종사하는 근로자가 다음의 작업요령을 준수하도록 하는 일
  • 사용 중인 발생기에 불꽃을 발생시킬 우려가 있는 공구를 사용하거나 발생기에 충격을 가하지 않을 것
  • 가스누출 점검 시 비눗물 등 안전한 방법을 사용할 것
  • 발생기실의 출입구 문을 열어 두지 않을 것
  • 이동식 아세틸렌 용접장치의 카바이드 교환은 옥외의 안전한 장소에서 작업할 것

01 재해발생의 주요 원인 중 간접 원인을 5가지 쓰시오.

[해답] ① 기술적 원인   ② 교육적 원인   ③ 관리적 원인
       ④ 신체적 원인   ⑤ 정신적 원인
[참고] 재해발생의 직접 원인
       ① 인적 원인(불안전한 행동)   ② 물리적 원인(불안전한 상태)

02 안전인증 대상 기계·기구 등을 제조, 수입, 양도, 대여하거나 양도, 대여 목적으로 진열할 수 없는 경우를 3가지 쓰시오.

[해답] ① 안전인증을 받지 않은 경우(안전인증이 전부 면제되는 경우는 제외)
       ② 안전인증기준에 맞지 않게 된 경우
       ③ 안전인증이 취소되거나 안전인증표시의 사용금지 명령을 받은 경우

03 산업안전보건법령에 따라 밀폐공간 작업 시 특별안전보건교육 내용을 4가지 쓰시오.

[해답] ① 산소농도 측정 및 작업환경에 관한 사항
       ② 사고 시 응급처치 및 비상시 구출에 관한 사항
       ③ 보호구 착용 및 보호장비 사용에 관한 사항
       ④ 작업내용, 안전작업방법 및 절차에 관한 사항
       ⑤ 장비, 설비 및 시설 등의 안전점검에 관한 사항
       ⑥ 기타 안전 및 보건관리에 필요한 사항

04 동전 1개를 3번 던져서 뒷면이 2번만 나오는 경우를 자극정보라고 할 때, 이때 얻을 수 있는 정보량은 약 몇 비트인지 구하시오.

[풀이] 정보량 $H = \Sigma P_x \log\left(\dfrac{1}{P_x}\right) = \left(0.125 \times \dfrac{\log\dfrac{1}{0.125}}{\log 2}\right) + \left(0.125 \times \dfrac{\log\dfrac{1}{0.125}}{\log 2}\right)$

$+ \left(0.125 \times \dfrac{\log\dfrac{1}{0.125}}{\log 2}\right) = 1.13\,\text{bit}$

[해답] 약 1.13 bit

05 그림과 같이 FTA로 분석된 시스템에서 모든 기본사상에 해당하는 부품이 고장난 상태이다. 부품 X_1부터 부품 X_5까지 순서대로 복구할 때, 어느 부품의 수리가 완료되는 시점에서 시스템이 정상 가동되는지 구하시오.

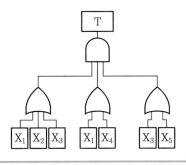

[해답] 부품 X_3를 수리 완료하면 전체 시스템이 정상 가동된다.

[참고] ① 부품 X_3를 수리하면 3개의 OR 게이트가 모두 정상으로 바뀐다.
② 3개의 OR 게이트가 AND 게이트로 연결되어 있으므로 OR 게이트 3개가 모두 정상이 되면 전체 시스템은 정상 가동된다.

06 산업안전보건법상 양중기 중 이동식 크레인에 포함되는 방호장치를 3가지 쓰시오.

[해답] ① 과부하방지장치   ② 권과방지장치
③ 비상정지장치   ④ 제동장치

07 산업안전보건법상 이동 및 휴대장비 등을 사용하는 전기 작업에서 준수해야 할 안전조치사항을 3가지 쓰시오.

[해답] ① 근로자가 착용하거나 취급하는 도전성 공구 · 장비 등이 노출 충전부에 닿지 않도록 할 것
② 근로자가 사다리를 노출 충전부가 있는 곳에서 사용하는 경우에는 도전성 재질의 사다리를 사용하지 않도록 할 것
③ 근로자가 젖은 손으로 전기기계 · 기구의 플러그를 꽂거나 제거하지 않도록 할 것
④ 근로자가 전기회로를 개방, 변환 또는 투입하는 경우에는 전기 차단용으로 특별히 설계된 스위치, 차단기 등을 사용하도록 할 것
⑤ 차단기 등의 과전류차단장치에 의해 자동 차단된 후에는 전기회로나 전기기계 · 기구가 안전하다는 것이 증명되기 전까지 과전류차단장치를 재투입하지 않도록 할 것

08 기계의 회전축, 기어, 풀리 및 플라이휠 등에 부속되는 키, 핀 등과 같은 기계요소에 필요한 보호장치를 3가지 쓰시오.

해답 ① 덮개   ② 울   ③ 슬리브   ④ 건널다리

09 방폭 전기기기를 선정할 때 고려해야 할 사항을 4가지 쓰시오.

해답 ① 가스 등의 발화온도
② 내압 방폭구조의 경우 최대 안전틈새
③ 본질안전 방폭구조의 경우 최소 점화전류
④ 방폭 전기기기가 설치될 지역의 방폭지역 등급 구분
⑤ 압력 방폭구조, 유입 방폭구조, 안전증 방폭구조의 경우 최고 표면온도
⑥ 방폭 전기기기가 설치될 장소의 주변 온도, 표고, 상대습도, 먼지, 부식성 가스, 습기 등의 환경조건

10 증류탑의 일상 점검항목을 5가지 쓰시오.

해답 ① 도장의 상태
② 보온재, 보냉재의 파손 여부
③ 접속부, 맨홀부 및 용접부에서의 외부 누출 유무
④ 트레이의 부식상태, 정도, 범위
⑤ 내부 부식 및 오염 여부
⑥ 라이닝, 코팅, 개스킷 손상 여부
⑦ 뚜껑, 플랜지 등의 접합 상태의 이상 유무

11 다음은 말비계를 조립하여 사용할 때의 준수사항이다. (   ) 안에 알맞게 쓰시오.

• 지주부재와 수평면의 기울기를 (①) 이하로 하고 지주부재와 지주부재 사이를 고정시키는 보조부재를 설치할 것
• 말비계 높이가 2m를 초과하는 경우에는 작업 발판의 폭을 (②) 이상으로 할 것

해답 ① 75°   ② 40 cm
해설 말비계 조립 시 준수사항
① 지주부재의 하단에는 미끄럼 방지장치를 설치하고, 근로자가 양측 끝부분

에 올라서서 작업하지 않도록 할 것
② 지주부재와 수평면의 기울기를 75° 이하로 유지하고, 지주부재와 지주부재
  사이를 고정하는 보조부재를 설치할 것
③ 말비계의 높이가 2 m를 초과하는 경우에는 작업 발판의 폭을 40 cm 이상으
  로 할 것

12 차량계 건설기계의 전도 방지를 위해 취해야 할 조치사항을 4가지 쓰시오.

해답 ① 유도하는 사람을 배치할 것
     ② 갓길의 붕괴를 방지할 것
     ③ 지반의 부동침하를 방지할 것
     ④ 도로 폭을 유지할 것

13 산업안전보건법상 공정안전보고서 내용에 포함되어야 할 사항을 4가지 쓰시오.

해답 ① 공정안전 자료
     ② 공정위험성 평가서
     ③ 안전운전 계획
     ④ 비상조치 계획

14 산업안전보건법상 차량계 건설기계 중 천공용 건설기계의 종류를 3가지 쓰시오.

해답 ① 어스드릴
     ② 어스오거
     ③ 크롤러드릴
     ④ 점보드릴

기출문제를
재구성한 **필답형 실전문제 *17***

>>> 제1회 <<<

01 산업안전보건법령에 따라 상시근로자 20명 이상 50명 미만인 사업장에서 안전보건
관리 담당자를 1명 이상 선임해야 하는 대상 사업을 4가지 쓰시오.

해답 ① 임업
② 제조업
③ 환경 정화 및 복원업
④ 하수, 폐수 및 분뇨처리업
⑤ 폐기물 수집, 운반, 처리 및 원료 재생업

02 국제노동기구(ILO) 구분에 따른 근로불능 상해의 종류를 상해 정도별로 분류하여 간
단히 설명하시오.

해답 ① 사망
② 영구 전 노동불능 : 신체 전체의 노동 기능을 완전히 상실한 상태(1~3급)
③ 영구 일부 노동불능 : 신체 일부의 노동 기능을 상실한 상태(4~14급)
④ 일시 전 노동불능 : 일정기간 동안 노동에 종사할 수 없는 상태(휴업상해)
⑤ 일시 일부 노동불능 : 일정기간 동안 일부 노동에 종사할 수 없는 상태(통원
상해)

03 다음은 산업안전보건법령상 안전검사 주기에 대한 내용이다. (   ) 안에 알맞은 기
간을 쓰시오.

프레스, 전단기, 압력용기 등은 사업장에 설치한 날부터 (①) 이내에 최초 안전검
사를 실시하되, 그 이후부터 (②)마다 안전검사를 실시한다. 다만, 공정안전보고
서를 제출하여 확인을 받은 압력용기는 (③)마다 안전검사를 실시해야 한다.

해답 ① 3년 ② 2년 ③ 4년

04 TBM(Tool Box Meeting)에서 위험예지훈련 활동을 효과적으로 진행하기 위한 5단계 추진법을 순서대로 나열하시오.

> **해답** 도입 → 점검정비 → 작업지시 → 위험예지훈련 → 확인
> **참고** TBM(Tool Box Meeting) : 현장에서 그때 그 장소의 상황에 즉응하여 실시하는 위험예지활동으로, 위험예지훈련이라고 한다.

05 사무실에서 타자기 소리 때문에 대화 소리가 들리지 않는 현상을 무엇이라고 하는지 쓰시오.

> **해답** 차폐(masking, 은폐)현상
> **해설** 차폐현상은 높은 음과 낮은 음이 공존할 때 낮은 음이 강한 음에 가로막혀 감도가 감소되는 현상, 즉 하나의 신호나 자극이 다른 신호나 자극에 의해 가려지거나 잘 인식되지 않는 현상을 말한다.

06 어떤 전자기기의 수명은 지수분포를 따르며, 평균수명은 10,000시간이라고 한다. 이 기기를 연속적으로 사용할 경우 10,000시간 동안 고장 없이 작동할 확률을 구하시오.

> **풀이** 고장 없이 작동할 확률 $R=e^{-\lambda t}=e^{-\frac{t}{t_0}}=e^{-\frac{10,000}{10,000}}=e^{-1}(≒0.368)$
> **해답** e^{-1}

07 프레스 또는 전단기 방호장치의 종류별 분류기호를 쓰시오.

구분	종류
광전자식(광전식)	①
양수조작식(120 spm 이상)	②
가드식	③
손쳐내기식	④
수인식	⑤

> **해답** ① A-1, A-2　② B-1, B-2
> ③ C-1, C-2　④ D
> ⑤ E

08 산업안전보건법상 사업주가 사업장에서 승강기의 설치, 조립, 수리, 점검 또는 해체작업을 지휘하는 사람에게 이행하도록 해야 할 사항을 3가지 쓰시오.

해답 ① 작업방법과 근로자의 배치를 결정하고 해당 작업을 지휘하는 일
② 재료의 결함 유무 또는 기구 및 공구의 기능을 점검하고 불량품을 제거하는 일
③ 작업 중 안전대 등 보호구의 착용 상황을 감시하는 일

09 전기기기의 절연물의 종류에 따른 절연계급과 최고 허용온도를 쓰시오.
(1) 유리화수지, 메타크릴수지
(2) 멜라민수지, 페놀수지의 유기질
(3) 에폭시수지, 폴리우레탄수지

해답 (1) Y종($90^\circ C$)　　　(2) E종($120^\circ C$)　　　(3) F종($155^\circ C$)

10 발화성 물질의 특성에 따라 안전하게 저장하기 위한 방법을 각각 쓰시오.

- 나트륨, 칼륨 : ①
- 황린 : ②
- 적린, 마그네슘, 칼륨 : ③
- 질산은($AgNO_3$) 용액 : ④

해답 ① 석유 속에 저장　　② 물속에 저장
③ 냉암소에 격리 저장　　④ 햇빛을 피해 갈색 유리병에 보관
참고 벤젠은 산화성 물질과 격리하여 저장해야 한다.

11 사업주는 사업장에서 취급하는 유해·위험 화학물질의 물질안전보건자료에 해당되는 내용을 근로자에게 교육해야 한다. 특별교육 내용을 4가지 쓰시오.

해답 ① 화학물질의 명칭(제품명)
② 물리적 위험성 및 건강 유해성
③ 취급 시 주의사항
④ 적절한 보호구
⑤ 응급조치 요령 및 사고 시 대처방법
⑥ 물질안전보건자료 및 경고표지를 이해하는 방법

12 채석작업을 할 때 채석작업계획에 포함되어야 하는 사항을 5가지 쓰시오.

해답 ① 노천굴착과 갱내굴착의 구별 및 채석방법
② 굴착면의 높이와 기울기
③ 굴착면 소단의 위치와 넓이
④ 갱내에서의 낙반 및 붕괴 방지방법
⑤ 발파방법
⑥ 암석의 분할방법 및 가공 장소
⑦ 사용하는 굴착기계, 분할기계, 적재기계 또는 운반기계 등의 종류 및 성능

참고 사전조사 내용
지반의 붕괴나 굴착기계의 굴러 떨어짐 등으로 인해 근로자에게 발생할 위험
을 방지하기 위해 해당 작업장의 지형·지질 및 지층의 상태를 사전에 조사해
야 한다.

13 공정안전보고서의 안전운전계획에 포함해야 할 세부 내용을 5가지 쓰시오.

해답 ① 안전운전 지침서
② 설비 점검, 검사 및 보수계획, 유지계획 및 지침서
③ 안전작업 허가
④ 도급업체 안전관리 계획
⑤ 근로자 등 교육계획
⑥ 가동 전 점검지침
⑦ 변경요소 관리계획
⑧ 자체감사 및 사고조사 계획

14 산업안전보건기준에 관한 규칙에 따라 로봇의 작동 범위 내에서 교시 등의 작업(로봇
의 동력원을 차단하고 하는 작업은 제외)을 수행할 때, 작업시작 전 점검해야 할 사항
을 3가지 쓰시오.

해답 ① 외부 전선의 피복 또는 외장의 손상 유무
② 매니퓰레이터(manipulator) 작동의 이상 유무
③ 제동장치 및 비상정지장치의 기능

01 산업안전보건법령에 따라 안전보건관리 규정 작성에 관한 사항으로 (   ) 안에 알맞은 기준을 쓰시오.

> 안전보건관리 규정을 작성해야 할 사업의 사업주는 안전보건관리 규정을 작성해야 할 사유가 발생한 날부터 (   ) 이내에 안전보건관리 규정을 작성해야 한다.

해답 30일

02 연평균 500명의 근로자가 근무하는 사업장에서 지난 한 해 동안 20명의 재해자가 발생하였다. 만약 이 사업장에서 한 근로자가 평생 동안 작업한다면, 예상되는 재해 건수는 약 몇 건인지 구하시오. (단, 1인당 평생 근로시간은 120,000시간으로 한다.)

풀이 ① 연천인율 $= \dfrac{\text{연간 재해자 수}}{\text{연평균 근로자 수}} \times 1000 = \dfrac{2}{500} \times 1000 = 40$

② 도수율 = 연천율 ÷ 2.4 = 40 ÷ 2.4 ≒ 16.67

③ 환산도수율 = 도수율 × 0.12 = 16.67 × 0.12 = 2.0004 ≒ 2건

해답 약 2건

03 8시간 근무를 기준으로 남성 작업자 A의 대사량을 측정한 결과, 산소소비량이 1.3L/min으로 측정되었다. Murrell 방법으로 계산 시 8시간의 총근로시간에 포함되어야 할 휴식시간을 구하시오.

풀이 ① 소비 에너지 = 산소소비량 × 5 = 1.3 × 5 = 6.5 kcal/min

② 휴식시간 $R = \dfrac{60 \times (E-5)}{E-1.5} = \dfrac{60 \times (6.5-5)}{6.5-1.5} = 18$분

③ 총휴식시간 = 근로시간 × 휴식시간 = 8 × 18 = 144분

해답 144분

04 인간-기계 체계에 의해 수행하는 기본 기능의 4가지 유형을 순서대로 쓰시오.

해답 감지기능 → 정보보관기능 → 의사결정기능 → 행동기능

05 다음 설명에 해당하는 FTA(Fault Tree Analysis)의 논리기호를 보고, 각각의 기호에 해당하는 명칭을 쓰시오.

기호	명칭	기호	명칭	기호	명칭	기호	명칭
▭	①	⬠	통상사상	⬡	공사상	△	전이기호 IN
◯	기본사상	◇	생략사상	◈	②	△	전이기호 OUT

해답 ① 결함사상

② 심층분석사상

해설 FTA 사상 및 전이기호

① 결함사상 : 개별적인 결함사상(비정상적 사건)

② 기본사상 : 더 이상 전개되지 않는 기본적인 사상

③ 통상사상 : 통상적으로 발생이 예상되는 사상(예상되는 원인)

④ 생략사상 : 해석기술의 부족으로 더 이상 전개할 수 없는 사상

⑤ 공사상 : 발생할 수 없는 사상

⑥ 심층분석사상 : 다른 FT도상에서는 심층 분석이 이루어질 사상

⑦ 전이기호 IN : FT도상에서 다른 부분으로 이행 또는 연결을 나타내며, 삼각형 정상의 선은 정보의 IN을 의미한다.

⑧ 전이기호 OUT : FT도상에서 다른 부분으로 이행 또는 연결을 나타내며, 삼각형 옆의 선은 정보의 OUT을 의미한다.

06 기계설계에서 본질적 안전화를 달성하기 위한 구조적 fail-safe, fail-passive, fail-active, fail-operational의 개념을 각각 설명하시오.

(1) 구조적 fail safe

(2) fail-passive

(3) fail-active

(4) fail-operational

해답 (1) 기계가 고장이 나더라도 안전사고가 발생하지 않도록 2중, 3중의 통제를 가하는 것

(2) 부품이 고장 나면 통상적으로 기계가 정지하는 방향으로 이동하는 것

(3) 부품이 고장 나면 경보를 울리면서 짧은 시간 동안 운전이 가능한 것

(4) 부품이 고장 나더라도 기계가 안전한 기능을 유지하여 추후 보수할 때까지 작동 가능하며, 병렬 계통이나 대기 여분(stand-by redundancy) 계통으로 이루어진 것

참고 fail-safe와 구조적 fail-safe

① fail-safe : 기계가 고장이 났을 때 안전한 상태로 자동으로 전환되는 것

② 구조적 fail-safe : 기계가 고장이 나도 2중, 3중의 안전장치가 작동하여 사고를 방지하는 것

---

07 산업안전보건법령에 따른 아세틸렌 용접장치의 안전기 설치기준을 2가지 쓰시오.

해답 ① 사업주는 아세틸렌 용접장치의 취관마다 안전기를 설치해야 한다.

② 사업주는 가스용기가 발생기와 분리되어 있는 아세틸렌 용접장치에 대하여 발생기와 가스용기 사이에 안전기를 설치해야 한다.

참고 안전기는 역류, 역화를 방지하기 위해 아세틸렌 용접장치의 취관마다 설치한다.

---

08 산업안전보건법령에 따라 사업주가 누전차단기를 설치하거나 적용하지 않아도 되는 경우를 3가지 쓰시오.

해답 ① 이중 절연 구조 또는 이와 동등 이상으로 보호되는 전동기계나 기구

② 비접지 방식의 전로

③ 절연대 위 등과 같이 감전 위험이 없는 장소에서 사용하는 전기기계·기구의 금속체

---

09 산업안전보건법에 따라 누전에 의한 감전의 위험을 방지하기 위해 접지해야 하는 부분을 4가지 쓰시오.

해답 ① 전기기계·기구의 금속제 외함, 금속제 외피 및 철대

② 고정 설치되거나 고정배선에 접속된 전기기계·기구의 노출된 비충전 금속체 중 충전될 우려가 있는 비충전 금속체

③ 전기를 사용하지 않는 설비의 금속체

④ 코드와 플러그를 접속하여 사용하는 전기기계·기구의 비충전 금속체

⑤ 수중펌프를 금속제 물탱크 등의 내부에 설치하여 사용하는 경우 그 탱크

10 유해물질의 취급 등 근로자에게 유해한 작업의 원인을 제거하기 위해 사업주가 조치해야 할 사항을 3가지 쓰시오.

> 해답 ① 격리   ② 환기   ③ 대치

11 가설통로의 설치기준에 관한 내용이다. (   ) 안에 알맞은 내용을 쓰시오.

(1) 경사는 (①)도 이하일 것
(2) 추락할 위험이 있는 장소에는 (②)을 설치할 것
(3) 경사가 (③)도를 초과하는 경우에는 미끄러지지 않는 구조로 할 것

> 해답 ① 30   ② 안전난간   ③ 15
> 해설 가설통로의 설치기준(그 외)
>   ① 수직갱에 가설된 통로의 길이가 15 m 이상인 경우에는 10 m 이내마다 계단참을 설치할 것
>   ② 건설공사에 사용하는 높이 8 m 이상인 비계다리에는 7 m 이내마다 계단참을 설치할 것

12 점토질 지반의 침하 및 압밀 재해를 방지하기 위해 실시하는 지반개량 다짐공법을 4가지 쓰시오.

> 해답 ① 다짐말뚝   ② 컴포우저
>   ③ 바이브로플로테이션   ④ 전기충격
>   ⑤ 폭파다짐

13 방진마스크는 3개의 등급으로 나뉘는데, 그중 특급에 해당하는 사용장소를 쓰시오.

> 해답 ① 베릴륨 등과 같이 독성이 강한 물질들을 함유한 분진 등이 발생하는 장소
>   ② 석면 취급장소
> 해설 ⑴ 1급 방진마스크 사용장소
>   ① 특급 마스크 착용장소를 제외한 분진 등이 발생하는 장소
>   ② 금속 흄 등과 같이 열적으로 생기는 분진 등이 발생하는 장소
>   ③ 기계적으로 생기는 분진 등이 발생하는 장소
>   ⑵ 2급 방진마스크 사용장소 : 특급 및 1급 마스크 착용장소를 제외한 분진 등이 발생하는 장소

참고 배기밸브가 없는 안면부 여과식 마스크는 특급 및 1급 장소에 사용해서는 안 된다.

14 산업안전보건법상 차량계 건설기계 중 준설용 건설기계의 종류를 3가지 쓰시오.

해답 ① 버킷준설선
② 그래브준설선
③ 펌프준설선

참고 차량용 건설기계의 종류
① 도저형 건설기계 : 불도저, 스트레이트도저, 틸트도저, 앵글도저, 버킷도저 등
② 크레인형 굴착기계 : 클램셸, 드래그라인 등
③ 천공용 건설기계 : 어스드릴, 어스오거, 크롤러드릴, 점보드릴 등
④ 준설용 건설기계 : 버킷준설선, 그래브준설선, 펌프준설선 등
⑤ 지반 다짐용 건설기계 : 타이어롤러, 매커덤롤러, 탠덤롤러 등
⑥ 지반 압밀침하용 건설기계 : 샌드드레인머신, 페이퍼드레인머신, 팩드레인머신 등

01 재해발생의 주요 원인에는 교육적 원인, 기술적 원인, 작업관리적 원인이 있다. 이 중 교육적 원인을 3가지 쓰시오.

[해답] ① 안전지식, 경험, 훈련 부족
② 작업방법 교육의 불충분
③ 안전수칙의 오해
④ 유해 · 위험작업 교육의 불충분

[해설] (1) 기술적 원인
① 건물, 기계장치 설계 불량
② 생산방법 부적당
③ 구조 · 재료의 부적합
④ 장비의 점검 및 보존 불량
(2) 작업관리적 원인
① 안전관리 조직 결함
② 작업지시, 준비 불충분
③ 인원 배치 부적당
④ 안전수칙 미제정

02 재해발생 시 긴급처리 순서를 나타낸 표에서 3단계와 5단계에 해당하는 내용을 쓰시오.

1단계	2단계	3단계	4단계	5단계	6단계
사고 기계설비 전원 차단과 정지	재해자 구출	①	관계자에게 통보	②	현장 보존

[해답] ① 재해자의 구조 및 응급조치   ② 2차 재해의 방지

03 인체 계측자료를 장비나 설비의 설계에 응용하는 경우 활용되는 3가지 원칙을 쓰시오.

[해답] ① 극단치 설계 : 최대 · 최소 치수를 기준으로 한 설계
② 조절식 설계 : 크고 작은 다양한 사람들에게 맞도록 조절 가능한 설계
③ 평균치 설계 : 평균치를 기준으로 한 설계

04 산업안전보건법에 따라 건설용 리프트·곤돌라를 이용한 작업의 특별안전보건교육 내용을 4가지 쓰시오.

해답 ① 방호장치의 기능 및 사용에 관한 사항

② 기계, 기구, 달기체인 및 와이어 등의 점검에 관한 사항

③ 화물의 권상·권하 작업방법 및 안전작업 지도에 관한 사항

④ 기계·기구의 특성 및 동작원리에 관한 사항

⑤ 신호방법 및 공동작업에 관한 사항

⑥ 기타 안전·보건 관리에 필요한 사항

05 다음 시스템에 대하여 톱사상(top event)에 도달할 수 있는 최소 컷셋(minimal cutsets)을 구하여 집합으로 쓰시오. (단, X_2, X_3, X_4는 각 부품의 고장확률을 의미하며 집합 $\{X_1, X_2\}$는 X_1 부품과 X_2 부품이 동시에 고장 나는 경우를 의미한다.)

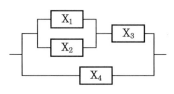

풀이 정상사상으로 FT도를 그리면 다음과 같다.

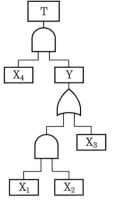

$$T = (X_4\ Y) = X_4\binom{X_1\ X_2}{X_3} = (X_4\ X_1\ X_2)(X_4\ X_3) = (X_1\ X_2\ X_4)(X_3\ X_4)$$

컷셋 : $\{X_1, X_2, X_4\}$, $\{X_3\ X_4\}$

최소 컷셋 : $\{X_1, X_2, X_4\}$, $\{X_3\ X_4\}$

해답 $\{X_1, X_2, X_4\}$, $\{X_3\ X_4\}$

06 원동기와 회전축에서 발생할 수 있는 사고를 예방하기 위해 산업안전보건기준에 따른 보호조치를 3가지 쓰시오.

해답 ① 덮개 설치   ② 울 설치
③ 슬리브 적용   ④ 건널다리 설치

07 아세틸렌 용접장치 및 가스집합 용접장치에 필요한 방호장치를 쓰시오.

해답 안전기
참고 안전기는 역류와 역화를 방지하기 위해 아세틸렌 용접장치의 각 취관마다 설치한다.

08 이동전선에 접속하여 임시로 사용하는 전등, 가설 배선 또는 가공 매달기식 전등 등을 설치할 때 감전 및 전구의 파손에 의한 위험을 방지하기 위해 보호망을 부착해야 한다. 이들을 설치할 때 준수해야 할 사항 2가지를 쓰시오.

해답 ① 전구의 노출된 금속 부분에 근로자가 쉽게 접촉하지 않도록 할 것
② 재료는 쉽게 파손되거나 변형되지 않는 것으로 할 것

09 가스폭발 위험장소에서 사용할 수 있는 방폭구조의 종류를 4가지 쓰시오.

해답 ① 내압 방폭구조(d)
② 압력 방폭구조(p)
③ 충전 방폭구조(q)
④ 몰드 방폭구조(m)
⑤ 특수 방폭구조(s)

해설 가스폭발 위험장소별 방폭구조 유형

가스폭발 위험장소	0종	• 본질안전 방폭구조(ia)	
	1종	• 내압 방폭구조(d)	• 압력 방폭구조(p)
		• 충전 방폭구조(q)	• 유입 방폭구조(o)
		• 안전증 방폭구조(e)	• 본질안전 방폭구조(ia, ib)
		• 몰드 방폭구조(s)	• 특수 방폭구조(m)
	2종	• 0종 장소 및 1종 장소에 사용 가능한 방폭구조	
		• 비점화 방폭구조(n)	• 방진 방폭구조(tD)

10 산업안전보건법령에 따라 단위공정시설 및 설비로부터 다른 단위공정 시설 및 설비 사이의 안전거리를 쓰시오.

(1) 단위공정시설 및 설비로부터 다른 단위공정시설 및 설비 사이의 바깥면으로부터 (①) 이상

(2) 플레어스택으로부터 단위공정시설 및 설비, 위험물질 저장탱크 또는 위험물질 하역설비의 사이는 플레어스택으로부터 반경 (②) 이상

해답 ① 10 m

② 20 m

참고 위험물질 저장탱크 및 주요 시설 간의 안전거리 기준(그 외)

① 위험물질 저장탱크로부터 단위공정시설 및 설비, 보일러 또는 가열로 사이는 저장탱크의 바깥면으로부터 20 m 이상

② 사무실, 연구실, 실험실, 정비실 또는 식당으로부터 단위공정시설 및 설비, 위험물질 저장탱크, 위험물질 하역설비, 보일러 또는 가열로 사이는 사무실 등의 바깥면으로부터 20 m 이상

11 사업주는 비, 눈, 그 밖의 기상상태의 악화로 작업을 중지시킨 후 또는 비계를 조립·해체하거나 변경한 후, 그 비계에서 작업을 하는 경우에는 해당 작업을 시작하기 전에 비계를 점검하고, 이상을 발견하면 즉시 보수해야 한다. 이때 점검해야 할 사항을 4가지 쓰시오.

해답 ① 발판 재료의 손상 여부 및 부착 또는 걸림 상태

② 해당 비계의 연결부 또는 접속부의 풀림 상태

③ 연결 재료 및 연결 철물의 손상 또는 부식 상태

④ 손잡이의 탈락 여부

⑤ 기둥의 침하, 변형, 변위 또는 흔들림 상태

⑥ 로프의 부착 상태 및 매단 장치의 흔들림 상태

12 사업주는 경사면에서 드럼통 등의 중량물을 취급하는 경우 준수해야 할 사항을 2가지 쓰시오.

해답 ① 구름멈춤대, 쐐기 등을 이용하여 중량물의 동요나 이동을 조절할 것

② 중량물이 구르는 방향인 경사면 아래로는 근로자의 출입을 제한할 것

13 산업안전보건법령에 따른 공정안전보고서의 제출 시기에 관한 기준이다. (   ) 안에 들어갈 내용을 쓰시오.

> 사업주는 산업안전보건법 시행령에 따라 유해하거나 위험한 설비의 설치 · 이전 또는 주요 구조 부분의 변경공사 착공일 (①) 전까지 공정안전보고서를 (②) 작성하여 공단에 제출해야 한다.

해답 ① 30일
　　② 2부

참고 공정안전보고서에는 공정안전자료, 공정위험성 평가서, 안전운전계획, 비상 조치계획 등이 포함되어야 한다.

14 산업안전보건법상 차량계 건설기계 중 지반 다짐용 건설기계의 종류를 3가지 쓰시오.

해답 ① 타이어롤러
　　② 매커덤롤러
　　③ 탠덤롤러
　　④ 탬핑롤러

기출문제를 재구성한 **필답형 실전문제 18**

01 상시근로자 50명 이상 100명 미만인 경우, 산업안전보건위원회를 설치해야 하는 사업장의 종류를 5가지 쓰시오.

해답 ① 토사석 광업
② 1차 금속 제조업
③ 선박 및 보트 건조업
④ 금속 가공제품 제조업
⑤ 비금속 광물제품 제조업
⑥ 목재 및 나무제품 제조업
⑦ 자동차 및 트레일러 제조업
⑧ 화학물질 및 화학제품 제조업
⑨ 기타 기계 및 장비 제조업
⑩ 기타 운송장비 제조업

02 재해방지 대책을 위한 시정책에는 3E와 3S 개념이 있다. 3E와 3S의 내용을 각각 설명하시오.

해답 ① 3E : 관리적 측면(Enforcement), 기술적 측면(Engineering), 교육적 측면(Education)
② 3S : 단순화(Simplification, 표준화(Standardization), 전문화(Specification)

03 산업안전보건법에 따른 안전인증의 합격 표시에는 어떤 내용이 포함되어야 하는지 쓰시오.

해답 ① 형식 또는 모델명
② 규격 또는 등급
③ 제조자명
④ 제조번호 및 제조연월
⑤ 안전인증 번호

04 위험예지훈련(TBM : Tool Box Meeting)의 의미를 쓰시오.

해답 ① 위험예지훈련은 현장에서 그때 그 장소의 상황에 즉응하여 실시하는 위험예지활동으로, 즉시즉응법이라고도 한다.
② 10명 이하의 소규모 인원에 적합하며, 시간은 10분 이내로 진행한다.
③ 현장 상황에 맞게 즉응하여 실시하는 행동으로, 단시간 적응훈련이라고 한다.
④ 결론은 가급적 서두르지 않고 충분한 시간을 두고 논의한다.

05 소음작업의 정의를 쓰시오.

해답 소음작업이란 하루 8시간 동안 85dB 이상의 소음이 발생하는 작업이다.

06 수명이 각각 10,000시간인 A와 B 두 요소가 병렬로 구성된 시스템이 있을 때, 이 시스템의 전체 수명을 구하시오. (단, 요소 A와 B의 수명은 지수분포를 따른다.)

풀이 전체 수명 = 평균수명 + $\dfrac{평균수명}{요소 수}$ = $10,000 + \dfrac{10,000}{2}$ = 15,000시간

해답 15,000시간

07 슬라이드의 행정 길이가 40mm 이상이며 120spm 이하인 프레스에 적합한 방호장치의 종류를 2가지 쓰시오.

해답 ① 손쳐내기식 방호장치　　② 수인식 방호장치
해설 기타 방호장치의 종류
① 크랭크 프레스(1행정 1정지식) : 양수조작식 방호장치, 게이트가드식 방호장치
② 마찰 프레스(슬라이드 작동 중 정지 가능한 구조) : 광전자식(감응식) 방호장치

08 크레인의 정격하중이란 무엇인지 정의를 설명하시오.

해답 정격하중은 크레인에 매달아 올릴 수 있는 최대 하중에서 훅, 와이어로프 등 달기구의 중량을 제외한 하중을 말한다.

09 | 인체에 대전된 정전기 위험을 방지하기 위한 조치를 3가지 쓰시오.

해답 ① 작업자가 정전화를 착용한다.
② 작업자가 제전복을 착용한다.
③ 정전기 제전 용구를 사용한다.
④ 바닥 등 작업장에 도전성 매트를 사용한다.

10 | 다음에 해당하는 허용 농도의 약어를 쓰시오.

(1) 시간가중 평균치(평균농도)
(2) 단시간 노출 허용기준
(3) 1일 동안 잠시라도 노출되어서는 안 되는 기준

해답 (1) TLV-TWA
(2) TLV-STEL
(3) TLV-C

11 | 25℃, 1기압에서 공기 중 벤젠의 허용농도가 10ppm일 때, 이를 [mg/m] 단위로 환산하시오. (단, C, H의 원자량은 각각 12, 1이다.)

풀이 $10\,\text{ppm} = \dfrac{\text{벤젠 } 10\,\text{mol}}{\text{공기 } 10^6\,\text{mol}} = \dfrac{10\,\text{mol} \times \dfrac{78\,\text{g}}{1\,\text{mol}} \times \dfrac{1000\,\text{mg}}{1\,\text{g}}}{10^6\,\text{mol} \times \dfrac{22.4\,\text{L}}{1\,\text{mol}} \times \dfrac{(273+25)\text{K}}{273\text{K}} \times \dfrac{1\,\text{m}^3}{1000\,\text{L}}}$

$\fallingdotseq 31.9\,\text{mg/m}^3$

해답 $31.9\,\text{mg/m}^3$

참고 벤젠(C_6H_6) 1mol의 분자량은 78g이다.

12 | 터널 굴착작업 시 작성해야 할 작업계획서의 내용을 3가지 쓰시오.

해답 ① 굴착방법
② 터널 지보공 및 복공의 시공방법과 용수 처리방법
③ 환기 또는 조명 시설 설치방법

참고 사전조사 내용
보링(boring) 등 적절한 방법을 통해 낙반, 가스폭발 등으로 인한 근로자의 위험을 방지하기 위해 미리 지형, 지질 및 지층상태를 조사해야 한다.

13 다음 공정안전보고서의 비상조치계획에 포함해야 할 세부내용을 쓰시오.

해답 ① 비상조치를 위한 장비 및 인력 보유현황
② 사고 발생 시 각 부서 및 관련 기관과의 비상연락체계
③ 사고 발생 시 비상조치를 위한 조직의 임무 및 수행절차
④ 비상조치계획에 따른 교육계획
⑤ 주민 홍보계획
⑥ 기타 비상조치 관련사항

14 산업안전보건기준에 관한 규칙에 따라 공기압축기를 가동하기 전에 작업시작 전 점검해야 할 사항 5가지를 쓰시오.

해답 ① 공기 저장 압력용기의 외관 상태
② 드레인 밸브(drain valve)의 조작 및 배수
③ 압력방출장치의 기능
④ 언로드밸브의 기능
⑤ 윤활유의 상태
⑥ 회전부의 덮개 또는 울
⑦ 기타 연결 부위의 이상 유무

01 산업안전보건법령상 사업장 안전보건관리 규정에 포함하여 근로자에게 알려야 하고 사업장에 비치해야 할 사항 4가지를 쓰시오.

해답 ① 안전 · 보건 관리조직과 그 직무에 관한 사항
② 안전 · 보건 교육에 관한 사항
③ 작업장의 안전 · 보건 관리에 관한 사항
④ 사고조사 및 대책수립에 관한 사항
⑤ 그 밖에 안전 · 보건에 관한 사항

02 도수율이 12.5인 사업장에서 근로자 1명에게 평생 동안 약 몇 건의 재해가 발생하겠는가? (단, 평생 근로연수는 40년, 평생 근로시간은 잔업시간 4,000시간을 포함하여 80,000시간으로 가정한다.)

풀이 환산도수율＝도수율÷10＝12.5÷10＝1.25
1.25：100,000＝X：80,000이므로 100,000X＝1.25×80,000
$X=\dfrac{1.25 \times 80,000}{100,000}=1$건

해답 약 1건

03 건강한 남성이 8시간 동안 특정 작업을 실시하고, 분당 산소 소비량이 1.1L/분으로 나타났다면 8시간 총작업시간에 포함될 휴식시간은 약 몇 분인지 구하시오. (단, Murrell의 방법을 적용하며, 휴식 중 에너지 소비율은 1.5kcal/min이다.)

풀이 ① 작업 시 평균에너지 소비량 E＝5kcal/L×1.1L/min＝5.5kcal/min
여기서, 평균 남성의 표준 에너지 소비량 : 5kcal/L

② 휴식시간 $R=\dfrac{\text{작업시간}\times(E-5)}{E-1.5}=\dfrac{(60\times8)\times(E-5)}{E-1.5}=\dfrac{480\times(5.5-5)}{5.5-1.5}$
＝60분

여기서, E : 작업 시 평균에너지 소비량(kcal/min)
1.5 : 휴식시간에 대한 평균에너지 소비량(kcal/min)
5 : 기초대사를 포함한 보통 작업의 평균에너지 소비량(kcal/min)
480 : 총작업시간(min)

해답 60분

04 | 페일 세이프(fail safe)와 풀 프루프(fool proof)의 개념에 대해 각각 설명하시오.

> 해답 ① 페일 세이프(fail safe) : 기계의 고장이 발생하더라도 안전사고가 발생하지
> 않도록 2중, 3중의 안전 통제를 적용하는 방식이다.
> ② 풀 프루프(fool proof) : 인간의 실수가 발생하더라도 안전사고가 발생하지
> 않도록 2중, 3중의 안전 통제를 적용하는 방식이다.

05 | 다음 설명에 해당하는 FTA 논리기호의 명칭을 쓰시오.

> (1) 게이트의 출력사상은 하나의 입력사상에 의해 발생하며, 조건이 충족되면 출력이
> 발생하고 조건이 충족되지 않으면 출력이 발생하지 않는다.
> (2) 입력과 반대현상의 출력사상이 발생한다.

> 해답 (1) 억제 게이트
> (2) 부정 게이트
>
> 해설 ① 억제 게이트는 입력 조건이 충족되어야 출력이 발생하는 논리적 특성을 가
> 지며, 조건이 충족되지 않으면 출력이 발생하지 않는 게이트이다.
> ② 부정 게이트는 입력과 반대되는 현상이 발생하는 논리기호이다.

06 | 기계설계에서 본질적 안전화의 한 부분인 록 시스템(lock system)에 대하여 설명하시오.

> 해답 록 시스템(lock system)은 인간과 기계 사이의 불안전한 요소를 통제하기 위
> 해 설계된 시스템으로, 기계의 작동 중 발생할 수 있는 위험을 방지하는 역할
> 을 한다.

07 | 다음 아세틸렌 용접장치의 내용에서 (   ) 안에 알맞은 내용을 쓰시오.

> • 아세틸렌 용접장치의 관리상 발생기에서 (①) 또는 발생기실에서 (②)의 장
> 소에서는 흡연, 화기의 사용 또는 불꽃이 발생할 위험한 행위를 금지해야 한다.
> • 아세틸렌 용접장치 게이지 압력은 최대 (③)로 사용해야 한다.

> 해답 ① 5 m 이내
> ② 3 m 이내
> ③ 127 kPa 이하

해설 아세틸렌 용접장치의 안전관리 기준
① 사업주는 아세틸렌 용접장치의 취관마다 안전기를 설치해야 한다.
② 가스용기가 발생기와 분리되어 있는 아세틸렌 용접장치의 경우, 발생기와 가스용기 사이에 안전기를 설치해야 한다.
③ 발생기실은 건물의 최상층에 위치해야 하며, 화기를 사용하는 설비로부터 3m를 초과하는 장소에 설치해야 한다.
④ 발생기실을 옥외에 설치한 경우에는 그 개구부를 다른 건축물로부터 1.5m 이상 떨어지도록 해야 한다.

08 산업안전보건기준에 관한 규칙에 따라 누전차단기를 설치하기에 적합한 장소 4군데를 쓰시오.

해답 ① 주위 온도가 −10~40℃ 범위 내인 장소에 설치할 것
② 먼지가 적고 표고가 낮은 장소에 설치할 것
③ 상대습도가 45~80% 사이인 장소에 설치할 것
④ 전원전압이 정격전압의 85~110% 사이에서 사용할 수 있는 장소에 설치할 것

09 산업안전보건법에 따라 사업주가 누전에 의한 감전 위험을 방지하기 위해 접지를 적용하지 않을 수 있는 경우를 3가지 쓰시오.

해답 ① 이중 절연 또는 이와 같은 수준 이상으로 보호되는 구조의 전기기계·기구
② 절연대 위 등과 같이 감전 위험이 없는 장소에서 사용하는 전기기계·기구
③ 비접지 방식의 전로에 접속하여 사용하는 전기기계·기구

10 화학물질 및 물리적 인자의 노출기준에서 정한 유해인자에 대한 노출기준의 표시단위를 각각 쓰시오.
(1) 가스 및 증기의 노출기준 표시단위 :
(2) 고온의 노출기준 표시단위 :
(3) 분진 및 미스트 등 에어로졸의 노출기준 표시단위 :
(4) 소음의 크기를 나타내는 단위 :

해답 (1) ppm　　(2) WBGT
(3) mg/m^3　　(4) dB(A)

11 사업주는 근로자가 안전하게 통행할 수 있도록 통로에 (   ) 이상의 조명시설을 해야 한다. (   ) 안에 알맞은 값을 쓰시오.

해답 75 lux

12 모래지반(사질토지반)의 개량공법 5가지를 쓰시오.

해답
① 다짐말뚝공법   ② 다짐모래말뚝공법
③ 진동다짐공법   ④ 폭파다짐공법
⑤ 전기충격공법   ⑥ 약액주입공법(그라우팅공법)
⑦ 바이브로플로테이션 공법   ⑧ 웰포인트공법

13 보건법령상 방독마스크의 종류별 시험가스와 표시 색상을 쓰시오.

종류	시험가스	표시 색상
유기화합물용	①	갈색
할로겐용	염소가스 또는 증기(Cl_2)	회색
황화수소용	②	
시안화수소용	시안화수소가스(HCN)	
아황산용	아황산가스(SO_2)	③
암모니아용	암모니아가스(NH_3)	녹색

해답
① 시클로헥산(C_6H_{12}), 디메틸에테르(CH_3OCH_3), 이소부탄(C_4H_{10})
② 아황산가스(SO_2)
③ 노란색

14 산업안전보건기준에 관한 규칙에 따라 거푸집 동바리의 고정·조립 또는 해체작업, 지반의 굴착작업, 흙막이 지보공의 고정·조립 또는 해체작업, 터널의 굴착작업, 건물 등의 해체작업을 할 때 관리감독자가 유해·위험방지를 위해 수행해야 할 직무 내용을 3가지 쓰시오.

해답
① 안전한 작업방법을 결정하고 작업을 지휘하는 일
② 재료·기구의 결함유무를 점검하고 불량품을 제거하는 일
③ 작업 중 안전대 및 안전모 등 보호구 착용 상황을 감시하는 일

>>> **제3회** <<<

01 버드의 사고발생 5단계를 순서대로 나열하시오.

해답

1단계	2단계	3단계	4단계	5단계
제어 부족 (관리)	기본 원인 (기원)	직접 원인 (징후)	사고 (접촉)	상해 (손해)

02 산업안전보건법령상 안전검사 대상 기계의 종류를 6가지 쓰시오.

해답 ① 프레스   ② 산업용 로봇
     ③ 전단기   ④ 압력용기
     ⑤ 리프트   ⑥ 고소작업대
     ⑦ 곤돌라   ⑧ 컨베이어
     ⑨ 원심기(산업용만 해당)   ⑩ 롤러기(밀폐형 구조 제외)
     ⑪ 크레인(2t 미만 제외)   ⑫ 국소배기장치(이동식 제외)

03 산업안전보건법에 따라 타워크레인을 설치(상승작업 포함)·해체하는 작업에서 실시하는 특별안전보건교육 내용을 4가지 쓰시오.

해답 ① 붕괴·추락 및 재해방지에 관한 사항
     ② 설치·해체 순서 및 안전작업방법에 관한 사항
     ③ 부재의 구조·재질 및 특성에 관한 사항
     ④ 신호방법 및 요령에 관한 사항
     ⑤ 이상 발생 시 응급조치에 관한 사항
     ⑥ 그 밖에 안전·보건관리에 필요한 사항

04 의자를 설계할 때 고려해야 할 인간공학적 원리에 대하여 4가지 쓰시오.

해답 ① 등받이는 요추의 전만 곡선을 유지한다.
     ② 등근육의 정적인 부하를 줄인다.
     ③ 디스크가 받는 압력을 줄인다.
     ④ 고정된 작업 자세를 피해야 한다.

05 어떤 결함수를 분석하여 최소 컷셋(minimal cut set)을 구한 결과 다음과 같았다. 각 기본사상의 발생확률을 q_i, $i = 1, 2, 3$이라 할 때 정상사상의 발생확률 함수로 계산하시오.

> $K_1 = \{1, 2\}$, $K_2 = \{1, 3\}$, $K_3 = \{2, 3\}$

풀이 정상사상의 발생확률 함수

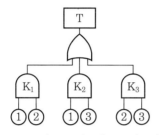

$T = 1 - (1 - K_1) \times (1 - K_2) \times (1 - K_3)$

$= 1 - [1 - K_1 - K_2 + K_1 K_2 - K_3 + K_1 K_3 + K_2 K_3 - K_1 K_2 K_3]$

$= 1 - 1 + K_1 + K_2 - K_1 K_2 + K_3 - K_1 K_3 - K_2 K_3 + K_1 K_2 K_3$

$= K_1 + K_2 + K_3 - K_1 K_2 - K_1 K_3 - K_2 K_3 + K_1 K_2 K_3$

$= q_1 q_2 + q_1 q_3 + q_2 q_3 - q_1 q_2 q_3 - q_1 q_2 q_3 - q_1 q_2 q_3 + q_1 q_2 q_3$

$= q_1 q_2 + q_1 q_3 + q_2 q_3 - 2 q_1 q_2 q_3$

해답 $q_1 q_2 + q_1 q_3 + q_2 q_3 - 2 q_1 q_2 q_3$

06 산업안전보건법령에 따라 원동기, 회전축 등의 위험방지를 위한 설명 중 (   ) 안에 들어갈 내용을 쓰시오.

> 사업주는 회전축, 기어, 풀리 및 플라이휠 등에 부속되는 키, 핀 등의 기계요소는
> (   )으로 하거나 해당 부위에 덮개, 울, 슬리브, 건널다리 등을 설치해야 한다.

해답 묻힘형

07 산업안전보건법에 따라 양중기 중 곤돌라를 포함한 방호장치를 4가지 쓰시오.

해답 ① 제동장치 　　　　② 과부하방지장치
　　　③ 권과방지장치 　　④ 비상정지장치

08 전압을 저압, 고압, 특고압으로 구분한 표에서 직류와 교류의 전압 기준에 맞도록 빈 칸을 채우시오.

구분	저압(V)	고압(V)	특고압(V)
직류	①	②	③
교류	④	⑤	⑥

해답 ① 1500 이하   ② 1500 초과 7000 이하   ③ 7000 초과
    ④ 1000 이하   ⑤ 1000 초과 7000 이하   ⑥ 7000 초과

09 전기설비 내부에서 폭발이 발생할 때 그 압력에 견디고 외부로 폭발성 가스가 인화되지 않도록 한 방폭구조는 무엇인지 쓰시오.

해답 내압 방폭구조
해설 내압 방폭구조는 전폐구조로, 용기 내부에서 폭발 시 그 압력에 견디고 외부로부터 폭발성 가스에 인화될 우려가 없도록 한 구조이다.

10 화학설비의 압력이 최고 사용압력을 초과했을 때 폭발을 방지하기 위한 안전장치의 종류를 3가지 쓰시오.

해답 ① 안전밸브
    ② 파열판
    ③ 통기밸브
해설 ① 안전밸브 : 기기나 배관의 압력이 일정 압력을 초과한 경우 신속한 제어가 용이하다.
    ② 파열판 : 고압계에서 안전설비의 일종으로, 계통 압력이 일정한 값 이상일 때 파열하여 내부의 압력을 방출하도록 설계된 칸막이판이다.
    ③ 통기밸브 : 인화성 액체를 저장 · 취급하는 탱크 내부의 압력을 제한된 범위 내에서 유지하도록 설계된 밸브이다.

11 다음 중 거푸집 동바리 조립 시 설치기준을 3가지 쓰시오.

해답 ① 동바리로 사용하는 파이프 서포트를 3개 이상 이어서 사용하지 않는다.
    ② 동바리로 강관을 사용할 경우에는 높이 2m 이내마다 수평연결재를 2개 방향으로 설치한다.

③ 파이프 서포트를 이어서 사용할 경우에는 4개 이상의 볼트 또는 전용 철물을 이어서 사용한다.

④ 동바리로 사용하는 강관틀에 대해서는 강관틀과 강관틀 사이에 교차가새를 설치한다.

참고 거푸집 동바리의 구조 검토 시 선행되어야 할 작업

① 거푸집 동바리의 구조 검토 시 가장 먼저 거푸집 동바리에 작용하는 하중 및 외력의 종류, 크기를 산정한다.

② 하중·외력에 의해 발생하는 각 부재 응력 및 배치 간격을 결정한다.

---

12 사업주가 부두·안벽 등 하역작업을 하는 장소에서 조치해야 할 사항에 대하여 3가지 쓰시오.

해답 ① 작업장 및 통로의 위험한 부분에는 안전하게 작업할 수 있는 조명을 유지한다.

② 부두 또는 안벽의 선을 따라 통로를 설치하는 경우에는 폭을 90 cm 이상으로 한다.

③ 육상에서 통로 및 작업장소로서 다리 또는 선거, 갑문을 넘는 보도 등의 위험한 부분에는 안전난간 또는 울타리 등을 설치한다.

---

13 유해·위험방지 계획서를 고용노동부장관에게 제출하고 심사를 받아야 하는 대상 건설공사 기준을 4가지 쓰시오.

해답 ① 깊이 10 m 이상인 굴착공사

② 연면적 5,000 m² 이상인 냉동·냉장 창고시설의 설비공사 및 단열공사

③ 최대 지간길이가 50 m 이상인 교량건설 등의 공사

④ 터널건설 등의 공사

⑤ 다목적댐, 발전용댐 및 저수용량 2천만 톤 이상의 용수 전용댐, 지방 상수도 전용댐 건설 등의 공사

⑥ 시설 등의 건설·개조 또는 해체공사

• 지상높이가 31 m 이상인 건축물 또는 인공구조물

• 연면적 30,000 m² 이상인 건축물

• 연면적 5,000 m² 이상인 시설(문화 및 집회시설, 운수시설, 종교시설, 의료시설 중 종합병원, 숙박시설 중 관광숙박시설, 판매시설, 지하도상가, 냉동·냉장창고시설)

14 산업안전보건기준에 관한 규칙에 따라 아세틸렌 용접장치를 사용하는 금속의 용접, 용단 또는 가열 작업을 할 때, 아세틸렌 용접장치의 취급에 종사하는 근로자로 하여금 준수하도록 해야 할 작업요령을 4가지 쓰시오.

해답 ① 사용 중인 발생기에 불꽃을 발생시킬 우려가 있는 공구를 사용하거나 그 발생기에 충격을 가하지 않도록 할 것

② 아세틸렌 용접장치의 가스 누출을 점검할 경우에는 비눗물을 사용하는 등 안전한 방법으로 할 것

③ 발생기실의 출입구 문을 열어 두지 않도록 할 것

④ 이동식 아세틸렌 용접장치의 발생기에 카바이드를 교환할 경우에는 옥외의 안전한 장소에서 할 것

참고 아세틸렌 용접장치 또는 가스집합 용접장치를 사용하는 금속의 용접·용단 또는 가열작업의 특별교육 대상 작업별 교육내용

① 용접 흄, 분진 및 유해광선 등의 유해성에 관한 사항

② 가스용접기, 압력조정기, 호스 및 취관두(불꽃이 나오는 용접기의 앞부분) 등의 기기 점검에 관한 사항

③ 작업방법·순서 및 응급처치에 관한 사항

④ 안전기 및 보호구 취급에 관한 사항

⑤ 화재예방 및 초기 대응에 관한 사항

⑥ 그 밖에 안전·보건관리에 필요한 사항

01 산업안전보건법에 따라 노사협의체를 구성할 때 근로자 위원의 기준을 3가지 쓰시오.

해답 ① 도급 또는 하도급 사업을 포함한 전체 사업의 근로자 대표
② 근로자 대표가 지명하는 명예산업안전감독관 1명(단, 명예산업안전감독관이
위촉되지 않은 경우에는 근로자 대표가 지명하는 해당 사업장 근로자 1명)
③ 공사 금액이 20억 원 이상인 공사의 관계수급인의 근로자 대표
참고 사용자 위원의 기준
① 도급 또는 하도급 사업을 포함한 전체 사업의 대표자
② 안전관리자 1명
③ 보건관리자 1명(단, 보건관리자 선임대상인 건설업으로 한정)
④ 공사 금액이 20억 원 이상인 공사의 관계수급인의 사업주

02 안전관리에 있어 5C 운동(안전행동 실천운동)에 대해 쓰시오.

해답 ① 복장 단정(Correctness)
② 정리 정돈(Clearance)
③ 청소 청결(Cleaning)
④ 점검 확인(Checking)
⑤ 전심 전력(Concentration)

03 산업안전보건법에 따른 보호구 자율안전 확인의 합격표시에 포함해야 할 내용을 쓰시오.

해답 ① 형식 또는 모델명
② 규격 또는 등급
③ 제조자명
④ 제조번호 및 제조연월
⑤ 자율안전 확인 번호

04 브레인스토밍의 4원칙을 쓰고, 간단히 설명하시오.

> 해답 ① 비판 금지 : 좋다, 나쁘다 등의 비판을 하지 않는다.
> ② 자유 분방 : 마음대로 자유롭게 발언한다.
> ③ 대량 발언 : 무엇이든 좋으니 많이 발언한다.
> ④ 수정 발언 : 타인의 생각에 동참하거나 보충 발언을 해도 좋다.

05 산업안전보건법령상 강렬한 소음작업의 종류(소음의 노출기준)를 쓰시오.

> 해답 90dB 이상의 소음이 1일 8시간 이상 발생하는 작업
> 참고 소음 수준과 최대 노출시간

소음(dB)	70	85	90	95	100	105	110
시간(시간)	32	16	8	4	2	1	0.5

06 평균수명이 10,000시간인 지수분포를 따르는 요소 10개가 직렬계로 구성된 시스템의 기대수명을 구하시오.

> 풀이 직렬계의 기대수명 $= \dfrac{평균수명}{요소\ 수} = \dfrac{10,000}{10} = 1,000$시간
> 해답 1,000시간

07 프레스에 사용되는 방호장치 중 급정지기구가 부착되어 있지 않아도 유효한 방호장치의 종류를 4가지 쓰시오.

> 해답 ① 양수기동식 방호장치　　② 게이트 가드 방호장치
> ③ 수인식 방호장치　　④ 손쳐내기식 방호장치
> 참고 급정지기구가 부착되어야만 유효한 방호장치
> ① 양수조작식 방호장치
> ② 감응식 방호장치

08 사업주는 양중기 및 달기구로 작업하는 운전자나 작업자가 보기 쉬운 곳에 해당 기계의 (①), (②), (③) 등을 표시하여 부착해야 한다. (　　) 안에 알맞은 말을 쓰시오.

해답 ① 정격하중　② 운전속도　③ 경고표시

09 정전기 발생에 영향을 주는 요인을 4가지 쓰고, 각 요인에 대한 설명을 간단히 덧붙이시오.

해답 ① 분리속도 : 분리속도가 빠를수록 정전기 발생량이 많다.
　　② 접촉면적 및 압력 : 접촉면적이 넓고 압력이 클수록 정전기 발생량이 많다.
　　③ 물체의 표면상태 : 표면이 거칠거나 수분이나 기름 등으로 오염될수록 발생량이 많다.
　　④ 물체의 특성 : 대전서열에서 멀리 떨어진 물체끼리 마찰할수록 발생량이 많다.
　　⑤ 물체의 이력 : 처음 접촉·분리할 때 정전기 발생량이 최대이며, 반복될수록 발생량이 줄어든다.

10 다음 나열된 가스를 그 특성에 따라 적합한 가스의 종류로 구분하여 쓰시오.

(1) 질소, 헬륨, 네온, 수소, 산소 :
(2) 프로판, 산화에틸렌, 염소 :
(3) 아세틸렌가스 :

해답 (1) 압축가스
　　(2) 액화가스
　　(3) 용해가스

11 SO_2 20ppm은 약 몇 g/m^3인지 계산하시오. (단, SO_2의 분자량은 64이고, 온도는 21℃, 압력은 1기압으로 한다.)

풀이 SO_2 20ppm $= \dfrac{SO_2\ 20\,mol}{\text{공기}\ 10^6\,mol} = \dfrac{20\,mol \times \dfrac{64g}{1\,mol}}{20\,mol \times \dfrac{22.4L}{1\,mol} \times \dfrac{(273+21)K}{273K} \times \dfrac{1m^3}{1000L}}$

　　　$\fallingdotseq 0.053\,g/m^3$

해답 약 $0.053\,g/m^3$

참고 SO_2 20ppm은 $20\,mol/10^6\,mol$ 공기에 해당한다.

12 차량계 건설기계를 사용하는 작업계획서에 포함해야 할 내용을 3가지 쓰시오.

> 해답 ① 사용하는 차량계 건설기계의 종류 및 성능
> ② 차량계 건설기계의 운행경로
> ③ 차량계 건설기계에 의한 작업방법
> 참고 사전조사 내용
> 해당 기계의 굴러 떨어짐, 지반의 붕괴 등으로 인한 근로자의 위험을 방지하기 위해 해당 작업장소의 지형 및 지반상태가 포함되어야 한다.

13 산업안전보건법령상 공정안전보고서의 제출 대상에서 제외되는 유해·위험설비 또는 시설의 종류를 3가지 쓰시오.

> 해답 ① 원자력설비
> ② 도·소매시설
> ③ 군사시설
> ④ 차량 등의 운송설비

14 산업안전보건기준에 관한 규칙에서 크레인을 이용하여 작업할 때, 작업시작 전 점검 해야 할 사항을 2가지 쓰시오.

> 해답 ① 권과방지장치, 브레이크, 클러치 및 운전장치의 기능
> ② 주행로의 상측 및 트롤리(trolley)가 횡행하는 레일의 상태
> ③ 와이어로프가 통하고 있는 곳의 상태
> 참고 이동식 크레인을 이용하여 작업할 때 작업시작 전 점검사항
> ① 권과방지장치나 그 밖의 경보장치의 기능
> ② 브레이크, 클러치 및 조정장치의 기능
> ③ 와이어로프가 통하고 있는 곳 및 작업장소의 지반상태

>>> 제2회 <<<

01 산업안전보건법상 안전보건 개선계획 작성대상 사업장을 4가지 쓰시오.

해답 ① 산업재해율이 같은 업종의 규모별 평균 산업재해율보다 높은 사업장
② 사업주가 안전보건조치의무를 이행하지 않아 중대 재해가 발생한 사업장
③ 직업성 질병자가 연간 2명 이상 발생한 사업장
④ 유해인자의 노출기준을 초과한 사업장

02 A 건설업체의 한 해 동안 사고사망만인율과 상시근로자 수를 구하는 공식을 쓰시오.

해답 ① 사고사망만인율 $= \dfrac{\text{사고사망자 수}}{\text{상시근로자 수}} \times 10000$

② 상시근로자 수 $= \dfrac{\text{연간 국내공사 실적액} \times \text{노무비율}}{\text{건설업 월평균임금} \times 12}$

03 어떤 작업자의 배기량을 측정하였더니 10분 동안 200L였고, 배기량을 분석한 결과 O_2 : 16%, CO_2 : 4%였다. 분당 산소소비량을 계산하시오.

풀이 ① 분당 흡기량 $V_{흡기} = \dfrac{V_{배기} \times (100 - O_2 - CO_2)}{79} = \dfrac{20 \times (100 - 16 - 4)}{79}$

$\fallingdotseq 20.25 \, \text{L/min}$

② 분당 배기량 $V_{배기} = \dfrac{200}{10} = 20 \, \text{L/min}$

③ 분당 산소소비량 $= 0.21 \times V_{흡기} - O_2 \times V_{배기} = 0.21 \times 20.25 - 0.16 \times 20$

$\fallingdotseq 1.05 \, \text{L/min}$

해답 $1.05 \, \text{L/min}$

04 페일 세이프(fail-safe)의 원리를 적용한 구조의 종류를 4가지 쓰시오.

해답 ① 다경로 하중 구조
② 분할 구조
③ 교대 구조
④ 하중 경감 구조

해설 ① 다경로 하중 구조 : 하나의 경로가 고장 나더라도 다른 경로가 하중을 분담하여 시스템이 계속 작동할 수 있도록 설계된 구조

② 분할 구조 : 시스템을 여러 개의 독립된 부분으로 나누어 한 부분의 고장이 전체 시스템에 미치는 영향을 최소화하는 구조

③ 교대 구조 : 시스템의 주요 부품에 여분의 부품을 추가하여 하나가 고장 나면 교체용 부품이 자동으로 작동하는 구조

④ 하중 경감 구조 : 고장이 발생했을 때 하중을 분산시키거나 줄여서 시스템이 안전하게 작동을 멈추도록 설계된 구조

---

05 다음과 같은 FTA 논리기호의 명칭과 간단한 설명을 쓰시오.

명칭	기호	설명
①	Ai, Aj, Ak 순으로 Ai Aj Ak	②

해답 ① 우선적 AND 게이트

② 입력사상 중 어떤 현상이 다른 현상보다 먼저 발생해야만 출력현상이 발생하는 경우

참고 FTA 논리기호(그 외)

① 조합 AND 게이트 : 3개 이상의 입력현상 중 2개가 발생하면 출력현상이 발생하는 경우

② 배타적 OR 게이트 : OR 게이트처럼 작동하지만, 2개 이상의 입력현상이 동시에 존재할 때 출력현상이 발생하지 않는 경우

③ 위험지속 AND 게이트 : 입력현상이 발생한 후 일정 기간 동안 지속될 때 출력현상이 발생하는 경우

---

06 기계설비의 본질적 안전화의 기본 개념을 추구하기 위한 사항을 3가지 쓰시오.

해답 ① fail-safe의 기능을 갖추도록 한다.

② fool proof의 기능을 갖추도록 한다.

③ 인터록(interlock)의 기능을 갖추도록 한다.

④ 조작상 위험이 없도록 설계한다.

⑤ 안전기능이 기계장치에 내장되도록 한다.

07 산업안전보건법령에 따라 가스집합장치 설치 시 흡연 및 화기 사용금지와 관련된 사항과 출입구에 대한 안전조치사항을 각각 쓰시오.

해답 ① 가스집합장치(아세틸렌 발생기)로부터 5m 이내와 발생기실로부터 3m 이내에는 흡연 및 화기 사용을 금지한다.

② 출입구의 문은 불연성 재료로 하고, 두께 1.5mm 이상의 철판 또는 그와 동등 이상의 강도를 가진 구조로 한다.

해설 가스집합장치 설치 시 안전조치사항(그 외)

① 벽은 불연성 재료로 하고 철근콘크리트 또는 그 밖에 이와 동등 이상의 강도를 가진 구조로 한다.

② 바닥면적의 1/16 이상의 단면적을 가진 배기통을 옥상으로 돌출시키고, 그 개구부를 창이나 출입구로부터 1.5m 이상 떨어지도록 한다.

③ 발생기실을 옥외에 설치한 경우에는 그 개구부를 다른 건축물로부터 1.5m 이상 떨어지도록 한다.

④ 지붕과 천장에는 얇은 철판이나 가벼운 불연성 재료를 사용한다.

⑤ 벽과 발생기 사이에는 발생기의 조정 또는 카바이드 공급 등의 작업을 방해하지 않도록 충분한 간격을 확보한다.

08 산업안전보건법상 누전차단기를 설치하여 감전 방지를 할 때, 누전차단기를 접속할 경우 준수해야 할 사항을 3가지 쓰시오.

해답 ① 전기기계·기구에 설치된 누전차단기는 정격감도 전류가 30mA 이하이고, 작동시간은 0.03초 이내이어야 한다. 단, 정격 전부하 전류가 50A 이상인 전기기계·기구에 접속되는 누전차단기는 오작동을 방지하기 위해 정격감도 전류를 200mA 이하로, 작동시간을 0.1초 이내로 설정할 수 있다.

② 분기회로나 전기기계·기구마다 누전차단기를 개별적으로 접속한다. 단, 평상시 누설 전류가 매우 적은 소용량 부하의 전로에는 분기 회로에 일괄 접속할 수 있다.

③ 누전차단기는 배전반 또는 분전반 내에 접속하거나, 꽂음 접속기형 누전차단기를 콘센트에 접속하는 등 파손이나 감전사고를 방지할 수 있는 장소에 설치한다.

④ 지락 보호전용 기능만 있는 누전차단기는 과전류를 차단하는 퓨즈나 차단기 등과 조합하여 접속한다.

09 산업안전보건법상 사업주가 전기를 사용하지 않는 설비 중에서 금속체로 분류할 수 있는 예를 3가지 쓰시오.

해답 ① 전동식 양중기의 프레임과 궤도
② 전선이 부착된 비전동식 양중기의 프레임
③ 고압(직류 전압 1,500V 초과 7,000V 이하 또는 교류 전압 1,000V 초과 7,000V 이하)을 사용하는 전기기계 · 기구 주변의 금속제 칸막이, 망 및 이와 유사한 장치

10 위험물안전관리법령에 따라 위험물의 일부 분류를 제시하였다. 각 분류에 맞는 명칭을 (   ) 안에 쓰시오.

(1) 제1류(산화성 고체) : 아염소산, 염소산, 삼산화크롬, 브롬산염류, 과염소산칼륨
(2) 제2류(①) : 황화인, 적린, 유황, 마그네슘
(3) (②) 산화성 액체 : 과염소산, 과산화수소, 질산

해답 ① 가연성 고체
② 제6류

해설 위험물안전관리법령에 따른 위험물의 분류
① 제1류(산화성 고체) : 아염소산, 염소산, 삼산화크롬, 브롬산염류, 과염소산칼륨 등
② 제2류(가연성 고체) : 황화인, 적린, 유황, 마그네슘 등
③ 제3류(자연발화성 및 금수성 물질) : 칼륨, 나트륨, 황린 등
④ 제4류(인화성 액체) : 동식물유류, 알코올류, 제1석유류~제4석유류 등
⑤ 제5류(자기반응성 물질) : 질산에스테르류(니트로글리세린, 니트로셀룰로오스, 질산에틸), 셀룰로이드류 등
⑥ 제6류(산화성 액체) : 과염소산, 과산화수소, 질산 등

11 공사용 가설도로를 설치할 때 준수해야 할 사항을 4가지 쓰시오.

해답 ① 도로는 장비와 차량이 안전하게 운행할 수 있도록 견고하게 설치한다.
② 도로와 작업장이 접하여 있을 경우에는 울타리 등을 설치한다.
③ 도로는 배수를 위하여 경사지게 설치하거나 배수시설을 설치한다.
④ 차량의 속도제한 표지를 부착한다.

12 점토지반(연약지반)의 개량공법을 7가지 쓰시오.

해답 ① 샌드드레인 공법
② 페이퍼드레인 공법
③ 진공배수 공법
④ 여성토 공법
⑤ 압성토 공법
⑥ 치환 공법
⑦ 생석회말뚝 공법
⑧ 침투압 공법
⑨ 전기침투 공법
⑩ 전기화학적 고결공법

13 방독마스크의 성능기준에 따라 사용 장소별 등급을 고농도, 중농도, 저농도 및 최저농도로 구분한다. 고농도에 해당하는 가스 또는 증기의 농도 기준을 쓰시오.

해답 가스 또는 증기의 농도가 2/100 이하(암모니아는 3/100 이하)의 대기 중에서 사용하는 것

해설 방독마스크의 성능기준에 따른 등급
① 고농도 : 가스 또는 증기의 농도가 2/100 이하(암모니아는 3/100 이하)인 대기 중에서 사용하는 것
② 중농도 : 가스 또는 증기의 농도가 1/100 이하(암모니아는 1.5/100 이하)인 대기 중에서 사용하는 것
③ 저농도 및 최저농도 : 가스 또는 증기의 농도가 0.1/100 이하인 대기 중에서 사용하는 것으로, 긴급용이 아닌 것

14 산업안전보건기준에 관한 규칙에서 높이 5 m 이상의 비계를 조립·해체하거나 변경하는 작업을 할 때, 관리감독자가 유해·위험방지를 위해 수행해야 할 직무 내용을 3가지 쓰시오.

해답 ① 재료의 결함유무를 점검하고 불량품을 제거하는 일
② 기구, 공구, 안전대 및 안전모 등의 기능을 점검하고 불량품을 제거하는 일
③ 작업방법 및 근로자 배치를 결정하고 작업 진행상태를 감시하는 일
④ 안전대와 안전모 등의 착용 상황을 감시하는 일

>>> **제3회** <<<

01 다음 아담스의 사고 발생 5단계를 순서대로 쓰시오.

해답 관리 조직 → 관리자 에러 → 불안전한 행동 → 물적 사고 → 상해

해설 아담스의 사고 발생 5단계
① 1단계 : 관리 조직
② 2단계 : 관리자 에러(작전적 에러)
③ 3단계 : 불안전한 행동(전술적 에러)
④ 4단계 : 물적 사고
⑤ 5단계 : 상해(손실)

02 의무안전인증 대상 기계 및 설비 4가지를 쓰시오.

해답 ① 프레스 ② 전단기 및 절곡기 ③ 크레인 ④ 리프트 ⑤ 압력용기
⑥ 롤러기 ⑦ 사출성형기 ⑧ 고소작업 ⑨ 곤돌라

03 산업안전보건법상 화학설비의 탱크 내 작업에 대한 특별안전보건교육 내용 4가지를 쓰시오.

해답 ① 차단장치, 정지장치 및 밸브 개폐장치의 점검에 관한 사항
② 탱크 내의 산소농도 측정 및 작업환경에 관한 사항
③ 안전 보호구 및 이상 발생 시 응급조치에 관한 사항
④ 작업절차, 방법 및 유해 · 위험에 관한 사항
⑤ 그 밖에 안전 · 보건관리에 필요한 사항

04 부품배치의 4원칙을 쓰고, 간단히 설명하시오.

해답 ① 중요성의 원칙(위치 결정) : 중요한 부품일수록 접근이 용이한 위치에 배치하여 신속하게 작업할 수 있도록 한다.
② 사용빈도의 원칙(위치 결정) : 사용빈도가 높은 부품은 자주 사용하는 위치에 배치하여 작업 효율성을 높인다.
③ 기능별 배치의 원칙(배치 결정) : 관련 기능을 가진 부품들을 함께 모아 배치하여 작업 흐름을 개선한다.

④ 사용순서의 원칙(배치 결정) : 작업순서에 따라 부품을 배치하여 작업이 자연스럽게 진행될 수 있도록 한다.

---

05 다음 FT도에서 최소 컷셋을 구하시오.

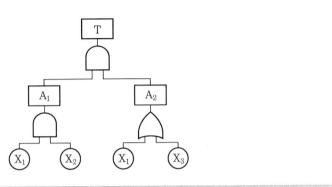

풀이 $T = A_1 \cdot A_2 = (X_1 X_2) \begin{pmatrix} X_1 \\ X_3 \end{pmatrix}$

$\qquad\qquad = (X_1 X_2 X_1)(X_1 X_2 X_3)$

$\qquad\qquad = (X_1 X_2)(X_1 X_2 X_3)$

컷셋 : {X_1, X_2}, {X_1, X_2, X_3}

최소 컷셋 : {X_1, X_2}

해답 {X_1, X_2}

---

06 연삭숫돌의 파괴 원인을 4가지 쓰시오.

해답 ① 숫돌의 속도가 너무 빠를 때   ② 숫돌 자체에 균열이 있을 때
③ 플랜지가 현저히 작을 때   ④ 숫돌의 치수(구멍 지름)가 부적당할 때
⑤ 숫돌에 과대한 충격을 줄 때   ⑥ 숫돌의 측면을 사용하여 작업할 때
⑦ 반지름 방향의 온도 변화가 심할 때
⑧ 숫돌의 불균형이나 베어링의 마모로 진동이 있을 때

---

07 산업안전보건법상 양중기 및 승강기에 포함되는 방호장치의 종류를 4가지 쓰시오.

해답 ① 파이널 리밋 스위치   ② 비상정지장치
③ 과부하방지장치   ④ 속도조절기
⑤ 출입문 인터로크

08 산업안전보건법 제301조에 따라 사업주는 근로자가 작업이나 통행 중 전기기계, 기구 또는 전로 등의 충전 부분에 접촉하거나 접근하여 감전 위험이 발생하지 않도록 해야 한다. 이를 위한 충전부 방호 방법을 3가지 쓰시오.

해답 ① 충전부가 노출되지 않도록 폐쇄형 외함이 있는 구조로 할 것
② 충전부에 충분한 절연 효과가 있는 방호망이나 절연 덮개를 설치할 것
③ 충전부는 내구성이 있는 절연물로 완전히 덮어 감쌀 것
④ 발전소, 변전소 및 개폐소 등 구획된 장소에 충전부를 설치하고, 관계 근로자가 아닌 사람의 출입을 금지하며 위험표시 등으로 방호를 강화할 것
⑤ 전주 및 철탑 위와 같이 격리된 장소에 충전부를 설치하여, 관계 근로자가 아닌 사람이 접근할 우려가 없도록 할 것

09 산업안전보건법상 차량계 건설기계 중 도로포장용 건설기계의 종류를 4가지 쓰시오.

해답 ① 아스팔트 살포기   ② 콘크리트 살포기
③ 아스팔트 피니셔   ④ 콘크리트 피니셔

10 전기기기의 정상 사용조건 및 특정 비정상 상태에서 과도한 온도 상승, 아크 또는 스파크 발생위험을 방지하기 위해 추가적인 안전조치를 취한 것으로, Ex e라고 표시되는 방폭구조의 명칭을 쓰시오.

해답 안전증 방폭구조

해설 Ex e(Increased Safety) : 전기기기의 정상 사용조건과 특정 비정상 상태에서 아크, 스파크, 과도한 온도상승을 방지하기 위해 안전조치를 강화한 방폭구조이다.

11 사업주는 과압에 따른 폭발을 방지하기 위해 폭발방지 성능과 규격을 갖춘 안전밸브 또는 파열판을 설치해야 한다. 이때 설치가 필요한 화학설비의 종류를 5가지 쓰시오.

해답 ① 압력용기(안지름이 150mm 이하인 압력용기는 제외)
② 정변위 압축기
③ 정변위 펌프(토출축에 차단밸브가 설치된 경우만 해당)
④ 배관
⑤ 기타 화학설비 및 부속설비로서 최고 사용압력을 초과할 우려가 있는 것

12 | 사업주가 콘크리트 타설작업을 하는 경우 준수해야 할 사항을 3가지 쓰시오.

해답 ① 당일의 작업을 시작하기 전, 거푸집 동바리 등의 변형, 변위 및 지반의 침하 여부를 점검하고, 이상이 있으면 즉시 보수해야 한다.
② 작업 중에는 거푸집 동바리 등의 변형, 변위 및 침하 여부를 지속적으로 감시할 수 있도록 감시자를 배치하고, 이상이 발견되면 작업을 중지하고 근로자를 대피시켜야 한다.
③ 콘크리트 타설작업 중 거푸집이 붕괴될 위험이 발생할 우려가 있으면 충분한 보강조치를 시행해야 한다.
④ 콘크리트 양생기간이 설계도서에 명시된 기준에 도달하기 전까지는 거푸집 동바리 등을 해체해서는 안 된다.
⑤ 콘크리트를 타설할 때는 편심이 발생하지 않도록 균등하게 분산하여 타설해야 한다.

13 | 사업주는 바닥으로부터의 높이가 (①)m 이상 되는 하적단과 인접 하적단 사이의 간격을 하적단의 밑부분을 기준으로 (②)cm 이상으로 유지해야 한다. (   ) 안에 알맞은 수를 쓰시오.

해답 ① 2   ② 10

14 | 유해·위험방지 계획서를 고용노동부장관에게 제출하고 심사를 받아야 하는 대상 건설공사의 기준 중에서 건설, 개조 또는 해체 공사에 해당하는 시설의 기준을 3가지 쓰시오.

해답 ① 지상높이가 31 m 이상인 건축물 또는 인공구조물
② 연면적 30,000 m^2 이상인 건축물
③ 연면적 5,000 m^2 이상인 시설

기출문제를
재구성한 **필답형 실전문제 20**

>>> **제1회** <<<

01 산업안전보건법상 산업안전보건위원회의 사용자 위원의 기준을 3가지 쓰시오.

해답 ① 해당 사업장의 대표와 안전관리자 1명
② 보건관리자 1명과 산업보건의 1명
③ 해당 사업장의 대표가 지명하는 9명 이내의 해당 사업장 부서의 장

참고 근로자 위원의 기준
① 근로자 대표
② 근로자 대표가 지명하는 1명 이상의 명예 산업안전감독관
③ 근로자 대표가 지명하는 9명 이내의 해당 사업장 근로자

02 안전에 관한 심각성 여부를 기준 연도와 현재를 비교하여 나타내는 통계 방식으로 Safety-T-Score가 이용된다. 안전활동률의 공식을 쓰시오.

해답 $안전활동률 = \dfrac{안전활동\ 건수}{연간\ 총근로시간\ 수 \times 평균근로자\ 수} \times 10^6$

참고 안전활동률은 1,000,000시간당 발생하는 안전활동 건수를 의미한다.

03 산업안전보건법에 따른 안전검사의 합격표시에 포함되어야 할 내용을 3가지 쓰시오.

해답 ① 검사 대상 유해 · 위험 기계명
② 신청인
③ 형식번호(기호)
④ 합격번호
⑤ 검사 유효기간

04 자극-반응 조합의 관계에서 양립성(compatibility)의 정의를 쓰시오.

해답 인간의 기대와 모순되지 않는 자극 반응의 조합

05 소음에 의한 청력 손실이 가장 크게 나타나는 주파수 대역을 쓰시오.

해답 3000~4000 Hz

06 무재해 운동을 추진하기 위한 3가지 요소를 쓰시오.

해답 ① 최고경영자의 안전 경영자세
② 소집단 자주 안전활동의 활성화
③ 관리감독자에 의한 안전보건의 추진

해설 무재해 운동을 추진하기 위한 3요소
① 최고경영자의 안전 경영자세 : 무재해, 무질병에 대한 강력한 경영자세
② 소집단 자주 안전활동의 활성화 : 직장의 팀 구성원들이 협동하여 자주적으로 안전활동을 추진
③ 관리감독자에 의한 안전보건의 추진 : 관리감독자가 생산활동 중 안전보건 실천을 적극적으로 추진

07 프레스 작업이 끝난 후 프레스의 페달에 U자형 덮개를 씌우는 이유를 쓰시오.

해답 부주의로 인해 프레스 페달을 실수로 밟는 것을 방지하기 위해서이다.

08 근로자가 추락할 위험이 있는 경우, 건설물 등의 벽체와 통로의 간격을 0.3m 이하로 유지해야 하는 상황을 3가지 쓰시오.

해답 ① 크레인의 운전실 또는 운전대로 통하는 통로의 끝과 건설물 등의 벽체 간의 간격
② 크레인 거더(girder)의 통로 끝과 크레인 거더 간의 간격
③ 크레인 거더로 통하는 통로의 끝과 건설물 등의 벽체 간의 간격

09 정전기 방전현상의 다양한 유형을 분류하여 그 이름을 4가지 쓰시오.

해답 ① 코로나 방전   ② 스파크 방전
③ 연면 방전   ④ 불꽃 방전
⑤ 브러시 방전

10 절연 전선에서 과전류에 의해 발생하는 연소 과정을 4단계로 나누어 순서대로 쓰시오.

1단계	2단계	3단계	4단계
①	②	③	④

해답 ① 인화단계   ② 착화단계
       ③ 발화단계   ④ 순간용단단계

11 혼합가스 용기에 전체 압력이 10기압, 온도 0℃에서 수소 10%, 산소 20%, 질소 70%의 몰비로 가스가 채워져 있을 때, 산소가 차지하는 부피는 몇 L인지 구하시오. (단, 표준 상태는 0℃, 1기압으로 가정한다.)

해답 $PV=nRT$이므로 $V=\dfrac{nRT}{P}=\dfrac{0.2\times0.082\times273}{10}≒0.45$

해답 0.45

해설 부피 $V=\dfrac{nRT}{P}$

여기서, n : 몰수, R : 기체상수, T : 절대온도, P : 대기압력

12 차량계 하역운반기계를 사용하는 작업계획서에 포함되어야 할 내용을 2가지 쓰시오.

해답 ① 해당 작업에 따른 추락, 낙하, 전도, 협착 및 붕괴 등의 위험 예방대책
       ② 차량계 하역운반기계 등의 운행경로 및 작업방법

13 공정안전보고서에 포함되어야 할 사항을 3가지 쓰시오.

해답 ① 공정안전자료   ② 안전운전계획
       ③ 비상조치계획   ④ 공정위험성 평가서

14 산업안전보건기준에 관한 규칙에 따라 이동식 크레인을 이용하여 작업할 때, 작업시작 전 점검해야 할 사항을 3가지 쓰시오.

해답 ① 권과방지장치 및 그 밖의 경보장치의 기능
       ② 브레이크, 클러치 및 조정장치의 기능
       ③ 와이어로프가 통하고 있는 곳과 작업장소의 지반상태

01 산업안전보건법상 안전·보건진단을 받아 안전보건개선계획을 수립·제출하도록 명할 수 있는 작성대상 사업장을 3가지 쓰시오.

해답 ① 산업재해율이 같은 업종의 평균 산업재해율의 2배 이상인 사업장

② 사업주가 필요한 안전조치 또는 보건조치를 이행하지 않아 중대 재해가 발생한 사업장

③ 직업성 질병자가 연간 2명 이상 발생한 사업장(상시근로자가 1000명 이상인 사업장의 경우 3명 이상)

④ 그 밖에 작업환경 불량, 화재·폭발 또는 누출사고 등으로 사업장 주변까지 피해가 확산된 사업장으로서 고용노동부령으로 정하는 사업장

02 다음 설명에 해당하는 상해의 종류를 쓰시오.

(1) 창, 칼 등에 베인 상해

(2) 칼날이나 뾰족한 물체 등 날카로운 물건에 찔린 상해

(3) 화재 또는 고온 물질에 접촉하여 발생한 상해

해답 (1) 창상(베인 상해)

(2) 자상(찔린 상해)

(3) 화상

해설 상해의 종류와 특징

① 찰과상 : 스치거나 문질러서 피부가 벗겨진 상해

② 좌상 : 타박, 충돌, 추락 등으로 피부 표면보다는 피하조직 또는 근육을 다친 상해

③ 골절 : 뼈가 부러진 상해

④ 동상 : 저온 물질에 접촉하여 생긴 상해

⑤ 부종 : 몸이 붓는 증상

⑥ 절단(절상) : 신체 부위가 절단된 상해

⑦ 중독·질식 : 음식물, 약물, 가스 등에 의한 중독이나 질식된 상해

⑧ 익사 : 물에 빠져서 사망한 상해

⑨ 창상 : 창, 칼 등에 베인 상해

⑩ 자상 : 칼날이나 뾰족한 물체 등 날카로운 물건에 찔린 상해

⑪ 화상 : 화재 또는 고온 물질에 접촉하여 발생한 상해

03 러닝벨트 위를 일정한 속도로 걷는 사람의 배기가스를 5분간 수집한 표본을 가스 성분 분석기로 조사한 결과, 산소 16%, 이산화탄소 4%로 나타났다. 배기가스 전량을 가스미터에 통과시킨 결과, 배기량이 90L였다면 분당 산소소비량과 에너지가(에너지 소비량)를 계산하시오.

풀이 ① 분당 배기량 $V_{배기}=90/5=18\text{L/분}$

분당 흡기량 $V_{흡기}=\dfrac{V_{배기}\times(100-O_2-CO_2)}{79}=\dfrac{18\times(100-16-4)}{79}$

$\fallingdotseq 18.23\text{L/분}$

분당 산소소비량$=0.21\times V_{흡기}-O_2\times V_{배기}=0.21\times18.23-0.16\times18$

$\fallingdotseq 0.95\text{L/분}$

② 산소 1L의 에너지는 5kcal이므로

에너지소비량=분당 산소소비량$\times5=0.95\times5=4.75\text{kcal/분}$

해답 ① 분당 산소소비량 : 0.95L/분

② 에너지소비량 : 4.75kcal/분

04 열 중독증(heat illness)의 강도를 작은 것부터 순서대로 쓰시오.

① 열소모(heat exhaustion) ② 열발진(heat rash)
③ 열경련(heat cramp) ④ 열사병(heat stroke)

해답 ②<③<①<④

05 인간–기계 체계에 의해 시스템이 갖는 기능 5가지를 순서대로 쓰시오.

해답 감지기능 → 정보보관기능 → 정보처리기능 → 의사결정기능 → 행동기능

06 가공기계에 쓰이는 주된 풀 프루프(fool proof) 중 가드(guard)의 형식을 5가지 쓰시오.

해답 ① 고정 가드 ② 조정 가드
③ 경고 가드 ④ 인터록 가드
⑤ 자동 가드

해설 가공기계의 풀 프루프 방식의 주요 기구의 종류
① 가드 : 고정 가드, 조정 가드, 경고 가드, 인터록 가드

② 조작기구 : 양수조작식, 인터록 가드

③ 로크기구 : 인터록 가드, 키식 인터록 가드, 키 로크

④ 트립기구 : 접촉식, 비접촉식

⑤ 오버런 기구 : 검출식, 타이밍식

⑥ 밀어내기 기구 : 자동 가드, 손을 밀어냄

⑦ 기동방지 기구 : 안전블록, 안전플러그, 레버록

07 위험물질을 제조하거나 취급하는 작업장의 건축물에 출입구 외 안전한 장소로 대피할 수 있는 비상구를 1개 이상 설치해야 하는 구조 조건을 2가지 쓰시오.

해답 ① 출입구와 같은 방향에 있지 않고, 출입구로부터 3m 이상 떨어져 있을 것

② 작업장의 각 부분으로부터 하나의 비상구 또는 출입구까지의 수평거리가 50m 이하가 되도록 할 것

③ 비상구의 너비는 0.75m 이상으로 하고, 높이는 1.5m 이상으로 할 것

④ 비상구의 문은 피난 방향으로 열리도록 하고, 실내에서 항상 열 수 있는 구조로 할 것

08 산업안전보건기준에 관한 규칙에 따라 누전차단기를 설치하지 않아도 되는 장소나 상황을 4가지 쓰시오.

해답 ① 기계·기구를 건조한 장소에 시설하는 경우

② 기계·기구가 고무, 합성수지 등 절연물로 피복된 경우

③ 대지 전압 150V 이하의 기계·기구를 물기가 없는 곳에 시설하는 경우

④ 전기용품 안전관리법의 적용을 받는 2중 절연 구조의 기계·기구를 시설하는 경우

09 유독 물질의 위험성과 해당 물질을 알맞게 쓰시오.

(1) 호흡기 자극성 :

(2) 피부 자극성 :

(3) 질식성 :

(4) 발암성 :

해답 (1) 암모니아, 아황산가스, 불화수소　　(2) 포스겐가스

　　(3) 일산화탄소, 황화수소　　　　　　(4) 골타르, 피치

10 한국전기 설비 규정에 따른 접지 시스템의 종류를 4가지 쓰시오.

해답 ① 계통접지
② 기기접지
③ 피뢰 시스템 접지
④ 등전위 접지
⑤ 보호접지
⑥ 지락검출용 접지

해설 한국전기 설비 규정에 따른 접지 시스템의 종류
① 계통접지 : 고압 전로와 저압 전로가 혼촉되었을 때 감전이나 화재를 방지하기 위한 접지
② 기기접지 : 누전된 기기에 접촉 시 감전을 방지하기 위한 접지
③ 피뢰 시스템 접지 : 구조물 뇌격으로 인한 손상을 줄이기 위한 피뢰 시스템
④ 등전위 접지 : 병원에서 의료기기 사용 시 안전을 위한 접지
⑤ 보호접지 : 고장 시 감전에 대한 보호를 목적으로 한 접지
⑥ 지락검출용 접지 : 차단기 동작을 확실하게 하기 위한 접지

11 사업주는 근로자가 안전하게 통행할 수 있도록 하기 위해 준수해야 할 통로의 설치기준을 3가지 쓰시오.

해답 ① 사업주는 작업장으로 통하는 장소 또는 작업장 내에 근로자가 사용할 안전한 통로를 설치하고, 항상 사용할 수 있는 상태로 유지해야 한다.
② 사업주는 통로의 주요 부분에 통로 표시를 하고, 근로자가 안전하게 통행할 수 있도록 해야 한다.
③ 사업주는 통로면으로부터 높이 2m 이내에 장애물이 없도록 해야 한다.

참고 가설통로의 설치에 관한 기준
① 견고한 구조로 할 것
② 경사각은 30° 이하로 할 것
③ 경사로 폭은 90cm 이상으로 할 것
④ 경사각이 15°를 초과하는 경우에는 미끄러지지 않는 구조로 할 것
⑤ 높이 8m 이상인 다리에는 7m 이내마다 계단참을 설치할 것
⑥ 수직갱에 가설된 통로길이가 15m 이상인 경우 10m 이내마다 계단참을 설치할 것

12 보일링(boiling) 현상과 히빙(heaving) 현상에 대하여 설명하시오.

[해답] ① 보일링 현상 : 사질지반에서 수두차로 인해 삼투압이 발생하여 흙막이 저면
이 붕괴되는 현상으로, 모래가 액상화되어 솟아오르는 현상이다.
② 히빙 현상 : 연약한 점토지반에서 굴착작업 시 흙막이 벽체 내외의 토압 차
이로 인해 흙막이 저면이 붕괴되고, 흙막이 바깥쪽의 흙이 안쪽으로 밀려
들어와 솟아오르는 현상이다.

[참고] 보일링 현상과 히빙 현상이 일어나기 쉬운 지반의 형태
① 보일링 현상 : 연약한 점토 지반
② 히빙 현상 : 투수성이 좋은 사질토 지반

13 공기 중 사염화탄소 농도가 0.2%인 작업장에서 근로자가 착용할 방독마스크의 정화
통 유효시간을 계산하시오. (단, 정화통의 유효시간은 사염화탄소 농도가 0.5%일 때
100분이다.)

[풀이] 유효시간 $= \dfrac{\text{시험가스의 유효 농도시간} \times \text{시험가스 농도}}{\text{환경 중 유해가스의 농도}}$

$= \dfrac{100 \times 0.5}{0.2} = 250$분

[해답] 250분

14 산업안전보건기준에 관한 규칙에 따라 달비계 작업 시 관리감독자가 유해·위험을
방지하기 위해 수행해야 할 직무 내용을 3가지 쓰시오.

[해답] ① 작업용 섬유로프, 작업용 섬유로프의 고정점, 구명줄의 조정점, 작업대, 고
리걸이용 철구 및 안전대 등의 결손 여부를 확인하는 일
② 작업용 섬유로프 및 안전대 부착 설비용 로프가 고정점에 풀리지 않는 매듭
방법으로 결속되었는지 확인하는 일
③ 근로자가 작업대에 탑승하기 전, 안전모 및 안전대를 착용하고 안전대를 구
명줄에 체결했는지 확인하는 일
④ 작업방법 및 근로자 배치를 결정하고 작업 진행상태를 감시하는 일

>>> **제3회** <<<

01 다음은 하인리히, 버드, 아담스의 재해 이론을 나타낸 표이다. 빈칸에 알맞은 말을 쓰시오.

구분	하인리히	버드	아담스
제1단계	사회적 환경과 유전적 요소	①	관리 구조
제2단계	개인적 결함	기본 원인	작전적 에러
제3단계	②	직접 원인	③
제4단계	사고	사고	사고
제5단계	상해	상해	상해

해답 ① 통제 부족
② 불안전한 행동 및 상태
③ 전술적 에러

02 의무안전인증 대상 방호장치를 4가지 쓰시오.

해답 ① 절연용 방호구 및 활선작업용 기구
② 충돌 · 협착 등의 위험방지에 필요한 산업용 로봇 방호장치
③ 압력용기 압력방출용 안전밸브
④ 압력용기 압력방출용 파열판
⑤ 프레스 및 전단기 방호장치
⑥ 양중기용 과부하방지장치
⑦ 보일러 압력방출용 안전밸브

03 산업안전보건법에 따라 로봇 작업의 특별안전보건교육 내용을 4가지 쓰시오.

해답 ① 로봇의 기본 원리, 구조 및 작업방법에 관한 사항
② 이상 발생 시 응급조치에 관한 사항
③ 안전시설 및 안전기준에 관한 사항
④ 조작방법 및 작업순서에 관한 사항

04 작업 효율성을 높이기 위한 Barnes(반즈)의 동작경제의 3원칙을 쓰시오.

해답 ① 신체 사용에 관한 원칙

② 작업장 배치에 관한 원칙

③ 공구 및 설비 디자인에 관한 원칙

해설 동작경제의 3원칙

(1) 신체 사용에 관한 원칙

① 가능한 한 관성을 이용하여 작업하고, 갑작스러운 방향 전환은 피한다.

② 휴식시간을 제외하고는 양손이 동시에 쉬지 않도록 한다.

③ 두 팔의 동작은 동시에 서로 반대 방향에서 대칭적으로 움직이도록 한다.

(2) 작업장 배치에 관한 원칙

① 공구나 재료는 작업 시 동작이 원활하게 수행되도록 정해진 위치에 배치한다.

② 공구, 재료, 제어장치는 사용위치에 가까이 둔다.

(3) 공구 및 설비 디자인에 관한 원칙

① 공구를 결합하여 사용한다.

② 치공구나 발로 조정하는 장치에 의해 수행할 수 있는 작업에는 손의 부담을 덜어 주도록 한다.

05 다음 FT도에서 최소 컷셋(minimal cut set)을 구하여 쓰시오.

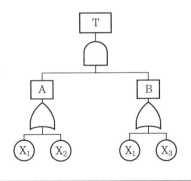

풀이 ① $T = A \cdot B = \binom{X_1}{X_2}\binom{X_1}{X_3} = (X_1)(X_1X_3)(X_1X_2)(X_2X_3)$

② 컷셋 : $\{X_1\}$, $\{X_1, X_3\}$, $\{X_1, X_2\}$, $\{X_2, X_3\}$

③ 최소 컷셋 : $\{X_1\}$, $\{X_2, X_3\}$

해답 $\{X_1\}$, $\{X_2, X_3\}$

06 연삭기의 숫돌 지름이 200mm이고 전동기와 직결된 회전수가 3600rpm일 때, 연삭 숫돌의 원주속도는 약 몇 m/min인지 계산하시오.

풀이 $V = \dfrac{\pi DN}{1000} = \dfrac{\pi \times 200 \times 3600}{1000} \fallingdotseq 2261\,\text{m/min}$

해답 약 $2261\,\text{m/min}$

해설 원주속도 $V = \dfrac{\pi DN}{1000}$

여기서, D : 숫돌 지름(mm), N : 회전수(rpm)

07 다음은 권과방지장치에 대한 설명이다. ( ) 안에 알맞은 기준을 쓰시오.

권과방지장치는 훅, 버킷 등 달기구의 윗면이 드럼, 상부 도르래, 트롤리프레임 등 권상장치의 아랫면과 접촉할 우려가 있을 때, 그 간격이 (①)이 되도록 조정해야 한다. 단, 직동식 권과방지장치는 (②)으로 한다.

해답 ① 0.25m 이상
② 0.05m 이상

08 저압 전기기기의 누전으로 인한 감전 재해를 방지하기 위한 대책으로 필요한 조치사항을 3가지 쓰시오.

해답 ① 보호접지　② 안전전압의 사용
③ 비접지식 전로의 채용　④ 누전차단기 설치

09 점화원의 방폭적 격리(전폐형 방폭구조)의 종류를 3가지 쓰시오.

해답 ① 압력 방폭구조
② 유입 방폭구조
③ 내압 방폭구조

참고 전기설비의 기본개념
① 점화원의 방폭적 격리 : 압력 방폭구조, 유입 방폭구조, 내압 방폭구조
② 전기설비의 안전도 증강 : 안전증 방폭구조
③ 점화능력의 본질적 억제 : 본질안전 방폭구조

10 산업안전보건법령에 따라 대상 설비에 설치된 안전밸브 또는 파열판은 일정한 검사 주기마다 적정하게 작동하는지 검사해야 한다. 다음의 설치 구분에 따른 검사주기를 쓰시오.

(1) 유체와 안전밸브의 디스크 또는 시트가 직접 접촉될 수 있도록 설치된 경우
(2) 안전밸브 전단에 파열판이 설치된 경우
(3) 고용노동부장관이 실시하는 공정안전보고서 이행상태 평가결과가 우수한 사업장 의 경우

해답 (1) 매년 1회 이상
(2) 2년마다 1회 이상
(3) 4년마다 1회이상

11 거푸집 조립작업을 순서대로 진행할 때, 각 단계에 해당하는 작업을 쓰시오.

1단계	2단계	3단계	4단계	5단계	6단계	7단계
①	②	큰 보	작은 보	③	내벽	④

해답 ① 기둥
② 보받이 내력벽
③ 바닥판
④ 외벽

12 산업안전보건법 시행규칙에 따라 폭발성·물반응성·자기반응성·자기발열성 물질, 자연발화성 액체·고체 및 인화성 액체의 제조 또는 취급작업에서 실시해야 하는 특 별교육 내용을 5가지 쓰시오.

해답 ① 폭발성·물반응성·자기반응성·자기발열성 물질, 자연발화성 액체·고체 및 인화성 액체의 성질이나 상태에 관한 사항
② 폭발 한계점, 발화점 및 인화점 등에 관한 사항
③ 취급방법 및 안전수칙에 관한 사항
④ 이상 발견 시 응급처치 및 대피요령에 관한 사항
⑤ 화기·정전기·충격 및 자연발화 등 위험방지에 관한 사항
⑥ 작업순서, 취급 주의사항 및 방호거리 등에 관한 사항
⑦ 기타 안전·보건관리에 필요한 사항

13 지게차의 헤드 가드 구비조건에 관한 내용이다. ( ) 안에 알맞은 내용을 쓰시오.

> • 상부틀의 각 개구의 폭 또는 길이가 (①)일 것
> • 강도는 지게차 최대 하중의 (④)값의 등분포 정하중에 견딜 수 있을 것(단, 4t 을 넘는 값에 대해서는 (⑥)으로 한다.)

해답 ① 16cm 미만
② 2배
③ 4t

해설 지게차의 헤드 가드 구비조건
① 상부틀의 각 개구의 폭 또는 길이가 16cm 미만일 것
② 강도는 지게차 최대 하중의 2배값의 등분포 정하중에 견딜 수 있을 것(단, 4t을 넘는 값에 대해서는 4t으로 한다.)
③ 운전자가 앉아서 조작하는 좌석 윗면에서 헤드 가드의 상부틀 아랫면까지의 높이는 1m 이상일 것
④ 운전자가 서서 조작하는 운전석의 바닥면에서 헤드 가드의 상부틀 하면까지의 높이는 1.88m 이상일 것

14 유해·위험방지 계획서를 고용노동부장관에게 제출하고 심사를 받아야 하는 대상 건설공사의 기준 중 연면적 500m^2 이상인 시설을 4가지 쓰시오.

해답 ① 문화 및 집회시설(전시장, 동물원, 식물원 제외)
② 운수시설(고속철도 역사, 집배송시설 제외)
③ 종교시설, 의료시설 중 종합병원
④ 숙박시설 중 관광숙박시설
⑤ 판매시설, 지하도상가, 냉동·냉장창고시설

PART 2
작 업 형
실전문제

기출문제를
재구성한 **작업형 실전문제 1**

---1부---

01 화면을 보고, 항타기와 항발기 작업 시 감전 위험을 방지하기 위한 조치사항 3가지를 쓰시오.

[동영상 설명] 화면은 충전 전로 근처에서 항타기와 항발기를 이용하여 전봇대를 세우던 중, 인접한 활선 전로에 접촉하여 스파크가 발생한 장면이다.

[해답] ① 차량 등을 충전 전로의 충전부로부터 300cm 이상 이격시키되, 대지 전압이 50kV를 넘는 경우에는 10kV가 증가할 때마다 이격거리를 10cm씩 증가시킨다.
② 노출된 충전부에 절연용 방호구를 설치하고 충전부를 절연, 격리한다.
③ 울타리를 설치하거나 감시인을 두고 작업을 감시하도록 한다.
④ 접지 등 충전 전로와 접촉할 우려가 있는 경우, 작업자가 접지점에 접촉되지 않도록 한다.

02 화면을 보고, 안전인증을 받아야 하는 보호구 8가지를 쓰시오.

[동영상 설명] 화면은 다양한 작업환경에서 작업자의 안전을 위해 착용하는 개인 보호구를 보여주는 장면이다.

[해답] ① 안전모(AB형, ABE형)
② 안전화
③ 안전장갑
④ 방진마스크
⑤ 방독마스크
⑥ 송기마스크
⑦ 전동식 호흡보호구
⑧ 보호복
⑨ 안전대
⑩ 차광 및 비산물 위험방지용 보안경
⑪ 용접용 보안면
⑫ 방음용 귀마개 또는 귀덮개

03 화면을 보고, 인쇄윤전기 작업 시 작업자의 행동에서 발생할 수 있는 위험점과 그 정의를 쓰시오.

동영상 설명 화면은 작업자가 전원을 차단하지 않은 상태에서 인쇄윤전기 롤러를 점검하던 중, 롤러 사이에 손이 말려 들어가는 사고가 발생한 장면이다.

해답 ① 위험점 : 물림점
② 물림점의 정의 : 회전하는 2개의 롤러 사이에 물려 들어가면서 발생하는 위험점

04 화물자동차로 화물을 운송할 때 작업시작 전 점검해야 할 사항 3가지를 쓰시오.

동영상 설명 화면은 작업시작 전 대형 화물자동차가 대기하고 있는 장면이다.

해답 ① 제동장치 기능의 이상 유무
② 조종장치 기능의 이상 유무
③ 바퀴의 이상 유무
④ 하역장치 및 유압장치 기능의 이상 유무

05 화면을 보고, 승강기 컨트롤 패널 점검 시 재해의 발생형태와 가해물의 종류 3가지를 쓰시오.

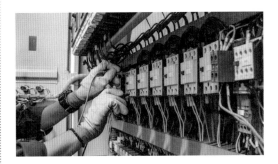

동영상 설명 화면은 작업자가 배전반 내 승강기 컨트롤 패널 점검을 위해 측정기로 절연저항을 측정하던 중, 다른 작업자가 패널 뒤쪽으로 이동하다가 쓰러지는 장면이다.

해답 (1) 재해의 발생형태 : 감전
(2) 가해물의 종류
① 전기
② 전선
③ 배전반
④ 컨트롤 패널

06 VDT 작업 시 작업장 주변의 적절한 조도를 쓰시오.

(1) 바탕화면이 흰색 계통일 경우
(2) 바탕화면이 검은색 계통일 경우

동영상 설명 화면은 VDT(영상표시 단말기)를 사용하는 사무실에서 작업자가 자료 입력을 위해 키보드나 마우스를 조작하는 장면이다.

해답 (1) 500 lux 이상 700 lux 이하
(2) 300 lux 이상 500 lux 이하

07 브레이크 라이닝 패드를 제작하는 작업자가 착용해야 할 보호구 3가지를 쓰시오.

동영상 설명 화면은 브레이크 라이닝 패드를 제작하는 작업에서 장기간 석면에 노출될 경우, 폐암이나 석면폐증과 같은 질병이 발생할 위험이 있는 장면이다.

해답 ① 특급 방진마스크
② 보호안경
③ 보호복과 보호신발
④ 산소결핍 시에는 송기마스크

08 교류아크용접기의 방호장치인 자동전격방지기의 종류 4가지를 쓰시오.

동영상 설명 화면은 작업자가 교류아크용접기를 이용하여 현장에서 용접작업을 하는 장면이다.

해답 ① 외장형
② 내장형
③ L형(저저항 시동형)
④ H형(고저항 시동형)

09 화면을 보고, 프레스 작업 시 재해를 예방하기 위한 대책 2가지를 쓰시오.

동영상 설명 화면은 작업자가 프레스 작업을 하던 중, 손으로 이물질을 제거하려 실수로 페달을 밟아 손을 다치는 재해가 발생한 장면이다.

해답 ① 게이트 가드식 등의 안전장치를 설치하여 사전에 사고를 예방한다.
② 프레스기 페달에 U자형 덮개를 설치한다.

2부

---

01 화면을 보고, 둥근톱기계 작업 시 안전을 위해 필요한 조치사항 3가지를 쓰시오.

동영상 설명 화면은 작업자가 둥근톱기계를 이용하여 나무를 자르던 중, 부주의로 손가락이 잘리는 사고가 발생한 장면이다.

해답 ① 날 접촉예방장치, 반발방지기구, 반발방지롤러, 분할 날, 보조 안내판 등을 설치한다.
② 둥근톱기계 작업 시 손이 말려 들어갈 위험이 있으므로 장갑을 착용하지 않는다.
③ 나무 파편 등이 튀는 경우를 대비하여 보안경과 방진마스크 등의 보호구를 착용한다.
④ 다른 곳을 보는 등 부주의한 행동을 하지 않는다.

02 리프트 작업을 시작하기 전에 점검해야 할 사항을 쓰시오.

동영상 설명 화면은 리프트를 이용하여 건물 외벽에서 작업하는 장면이다.

해답 ① 방호장치, 브레이크 및 클러치의 기능
② 리프트의 전반적인 구조상태 및 작동상태

03 화면을 보고, 추락사고의 발생원인 3가지를 쓰시오.

동영상 설명 화면은 작업자가 공사 현장에서 추락 방호망과 작업 발판이 설치되지 않은 구역을 지나가던 중, 추락사고가 발생한 장면이다.

해답 ① 피트 내부에 추락 방호망이 설치되지 않았다.
② 작업 발판이 고정되지 않았다.
③ 개인 보호구인 안전대를 착용하지 않았다.

04 화면을 보고, 충전 전로에서 전기작업 시 감전사고를 예방하기 위해 조치할 사항 3가지를 쓰시오.

동영상 설명 화면은 충전 전로에서 전기작업을 하던 중, 감전사고가 발생한 장면이다.

해답 ① 작업자는 절연용 보호구를 착용한다.
② 충전 전로에 절연용 방호구를 설치한다.
③ 활선작업용 기구 및 장치를 사용한다.
④ 고압 및 특별 고압 전로에서 전기작업 시 활선작업용 기구 및 장치를 사용한다.
⑤ 유자격자가 아닌 작업자가 충전 전로 인근의 높은 곳에서 작업할 때, 대지 전압이 $50\,\mathrm{kV}$ 이하일 경우 작업자의 몸이 $300\,\mathrm{cm}$ 이내로 접근하지 않도록 한다. 대지 전압이 $50\,\mathrm{kV}$를 초과하면, $10\,\mathrm{kV}$당 $10\,\mathrm{cm}$씩 추가로 접근을 제한해야 한다.

05 LPG가스 용기를 보관하기에 부적합한 장소 3군데를 쓰시오.

동영상 설명　화면은 LPG가스 용기를 보관하는 장소를 보여주는 장면이다.

해답　① 통풍이나 환기가 되지 않는 밀폐된 장소
② 화기를 사용하는 장소
③ 위험물, 가연성 물질 등을 취급하는 장소

06 안전인증 대상 방음용 귀덮개(EM)의 주파수 1000Hz, 2000Hz, 3000Hz에 대한 차음치(dB)의 기준을 쓰시오.

중심 주파수(Hz)	차음치(dB)
1000	(①) 이상
2000	(②) 이상
4000	(③) 이상

동영상 설명　화면은 귀덮개를 착용하고 목공작업을 하는 작업자의 모습을 보여주는 장면이다.

해답　① 25　② 30　③ 35
해설　중심 주파수별 차음치

중심 주파수 (Hz)	차음치(dB)		
	EP-1	EP-2	EM
125	10 이상	10 미만	5 이상
250	15 이상	10 미만	10 이상
500	15 이상	10 미만	20 이상
1000	20 이상	20 미만	25 이상
2000	25 이상	20 이상	30 이상
4000	25 이상	25 이상	35 이상
8000	20 이상	20 이상	20 이상

07 화면을 보고, 황산이 쏟아져 발생한 재해형태와 그 정의를 쓰시오.

동영상 설명　화면은 실험실에서 작업자가 비커에 담긴 황산을 실린더에 따르는 장면이다.

해답　① 재해 형태 : 황산 접촉
② 정의 : 황산에 접촉 또는 흡입했거나 독성물질에 노출되어 발생한 경우

08 자동차 브레이크 라이닝을 세척할 때 착용해야 할 보호구 3가지를 쓰시오.

동영상 설명 화면은 작업자가 개인 보호구를 착용하지 않은 채 화학약품으로 자동차 부품을 세척하는 장면이다.

해답 ① 불침투성 보호복
② 화학물질용 안전화
③ 화학물질용 안전장갑
④ 보안경
⑤ 유기화합물용 방독마스크

09 터널공사 중 낙반 등의 위험을 조기에 파악하기 위한 계측 관리사항 3가지를 쓰시오.

동영상 설명 화면은 작업자가 터널공사를 진행하는 장면이다.

해답 ① 내공 변위 측정
② 록볼트(rock bolt) 축력 측정
③ 지중 및 지표면 침하 측정
④ 숏크리트 응력 측정
참고 ① 내공 변위 측정 : 터널 내부 구조물의 변형 정도를 측정하는 것
② 록볼트 축력 측정 : 록볼트에 가해지는 힘을 측정하는 것
③ 지중 및 지표편 침하 측정 : 지반의 침하 정도를 측정하는 것
④ 숏크리트 응력 측정 : 숏크리트에 가해지는 응력을 측정하는 것

━━━━━ 3부 ━━━━━

01 휴대용 연삭기의 방호장치와 설치 각도를 쓰시오.

[동영상 설명] 화면은 작업자가 휴대용 연삭기를 이용하여 연삭작업을 하는 장면이다.

[해답] ① 방호장치 : 덮개
② 방호장치의 설치 각도 : 180° 이내

02 활선작업 시 주요 위험요인 3가지를 쓰시오.

[동영상 설명] 화면은 두 작업자가 전기설비를 유지·보수하기 위해 활선작업을 하는 장면이다.

[해답] ① 절연용 방호구 미설치로 인해 근접 활선에 대한 감전 위험
② 절연용 보호구 착용상태 불량으로 인한 감전 위험
③ 활선작업 시 안전거리 미준수로 인한 감전 위험

03 장기간 방치된 밀폐공간에서 작업할 때 준수해야 할 안전수칙 3가지를 쓰시오.

[동영상 설명] 화면은 장기간 사용하지 않은 우물 내부, 해수 열교환기의 관, 암거, 맨홀, 피트 등과 같은 밀폐공간에서 작업하던 작업자가 호흡곤란을 겪고 있는 장면이다.

[해답] ① 작업시작 전 산소 및 유해가스 농도를 측정한 후 작업을 진행한다.
② 산소농도가 18% 미만일 경우에는 즉시 작업을 중지하고 환기한다.
③ 산소결핍 장소에서 작업할 때는 송기마스크나 공기호흡기를 착용한다.
④ 감시인을 배치하여 내부 작업자와 수시로 연락을 유지한다.

04 화면을 보고, 증기배관 보수작업 시 산업재해 기록 및 분류 지침에 따른 재해 발생형태를 쓰시오.

동영상 설명 화면은 증기배관의 보수작업 중 증기가 누출되고 있는 장면이다.

해답 이상온도의 노출과 접촉

05 화면을 보고, 타워크레인 작업 시 재해의 형태와 그 정의를 쓰시오.

동영상 설명 화면은 타워크레인으로 자재를 운반하던 중, 자재가 떨어져 작업자에게 부딪힌 사고가 발생한 장면이다.

해답 (1) 재해의 형태 : 낙하(맞음)
(2) 낙하의 정의
① 높은 곳에서 물체가 떨어져 사람에게 피해를 주는 경우
② 와이어로프에 고정되어 있던 물체가 이탈하여 떨어지면서 사람에게 피해를 주는 경우

06 국소배기장치의 덕트를 기준에 맞게 설치할 때 고려해야 할 사항 3가지를 쓰시오.

동영상 설명 화면은 분진 등을 배출하기 위한 국소배기장치의 덕트가 설치된 장면이다.

해답 ① 덕트의 길이는 가능한 짧게 하고, 굴곡 부위는 최소화한다.
② 접속부 안쪽에 돌출된 부분이 없도록 한다.
③ 청소구를 설치하여 청소하기 쉬운 구조로 한다.
④ 덕트 내부에 오염물질이 쌓이지 않도록 이송 속도를 유지한다.
⑤ 연결 부위 등에서 외부 공기가 들어오지 않도록 한다.

07 화면과 같은 가죽제 안전화의 성능을 시험하는 방법 5가지를 쓰시오.

동영상 설명 화면은 가죽제 안전화를 보여주는 장면이다.

해답 ① 내답발성 시험
② 박리저항 시험
③ 내충격성 시험
④ 내압박성 시험
⑤ 내유성 시험
⑥ 내부식성 시험

08 고압 전선로 인근에서 항타기와 항발기로 작업할 때 지켜야 할 안전수칙 3가지를 쓰시오.

동영상 설명 화면은 고압 가공전선로 인근에서 항타기와 항발기를 이용하여 전봇대 이설작업을 하는 장면이다.

해답 ① 차량 등을 충전 전로의 충전부로부터 300 cm 이상 이격시키되, 대지 전압이 50 kV를 넘는 경우에는 10 kV가 증가할 때마다 이격거리를 10 cm씩 증가시킨다.
② 노출된 충전부에 절연용 방호구를 설치하고 충전부를 절연, 격리한다.
③ 울타리를 설치하거나 감시인을 배치하여 작업을 감시한다.
④ 접지 등 충전 전로와 접촉할 우려가 있는 경우, 작업자가 접지점에 접촉되지 않도록 한다.

09 화면을 보고, 사출성형기 작업 시 재해의 발생형태와 원인 2가지를 쓰시오.

동영상 설명 화면은 작업자가 전원을 차단하지 않고 보호구도 착용하지 않은 채, 맨손으로 사출성형기 작업을 하다가 충전부에 접촉하여 감전사고가 발생한 장면이다.

해답 (1) 재해 발생형태 : 감전
(2) 원인
① 정전작업 미실시
② 절연용 보호구 미착용

>>> **제2회** <<<

───── **1부** ─────

01 인쇄윤전기 방호장치의 성능을 확인하기 위해 롤러의 표면 원주속도(m/min)를 구하는 공식을 쓰시오.

[동영상 설명] 화면은 작업자가 인쇄윤전기를 이용하여 인쇄작업을 하는 장면이다.

[해답] 표면속도 $V = \dfrac{\pi DN}{1000}$

여기서, V : 롤러 표면속도(m/min)
D : 롤러 원통의 직경(mm)
N : 1분간 롤러가 회전하는 수(rpm)

02 구내운반차 작업 시 준수사항 4가지를 쓰시오.

[동영상 설명] 화면은 작업자가 구내운반차로 물건을 운반하는 장면이다.

[해답] ① 바퀴의 이상 유무
② 제동장치 및 조종장치 기능의 이상 유무
③ 하역장치 및 유압장치 기능의 이상 유무
④ 전조등, 후미등, 방향지시기 및 경보장치 기능의 이상 유무

03 화면을 보고, 승강기 컨트롤 패널 점검 시 감전사고를 방지하기 위한 대책 3가지를 쓰시오.

[동영상 설명] 화면은 작업자가 승강기 컨트롤 패널을 점검하던 중, 전원을 차단하지 않고 전선을 만지다가 감전사고가 발생한 장면이다.

[해답] ① 전원을 차단한 후 단로기를 개방한다.
② 단락 접지기구를 이용하여 접지한다.
③ 잔류전하를 완전히 방전시킨다.
④ 검전기를 이용하여 작업대상 기기의 충전상태를 확인한다.
⑤ 차단장치나 단로기에 잠금장치를 하고 꼬리표를 부착한다.

04 화면을 보고, 컴퓨터 VDT 작업자의 올바른 작업 자세를 쓰시오.

(1) 시선
(2) 팔뚝과 위팔의 각도
(3) 무릎 굽힘 각도

동영상 설명 화면은 컴퓨터 VDT(영상표시 단말기) 작업자가 자료 입력을 위해 키보드나 마우스를 조작하는 장면이다.

해답 (1) 수평면 아래 10~15°
(2) 90° 이상
(3) 90° 정도

05 항타기와 항발기를 조립할 때 점검해야 할 사항 4가지를 쓰시오.

동영상 설명 화면은 건설 현장에서 작업자가 항타기와 항발기 작업을 하는 장면이다.

해답 ① 본체 연결부의 풀림 또는 손상 유무
② 권상장치의 브레이크 및 쐐기장치 기능의 이상 유무
③ 권상기 설치상태의 이상 유무
④ 버팀방법 및 고정상태의 이상 유무
⑤ 권상용 와이어로프, 드럼 및 도르래 부착상태의 이상 유무

06 방열복 내열 원단의 시험성능에 관한 기준 5가지를 쓰시오.

동영상 설명 화면은 개인 보호구 중 방열복을 보여주는 장면이다.

해답 ① 난연성   ② 절연저항
③ 인장강도   ④ 내열성
⑤ 내한성

07 화면을 보고, 작업자가 착용해야 할 화학물질용 보호구 4가지를 쓰시오.

동영상 설명 화면은 브레이크 라이닝 패드를 분해하여 화학물질에 담가 세척하는 작업을 하는 장면이다.

해답 ① 방독마스크 ② 보안경
③ 안전장갑 ④ 안전화
⑤ 보호복

08 누전차단기를 설치해야 하는 장소 3군데를 쓰시오.

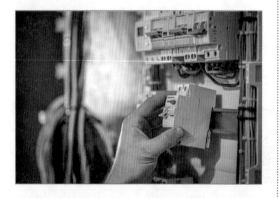

동영상 설명 화면은 전기 기계·기구의 누전으로 인한 감전 위험을 방지하기 위해 설치하는 누전차단기를 보여주는 장면이다.

해답 ① 대지 전압 150 V를 초과하는 전기 기계·기구가 노출된 금속체
② 전기 기계·기구의 금속제 외함, 금속제 외피 및 철대
③ 고압 이상의 전기를 사용하는 전기 기계·기구 주변의 금속제 칸막이
④ 임시 배선의 전로가 설치되는 장소

09 화면을 보고, 양수기 수리작업 시 발생할 수 있는 위험요인 3가지를 쓰시오.

동영상 설명 화면은 작업자가 장갑을 착용한 채 작동 중인 양수기를 수리하던 중, 잡담을 하며 작업에 집중하지 못해 벨트에 손이 말려 들어가는 사고가 발생한 장면이다.

해답 ① 작동 중인 양수기를 수리하고 있어 사고의 위험이 있다.
② 장갑을 착용한 채 작동 중인 양수기를 수리하고 있어, 접선 물림점에 손을 다칠 수 있다.
③ 작업자가 잡담을 하며 작업에 집중하지 못해 사고 위험이 있다.

---2부---

01 화면을 보고, 둥근톱기계 작업 시 안전한 작업방법 3가지를 쓰시오.

[동영상 설명] 화면은 작업자가 보호구를 착용하지 않고, 면장갑을 착용한 채 둥근톱기계로 목재를 가공하는 장면이다.

[해답] ① 면장갑 착용 금지
② 날 접촉예방장치 설치
③ 반발예방장치 설치

02 화면을 보고, 재해의 발생형태와 기인물을 쓰시오.

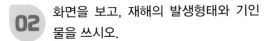

[동영상 설명] 화면은 LPG가 대기 중에 유출되어 폭발사고가 발생한 장면이다.

[해답] ① 재해의 발생형태 : 폭발
② 기인물 : LPG

03 화면을보고, 이동식 크레인에 관하여 다음에 대해 쓰시오.

(1) 크레인 작업 시 안전대책 3가지
(2) 작업자가 충전 전로와 유지할 이격거리

[동영상 설명] 화면은 50kV의 고압이 흐르는 고압선 주변에서 이동식 크레인으로 작업하던 중, 크레인의 붐대 끝이 전선에 닿아 감전사고가 발생한 장면이다.

[해답] (1) ① 차량 등을 충전 전로의 충전부로부터 300cm 이상 이격시키되, 대지 전압이 50kV를 넘는 경우에는 10kV가 증가할 때마다 이격거리를 10cm씩 증가시킨다.
② 노출된 충전부에 절연용 방호구를 설치하고 충전부를 절연, 격리한다.
③ 절연용 방호구를 설치하고, 접근 한계거리까지는 유자격자가 작업하도록 한다.
④ 울타리를 설치하거나 감시인을 배치하여 작업을 감시한다.
⑤ 접지 등으로 인해 충전 전로와 접촉할 우려가 있는 경우, 작업자가 접지점에 접촉되지 않도록 한다.
(2) 3m 이상

04 건설용 리프트 작업 시 준수해야 할 안전수칙 4가지를 쓰시오.

동영상 설명 화면은 건설 현장에서 작업자들이 건설용 리프트를 이용하여 올라가는 장면이다.

해답 ① 화물용 리프트에는 사람이 탑승하지 않는다.
② 상승작업을 하기 전 작업자에게 경보를 울려 알린다.
③ 운전 중 이상이 발생하면 비상정지버튼을 눌러 즉시 정지한다.
④ 운전원은 전담 요원으로 배치하고 특별 안전교육을 실시한다.
⑤ 각 층의 2중 안전문은 항상 닫힌 상태로 유지한다.

05 화면을 보고, 추락사고의 핵심 위험요인 3가지를 쓰시오.

동영상 설명 화면은 아파트 공사 중 작업자가 부실한 작업 발판에서 추락한 장면이다.

해답 ① 개구부에 추락 방호망을 설치하지 않았다.
② 작업 발판을 고정하지 않았다.
③ 안전대 부착 설비를 설치하지 않았다.
④ 안전대를 착용하지 않았다.
⑤ 개구부 끝에 안전난간을 설치하지 않았다.

06 방진마스크의 일반적인 구조 조건 3가지를 쓰시오.

동영상 설명 화면은 작업자가 분진, 미스트, 흄 등이 호흡기를 통해 체내로 유입되는 것을 방지하기 위해 방진마스크를 착용하고 있는 장면이다.

해답 ① 쉽게 착용할 수 있어야 하며, 착용 시 안면부가 얼굴에 밀착되어 공기가 새지 않아야 한다.
② 여과재는 여과 성능이 우수하고 인체에 해를 끼치지 않아야 한다.
③ 흡·배기밸브는 미약한 호흡에도 민감하게 작동해야 하며, 흡·배기 저항이 낮아야 한다.
④ 머리끈은 적당한 길이와 탄력성을 가지며, 길이를 쉽게 조절할 수 있어야 한다.

07 화면을 보고, 터널작업 시 재해 위험을 방지하기 위한 대책 3가지를 쓰시오.

동영상 설명 화면은 작업자가 터널작업 중 낙반, 주석, 구조물 불안정 등으로 인해 재해위험이 있는 장면이다.

해답 ① 터널 지보공 설치
② 록볼트 설치
③ 부석 제거

08 작업자가 추락할 위험이 있는 작업 발판의 통로 끝이나 개구부에 설치해야 할 설비 3가지를 쓰시오.

동영상 설명 화면은 작업자가 승강기 피트 내부에서 작업하던 중, 작업 발판이나 통로 끝 또는 개구부에서 추락사고가 발생한 장면이다.

해답 ① 안전난간
② 울타리
③ 덮개
④ 수직형 추락 방호망

09 화면을 보고, 핸드 절단기 작업 시 작업에서 나타난 불안전한 행동 3가지를 쓰시오.

동영상 설명 화면은 보호구를 착용하지 않은 작업자가 핸드 절단기를 이용하여 대리석을 자르던 중, 좌측 핸드 절단기가 정지하자 면장갑을 착용한 손으로 톱날을 만지며 점검하는 장면이다.

해답 ① 보호구(보안경, 방진마스크 등)를 착용하지 않았다.
② 전원을 차단하지 않고 둥근톱기계를 점검하였다.
③ 면장갑을 낀 손으로 톱날을 만지며 점검하였다.

━━━━━━ 3부 ━━━━━━

01 화면을보고, 탁상 연삭기에 관하여 다음에 대해 쓰시오.

(1) 기인물
(2) 파편, 연삭 칩의 비래에 대비하여 설치해야 하는 방호장치
(3) 숫돌과 가공면과의 적절한 각도
(4) 위험요소 3가지

동영상 설명) 화면은 작업자가 연삭기로 공작물을 연삭하던 중, 공작물이 튀어 사고가 발생한 장면이다.

해답) (1) 탁상용 연삭기
  (2) 덮개 및 칩 비산방지투명판
  (3) 연삭기 정면에서 15°
  (4) ① 덮개 및 칩 비산방지투명판을 설치하지 않았다.
      ② 보안경을 착용하지 않았다.
      ③ 워크리스트 작업대를 설치하지 않았다.

02 화면을 보고, 스팀배관 작업 시 예상되는 재해의 발생형태를 쓰시오.

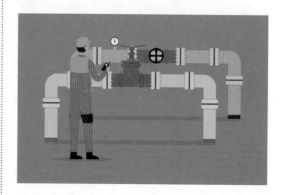

동영상 설명) 화면은 작업자가 보안경을 착용하지 않은 상태에서 고온의 스팀배관을 보수하기 위해 고장 부위를 점검하는 장면이다.

해답) 이상온도 노출 · 접촉

03 화면을 보고, 가연성 액체가 점화원에 의해 발생하는 폭발의 명칭을 쓰시오.

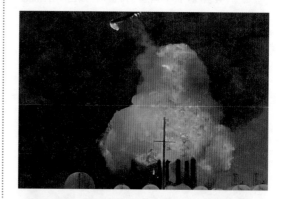

동영상 설명) 화면은 가압 상태의 저장용기에서 가연성 액체가 대기 중으로 유출되어 순간적으로 기화된 후, 점화원에 의해 폭발사고가 발생한 장면이다.

해답) 증기운 폭발(UVCE)

04 화면을 보고, 감전사고의 위험요소 2가지를 쓰시오.

[동영상 설명] 화면은 작업자가 전봇대에서 절연장갑을 착용하지 않고 작업하던 중, 감전사고가 발생한 장면이다.

[해답] ① 전기 절연용 보호구(절연장갑, 절연화 등)를 착용하지 않았다.
② 작업 중 전선의 상태를 제대로 확인하지 않았다.
③ 전원을 차단하지 않고 작업을 진행하였다.

05 화면을 보고, 재해의 발생형태와 그 정의를 쓰시오.

[동영상 설명] 화면은 아시바 파이프를 인양하던 중, 결속된 로프가 끊어져 파이프가 떨어지면서 지나가던 작업자에게 부딪혀 재해가 발생한 장면이다.

[해답] (1) 재해의 발생형태 : 낙하(맞음)
(2) 낙하의 정의
① 높은 곳에서 물체가 떨어져 사람에게 피해를 주는 경우
② 와이어로프에 고정되어 있던 물체가 이탈하여 떨어지면서 사람에게 피해를 주는 경우

06 화면과 같이 산소결핍이 우려되는 장소에서 사용되는 보호구 2가지를 쓰시오.

[동영상 설명] 화면은 산소결핍이 우려되는 광산이나 갱내에서 폭발사고가 발생한 장면이다.

[해답] ① 공기호흡기
② 송기마스크

07 둥근톱기계의 덮개 하단과 가공재 사이의 간격, 그리고 덮개 하단과 테이블 사이의 높이를 각각 얼마로 조정해야 하는지 쓰시오.

[동영상 설명] 화면은 안전장치가 없는 둥근톱기계에 고정식 날 접촉예방장치를 설치한 장면이다.

[해답] ① 덮개 하단과 가공재 사이 : 8mm 이하
② 덮개 하단과 테이블 사이 : 25mm 이하

08 국소배기장치의 후드를 설치할 때 고려해야 할 사항 3가지를 쓰시오.

[동영상 설명] 화면은 유해인자의 발생형태, 비중, 작업방법 등을 고려하여 분진 등을 배출하기 위한 국소배기장치의 후드가 설치된 장면이다.

[해답] ① 유해물질이 발생하는 장소에 설치한다.
② 후드 형식은 가능한 포위식, 부스식 후드로 설치한다.
③ 외부식, 리시버식 후드는 분진 등의 발산원에 가장 가까운 위치에 설치한다.
④ 유해인자의 발생형태, 비중, 작업방법 등을 고려하여 분진 등의 발산원을 효과적으로 제어할 수 있는 구조로 설치한다.

09 황산이 인체에 흡수되는 경로 2가지를 쓰시오.

[동영상 설명] 화면은 작업자가 마스크를 착용하지 않고 맨손으로 실험실에서 황산을 컵에 따르는 장면이다.

[해답] ① 피부를 통해 흡수된다.
② 호흡기를 통해 폐에 흡수된다.
③ 입을 통해 소화기관에 흡수된다.

>>> 제3회 <<<

──── 1부 ────

01 항타기 또는 항발기의 조립작업 시 안전규정에 대한 법적기준을 (   ) 안에 알맞게 쓰시오.

- 항타기 또는 항발기의 권상장치 드럼축과 권상장치로부터 첫 번째 도르래 축 사이의 거리는 권상장치 드럼 폭의 (①) 이상이어야 한다.
- 도르래는 권상장치 드럼의 중심을 지나며 축과 (②)에 있어야 한다.

동영상 설명 화면은 항타기 또는 항발기 조립작업을 하는 장면이다.

해답 ① 15배
② 수직면상

02 화면을 보고, 드럼통 운반작업에서의 위험요인과 안전대책을 각각 3가지씩 쓰시오.

동영상 설명 화면은 작업자가 중량물 드럼통을 혼자 손으로 굴리며 운반하던 중, 허리를 삐끗하며 다리를 다치는 사고가 발생한 장면이다.

해답 (1) 위험요인
① 중량물을 인력으로 운반할 경우 위험하다.
② 중량물의 흔들림이나 이동을 제대로 조절하지 않았다.
③ 작업에 적합한 운반기구를 사용하지 않았다.
④ 불량한 작업 자세로 인해 허리를 다칠 수 있다.
(2) 안전대책
① 중량물 운반 시 기계를 사용하며 인력으로 운반하는 것은 피한다.
② 드럼통이 흔들리지 않도록 주의한다.
③ 작업에 적합한 운반기구를 사용한다.
④ 올바른 작업 자세를 유지하여 허리를 보호한다.

03 화면을 보고, 인쇄윤전기 작업 시 발생한 재해의 주요 위험요인 2가지를 쓰시오.

[동영상 설명] 화면은 작업자가 인쇄윤전기의 전원이 켜진 상태에서 회전 중인 롤러를 걸레로 청소하던 중, 재해가 발생한 장면이다.

[해답] ① 전원을 차단하지 않고 걸레로 청소를 하였다.
② 작업자가 장갑을 착용한 채 청소를 하였다.
③ 인쇄윤전기에 인터록 장치가 설치되지 않았다.

04 작업자가 장시간 석면에 노출될 경우 우려되는 질병 3가지를 쓰시오.

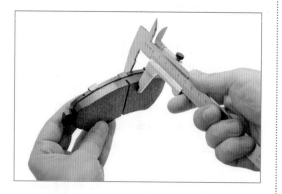

[동영상 설명] 화면은 작업자가 브레이크 라이닝 패드를 제작하는 작업을 하는 장면이다.

[해답] ① 폐암
② 석면폐증
③ 악성중피종

05 화면을 보고, 활선작업 시 내재되어 있는 핵심 위험요인 2가지를 쓰시오.

[동영상 설명] 화면은 작업자가 크레인을 이용하여 전봇대에서 전선작업을 하던 중, 한 작업자는 아래에서 절연용 방호구를 올리고, 다른 작업자는 크레인에서 그것을 받아 설치하다 감전사고가 발생한 장면이다.

[해답] ① 작업자가 절연용 보호구를 착용하지 않았다.
② 작업자가 접근 한계거리를 준수하지 않고 충전 전로에 접근하였다.
③ 활선작업용 기구 또는 장치를 사용하지 않았다.
④ 크레인 이격거리를 준수하지 않았다.

06 화면을보고, 지붕 위 패널 설치작업 시 재해원인2가지를쓰시오.

동영상 설명 화면은 공장 지붕 철골 위에서 패널 설치작업을 하던 중, 작업자가 실족하여 추락사고가 발생한 장면이다.

해답 ① 안전대 부착 설비 미설치
② 안전대 미착용
③ 추락 방호망 미설치

07 화면과 같은 자세로 VDT 작업을 장시간 수행할 경우 발생할 수 있는 재해 증상 3가지를 쓰시오.

동영상 설명 화면은 VDT(영상표시 단말기) 작업자가 의자에 엉덩이를 반쯤 걸친 자세로 앉아, 팔이 들린 상태로 키보드나 마우스를 조작하는 장면이다.

해답 ① 요통
② 어깨 및 손목통증
③ 시력저하 및 장애

08 황산으로 삼각 플라스크를 세척할 경우 발생할 수 있는 재해형태와 그 정의를 쓰시오.

동영상 설명 화면은 작업자가 삼각 플라스크를 황산(H_2SO_4)에 세척하는 장면이다.

해답 ① 재해형태 : 노출 · 접촉
② 노출 · 접촉의 정의 : 위험물질에 노출되어 피부에 직접 닿거나, 흡입을 통해 체내에 유입되는 경우

09 방열복 내열 원단의 시험성능에 관한 기준을 항목별로 구분하여 3가지를 쓰고, 설명하시오.

> **동영상 설명** 화면은 개인 보호구인 방열복을 보여주는 장면이다.

해답 ① 난연성 : 잔염 및 잔진 시간이 2초 미만이어야 하며, 녹거나 떨어지지 않고 탄화 길이가 102 mm 이내일 것
② 절연저항 : 표면과 이면의 절연저항이 1 MΩ 이상일 것
③ 인장강도 : 인장강도는 가로, 세로 방향으로 각각 25 kgf 이상일 것
④ 내열성 : 균열 또는 부풀음이 없을 것
⑤ 내한성 : 피복이 벗겨지거나 떨어지지 않을 것

2부

01 화면을 보고, 둥근톱기계와 탁상용 연삭기 작업에 관하여 다음 물음에 답하시오.

(1) 자율안전확인 대상 둥근톱기계의 방호장치 2가지를 쓰시오.
(2) 자율안전확인 대상 연삭기 덮개에 자율안전확인 표시 외 추가 표시사항 2가지를 쓰시오.

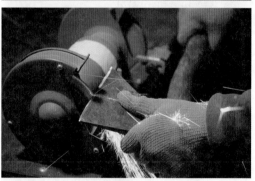

> **동영상 설명** 화면은 둥근톱기계와 탁상용 연삭기를 이용하여 목재를 가공하는 작업 장면이다.

해답 (1) ① 반발예방장치
② 날 접촉예방장치
(2) ① 숫돌 원주속도
② 숫돌 회전방향

02 건설용 리프트 작업의 특별안전보건교육 내용을 4가지 쓰시오.

동영상 설명 화면은 작업자가 건설용 리프트를 타고 있는 장면이다.

해답 ① 방호장치의 기능 및 사용에 관한 사항
② 기계·기구의 특성과 동작원리에 관한 사항
③ 신호방법 및 공동작업에 관한 사항
④ 기계·기구, 달기 체인 및 와이어 등의 점검에 관한 사항
⑤ 화물의 권상·권하 작업방법 및 안전작업 지도에 관한 사항
⑥ 기타 안전·보건관리에 필요한 사항

03 가설 통로를 설치할 때 준수해야 할 사항 4가지를 쓰시오.

동영상 설명 화면은 가설 통로를 설치하는 장면이다.

해답 ① 견고한 구조로 설치한다.
② 경사는 30° 이하로 유지한다. 단, 계단을 설치하거나 높이 2m 미만의 경우에는 튼튼한 손잡이를 설치하면 예외로 한다.
③ 경사가 15°를 초과하는 경우에는 미끄러지지 않는 구조로 한다.
④ 수직갱에 설치된 통로가 15m 이상인 경우에는 10m 이내마다 계단참을 설치한다.
⑤ 높이 8m 이상인 비계다리에는 7m 이내마다 계단참을 설치한다.
⑥ 추락 위험이 있는 장소에는 안전난간을 설치한다. 단, 작업상 부득이한 경우 필요한 부분만 임시로 해체할 수 있다.

04 누전차단기를 설치해야 하는 조건 4가지를 쓰시오.

[동영상 설명] 화면은 전기 기계·기구의 누전으로 인한 감전 위험을 방지하기 위해 설치하는 누전차단기를 보여주는 장면이다.

[해답] ① 대지 전압이 150V를 초과하는 이동형 또는 휴대형 전기 기계·기구
② 물 등 도전성이 높은 액체가 있는 습윤장소에서 사용하는 저압용 전기 기계·기구
③ 철판·철골 위 등 도전성이 높은 장소에서 사용하는 이동형 또는 휴대형 전기 기계·기구
④ 임시 배선의 전로가 설치된 장소에서 사용하는 이동형 또는 휴대형 전기 기계·기구

05 터널 굴착작업 시 시공계획에 포함해야 할 사항 3가지를 쓰시오.

[동영상 설명] 화면은 작업자가 터널 굴착작업을 하며 시공계획에 따라 터널공사를 하는 장면이다.

[해답] ① 굴착방법
② 터널 지보공, 복공 시공법 및 용수 처리 방법
③ 환기, 조명시설 방법
④ 안전관리 계획 및 작업자 보호대책

06 화면을 보고, LPG가스 저장소 폭발사고의 안전대책 2가지를 쓰시오.

[동영상 설명] 화면은 LPG가스 배관에서 가스가 누출되어 가연성 가스가 체류된 상태에서 작업자가 LPG연료를 사용하는 보일러를 켠 순간, 폭발사고가 발생한 장면이다.

[해답] ① 전기설비를 방폭형으로 설치한다.
② 폭발 분위기가 형성되지 않도록 작업장에 적절한 통풍 또는 환기를 실시한다.

07 작업장 내 산소농도가 21%이고, 인체에 해로운 물질이 발생하는 장소에서 작업자가 착용해야 할 개인 보호구를 쓰시오.

동영상 설명 화면은 작업자가 안전모, 안전화, 보호복을 착용한 상태로 인체에 해로운 가스, 증기, 미스트, 분진 등이 발생하는 장소에 서 있는 장면이다.

해답 방독마스크

08 화면을 보고, 재해원인과 안전대책을 4가지씩 쓰시오.

동영상 설명 화면은 작업자가 공장 지붕에서 패널 설치작업을 하던 중, 발을 헛디뎌 추락사고가 발생한 장면이다.

해답 (1) 재해원인
　① 안전대 미착용
　② 추락 방호망 미설치
　③ 안전난간 불량
　④ 작업 발판 불량
　⑤ 주변 정리정돈 및 청소상태 불량
(2) 안전대책
　① 안전대 착용
　② 추락 방호망 설치
　③ 안전난간 설치
　④ 작업 발판 설치
　⑤ 주변 정리정돈 및 청소 실시

09 화면을 보고, 지게차 작업 시 재해의 발생원인 2가지를 쓰시오.

동영상 설명 화면은 납품시간이 촉박한 지게차 운전자가 물건을 높이 적재하여 운행하다가 통로에 있던 작업자와 충돌하는 재해가 발생한 장면이다.

해답 ① 물건을 운전자의 시야보다 높이 적재하여 통로에 있던 작업자와 지게차가 충돌하였다.
② 작업자가 지게차의 운행 통로에서 작업하고 있었다.

3부

01 화면을 보고, 연삭작업 시 불안전한 행동 3가지와 안전대책 2가지를 쓰시오.

동영상 설명 화면은 작업자가 보안경과 방진마스크는 착용하지 않고 안전모와 면장갑을 착용한 채, 덮개가 설치되지 않은 휴대용 연삭기의 숫돌 측면으로 연삭작업을 하던 중, 재해가 발생한 장면이다.

해답 (1) 불안전한 행동
① 연삭기에 덮개를 설치하지 않았다.
② 작업자가 보안경과 방진마스크를 착용하지 않았다.
③ 연삭기의 숫돌 측면을 이용하여 작업하였다.
④ 작업자가 면장갑을 착용하고 작업하였다.
(2) 안전대책
① 연삭기에 덮개를 설치해야 한다.
② 작업자는 보안경과 방진마스크를 착용해야 한다.
③ 연삭기의 숫돌 정면을 이용하여 작업해야 한다.
④ 작업자는 면장갑을 착용하지 않고 작업해야 한다.

02 화면을 보고, 에어배관 점검 시 재해의 발생원인 2가지를 쓰시오.

동영상 설명 화면은 작업자가 안전모와 안전장갑을 착용한 채 에어배관을 점검하던 중, 배관 내 잔압을 제거하지 않은 상태에서 주 밸브를 잠그지 않고 점검하다가 눈에 재해가 발생한 장면이다.

해답 ① 작업자가 보안경을 착용하지 않았다.
② 배관 내 잔압을 제거하지 않았다.
③ 배관 점검 시 주 밸브를 잠그지 않았다.

03 고압 전선로 아래에서 항타기와 항발기 작업을 할 경우 안전대책 3가지를 쓰시오.

동영상 설명 화면은 고압선 아래에서 항타기와 항발기를 이용하여 건축물 기초작업을 하는 장면이다.

해답 ① 차량 등을 충전 전로의 충전부로부터 300 cm 이상 이격시키되, 대지 전압이 50 kV를 넘을 경우 10 kV 증가할 때마다 이격거리를 10 cm씩 늘린다.
② 노출된 충전부에 절연용 방호구를 설치하고 충전부를 절연, 격리한다.
③ 울타리를 설치하거나 감시인을 배치하여 작업을 감시한다.
④ 접지 등 충전 전로와 접촉할 우려가 있는 경우, 작업자가 접지점에 접촉되지 않도록 한다.

04 국소배기장치의 설치조건 3가지를 쓰시오.

동영상 설명 화면은 국소배기장치가 설치된 장소에서 작업자가 유기용제를 사용하여 작업하는 장면이다.

해답 ① 후드는 유해물질이 발생하는 각 발산원마다 설치한다.
② 외부식 및 리시버식 후드는 분진 등의 발산원에 최대한 가까운 위치에 설치한다.
③ 덕트의 길이는 가능하면 짧게 하고, 굴곡부의 수는 최소화한다.
④ 배기구는 반드시 옥외에 설치한다.

05 화면을 보고, 재해의 발생형태와 가해물을 쓰시오.

동영상 설명 화면은 작업자가 전동 톱으로 목재를 절단하던 중, 작업 발판의 불균형으로 인해 바닥에 추락하는 재해가 발생한 장면이다.

해답 ① 재해의 발생형태 : 추락
② 가해물 : 바닥(지면)

06 화면을 보고, 작업자의 질식사를 방지하기 위해 착용해야 할 보호구 2가지를 쓰시오.

동영상 설명 화면은 작업자가 산소농도 18% 미만인 상태에서 인화성 액체를 저장하는 옥외 저장탱크 내부를 청소하는 장면이다.

해답 ① 송기마스크
② 공기호흡기

07 고무제 안전화의 구비조건 3가지를 쓰시오.

동영상 설명 화면은 개인 보호구인 고무제 재질의 안전화를 보여주는 장면이다.

해답 ① 유해한 흠, 균열, 기포, 이물질 등이 없어야 한다.
② 바닥, 발등, 발뒤꿈치 등의 접착 부분에 물이 스며들지 않아야 한다.
③ 에나멜이 칠해진 경우에는 에나멜이 벗겨지지 않고 완전히 건조되어 있어야 한다.
④ 압박 및 충격에 대한 성능 시험에 합격해야 한다.

08 화면을 보고, 자동차 정비작업 시 재해를 방지하기 위해 설치해야 하는 안전장치 2가지를 쓰시오.

동영상 설명 화면은 작업자가 자동차 아래에서 정비작업을 하던 중, 얼굴 쪽으로 튄 기름을 팔로 닦아내다가 리프트를 건드려 자동차에 깔리는 재해가 발생한 장면이다.

해답 ① 안전 지지대(추락 방지장치)
② 비상정지장치

09 화면을 보고, 컨베이어 작업 시 핵심 위험요인 2가지를 쓰시오.

동영상 설명 화면은 집게 암이 파지를 들어 올려 작업자 머리 위를 지나 컨베이어 근처에 떨어뜨리고, 보호구를 착용하지 않은 작업자가 이를 줍는 장면이다.

해답 ① 작업자가 보호구를 착용하지 않았다.
② 작업자의 머리 위로 화물이 이동하고 있다.
③ 작업자가 컨베이어 근처에서 작업하고 있다.

기출문제를
재구성한 **작업형 실전문제 2**

>>> **제1회** <<<

1부
---

01 화면을 보고, 인쇄윤전기 작업 시 위험점과 그 위험점의 정의, 그리고 발생조건을 쓰시오.

동영상 설명 화면은 작업자가 전원을 끄지 않은 상태에서 인쇄윤전기의 롤러를 걸레로 청소하던 중, 롤러에 손이 말려 들어가는 사고 장면이다.

해답 ① 위험점 : 물림점
② 물림점의 정의 : 회전하는 2개의 롤러 사이에 물려 들어가면서 발생하는 위험점
③ 발생조건 : 롤러가 서로 반대 방향으로 맞물려 회전할 때 발생한다.

02 항타기·항발기 작업에 사용되는 권상용 와이어로프에 관하여 (   ) 안에 알맞은 수를 쓰시오.

와이어로프의 안전계수는 최소 (①) 이상이어야 하며, 인양하는 말뚝의 최대 사용하중이 2t일 때 와이어로프의 전단하중은 (②)t 이상이어야 한다.

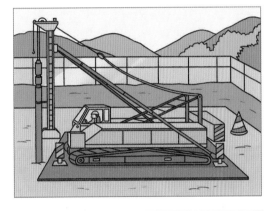

동영상 설명 화면은 항타기·항발기 작업에 사용되는 권상용 와이어로프를 보여주는 장면이다.

풀이 전단하중＝안전계수×최대 사용하중
＝5×2＝10t

해답 ① 5 ② 10

해설 안전계수＝$\dfrac{전단하중}{최대 사용하중}$

03 VDT작업으로 인해 발생할 수 있는 장애 4가지를 쓰시오.

동영상 설명 화면은 VDT(영상표시 단말기) 작업자가 키보드를 이용하여 자료를 입력하는 장면이다.

해답 ① 경견완 증후군 ② 근골격계 증상
③ 눈의 피로 ④ 정신신경계 증상

04 화면을 보고, 재해의 발생형태와 작업자의 불안전한 행동을 쓰시오.

동영상 설명 화면은 작업자가 손에 물을 묻혀가며 도자기 만드는 작업을 하던 중, 물에 젖은 손으로 전기 스위치를 조작하던 순간, 감전으로 인해 쓰러지는 재해가 발생한 장면이다.

해답 ① 재해 발생형태 : 감전
② 불안전한 행동 : 물에 젖은 손으로 전기 스위치를 조작하였다.

05 도금작업에 필요한 국소배기장치의 종류 3가지와 미스트 억제방법을 각각 2가지씩 쓰시오.

동영상 설명 화면은 크롬 도금작업이 진행되는 작업장의 모습을 보여주는 장면이다.

해답 (1) 국소배기장치의 종류
① 측방형
② 슬롯형
③ PUSH-PULL형
(2) 미스트 억제 방법
① 미스트가 발생하는 표면적을 최대한 줄여 크롬산 미스트의 발생량을 최소화한다.
② 계면활성제를 도금액에 투입하여 크롬산 미스트의 발생을 억제한다.
참고 도금작업에서는 화학물질이 공정과정에서 분무 형태로 공기 중에 퍼질 수 있는데, 이를 미스트라 부른다.

06 화면을 보고, 컨베이어에 설치해야 할 방호장치 2가지를 쓰시오.

동영상 설명 화면은 컨베이어 작업 중 화물이 떨어져 작업자에게 부딪히는 사고가 발생한 장면이다.

해답 ① 덮개   ② 울

07 특수 화학설비의 내부 이상상태를 조기에 파악하기 위해 필요한 계측장치 4가지를 쓰시오.

동영상 설명 화면은 특수 화학설비의 내부 이상상태를 조기에 파악하기 위해 계측장치를 설치한 장면이다.

해답 ① 압력계   ② 유량계
③ 온도계   ④ 자동경보장치
⑤ 긴급차단장치

08 얼굴 부위를 보호하기 위한 안전 렌즈가 부착되어 있으며, 물체의 낙하 및 비래로부터 머리를 보호하기 위한 안전모가 있는 보호구의 명칭을 쓰시오.

동영상 설명 화면은 내열 원단으로 제작된 얼굴 보호용 개인 보호구를 보여주는 장면이다.

해답 방열두건

09 화면을 보고, 재해의 발생형태와 정의를 쓰시오.

동영상 설명 화면은 물체를 들어 올리는 작업과정에서 위에 있는 작업자가 물체를 떨어뜨려 아래에 있던 작업자에게 재해가 발생한 장면이다.

해답 ① 재해의 발생형태 : 낙하
② 낙하의 정의 : 높은 곳에서 물체가 떨어져 사람에게 부딪히는 사고

2부

01 화면을 보고, 폭발사고의 원인이 되는 발화원의 형태는 무엇인지 쓰고, 발화원의 종류와 방지대책을 각각 2가지씩 쓰시오.

동영상 설명 화면은 작업자가 인화성 물질 저장소에 들어와 윗옷을 벗는 순간, 정전기 스파크로 인해 폭발사고가 발생한 장면이다.

해답 (1) 발화원의 형태 : 정전기 스파크
  (2) 발화원의 종류
    ① 작업자가 윗옷을 벗을 때 발생하는 박리대전
    ② 작업자가 이동할 때 발생하는 마찰대전
    ③ 기계 장비의 작동으로 인한 스파크
  (3) 방지대책
    ① 정전기 방지용 안전화와 제전복을 착용한다.
    ② 인화성 물질 저장소 주변에서 불꽃 작업을 금지한다.
    ③ 정전기 제거용 장비를 사용하여 정전기 축적을 방지한다.
참고 ① 박리대전 : 밀착된 두 물체가 서로 분리될 때, 표면에 있던 자유전자가 이동하여 정전기가 발생하는 현상
  ② 마찰대전 : 두 물체가 서로 마찰할 때, 접촉면에서 자유전자의 이동이 일어나면서 정전기가 발생하는 현상

02 둥근톱기계 작업 시 사용할 수 있는 안전 보조장치의 종류 5가지를 쓰시오.

동영상 설명 화면은 작업자가 둥근톱기계를 이용하여 목재 절단작업을 하는 장면이다.

해답 ① 날 접촉예방장치 ② 밀대
  ③ 평행조정기 ④ 분할날
  ⑤ 반발방지롤러 ⑥ 반발방지기구

03 분진, 미스트 등이 호흡기를 통해 유입되는 것을 막기 위한 개인 보호구의 명칭을 쓰시오.

동영상 설명 화면은 작업자가 분진, 미스트 등이 호흡기를 통해 체내로 유입되는 것을 방지하기 위해 보호구를 착용한 장면이다.

해답 방진마스크

04 구내운반차를 이용하여 물건을 운반할 때, 작업시작 전 점검해야 할 사항 4가지를 쓰시오.

[동영상 설명] 화면은 물건을 운반하는 구내운반차를 보여주는 장면이다.

[해답] ① 제동장치 및 조종장치 기능의 이상 유무
② 하역장치 및 유압장치 기능의 이상 유무
③ 바퀴의 이상 유무
④ 전조등, 후미등, 방향지시기 및 경음기 기능의 이상 유무
⑤ 충전장치를 포함한 홀더 등의 결합상태의 이상 유무

05 감전사고를 방지하기 위해 기계·기구에 사용하는 장치의 명칭을 쓰시오.

[동영상 설명] 화면은 전원 접속부의 감전사고를 방지하기 위해 전동기를 사용하는 기계·기구에 설치하는 장치를 보여주는 장면이다.

[해답] 누전차단기

06 화면을 보고, 추락사고의 원인과 사고 방지를 위한 안전대책을 각각 4가지씩 쓰시오.

[동영상 설명] 화면은 작업자가 공사 현장에서 이동하던 중, 발판이 설치되지 않은 구역을 지나가다가 발을 헛디뎌 추락사고가 발생한 장면이다.

[해답] (1) 추락사고의 원인
① 안전대 미착용
② 추락 방호망 미설치
③ 안전난간 불량
④ 작업 발판 불량
⑤ 주변 정리정돈 및 청소상태 불량
(2) 안전대책
① 안전대 착용
② 추락 방호망 설치
③ 안전난간 설치
④ 작업 발판 설치
⑤ 주변 정리정돈 및 청소 실시

07 화면을 보고, 터널 발파작업 시 사용되는 발파공의 충진 재료를 쓰시오.

동영상 설명 화면은 터널 발파작업 현장을 보여주는 장면이다.

해답 점토, 모래 등 발화성 또는 인화성 위험이 없는 재료

08 화면을 보고, 크레인 작업 시 철제 비계의 낙하 및 비래 위험을 방지하기 위한 예방대책 3가지를 쓰시오.

동영상 설명 화면은 철제 비계를 와이어로프 한 줄로 묶고, 보조로프 없이 크레인을 이용하여 운반하던 중, 신호수 간의 신호방법이 맞지 않아 철제 비계가 흔들리며 철골에 부딪히는 장면이다.

해답 ① 작업 반경 내 관계자 이외의 사람은 출입을 금지한다.
② 와이어로프의 안전상태를 점검한다.
③ 훅의 해지장치 및 안전상태를 점검한다.
④ 화물이 빠지지 않도록 점검한다.
⑤ 보조로프를 설치한다.
⑥ 신호방법을 정하고 신호수의 신호에 따라 작업한다.

09 화면을 보고, 재해의 직접적인 원인 2가지를 쓰시오.

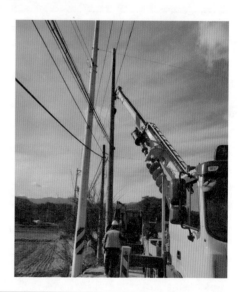

동영상 설명 화면은 항타기와 항발기를 이용하여 전봇대를 설치하는 작업 중, 항타기에 고정된 전봇대가 불안정해져 인접한 활선 전로에 접촉하며 스파크가 발생한 장면이다.

해답 ① 주변 장소의 충전 전로에 절연용 방호구를 설치하지 않았다.
② 충전 전로 인근 작업 시 이격거리를 준수하지 않았다.
③ 작업자의 접근 한계거리를 준수하지 않았다.

3부

01 화면을 보고, 작업자가 추가로 착용해야 할 보호구 3가지를 쓰시오.

동영상 설명 화면은 작업자가 안전화, 안전모, 장갑을 착용하고 고속 절단기를 이용하여 파이프를 절단하는 작업 중 불꽃이 튀는 장면이다.

해답 ① 보안경
② 방진마스크
③ 귀마개

02 보호구 안전인증 고시에 따른 고무제 안전화의 성능을 시험하는 방법 3가지를 쓰시오.

동영상 설명 화면은 개인 발 보호구로 사용되는 고무제 안전화를 보여주는 장면이다.

해답 ① 내유성 시험
② 내화학성 시험
③ 내알칼리 시험
④ 누출방지성 시험

03 고압선 아래에서 크레인 작업 시 안전 작업수칙 3가지와 충전 전로의 이격거리를 쓰시오.

동영상 설명 화면은 1만 볼트의 전압이 흐르는 고압선 아래에서 크레인 작업 중 감전사고가 발생한 장면이다.

해답 (1) 안전작업수칙
① 차량 등을 충전 전로의 충전부로부터 300cm 이상 이격시키되, 대지 전압이 50kV를 넘는 경우 10kV가 증가할 때마다 이격거리를 10cm씩 늘린다.
② 노출된 충전부에 절연용 방호구를 설치하고 충전부를 절연, 격리한다.
③ 울타리를 설치하거나 감시인을 배치하여 작업을 감시한다.
④ 접지 등 충전 전로와 접촉할 우려가 있는 경우 작업자가 접지점에 접촉되지 않도록 한다.
(2) 충전 전로의 이격거리 : 300cm

04 화면을 보고, 크롬 도금작업 시 위험요소 3가지를 쓰시오.

> **동영상 설명** 화면은 도금작업장으로, 바닥이 쇠망으로 되어 있으며, 여러 금속 제품들이 도금액에 담겨 있는 장면이다.

> **해답** ① 크롬 화합물의 흡입으로 인한 중독 위험
> ② 도금액이 담긴 금속 제품과의 접촉으로 인한 감전 위험
> ③ 인화성 물질이 존재하는 경우 화재 및 폭발 위험

05 화면을 보고, 에어배관 점검 시 다음 물음에 답하시오.

(1) 위험예지 훈련 시 행동 목표는?
(2) 재해발생의 기인물을 쓰시오.
(3) 가해물을 쓰시오.

> **동영상 설명** 화면은 작업자가 에어배관을 점검하던 중, 배관 내 잔압을 제거하지 않은 상태에서 주 밸브를 잠그지 않고 점검하다가, 스팀이 눈에 튀어 재해가 발생한 장면이다.

> **해답** (1) ① 에어배관 점검 시 주 밸브를 잠근다.
> ② 에어배관 점검 시 배관 내 잔압을 제거하고, 압력이 빠진 것을 확인한다.
> ③ 보안경을 착용한다.
> (2) 배관
> (3) 스팀

06 제한된 밀폐공간에서 작업 중 질식사고를 방지하기 위한 보호구 2가지를 쓰시오.

> **동영상 설명** 화면은 선박의 밸러스트 탱크 내부에서 작업자가 슬러지(sludge) 제거작업 중 질식으로 고통을 호소하는 장면이다.

> **해답** ① 송기마스크
> ② 공기호흡기

07 화면을 보고, 재해 발생유형과 발생원인을 쓰시오.

동영상 설명 화면은 훅에 해지장치가 없는 호이스트로 변압기를 1줄 걸이하여 트럭에 싣는 작업을 보여준다. 이때 작업자는 한 손으로 스위치를 조작하고 다른 손으로는 심하게 흔들리는 변압기를 지지하던 중, 변압기가 넘어져 작업자가 다치는 사고가 발생한 장면이다.

해답 (1) 재해 발생유형 : 낙하(맞음)
  (2) 재해 발생원인
    ① 1줄 걸이로 변압기를 운반하여 균형을 잡기 어렵다.
    ② 보조로프를 이용하여 흔들림을 방지하지 않았다.
    ③ 훅에 해지장치가 설치되지 않았다.

08 특수 화학설비의 내부 이상상태를 조기에 파악하기 위해 필요한 방법 중 계측장치를 제외한 방법을 쓰시오.

동영상 설명 화면은 특수 화학설비의 내부 이상상태를 조기에 파악하기 위해 계측장치를 설치한 장면이다.

해답 감시인 배치

09 수소 저장소에 저장되어 있는 수소의 특징 2가지를 쓰시오.

동영상 설명 화면은 수소 탱크가 있는 수소 충전소를 보여주는 장면이다.

해답 ① 수소는 공기보다 가볍다.
  ② 수소는 폭발성이 있다.

>>> **제2회** <<<

─── **1부** ───

01 화면을 보고, 사고의 핵심 위험요인과 작업 안전대책을 각각 3가지씩 쓰시오.

동영상 설명 화면은 작업자가 면장갑을 착용한 채 회전하는 롤러기의 이물질을 제거하던 중, 손이 롤러에 말려 들어가는 사고 장면이다.

해답 (1) 핵심 위험요인
① 전원을 차단하지 않고 롤러기의 이물질을 제거하였다.
② 이물질 제거 시 전용 공구 대신 장갑을 착용한 손으로 제거하였다.
③ 롤러기에 인터록 안전장치가 설치되지 않았다.
④ 롤러의 물림점에 가드 안전장치가 설치되지 않았다.

(2) 작업 안전대책
① 전원을 차단하여 롤러기를 정지시킨 후 이물질을 제거한다.
② 이물질 제거 시 전용 공구를 사용하거나 장갑을 착용하지 않는다.
③ 롤러기에 인터록 안전장치를 설치한다.
④ 롤러의 물림점에 가드 안전장치를 설치한다.

참고 ① 인터록 및 가드 안전장치는 작업 중 사고를 예방하는 중요한 요소이므로 이러한 장치들이 제대로 작동하는지 정기적으로 점검하고 유지 관리한다.
② 기계 작업 시 전용 공구를 사용하여 위험한 부위에 손이 닿지 않도록 해야 하며, 공구의 상태 또한 주기적으로 확인하여 안전성을 확보한다.

02 화면을 보고, 패널작업 시 감전을 방지하기 위한 대책 3가지를 쓰시오.

동영상 설명 화면은 작업자가 배전반 패널작업을 하던 중 감전사고가 발생한 장면이다.

해답 ① 전로의 개로된 개폐기에 통전금지 표지판을 부착하고, 시건장치를 설치한다.
② 작업 전 신호체계를 확립하고, 작업 감독자가 작업을 철저히 감독한다.
③ 차단기에 회로도를 표시한 표찰을 부착하여 조작실수를 방지한다.

03 VDT 작업 시 안전작업수칙 3가지를 쓰시오.

[동영상 설명] 화면은 VDT(영상표시 단말기) 작업자가 자료 입력을 위해 키보드나 마우스를 조작하는 장면이다.

[해답] ① 작업 중 적절한 휴식을 취하여 눈과 손목의 피로를 줄인다.
② 책상 및 의자는 높낮이 조절이 가능한 것을 사용한다.
③ 저휘도형 조명기구를 사용하여 눈의 피로를 최소화한다.
④ 실내 조명의 명암 차이를 줄여 눈의 피로를 방지한다.
⑤ 직사광선이 화면에 직접 닿지 않도록 조절한다.

04 경사진 컨베이어 위에서 하역작업 중 다음과 같은 사고를 방지하기 위한 컨베이어 방호장치 3가지를 쓰시오.

• 작업자의 발이 컨베이어 가까이에 있어 발이 끼이는 사고가 발생하였다.
• 상자가 벨트에서 이탈하거나 벨트가 역주행하여 사고가 발생하였다.

[동영상 설명] 화면은 작업자가 경사진 컨베이어 위에서 상자를 운반하던 중, 재해가 발생한 장면이다.

[해답] ① 비상정지장치 ② 역주행방지장치
③ 이탈방지장치

05 특수 화학설비의 이상상태를 조기에 감지하기 위해 설치해야 할 방호장치 3가지를 쓰시오.

[동영상 설명] 화면은 특수 화학설비의 내부 이상상태를 조기에 파악하기 위해 다양한 계측장치를 설치한 장면이다.

[해답] ① 온도계, 압력계, 유량계 등의 계측기기
② 자동경보장치
③ 긴급차단장치
④ 예비동력원

06 화면을 보고, 덤프트럭 정비작업에 관하여 다음 물음에 답하시오.

(1) 작업시작 전 조치사항 3가지를 쓰시오.
(2) 작업 지휘자가 준수해야 할 사항 2가지를 쓰시오.

동영상 설명 화면은 작업자가 덤프트럭의 적재함을 들어 올린 상태에서 수리 또는 부속장치의 장착·해체작업을 하던 중, 유압 실린더가 파손되어 적재함이 내려와 재해가 발생한 장면이다.

해답 (1) ① 작업순서를 결정한다.
    ② 작업 지휘자를 배치한다.
    ③ 하역 및 유압장치에 안전블록 등을 설치하여 안전을 확보한다.
    ④ 작업시작 전 유압장치 등의 기능 이상 유무를 점검한다.
(2) ① 작업순서를 결정한다.
    ② 유압장치에 안전블록 등을 설치하고 작업시작 전 안전상태를 점검한다.

07 방열두건은 차광도 번호에 따라 구분한다. 그에 따른 사용 용도를 쓰시오.

차광도 번호	사용 용도
#2~3	①
#3~5	②
#6~8	③

동영상 설명 화면은 얼굴을 보호하기 위한 개인 보호구로, 방열두건을 보여주는 장면이다.

해답 ① 고로 강판 가열로, 조괴 등의 작업
    ② 전로 또는 평로 등의 작업
    ③ 전기로의 작업

08 이동식 크레인을 이용한 H빔 인양작업 시 발생할 수 있는 재해 위험요인과 안전대책을 각각 3가지씩 쓰시오.

동영상 설명 화면은 작업자가 이동식 크레인을 이용하여 신호수의 신호에 따라 인양작업을 하던 중, H빔이 다른 물체에 부딪혀 흔들리는 상황이 발생한 장면이다.

해답 (1) 재해 위험요인
　① 작업 반경 내에 관계자 외의 작업자가 출입하면 위험하다.
　② 와이어로프의 안전상태가 불안정하다.
　③ 훅의 해지장치의 안전상태가 불안정하다.
　(2) 안전대책
　① 관계 근로자 외 작업자의 출입을 금지하고 작업 지휘자를 배치한다.
　② 작업 전 와이어로프의 안전상태를 점검한다.
　③ 훅의 해지장치의 안전상태를 점검한다.

09 화면은 선반작업 중 작업자가 장갑을 착용한 손으로 샌드페이퍼를 이용하여 작업하면서, 작업에 집중하지 못하고 다른 곳을 보고 있는 장면이다. 화면을 보고, 선반작업 시 발생할 수 있는 위험요인 2가지를 쓰시오.

동영상 설명 화면은 작업자가 선반작업 중 장갑을 착용한 손으로 샌드페이퍼를 사용하면서 작업에 집중하지 않고 다른 곳을 보고 있는 장면이다.

해답 ① 전용 공구 없이 샌드페이퍼를 사용하여 회전하는 부위에 손이나 장갑이 말려 들어갈 수 있다.
② 선반작업에 집중하지 않아 작업복이나 손이 회전 부위에 말려 들어갈 수 있다.
③ 작업에 집중하지 않아 주변에 있는 다른 작업자의 안전을 위협하거나 돌발사고에 대응하지 못할 수 있다.

2부

01 퓨즈 교체 작업 시 발생할 수 있는 감전 재해의 원인 2가지를 쓰시오.

동영상 설명 화면은 작업자가 퓨즈를 교체하는 작업 중 감전사고가 발생한 장면이다.

해답 ① 전원을 차단하지 않고 퓨즈를 교체하였다.
② 절연장갑을 착용하지 않고 교체작업을 하였다.

02 화면을 보고, 대형버스의 정비작업에 관하여 다음 물음에 답하시오.

(1) 점검 중 발생할 수 있는 위험점을 쓰시오.
(2) 사전에 취해야 할 안전조치 사항 3가지를 쓰시오.

동영상 설명 화면은 정비사가 차량정비 도크에서 작업 감시자 없이 대형버스의 동력전달 계통 샤프트를 점검하던 중, 버스기사가 주변 상황을 확인하지 않은 채 버스에 올라 시동을 거는 바람에 정비사의 팔이 회전하는 샤프트에 말려 들어가는 사고가 발생한 장면이다.

해답 (1) 회전 말림점
(2) ① 정비작업 중임을 알리는 안내 표지판을 설치한다.
② 작업과정을 감시할 작업 감시자를 배치한다.
③ 시동장치에 잠금장치를 한다.
④ 작업 시 운전금지를 위해 버스 시동키를 별도로 관리한다.

03 화면을 보고, 띠톱기계 작업 시 위험요인 2가지를 쓰시오.

동영상 설명 화면은 보안경과 방진마스크를 착용하지 않은 작업자가 한 손으로 전화 통화를 하며 띠톱기계로 목재를 절단하던 중, 손이 톱에 걸려 피가 나는 장면이다.

해답 ① 띠톱기계 작업 시 한손으로 전화 통화를 하고 있다.
② 보안경을 착용하지 않았다.
③ 방진마스크를 착용하지 않았다.

04 화면을 보고, 작업자가 폭발성 물질 저 장소에 들어가기 전 신발에 물을 묻히 는 이유를 쓰시오.

동영상 설명 화면은 작업자가 폭발성 물질 저장소 에 들어가기 전 신발에 물을 묻히는 장면이다.

해답 신발에 물을 묻히면 전기저항이 감소하 고, 작업화 표면의 대전성이 저하되어 정전 기로 인한 화재나 폭발을 방지할 수 있다.

05 건설현장에서 추락 방지시설과 낙하 방 지시설을 각각 3가지씩 쓰시오.

동영상 설명 화면은 추락 및 낙하 방지시설이 설 치된 건설 현장을 보여주는 장면이다.

해답 (1) 추락 방지시설
　① 추락 방호망
　② 안전난간
　③ 작업 발판
(2) 낙하 방지시설
　① 낙하물 방지망
　② 수직 보호망
　③ 방호 선반

06 분진, 미스트, 흄 등의 유입을 방지하기 위한 방진마스크의 선정기준 4가지를 쓰시오.

동영상 설명 화면은 작업자가 분진, 미스트 등의 유해물질이 호흡기를 통해 체내로 유입되는 것 을 방지하기 위해 방진마스크를 착용하고 있는 장면이다.

해답 ① 여과효율이 좋을 것
② 흡·배기 저항이 낮을 것
③ 사용 시 불편함이 적을 것
④ 시야가 넓을 것
⑤ 안면 밀착성이 좋을 것
⑥ 피부가 접촉하는 부분의 고무질이 좋을 것

07 화면을 보고, 터널 발파작업에 주로 사용하는 재료를 쓰시오.

동영상 설명 화면은 작업자들이 터널공사 현장에서 안전장비를 착용한 채 발파작업을 준비하며 터널을 확장하는 장면이다.

해답 다이너마이트

08 화면을 보고, 타워크레인 작업 시 안전작업을 위한 방법 3가지를 쓰시오.

동영상 설명 화면은 타워크레인을 이용하여 화물을 들어 올리는 작업 중, 화물이 흔들리며 추락하는 사고가 발생한 장면이다.

해답 ① 사전 작업계획 수립
② 와이어로프의 안전상태 점검

③ 훅의 해지장치의 안전상태 점검
④ 작업 반경 내 관계 근로자 이외의 작업자 출입 금지

09 화면을 보고, 롤러기의 방호장치를 설치해야 하는 위치를 3군데 쓰시오.

동영상 설명 화면은 작업자가 전원을 차단하지 않은 상태에서 작동 중인 롤러기의 이물질을 제거하던 중, 롤러에 손이 말려 들어가는 사고가 발생한 장면이다.

해답 ① 손 조작식 : 밑면으로부터 1.8m 이내
② 복부 조작식 : 밑면으로부터 0.8m 이상 1.1m 이내
③ 무릎 조작식 : 밑면으로부터 0.4m 이상 0.6m 이내

3부
---

01 화면을 보고, 절단작업 시 작업자의 불안전한 행동 3가지를 쓰고, 착용해야 할 개인 보호구를 쓰시오.

동영상 설명 화면은 작업자가 물을 절삭유처럼 사용하며 대리석 절단작업을 하는 모습을 보여준다. 작업 중 막대로 수압 조절밸브를 두드리며 조절하고, 작동 중인 절단기 위로 이동한다. 이 과정에서 한쪽 날이 정지하자, 다른 쪽 날이 작동 중인 상태에서 손으로 점검하려다 재해가 발생한 장면이다.

해답 (1) 위험요인
① 절단기를 정지시키지 않고 점검하여, 날에 손이 닿아 부상을 입을 위험이 있다.
② 작동 중인 절단기 위로 이동할 때 미끄러져 다칠 위험이 있다.
③ 보안경을 착용하지 않아 눈에 파편이 튈 위험이 있다.
(2) 개인 보호구
① 보안경
② 안전장갑
③ 안전화
④ 방진마스크

02 물체의 낙하, 충격, 날카로운 물체에 의한 찔림 등의 위험으로부터 발을 보호하며, 내수성을 갖춘 안전화의 종류를 쓰시오.

동영상 설명 화면은 개인 발 보호구인 안전화를 보여주는 장면이다.

해답 고무제 안전화

03 밀폐공간에서 질식사고의 위험에 대비하기 위해 갖추어야 할 비상시 피난용구 4가지를 쓰시오.

동영상 설명 화면은 작업자가 슬러지 제거작업을 하기 위해 선박의 밸러스트 탱크 내부로 내려가는 장면이다.

해답 ① 안전대   ② 사다리
③ 구명밧줄   ④ 섬유로프
⑤ 공기호흡기   ⑥ 송기마스크

04 작업자가 크롬 또는 크롬 화합물의 흄, 분진, 미스트에 장기간 노출되었을 때 발생할 수 있는 직업병과 그 증상을 쓰시오.

동영상 설명 화면은 크롬 도금작업장에서 화학물질을 취급하는 공정이 진행 중인 장면이다.

해답 ① 직업병 : 비중격 천공증
② 증상 : 코에 구멍이 뚫림

05 화면을 보고, 버스 정비작업 시 준수해야 할 사항 3가지를 쓰시오.

동영상 설명 화면은 작업 감시자가 없는 상태에서 정비사가 대형버스의 엔진룸을 열고 점검하던 중, 운전기사가 주변상황을 확인하지 않고 버스에 올라 시동을 거는 순간, 점검 중이던 정비사의 팔이 회전하는 벨트에 말려 들어가는 사고가 발생한 장면이다.

해답 ① 정비작업 중임을 알리는 안내 표지판을 설치한다.
② 작업과정을 지휘할 감시자를 배치한다.
③ 시동장치에 잠금장치를 한다.
④ 작업 시 버스 시동키를 별도로 관리한다.

06 화면을 보고, 항타기 작업 시 감전사고의 직접적인 원인과 이를 예방하기 위한 관리적 안전대책 3가지를 쓰시오.

동영상 설명 화면은 고압선 근처에서 항타기를 이용하여 전봇대를 세우던 중, 항타기가 전로에 접촉하여 감전사고가 발생한 장면이다.

해답 (1) 직접적인 원인 : 근접 활선에 접촉
(2) 관리적인 안전대책
① 차량 등을 충전 전로의 충전부로부터 300cm 이상 이격시키되, 대지 전압이 50kV를 넘는 경우 10kV 증가할 때마다 10cm씩 증가시킨다.
② 노출된 충전부에 절연용 방호구를 설치하고 충전부를 절연, 격리한다.
③ 울타리를 설치하거나 감시자를 배치하여 작업을 감시한다.
④ 접지 등 충전 전로와 접촉할 우려가

있는 경우, 작업자가 접지점에 접촉
되지 않도록 한다.

07 화면을 보고, 이 사고의 가해물을 쓰고, 와이어로프를 안전하게 풀어내는 작업 방법 2가지를 쓰시오.

【동영상 설명】 화면은 형강이 쌓여 있는 작업장에서 형강을 고정한 줄걸이 와이어로프를 풀어내는 작업을 하던 중, 형강이 무너지면서 형강 사이에 작업자의 발이 끼이는 사고가 발생한 장면이다.

【해답】 (1) 가해물 : 형강
  (2) 작업방법
    ① 받침대를 형강 사이에 넣어 형강이 무너지지 않게 한다.
    ② 2인 동시 작업의 경우 작업자 2명이 동시에 형강을 들어 와이어를 빼낸다.

08 화면을 보고, 낙하물 방지망 또는 방호 선반의 안전한 설치 기준을 쓰시오.

【동영상 설명】 화면은 건물 외부에 낙하물 방지망이 설치된 모습을 보여주는 장면이다.

【해답】 ① 높이 10 m 이내마다 설치하고, 내민 길이는 벽면으로부터 2 m 이상으로 한다.
  ② 수평면과의 각도는 20~30° 이하로 유지한다.

09 화면을 보고, 섬유기계 작업 시 재해 위험요인과 작업자가 착용해야 할 개인 보호구를 각각 2가지씩 쓰시오.

【동영상 설명】 화면은 작업자가 장갑을 착용하고 섬유기계 작업을 하던 중, 실이 끊어지면서 기계가 멈추자 내부를 점검하다가, 기계가 갑자기 작동하면서 신체가 회전체에 끼이는 사고가 발생한 장면이다.

【해답】 (1) 재해 위험요인
    ① 전원을 차단하지 않고 섬유기계를 점검하면 손을 다칠 위험이 있다.
    ② 장갑을 착용한 상태로 섬유기계를 점검하면 손이나 장갑이 회전체에 끼일 위험이 있다.
  (2) 개인 보호구
    ① 귀마개   ② 보안경
    ③ 방진마스크

>>> 제3회 <<<

━━━ 1부 ━━━

01 롤러기에 설치된 조작부의 안전한 위치 기준을 쓰시오.

동영상 설명 화면은 롤러기로 철판을 절곡하는 장면이다.

해답 ① 손 조작식 : 밑면으로부터 1.8m 이내 위치
② 복부 조작식 : 밑면으로부터 0.8m 이상 1.1m 이내 위치
③ 무릎 조작식 : 밑면으로부터 0.4m 이상 0.6m 이내 위치

02 컨베이어 작업시작 전 안전을 위해 점검해야 할 사항 3가지를 쓰시오.

동영상 설명 화면은 컨베이어를 이용하여 상자를 운반하는 작업 현장을 보여주는 장면이다.

해답 ① 원동기 및 풀리(pulley) 기능의 이상 유무
② 이탈 등의 방지장치 기능의 이상 유무
③ 비상정지장치 기능의 이상 유무
④ 원동기, 회전축, 기어 및 풀리 등의 덮개 또는 울 등의 이상 유무

03 화면을 보고, 배전반 작업 시 재해의 발생형태와 가해물을 쓰시오.

동영상 설명 화면은 작업자가 배전반 내부에서 볼트를 조이는 작업을 하던 중, 전기적인 짜릿함을 느끼는 재해가 발생한 장면이다.

해답 ① 재해형태 : 감전(전류 접촉)
② 가해물 : 배전반 볼트

04 유해물질을 취급하는 작업장 바닥에 대해 필요한 조치사항 2가지를 쓰시오.

동영상 설명 화면은 작업자들이 작업장에서 유해물질을 취급하는 장면이다.

해답 ① 작업장 바닥을 불침투성 재료로 마감한다.
② 점화원이 될 수 있는 정전기 등을 방지할 수 있도록 조치한다.

05 화학설비 탱크 내 작업을 안전하게 수행하기 위해 작업 전 실시해야 할 특별안전보건교육 내용 4가지를 쓰시오.

동영상 설명 화면은 화학설비 탱크들이 설치되어 있는 작업 현장 모습이다.

해답 ① 차단장치, 정지장치 및 밸브 개폐장치의 점검에 관한 사항
② 탱크 내 산소농도 측정 및 작업환경에 관한 사항
③ 안전보호구 착용 및 이상 발생 시 응급조치에 관한 사항
④ 작업절차, 방법 및 유해 · 위험에 관한 사항
⑤ 기타 안전 · 보건관리에 필요한 사항

06 항타기와 항발기의 권상장치에서 드럼 축과 첫 번째 도르래 축 사이의 거리는 드럼 폭의 몇 배 이상이어야 하는지 쓰시오.

동영상 설명 화면은 항타기 또는 항발기를 이용하여 지반작업을 수행하는 장면이다.

해답 15배 이상

07 화면을 보고, 고열물체를 취급하는 작업자가 착용해야 할 개인 보호구의 명칭을 쓰시오.

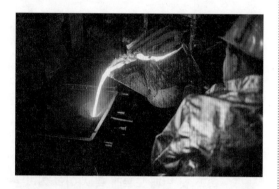

동영상 설명 화면은 작업자가 고온의 용융금속을 취급하는 장면이다.

해답 ① 방열장갑
② 방열복

08 화면을 보고, 빌딩 해체작업 시 사고를 예방하기 위해 작업자는 해체 장비로부터 최소 몇 m 이상 떨어져 있어야 하는지 쓰시오.

동영상 설명 화면은 빌딩 해체작업 중 작업자가 해체장비 주변의 위험구역에 머무르다가 사고가 발생한 장면이다.

해답 4 m

09 화면을 보고, 전동톱 작업 시 재해의 형태와 가해물, 기인물을 쓰시오.

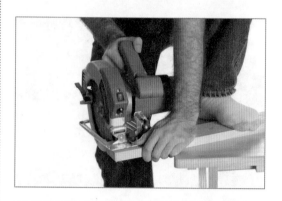

동영상 설명 화면은 작업자가 목재 토막을 가공대 위에 올려놓고 한 발로 고정한 상태에서 전동톱을 이용하여 절단작업을 하던 중, 발판이 흔들려 균형을 잃고 넘어지는 사고가 발생한 장면이다.

해답 ① 재해형태 : 넘어짐(전도)
② 가해물 : 바닥
③ 기인물 : 작업 발판

해설 ① 가해물 : 넘어질 때 충돌한 대상
② 기인물 : 균형을 잃게 만든 원인물

2부
---

01 화면을 보고, 띠톱기계 작업 시 사고의 위험요인 2가지를 쓰시오.

동영상 설명 화면은 작업자가 면장갑을 착용한 채 띠톱기계로 강재 파이프를 절단하던 중, 전원을 차단하지 않은 상태에서 절단된 재료를 꺼내는 순간, 회전하던 띠톱에 면장갑이 걸려 들어가는 사고가 발생한 장면이다.

해답 ① 작업자가 면장갑을 착용하고 작업하였다.
② 띠톱이 회전하는 중에 재료를 꺼냈다.

02 프로판가스 용기를 보관하기에 부적절한 장소 3군데를 쓰시오.

동영상 설명 화면은 프로판가스 용기가 다수 보관된 저장장소를 보여주는 장면이다.

해답 ① 통풍과 환기가 충분하지 않은 장소
② 용기 저장장소 주변에서 화기를 사용하는 장소
③ 용기 저장장소 주변에 위험물, 화약류, 가연성 가스를 취급하는 장소

03 화면을 보고, 차량 정비 시 리프트를 안전하게 사용하기 위해 필요한 방호장치 5가지를 쓰시오.

동영상 설명 화면은 차량 정비를 위해 리프트로 차량을 들어 올린 작업 현장을 보여주는 장면이다.

해답 ① 과부하방지장치
② 비상정지장치
③ 권과방지장치
④ 제동장치
⑤ 조작반 잠금장치

04 화면을 보고, 전기 형강작업 시 감전사고의 위험요인 3가지를 쓰시오.

동영상 설명 화면은 작업자가 사다리를 이용하여 전기 형강작업을 하던 중, 감전사고가 발생한 장면이다.

해답 ① 작업자세 및 상태불량 등 안전수칙 미준수
② 절연장갑 등 절연용 보호구 미착용
③ 불안전한 작업 발판으로 인한 추락 위험
④ COS 고정상태 불량으로 인한 낙하 및 비래 위험

05 건축공사 현장에서 물체의 낙하 또는 비래 위험을 방지하기 위한 안전조치 4가지를 쓰시오.

동영상 설명 화면은 건축공사 현장에서 물체의 낙하 또는 비래 위험을 방지하기 위해 설치된 방호시설을 보여주는 장면이다.

해답 ① 낙하물 방지망 설치
② 수직 보호망 설치
③ 방호 선반의 설치
④ 출입금지구역의 설정
⑤ 보호구의 착용

06 터널 굴착작업의 안전성과 설계의 타당성을 확인하기 위해 실시해야 할 계측항목 5가지를 쓰시오.

동영상 설명 화면은 터널공사 현장에서 작업자들이 공사계획을 검토하는 장면이다.

해답 ① 내공 변위
② 천단 침하
③ 지표면 침하
④ 지중 변위
⑤ 록볼트 축력
⑥ 숏크리트 응력 등의 측정

07 화면을 보고, 드릴작업 시 발생할 수 있는 위험요인 3가지를 쓰시오.

동영상 설명 화면은 작업자가 보안경과 안전모를 착용하지 않고 드릴작업을 하던 중, 이물질을 입으로 불거나 손으로 제거하려다 드릴에 손이 말려 들어가는 사고가 발생한 장면이다.

해답 ① 보안경을 착용하지 않고 칩을 입으로 불어 제거하였다.
② 브러시 등 칩 제거 공구를 사용하지 않고 손으로 칩을 제거하였다.
③ 드릴이 회전 중일 때 이물질을 제거하였다.

08 휴대용 연삭기의 방호장치와 허용되는 노출 각도를 쓰시오.

동영상 설명 화면은 작업자가 면장갑을 착용한 채 휴대용 연삭기를 이용하여 금속을 연삭하는 장면이다.

해답 ① 방호장치 : 덮개
② 노출 각도 : 180° 이내

09 안전인증 대상 방진마스크의 일반적인 구조조건 3가지를 쓰시오.

동영상 설명 화면은 방진마스크를 착용하고 있는 작업자를 보여주는 장면이다.

해답 ① 흡·배기밸브는 미약한 호흡에도 민감하게 작동해야 하며, 흡·배기 저항이 낮아야 한다.
② 여과재는 여과 성능이 우수하고 인체에 해를 끼치지 않아야 한다.
③ 쉽게 착용할 수 있어야 하며, 착용 시 안면부가 얼굴에 밀착되어 공기가 새지 않아야 한다.
④ 머리끈은 적당한 길이와 탄력성을 가지며, 길이를 쉽게 조절할 수 있어야 한다.

3부
---

01 배관 용접작업 시 위험요인 2가지를 쓰시오.

[동영상 설명] 화면은 작업자가 배관 용접작업을 하는 장면이다.

[해답] ① 고열, 불티 등에 의한 화재 위험
② 충전부 접촉에 의한 감전 위험
③ 용접 흄, 유해가스, 유해광선, 소음, 고열에 의한 위험
④ 용접작업의 고열에 의한 화상 위험

02 화면을 보고, 절단작업 시 작업자의 복장 또는 행동에서 나타난 문제점 3가지를 쓰시오.

[동영상 설명] 화면은 작업자가 면장갑을 착용하고 안전모와 보안경을 착용하지 않은 상태에서 절단기로 작업하던 중, 전원을 차단하지 않은 채 작업물을 꺼내다가 면장갑이 절단기에 걸려 손을 다치는 사고가 발생한 장면이다.

[해답] ① 면장갑을 착용하고 있어 손이 절단기에 걸릴 위험이 있다.
② 작업물을 빼낼 때 전원을 차단하지 않아 손을 다칠 위험이 있다.
③ 보안경을 착용하지 않아 가공물의 칩이 눈에 들어갈 위험이 있다.
④ 작업물을 빼낼 때 전용 공구를 사용하지 않았다.

03 화면을 보고, 원심기 내부 점검 시 예상되는 위험요인 3가지를 쓰시오.

[동영상 설명] 화면은 원심기 덮개가 열린 상태에서 전원을 차단하지 않고 보호구를 착용하지 않은 채 내부를 점검하는 장면이다.

[해답] ① 전원을 차단하지 않고 점검하였다.
② 보안경 등 보호구를 착용하지 않았다.
③ 점검 중임을 나타내는 안내 표지판과 시건장치를 설치하지 않았다.

04 타워크레인 작업을 중지해야 하는 순간 풍속의 안전기준을 쓰시오.

동영상 설명 화면은 타워크레인을 이용하여 자재 운반작업을 하는 장면이다.

해답 순간풍속이 10m/s를 초과할 경우

해설 순간풍속에 따른 타워크레인 작업의 조치
① 10m/s 초과 : 타워크레인의 수리, 점검, 해체작업 중지
② 15m/s 초과 : 타워크레인의 운전작업 중지
③ 30m/s 초과 : 타워크레인의 이탈방지 조치
④ 35m/s 초과 : 승강기의 붕괴방지 조치

05 화면을 보고, 증기 배관작업 시 발생할 수 있는 핵심 위험요인 2가지를 쓰시오.

동영상 설명 화면은 작업자가 장갑과 보안경 없이 안전모만 착용한 상태로, 수공구를 사용하여 증기배관 보수작업을 하는 장면이다.

해답 ① 배관 보수작업 이전에 배관 내 증기를 제거하지 않아 작업 중 증기가 노출될 위험이 있다.
② 방열장갑과 보안경을 착용하지 않아 배관 보수 중 고온의 배관이나 증기에 의한 화상 위험이 있다.

06 유해물질 DMF를 취급할 경우 작업자가 착용해야 하는 보호구 4가지를 쓰시오.

동영상 설명 화면은 작업자가 무색이며 암모니아 냄새가 나는 수용성 액체인 DMF(디메틸포름아마이드)를 취급하는 장면이다.

해답 ① 보안경
② 유기화합물용 방독마스크
③ 불침투성 보호복
④ 화학물질용 안전장갑

07 크롬 도금작업장에서 작업자가 착용하는 안전화와 같은 보호구를 사용 장소에 따라 분류하여 2가지를 쓰시오.

동영상 설명 화면은 고무제 안전화를 보여주는 장면이다.

해답 ① 일반용 : 일반 작업장에서 사용하는 보호구
② 내유용 : 탄화수소류의 윤활유 등을 취급하는 작업장에서 사용하는 보호구

08 크롬 도금작업 시 크롬 또는 크롬 화합물이 체내에 유입되는 경로를 3가지 쓰시오.

동영상 설명 화면은 작업자가 안전장갑과 마스크를 착용하지 않고, 물에 젖은 손으로 크롬 도금작업을 하는 장면이다.

해답 ① 피부 접촉을 통해 흡수된다.
② 호흡기를 통해 흡수된다.

③ 입을 통해 흡수된다.

09 화면을 보고, 크레인 작업 시 재해원인과 안전대책을 각각 3가지씩 쓰시오.

동영상 설명 화면은 특고압 전선 아래에서 크레인을 이용하여 파이프를 운반하던 중, 크레인 붐대가 22.9kV 특고압 전선에 접촉하여 파이프 다발을 잡고 있던 작업자가 감전되는 사고가 발생한 장면이다.

해답 (1) 재해원인
① 감전 방지용 대책이 설치되지 않았다.
② 신호수 등 감시인을 배치하지 않았다.
③ 충전 전로에 절연 방호구를 설치하지 않았다.
(2) 안전대책
① 차량 등을 충전 전로로부터 300 cm 이상 이격시키되, 대지 전압이 50 kV를 넘는 경우, 10 kV당 10 cm씩 이격 거리를 증가시킨다.
② 노출된 충전부에 절연용 방호구를 설치하고 충전부를 절연, 격리한다.
③ 울타리를 설치하거나 감시인을 배치하여 작업을 감시한다.
④ 접지 등 충전 전로와 접촉할 우려가 있는 경우, 작업자가 접지점에 접촉되지 않도록 한다.

기출문제를
재구성한 **작업형 실전문제 3**

>>> 제1회 <<<　　　　　　　　　　시간: 1시간 정도

1부

01 유해물질 취급 시 주의사항과 인체가 유해물질에 노출될 때의 흡수 경로를 각각 3가지씩 쓰시오.

[동영상 설명] 화면은 실험실에서 작업자가 메스실린더를 취급하다가 깨뜨려 유해물질이 주변에 퍼지는 사고가 발생한 장면이다.

[해답] (1) 주의사항
① 안전보호구를 착용한다.
② 배기장치를 가동한 후 작업한다.
③ 후드 개구면 주위의 흡입상태를 확인한다.
④ 약품은 정해진 용도 외에는 사용을 금지한다.
(2) 흡수 경로
① 피부 접촉을 통해 흡수된다.
② 호흡기를 통해 흡수된다.
③ 입을 통해 흡수된다.

02 사업주는 작업자가 화학설비로 허가대상 유해물질을 제조 또는 사용할 때 작업수칙을 마련하고, 이를 작업 전 작업자에게 알려야 한다. 이때 작업수칙에 포함해야 할 사항 5가지를 쓰시오.

[동영상 설명] 화면은 화학설비로 허가대상 유해물질을 제조 및 사용하는 작업 장면이다.

[해답] ① 밸브, 콕 등의 조작
② 냉각장치, 가열장치, 교반장치 및 압축장치의 조작
③ 계측장치와 제어장치의 감시 및 조정
④ 안전밸브, 긴급 차단장치, 자동 경보장치 및 기타 안전장치의 조정
⑤ 뚜껑, 플랜지, 밸브 및 콕 등 접합부의 누설 여부 점검
⑥ 시료의 채취 및 해당 작업에 사용된 기구 등의 처리
⑦ 이상 상황이 발생한 경우의 응급조치
⑧ 보호구의 사용, 점검, 보관 및 청소
⑨ 허가대상 유해물질을 용기에 넣거나 꺼내는 작업 또는 반응조 등에 투입하는 작업

03 화면을 보고, 인쇄윤전기 작업 시 기계의 운동 형태에 따라 위험점을 분류할 때, 이 상황의 위험점과 그 형성조건을 쓰시오.

동영상 설명 화면은 인쇄윤전기의 회전하는 2개의 롤러 사이에 작업자의 손이 물려 들어가는 사고가 발생한 장면이다.

해답 ① 위험점 : 물림점
② 위험점의 형성조건 : 2개의 롤러가 서로 반대 방향으로 맞물려 회전할 때 형성된다.

04 화면을 보고, 배전반 작업 시 발생할 수 있는 전기 재해의 유형과 그 정의를 쓰시오.

동영상 설명 화면은 작업자가 1만 볼트의 고압이 인가된 배전반에서 작업을 하던 중, 감전사고가 발생한 장면이다.

해답 ① 재해 유형 : 감전(전류 접촉)
② 감전의 정의 : 인체의 전체 또는 일부에 전류가 흐르는 현상

05 화면을 보고, 승강기 모터 벨트 청소작업에서 발생할 수 있는 위험점과 그 정의를 쓰시오.

동영상 설명 화면은 작업자가 승강기 전원을 끄지 않고 모터 벨트와 와이어로프에 묻은 기름과 먼지를 걸레로 닦던 중, 승강기가 갑자기 움직여 모터 상부의 고정부분에 손이 끼이는 사고가 발생한 장면이다.

해답 ① 위험점 : 협착점
② 협착점의 정의 : 움직이는 부품과 고정된 부품 사이에 형성되는 위험점

06 화면을 보고, 브레이크 라이닝 작업자가 반드시 착용해야 할 보호구의 종류 3가지를 쓰시오.

동영상 설명 화면은 작업자가 방진마스크와 보안경을 착용한 상태에서 평상복을 입고 맨손으로 자동차 브레이크 라이닝의 이물질을 세척하는 장면이다.

해답 ① 보안경
② 불침투성 보호복
③ 화학물질용 안전화
④ 화학물질용 안전장갑
⑤ 유기화합물용 방독마스크

07 화면을 보고, 컨베이어 벨트 점검 시 작업자의 안전을 위한 조치사항 3가지를 쓰시오.

동영상 설명 화면은 작업자가 야간에 손전등을 들고 컨베이어 벨트를 점검하던 중, 손이 롤러 사이에 끼이는 사고가 발생한 장면이다.

해답 ① 컨베이어 벨트 점검 전 전원을 차단한다.
② 점검 시 장갑을 착용하지 않는다.
③ 야간에는 되도록 점검을 피한다.
④ 비상정지장치를 설치한다.
⑤ 원동기, 회전축, 기어 및 풀리 등의 덮개 또는 울 등의 이상 유무를 확인한다.

08 건물 해체작업을 안전하게 수행하기 위해 작업계획서에 반드시 포함되어야 할 내용 5가지를 쓰시오.

동영상 설명 화면은 굴착기를 이용하여 건물 해체작업을 하는 장면이다.

해답 ① 해체방법 및 해체순서에 대한 도면
② 가설설비, 방호설비, 환기설비 및 살수ㆍ방화설비 등의 설치방법
③ 사업장 내 연락체계
④ 해체물의 처분계획
⑤ 해체작업용 기계ㆍ기구 등의 작업계획
⑥ 해체작업용 화약류 등의 사용계획
⑦ 기타 안전ㆍ보건에 관련된 사항

09 화면을 보고, 섬유기계 작업 시 핵심 위험요인 2가지를 쓰시오.

동영상 설명 화면은 작업자가 장갑을 착용하고 섬유기계 작업을 하던 중, 실이 끊어지면서 기계가 멈추자 회전 부품을 점검하다가, 기계가 갑자기 작동하여 작업자의 손이 회전체에 끼이는 사고가 발생한 장면이다.

해답 ① 전원을 차단하지 않고 섬유기계를 점검하였다.
② 장갑을 착용하고 섬유기계를 점검하였다.

2부

01 화면을 보고, 선반작업 시 안전수칙을 준수하지 않을 경우 발생할 수 있는 재해요인 2가지를 쓰고, 화면에 나타난 사고의 위험점을 쓰시오.

동영상 설명 화면은 작업자가 선반작업 중 손으로 샌드페이퍼를 사용하면서 작업에 집중하지 않고 다른 곳을 보고 있는 장면이다.

해답 (1) 재해요인
① 선반의 회전하는 공작물에 손으로 샌드페이퍼 작업을 하여 손이 말려 들어갈 위험이 있다.
② 작업에 집중하지 않고 다른 곳을 보고 있어 손이 회전부에 끼일 위험이 있다.
③ 작업 중 적절한 보호구를 착용하지 않아 공작물의 파편에 의한 부상의 위험이 있다.
(2) 위험점 : 회전 말림점

02 화면을 보고, 승강기 설치작업 시 추락 사고의 발생원인 3가지를 쓰시오.

동영상 설명 화면은 승강기를 설치하기 전, 피트 내부를 청소하던 작업자가 추락하는 사고가 발생한 장면이다.

해답 ① 작업 발판이 고정되지 않았다.
② 작업자가 안전난간과 안전대를 포함한 안전조치를 사용하지 않았다.
③ 추락 방호망을 설치하지 않고 작업을 진행하였다.

03 화면을 보고, 전기 형강작업 시 감전 위험 요인에 대한 안전대책 3가지를 쓰시오.

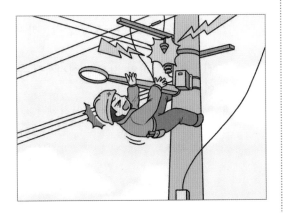

동영상 설명 화면은 작업자가 전봇대에서 전기 형강작업을 하던 중, 감전사고가 발생한 장면이다.

해답 ① 작업자세 및 상태를 바르게 유지하고, 안전수칙을 준수한다.
② 절연장갑 등 절연용 보호구를 착용한다.
③ U자 걸이용 안전대를 착용한다.
④ COS 고정상태를 확인한다.

04 화면을 보고, 사고의 발생원인과 사고 방지를 위한 안전대책을 각각 2가지씩 쓰시오.

동영상 설명 화면은 작업자가 창고 지붕 패널 설치작업을 하던 중, 부주의로 실족하여 추락하는 사고가 발생한 장면이다.

해답 (1) 사고의 발생원인
① 추락 방호망을 설치하지 않았다.
② 작업 발판 설치가 불량하다.
③ 개인 보호구(안전대)를 착용하지 않았다.
④ 안전대를 부착할 수 있는 설비가 설치되지 않았다.
(2) 안전대책
① 추락 방호망을 설치한다.
② 작업 발판을 제대로 설치한다.
③ 안전대 부착 설비에 안전대를 걸고 작업한다.
④ 안전난간을 설치한다.

05 프로판(C_3H_8)의 연소에 필요한 최소 산소농도를 추정하여 계산하면 약 몇 vol%인지 구하시오. (단, 프로판의 폭발하한은 Jones식에 의해 추산한다.)

[동영상 설명] 화면은 프로판(C_3H_8)가스 파이프라인에서 폭발사고가 발생한 장면이다.

[풀이] ① Jones식에 의한 폭발하한계

C_3H_8에서 탄소(n)=3, 수소(m)=8, 할로겐(f)=0, 산소(λ)=0이므로

$$C_{st}=\frac{100}{1+4.733\left(n+\frac{m}{4}\right)}$$

$$=\frac{100}{1+4.733\left(3+\frac{8}{4}\right)}=4.05\,vol\%$$

폭발하한계$=0.55\times C_{st}=0.55\times4.05$
$$\fallingdotseq2.23\,vol\%$$

② 최소 산소농도(MOC)

C_3H_8 연소식 :

$1C_3H_8+5O_2 \rightarrow 3CO_2+4H_2O$

(1, 5, 3, 4는 몰수)

$$MOC=폭발하한계\times\frac{산소\,몰수}{연료\,몰수}$$

$$=2.23\times\frac{5}{1}=11.15\,vol\%$$

[해답] $11.15\,vol\%$

06 화면을 보고, 롤러기 점검작업 시 위험요인과 안전대책을 각각 2가지씩 쓰시오.

[동영상 설명] 화면은 작업자가 면장갑을 착용한 상태로 작은 스패너를 사용하여 롤러기의 볼트를 조이며 점검하던 중, 회전하는 롤러에 손이 끼이는 사고가 발생한 장면이다.

[해답] (1) 위험요인

① 이물질을 제거할 때 장갑을 낀 손으로 제거하였다.
② 전원을 차단하지 않고 롤러의 이물질을 제거하였다.
③ 롤러기에 인터록 장치가 설치되지 않았다.

(2) 안전대책

① 이물질을 제거할 때 장갑을 착용하지 않는다.
② 전원을 차단하여 기계를 정지시킨 후 이물질을 제거한다.
③ 롤러기에 인터록 장치를 설치한다.

07 터널 지보공을 설치한 경우, 안전을 위해 수시로 점검해야 할 사항 3가지를 쓰시오.

[동영상 설명] 화면은 작업자가 터널공사 현장에서 터널 지보공을 점검하는 장면이다.

[해답] ① 부재의 긴압의 정도
② 기둥 침하의 유무 및 상태
③ 부재의 접속부 및 교차부의 상태
④ 부재의 손상, 변형, 부식, 변위, 탈락의 유무 및 상태

08 작업 발판을 안전하게 사용하기 위해 발판의 폭은 몇 cm 이상이어야 하며, 발판의 틈새는 몇 cm 이하로 유지되어야 하는지 쓰시오.

[동영상 설명] 화면은 작업자가 건물 외벽에 설치된 비계의 작업 발판 위에서 작업하는 장면이다.

[해답] ① 40 cm 이상
② 3 cm 이하

09 화면을 보고, 지게차 작업 시 발생한 재해의 발생요인 3가지를 쓰시오.

[동영상 설명] 화면은 지게차 운전자가 화물을 로프로 결박하지 않고 높게 적재하여 시야가 가려진 상태로 운반하던 중, 통로에서 작업 중이던 작업자와 충돌하는 사고가 발생한 장면이다.

[해답] ① 화물을 과적하여 운전자의 시야가 가려지므로 다른 작업자가 다칠 위험이 있다.
② 화물을 불안정하게 적재하여 화물이 떨어지므로 다른 작업자가 다칠 위험이 있다.
③ 다른 작업자가 작업 통로에서 작업하고 있어 다칠 위험이 있다.

3부

01 화면을 보고, 가스용접 작업 시 위험요인 2가지를 쓰시오.

동영상 설명 화면은 작업자가 보안경과 안전보호구를 착용하지 않고 가스용접으로 철판 절단작업을 하던 중, 먼 거리에서 무리하게 용접을 시도하다가 호스가 가스통에서 분리되어 용접 불꽃에 접촉하면서 폭발사고가 발생한 장면이다.

해답 ① 호스가 가스통에서 분리되어 용접 불꽃에 접촉하면서 폭발이 발생할 위험이 있다.
② 보호구(보안경)를 착용하지 않아 재해가 발생할 위험이 있다.

02 개인 보호구 중 안전화의 종류 4가지를 쓰시오.

동영상 설명 화면은 다양한 종류의 안전화를 보여주는 장면이다.

해답 ① 가죽제 안전화
② 고무제 안전화
③ 절연화
④ 절연장화
⑤ 정전기 안전화
⑥ 발등보호 안전화
⑦ 화학물질용 안전화

03 타워크레인 작업 시 와이어로프를 사용할 경우 금지해야 할 조건 4가지를 쓰시오.

동영상 설명 화면은 타워크레인을 이용하여 자재를 운반하는 작업 장면이다.

해답 ① 이음매가 있는 것
② 꼬이거나 변형되거나 부식된 것
③ 열과 전기충격에 의해 손상된 것
④ 와이어로프의 한 꼬임에서 끊어진 소선의 수가 10% 이상인 것
⑤ 지름이 공칭 지름에서 7% 초과하여 감소한 것

04 화면을 보고, 재해 발생 위험요인과 재해 예방을 위한 안전대책을 각각 2가지씩 쓰시오.

동영상 설명 화면은 작업자가 전원을 차단하지 않은 상태에서 보호구를 착용하지 않고, 원심기 덮개를 열어 내부를 점검하는 장면이다.

해답 (1) 위험요인
① 전원을 차단하지 않고 점검을 진행하였다.
② 보안경 등 보호구를 착용하지 않았다.
③ 점검 중임을 나타내는 안내 표지판과 시건장치를 설치하지 않았다.
(2) 안전대책
① 작업시작 전 전원을 차단하고 시건장치를 설치한다.
② 점검 중임을 나타내는 안내 표지판을 설치한다.
③ 보안경 등 개인 보호구를 착용하고 작업을 한다.

05 화면을 보고, 항타기와 항발기 작업 시 감전 위험을 방지하기 위한 조치사항 3가지를 쓰시오.

동영상 설명 화면은 충전 전로 근처에서 항타기와 항발기를 이용하여 전봇대를 세우던 중, 인접한 활선 전로에 접촉하여 스파크가 발생한 장면이다.

해답 ① 차량 등을 충전 전로의 충전부로부터 300 cm 이상 이격시키되, 대지 전압이 50 kV를 넘는 경우에는 10 kV가 증가할 때마다 이격거리를 10 cm씩 증가시킨다.
② 노출된 충전부에 절연용 방호구를 설치하고 충전부를 절연, 격리한다.
③ 울타리를 설치하거나 감시인을 배치하여 작업을 감시한다.
④ 접지 등 충전 전로와 접촉할 우려가 있는 경우에는 작업자가 접지점에 접촉되지 않도록 조치한다.

06 화면을 보고, 크롬 도금작업에 관하여 다음 물음에 답하시오.

(1) 도금조에 적합한 국소배기장치의 명칭은?
(2) 크롬산 미스트 발생을 억제하는 방법은?
(3) 착용해야 할 보호구(2가지)는?

동영상 설명 화면은 작업자가 크롬 도금작업 중 도금상태를 검사하는 장면이다.

해답 (1) PUSH-PULL형
(2) 크롬 도금조에 계면활성제를 넣어 미스트 발생을 억제한다.
(3) ① 불침투성 보호복
② 방독마스크
③ 보안경

07 녹색 정화통(흡수관)의 주요 성분과 방독마스크의 종류를 쓰시오.

동영상 설명 화면은 방독마스크를 착용하고 작업하는 작업자의 모습을 보여주는 장면이다.

해답 ① 큐프라마이트
② 암모니아용 방독마스크
참고 녹색 정화통

08 화면을 보고, 건물의 개구부에서 작업 중 추락을 방지하기 위한 방안 3가지를 쓰시오.

[동영상 설명] 화면은 작업자가 승강기 개구부 끝에 안전난간과 추락 방호망이 설치되지 않은 곳에서 작업하던 중, 발을 헛디뎌 추락사고가 발생한 장면이다.

[해답] ① 안전대 부착 설비를 설치하고 안전대를 착용한다.
② 안전난간을 설치한다.
③ 추락 방호망을 설치한다.

09 화면을 보고, 배전반 작업 시 발생한 감전사고의 유형과 가해물을 쓰시오.

[동영상 설명] 화면은 작업자가 전원을 차단하지 않은 상태에서 배전반의 볼트를 조이던 중, 감전사고가 발생한 장면이다.

[해답] ① 사고 유형 : 감전
② 가해물 : 전기

>>> **제2회** <<<

━━━ **1부** ━━━

01 화면을 보고, 배전반 패널작업에 관하여 다음에 대해 쓰시오.

(1) 작업 중 발생할 수 있는 재해유형과 정의
(2) 작업자가 착용해야 할 보호구(3가지)
(3) 사고유형, 기인물, 가해물
(4) 안전수칙(3가지)

동영상 설명 화면은 1만 볼트의 고압이 인가된 배전반 패널작업 중 감전사고가 발생한 장면이다.

해답 (1) ① 재해유형 : 감전
　　　② 감전의 정의 : 인체의 전체 또는 일부에 전류가 흐르는 현상
　　(2) ① 절연장갑
　　　② 절연화
　　　③ 절연안전모
　　(3) ① 사고유형 : 감전
　　　② 기인물 : 배전반
　　　③ 가해물 : 전기(전류)
　　(4) ① 작업 전에 정전작업을 실시한다.
　　　② 안전장갑 등 개인 보호구를 착용한다.
　　　③ 관계자 외에는 전기 기계 · 기구의 조작을 금지한다.

④ 관리자는 작업자에게 안전교육을 시행한다.
⑤ 사고 발생 시 처리 매뉴얼을 작성한다.

02 화면을 보고, 컨베이어 작업 시 재해요인과 재해발생 시 조치할 사항을 각각 2가지씩 쓰시오.

동영상 설명 화면은 두 작업자가 경사용 컨베이어 아래에서 포대를 올리던 중, 삐뚤게 놓인 채 올라가던 포대에 발이 걸려 작업자가 넘어지면서, 기계 하단 롤러에 팔이 말려 들어가는 사고가 발생한 장면이다.

해답 (1) 재해요인
　　　① 덮개나 울과 같은 안전장치가 설치되지 않았다.
　　　② 작업자가 위험한 위치에서 작업하고 있었다.
　　(2) 재해발생 시 조치할 사항
　　　① 컨베이어의 비상정지장치를 작동한다.
　　　② 주변 작업자에게 위험상황을 알리고, 안전한 장소로 대피시킨다.

03 프레스에 사용할 수 있는 유효한 방호장치 4가지를 쓰시오.

동영상 설명 화면은 급정지기구가 부착되지 않은 프레스에 금속판을 밀어 넣는 과정에서 손 끼임 사고가 발생한 장면이다.

해답 ① 양수기동식 방호장치
② 게이트 가드 방호장치
③ 수인식 방호장치
④ 손쳐내기식 방호장치

04 화학약품을 맨손으로 다룰 경우 유해물질이 작업자의 인체로 흡수되는 경로 3가지를 쓰시오.

동영상 설명 화면은 실험실에서 작업자가 화학약품을 맨손으로 다루고 있는 장면이다.

해답 ① 피부 접촉을 통해 흡수된다.
② 호흡기를 통해 흡수된다.
③ 입을 통해 흡수된다.

05 공기 중에 메탄 50vol%, 에탄 30vol%, 프로판 20vol%가 혼합된 혼합가스의 공기 중 폭발하한계를 계산하시오. (단, 메탄, 에탄, 프로판의 폭발하한계는 각각 5.0vol%, 3.0vol%, 2.1vol%이다.)

동영상 설명 화면은 공기 중에 메탄 50vol%, 에탄 30vol%, 프로판 20vol%가 혼합되어 폭발이 발생한 장면이다.

풀이 폭발하한계 $L = \dfrac{100}{\dfrac{V_1}{L_1} + \dfrac{V_2}{L_2} + \dfrac{V_3}{L_3}}$

$= \dfrac{100}{\dfrac{50}{5} + \dfrac{30}{3} + \dfrac{20}{2.1}} ≒ 3.39\,\text{vol}\%$

해답 $3.39\,\text{vol}\%$

06 화면을 보고, 재해 방지를 위해 건설용 리프트에 설치해야 할 방호장치 4가지를 쓰시오.

동영상 설명 화면은 작업자가 건설용 리프트의 안전상태를 점검하던 중, 점검 중이던 리프트가 갑자기 움직여 작업자가 끼이는 사고가 발생한 장면이다.

해답 ① 과부하방지장치 ② 권과방지장치
③ 비상정지장치 ④ 제동장치

07 건물 해체작업 시 작업자의 안전을 확보하기 위해 필요한 안전대책 3가지를 쓰시오.

동영상 설명 화면은 건물 해체작업이 진행되고 있는 장면이다.

해답 ① 작업구역 내에는 관계자 외 출입을 금지한다.
② 강풍, 폭우, 폭설 등 악천후 시 작업을 중지한다.
③ 신호방법을 미리 정하고, 신호수의 신호에 따라 작업을 진행한다.
④ 해체작업 시 적절한 위치에 대피소를 설치한다.

08 화면을 보고, 선반작업 시 재해 위험점과 그 정의를 쓰시오.

동영상 설명 화면은 작업자가 안전모와 면장갑을 착용하고 선반작업을 하던 중, 회전하는 축에 면장갑과 작업복이 말려 들어가는 사고가 발생한 장면이다.

해답 ① 위험점 : 회전 말림점
② 회전 말림점의 정의 : 회전하는 축에 작업복 등이 말려 들어가면서 발생하는 위험점

09 화학약품으로 브레이크 라이닝 세척작업을 할 경우 착용해야 할 보호구 3가지를 쓰시오.

동영상 설명 화면은 작업자가 화학약품으로 브레이크 라이닝 세척작업을 하는 장면이다.

해답 ① 보안경
② 불침투성 보호복
③ 화학물질용 안전화
④ 화학물질용 안전장갑
⑤ 유기화합물용 방독마스크

━━━ 2부 ━━━

01 LPG 저장소에서 가스누출 감지 경보기의 감지 센서 설치 위치와 폭발하한계값을 쓰시오.

동영상 설명 화면은 LPG 저장소에서 폭발을 방지하기 위해 가스누출 감지 경보기의 감지 센서를 설치하는 장면이다.

해답 ① 감지 센서의 설치 위치 : LPG는 공기보다 무거워, 바닥에 가까운 낮은 위치에 감지 센서를 설치해야 한다.
② 폭발하한계값 : LPG의 폭발하한계값의 2.1%
참고 LPG의 폭발한계(부피 비율)
① 폭발하한계(LEL) : 약 2.1%
② 폭발상한계(UEL) : 약 9.5%
단, 점화원이 없는 경우 LPG는 폭발하지 않는다.

02 화면을 보고, 선반작업 시 발생할 수 있는 위험점과 그 위험점의 정의를 쓰시오.

동영상 설명 화면은 작업자가 선반작업 중 회전하는 공작물에 샌드페이퍼를 손으로 감아 작업하던 중, 회전하는 공작물에 손이 말려 들어가는 사고가 발생한 장면이다.

해답 ① 위험점 : 회전 말림점
② 회전 말림점의 정의 : 회전하는 공작물에 장갑이나 작업복 등이 말려 들어가면서 발생하는 위험점

03 화면을 보고, 전기 형강작업 시 작업자가 착용해야 할 보호구 2가지를 쓰시오.

동영상 설명 화면은 전기 형강작업 중 감전사고가 발생한 장면이다.

해답 ① 절연안전모
② 절연장갑
③ 안전대
④ 절연화

04 화면을 보고, 인화성 가스로 인한 폭발 또는 화재 위험을 사전에 파악하기 위해 필요한 장치와 작업시작 전 점검사항 3가지를 쓰시오.

동영상 설명 화면은 인화성 가스가 존재하여 폭발 또는 화재발생 위험이 있는 장소에서 터널 건설공사가 진행되는 장면이다.

해답 (1) 필요한 장치 : 자동경보장치
(2) 작업시작 전 점검사항
① 계기의 이상 유무
② 감지장치의 이상 유무
③ 경보장치의 작동 상태

05 화면을 보고, 재해의 발생원인 3가지를 쓰시오.

동영상 설명 화면은 승강기 피트에서 작업자가 안전대를 사용하지 않고 안전난간과 추락 방호망도 설치하지 않은 상태에서, 나무 패널로 만든 불안정한 작업 발판 위에서 망치로 안전핀을 제거하다가 추락사고가 발생한 장면이다.

해답 ① 작업 발판이 불안정한 나무 패널로 설치되어 있다.
② 작업자가 안전난간 및 안전대 등 안전장치를 사용하지 않고 작업하였다.
③ 추락 방호망을 설치하지 않은 상태에서 작업하였다.

06 화면을 보고, 추락사고의 원인과 사고 방지를 위한 안전대책을 각각 3가지씩 쓰시오.

동영상 설명 화면은 작업자가 건설공사 현장에서 작업 발판이 설치되지 않은 구역을 지나가던 중 추락사고가 발생한 장면이다.

해답 (1) 추락사고의 원인
① 작업 발판 미설치
② 작업자의 안전대 미착용
③ 안전난간 미설치
④ 추락 방호망 미설치
⑤ 작업장 정리정돈 불량
(2) 안전대책
① 작업 발판 설치
② 작업자의 안전대 착용
③ 안전난간 설치
④ 추락 방호망 설치
⑤ 작업장 정리정돈 철저

07 석면 취급이 작업자에게 미치는 위험요인과 석면 분진으로 인해 발생할 수 있는 질병 3가지를 쓰시오.

동영상 설명 화면은 석면 취급 작업장의 모습을 보여주는 장면이다.

해답 (1) 위험요인 : 작업자가 방진마스크를 착용하지 않을 경우 석면 분진이 체내로 흡입될 수 있다.
(2) 질병
① 악성중피종
② 석면폐증
③ 폐암

08 화면을 보고, 공기 압축기 작업 시 작업자가 착용해야 할 보호구 3가지를 쓰시오.

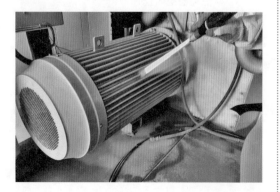

동영상 설명 화면은 작업자가 보호구를 착용하지 않고 전원 개폐기함 근처에서 공기 압축기를 사용하여 먼지를 청소하는 장면이다.

해답 ① 방진마스크
② 보안경
③ 내전압용 절연장갑

09 화면을 보고, 감전사고의 발생원인 3가지를 쓰시오.

동영상 설명 화면은 A 작업자가 절연장갑을 착용하지 않고 슬리퍼를 신은 상태에서, 밖에 있는 B 작업자에게 전원을 투입하라는 신호를 보낸 뒤 측정을 완료하고, 다시 전원을 차단하라는 신호를 보낸 뒤 측정기기를 철거하던 중 감전사고가 발생한 장면이다.

해답 ① 작업자가 절연용 보호구를 착용하지 않았다.
② 작업자 간 신호전달이 제대로 이루어지지 않았다.
③ 작업자의 안전 확인이 미흡했다.
④ 활선 및 정전상태를 확인하지 않고 작업을 진행하였다.

3부

01 황산 취급 시 체내에 황산이 유입될 수 있는 경로 3가지를 쓰시오.

[동영상 설명] 화면은 작업자가 마스크를 착용하지 않고 맨손으로 황산을 비커에 따르는 장면이다.

[해답] ① 피부 접촉을 통해 흡수된다.
② 호흡기를 통해 흡수된다.
③ 입을 통해 흡수된다.

02 화면을 보고, 용접작업 시 작업자 측면의 위험요인과 작업현장 측면의 위험요인을 각각 쓰시오.

[동영상 설명] 화면은 작업장 주변에 인화성 물질이 있는 상태에서 작업자가 양손으로 탱크 용접작업을 하는 장면이다.

[해답] ① 작업자 측면 : 작업자 혼자 양손으로 용접작업을 진행하면서 주변 상황을 제대로 파악하기 어려워 위험이 존재한다.
② 작업현장 측면 : 작업장 주변에 인화성 물질이 있어 화재의 위험이 크다.

03 화면을 보고, 에어컴프레서로 기계설비를 청소할 경우 작업자가 착용해야 할 보호구 2가지를 쓰시오.

[동영상 설명] 화면은 작업자가 눈 보호구를 착용하지 않고 에어컴프레서로 기계설비를 청소하던 중, 먼지가 튀어 눈에 들어가는 사고가 발생한 장면이다.

[해답] ① 보안경
② 방진마스크

04 용접작업 시 눈과 감전 및 화상의 위험으로부터 작업자를 보호하기 위해 착용해야 할 보호구를 쓰시오.

[동영상 설명] 화면은 작업자가 교류아크용접작업을 하고 있는 장면이다.

[해답] ① 눈 보호 : 차광 보호구
② 감전 및 화상 방지 : 가죽 장갑, 앞치마, 각반, 안전화
[참고] 눈 보호 : 아크에서 발생하는 가시광선, 적외선, 자외선에 의한 눈 손상을 방지하기 위해 차광 보호구를 착용해야 한다.

05 철골작업 시 기상 조건에 따라 안전을 위해 작업을 중지해야 하는 기준 3가지를 쓰시오.

[동영상 설명] 화면은 악천후 속에서 타워크레인을 이용하여 철골작업을 진행하는 장면이다.

[해답] ① 풍속이 초당 10m 이상인 경우
② 강우량이 시간당 1mm 이상인 경우
③ 강설량이 시간당 1cm 이상인 경우

06 화면을 보고, 방독마스크의 명칭과 정화통(흡수관)의 주성분 2가지를 쓰고, 파과 시간이 20분일 경우 방독마스크의 파과 농도를 쓰시오.

[동영상 설명] 화면은 노란색 정화통이 부착된 방독마스크를 보여주는 장면이다.

[해답] (1) 방독마스크의 명칭 : 아황산용 방독마스크
(2) 정화통(흡수관)의 주성분
① 산화금속
② 알칼리제재
(3) 파과 농도 : 5ppm
[참고] 노란색 정화통

07 공기의 적정상태를 유지하기 위해 설치해야 하는 설비 2가지를 쓰시오.

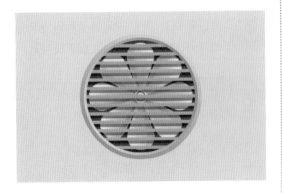

동영상 설명 화면은 공기의 청정상태를 유지하기 위한 환풍장치를 보여주는 장면이다.

해답 ① 전체환기장치
② 국소배기장치

08 화면을 보고, 석면작업 시 위험요인과 발생할 수 있는 질병 3가지를 쓰시오.

동영상 설명 화면은 작업자가 일반 마스크를 착용한 상태에서 석면작업을 하는 장면이다.

해답 (1) 위험요인 : 작업자가 석면용 방진마스크를 착용하지 않아 석면 분진이 체내로 흡입될 위험이 있다.

(2) 질병
① 악성중피종
② 석면폐증
③ 폐암

09 내수성 안전화의 종류 중 물체의 낙하, 충격 또는 날카로운 물체에 의한 찔림과 같은 위험으로부터 발을 보호하고, 고압 감전 방지와 방수 기능을 겸비한 안전화의 종류 2가지를 쓰시오.

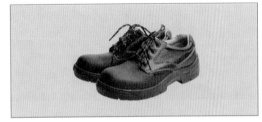

동영상 설명 화면에서는 여러 가지 안전화를 보여준다.

해답 ① 고무제 안전화
② 절연장화

>>> **제3회** <<<

1부

01 화면을 보고, 비계 위 작업 발판의 설치 기준 4가지를 쓰시오.

동영상 설명 화면은 비계 위에 작업 발판을 설치한 장면이다.

해답 ① 작업 발판의 폭은 40cm 이상이어야 한다.
② 발판 재료 간의 틈은 3cm 이하로 유지해야 한다.
③ 발판 재료는 작업 시 하중을 견딜 수 있도록 견고해야 한다.
④ 작업 발판에서 추락 위험이 있는 장소에는 반드시 안전난간을 설치해야 한다.
⑤ 작업 발판의 재료는 뒤집히거나 떨어지지 않도록 둘 이상의 지지물에 연결하거나 고정해야 한다.
⑥ 작업 발판을 이동할 경우, 위험 방지에 필요한 조치를 취해야 한다.

02 화면을 보고, 폭발 재해의 종류와 정의를 쓰고, 폭발 재해의 원인을 설명하시오.

동영상 설명 화면은 작업자가 LPG 저장소 문을 열고 들어가 스위치를 올려 불을 켜는 순간, 누출된 LPG가 전기 스파크로 인해 폭발하는 장면이다.

해답 (1) 종류 : 증기운 폭발(UVCE)
(2) 증기운 폭발의 정의 : 가연성 증기운에 점화원이 제공되면 폭발이 일어나면서 화염구(fire ball)가 형성되는 현상을 말한다. 증기운의 크기가 커질수록 점화될 확률도 높아진다.
(3) 원인 : 고압의 액화석유가스 용기에서 다량의 인화성 증기가 대기 중으로 급격히 방출되어 확산된 상태에서 전기 스파크로 인해 폭발이 발생하였다.

참고 증기운
저온 액화가스의 저장탱크나 고압의 가연성 액체용기가 파손되어 다량의 가연성 증기가 대기 중으로 급격히 방출되고, 이 증기가 공기 중에 분산·확산된 상태를 말한다.

03 프레스 작동 후 작업점까지 도달하는 시간이 0.3초일 때, 위험한계로부터 양수조작식 방호장치의 최단 설치거리를 구하시오.

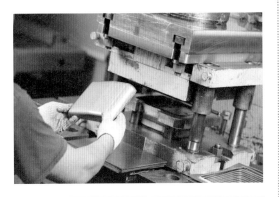

동영상 설명 화면은 작업자가 금속을 프레스에 넣고 작동시키는 장면이다.

풀이 $D_m = 1.6T_m = 1.6 \times 0.3$
$= 0.48\,m = 48\,cm$

해답 48 cm

04 건물 해체공사 시 해체장비와 해체건물 사이의 이격거리, 그리고 작업자와 해체장비 사이의 이격거리를 쓰시오. (단, 해체물의 높이는 7 m이다.)

동영상 설명 화면은 건물 해체공사가 진행되고 있는 장면이다.

해답 ① 해체장비와 해체건물 사이 : 해체물 높이×0.5=7×0.5=3.5 m 이상
② 작업자와 해체장비 사이 : 4 m

05 화면을 보고, 감전 재해의 위험요인 2가지를 쓰시오.

동영상 설명 화면은 작업자가 사다리 위에 올라서서 배전반 차단기를 점검하던 중, 감전으로 인해 의자에서 떨어지는 사고가 발생한 장면이다.

해답 ① 작업자가 발판 없이 사다리 위에서 불안정한 상태로 점검을 진행하였다.
② 주변에 전기 차단이나 절연 조치 없이 점검을 진행하였다.

06 화면을 보고, 유해물질이 인체에 흡수되는 경로 3가지를 쓰시오.

동영상 설명 화면은 작업자가 유해물질을 맨손으로 다루고 있는 장면이다.

해답 ① 피부 접촉을 통해 흡수된다.
② 호흡기를 통해 흡수된다.
③ 입을 통해 흡수된다.

07 화면을 보고, 컨베이어 작업 시 재해 위험요인 2가지를 쓰시오.

동영상 설명 화면은 컨베이어가 가동 중인 상태에서 작업자가 컨베이어 상부의 모서리를 딛고 전등을 교체하던 중, 바닥으로 추락하는 사고가 발생한 장면이다.

해답 ① 작업자가 가동 중인 컨베이어 상부의 모서리를 딛고 서서 전등을 교체하였다.
② 전원을 차단하지 않고 전등을 교체하였다.
③ 컨베이어가 가동 중이므로 전도(넘어짐) 위험이 있다.

08 화면을 보고, 도금작업 시 작업자의 건강을 보호하기 위해 착용해야 할 개인보호구의 종류 3가지를 쓰시오.

동영상 설명 화면은 작업자가 도금조에서 제품을 꺼내어 표면상태를 검사하고 도금작업을 하는 장면이다.

해답 ① 보안경
② 유기화합물용 방독마스크
③ 불침투성 보호복
④ 화학물질용 안전장갑
⑤ 화학물질용 안전화

09 화면을 보고, 이동식 크레인 작업 시 재해의 발생형태와 가해물을 쓰고, 전기 작업 시 착용해야 할 안전모의 종류 2가지를 쓰시오.

동영상 설명 화면은 이동식 크레인을 이용하여 전봇대를 옮기는 작업 중, 전봇대가 흔들리며 작업자에게 부딪히는 사고가 발생한 장면이다.

해답 (1) 재해 발생형태 : 맞음
(2) 가해물 : 전봇대
(3) 착용해야 할 안전모의 종류
① AE형
② ABE형

2부

01 터널 발파작업 시 준수해야 할 사항 3가지를 쓰고, 발파작업장에 접근할 수 있는 시간은 발파 후 몇 분이 경과한 후인지 쓰시오.

동영상 설명 화면은 터널에서 화약을 활용한 발파작업을 하는 장면이다.

해답 (1) 발파작업 시 준수해야 할 사항
① 장전구는 마찰, 충격, 정전기 등에 의한 폭발 위험이 없는 안전한 것을 사용한다.
② 발파공의 충진재료는 점토, 모래 등 발화 위험이 없는 재료를 사용한다.
③ 화약이나 폭약을 장전할 때 그 부근에서 화기를 사용하지 않도록 한다.
④ 얼어붙은 다이너마이트는 화기에 접근시키지 않도록 주의한다.
(2) 발파 후 접근할 수 있는 시간
① 전기뇌관에 의한 경우 : 5분 이상
② 전기뇌관 외의 경우 : 15분 이상

02 화면을 보고, 선반작업 시 재해 발생요인 2가지를 쓰시오.

동영상 설명 화면은 작업자가 장갑을 착용하고 긴 소매 작업복을 입은 상태에서 선반작업을 하던 중, 가공물을 샌드페이퍼로 다듬는 과정에서 손을 사용하다가 재해가 발생한 장면이다.

해답 ① 회전하는 축에 장갑 및 작업복 등이 말려 들어갈 수 있다.
② 가공물을 샌드페이퍼로 다듬는 과정에서 손을 사용함으로써 손이 말려 들어갈 위험이 있다.

03 화면을 보고, 엘리베이터 바닥 피트 점검작업 시 지켜야 할 안전수칙 3가지를 쓰시오.

동영상 설명 화면은 작업 감시자가 배치되지 않은 상태에서 작업자가 엘리베이터 바닥 피트를 점검하고 있는 장면이다.

해답 ① 작업 중임을 알리는 안전 표지판을 설치한다.
② 작업 감시자를 배치하여 작업을 감시한다.
③ 작업에 필요한 안전 보호구를 착용한다.

04 화면을 보고, 유기화합물 작업 시 착용해야 하는 보호구를 부위별로 구분하여 쓰시오.

동영상 설명 화면은 작업자가 재료를 유기화합물에 담그는 장면이다.

해답 ① 코, 입 : 방독마스크
② 눈 : 보안경
③ 손 : 화학물질용 안전장갑
④ 발 : 화학물질용 안전화
⑤ 피부 : 화학물질용 불침투성 보호복

05 화면을 보고, 물체의 낙하 또는 비래 위험이 있을 경우 취해야 할 안전조치사항 3가지를 쓰시오.

동영상 설명 화면은 건설공사 현장에서 물체가 낙하하거나 비래하는 상황을 보여주는 장면이다.

해답 ① 낙하물 방지망 설치
② 수직 보호망 또는 방호선반 설치
③ 출입 금지구역 설정
④ 보호구 착용

06 저장소에서 수소를 취급할 때 발생할 수 있는 위험요인 2가지를 쓰시오.

동영상 설명 화면은 방폭형 전원 스위치가 설치되어 있고, 환풍기가 작동하지 않는 주황색 가스 용기 저장소를 보여주는 장면이다.

해답 ① 수소가스는 폭발범위가 넓어 폭발 위험성이 크다.
② 수소가스는 연소 시 발열량이 크다.

07 이동식 비계 위에서 작업할 경우 위험요인 2가지를 쓰시오.

동영상 설명 화면은 안전난간이 없는 이동식 비계에서 작업자가 목재 작업 발판 위에서 작업하던 중, 비계가 흔들려 추락하는 장면이다.

해답 ① 작업 발판이 불량하여 추락할 위험이 있다.
② 안전난간이 설치되지 않아 추락할 위험이 있다.
③ 바퀴를 고정하지 않으면 비계가 흔들릴 위험이 있다.

08 화면을 보고, 형강 교체작업 시 발생할 수 있는 감전 위험요인과 추락 위험요인을 각각 2가지씩 쓰시오.

동영상 설명 화면은 전봇대에서 형강 교체작업을 하는 장면이다.

해답 (1) 감전 위험요인
① 활선에 근접하므로 감전 위험이 있다.
② 개폐기 오작동으로 인한 감전 위험이 있다.
③ 근접 활선의 정전유도로 정전선로가 충전되어 감전 위험이 있다.
(2) 추락 위험요인
① 작업 중 안전장치나 발판이 부족하여 작업자가 추락할 위험이 있다.
② 작업 시 불안정한 자세나 작업 위치에서의 실수로 인한 추락 위험이 있다.
③ 높은 위치에서 작업할 때 안전장비가 충분하지 않아 추락 위험이 있다.

09 철근 운반작업에서 발생할 수 있는 전도, 협착, 붕괴 등의 위험을 예방하기 위한 대책과 지게차 운행경로 및 작업방법을 각각 2가지씩 쓰시오.

동영상 설명 화면은 지게차를 이용하여 철근 운반작업을 하는 장면이다.

해답 (1) 예방대책
① 철근을 안정적으로 고정하기 위해 적절한 결속 장비를 사용해야 한다.
② 운반 중 작업자와의 충분한 안전거리를 유지해야 한다.
③ 운반 중 주변 장애물이나 지반 상태를 사전에 점검해야 한다.
(2) 운행경로 및 작업방법
① 지게차 운행경로를 사전에 계획하고, 작업자의 출입을 제한해야 한다.
② 운반 중 속도를 낮추고 장애물이나 위험 구간을 피해야 한다.
③ 작업 완료 후 철근을 안전하게 적재하고, 지게차를 정지시켜야 한다.

3부

01 화면을 보고, 지게차 운반작업 시 위험요인 2가지를 쓰시오.

동영상 설명 화면은 지게차 운전자가 급히 물건을 운반하던 중, 통로에서 작업 중이던 작업자와 충돌하는 사고가 발생한 장면이다.

해답 ① 과도한 적재로 인해 운전자의 시야가 가려져 통로에 있는 작업자와 지게차가 충돌할 위험이 있다.
② 작업자가 지게차 운행경로에서 작업 중이므로 지게차와 충돌할 위험이 있다.

02 산업용 로봇의 오작동 방지를 위한 작업지침에 포함해야 할 사항 3가지를 쓰시오.

동영상 설명 화면은 작업자가 산업용 로봇의 작동범위 내에서 교시작업을 하며, 로봇의 오작동으로 인한 위험방지를 위해 작업지침을 설정하여 작업하는 장면이다.

해답 ① 로봇의 조작방법 및 순서
② 작업 중 매니퓰레이터의 속도
③ 2인 이상 작업자가 작업할 때의 신호방법
④ 이상이 발생했을 때의 조치 및 로봇의 운전을 정지시킨 후 재가동할 때의 절차
⑤ 로봇의 예기치 못한 작동 또는 오작동에 의한 위험을 방지하기 위한 조치

03 화면을 보고, 재해의 발생형태와 그 정의를 쓰고, 작업자가 착용해야 하는 화학물질용 개인 보호구 4가지를 쓰시오.

동영상 설명 화면은 작업자가 집게를 이용하여 비커에 담긴 황산을 옮기던 중, 비커를 떨어뜨려 황산이 튀는 사고가 발생한 장면이다.

해답 (1) 재해의 발생형태 : 황산의 노출 · 접촉
(2) 황산의 노출 · 접촉의 정의 : 황산에 노출되거나 접촉 또는 흡입하는 경우
(3) 개인 보호구
① 보호복 ② 안전장갑 ③ 보안경
④ 안전화 ⑤ 방독마스크

04 교류아크용접기에 부착해야 하는 방호장치 2가지와 교류아크용접작업 시 착용해야 하는 개인 보호구 3가지를 쓰시오.

동영상 설명 화면은 작업자가 교류아크용접작업을 하는 장면이다.

해답 (1) 방호장치
　　① 절연방호장치　② 자동전격방지장치
(2) 개인 보호구
　　① 차광 보호구　② 가죽 장갑
　　③ 앞치마　④ 안전화

05 방독마스크에 관하여 다음에 대하여 쓰시오.

(1) 방독마스크의 종류
(2) 방독마스크 정화통의 주성분
(3) 방독마스크 정화통의 시험가스 종류
(4) 방독마스크의 형식
(5) 직결식 전면형의 누설률
(6) 방독마스크의 파과 시간

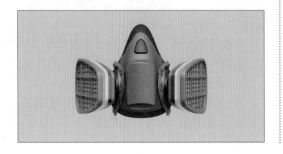

동영상 설명 화면은 녹색 정화통에 호환되는 방독마스크를 보여주는 장면이다.

해답 (1) 암모니아용 방독마스크
(2) 큐프라마이트
(3) 암모니아 가스
(4) 직결식
(5) 0.05% 이하
(6) 40분 이상

참고 녹색 정화통

06 화면을 보고, 타워크레인 작업 시 재해를 예방하기 위해 준수해야 할 사항 3가지를 쓰시오.

동영상 설명 화면은 타워크레인으로 비계를 옮기던 중, 비계가 흔들려 아래에서 작업 중인 작업자와 충돌하는 사고가 발생한 장면이다.

해답 ① 작업 반경 내 관계자 이외의 사람은 출입을 금지한다.
② 유도로프를 사용하여 비계의 흔들림을 방지한다.
③ 신호방법을 미리 정하고 신호수의 신호에 따라 작업한다.

07 안전인증 대상 안전화의 종류 5가지를 쓰시오.

동영상 설명 화면은 안전화를 보여주는 장면이다.

해답 ① 가죽제 안전화 ② 고무제 안전화
③ 절연화 ④ 절연장화
⑤ 정전기 안전화 ⑥ 발등 보호 안전화
⑦ 화학물질용 안전화

08 화면을 보고, 사출성형기에 낀 이물질 제거 시 재해를 방지하기 위한 대책 3가지를 쓰시오.

동영상 설명 화면은 작업자가 개인 보호구를 착용하지 않고 사출성형기에 낀 이물질을 제거하던 중, 감전 사고가 발생한 장면이다.

해답 ① 사출성형기의 내부에 끼인 이물질을 제거할 때는 반드시 전원을 차단해야 한다.
② 작업자는 절연용 보호구를 착용해야 한다.
③ 이물질을 제거할 때는 전용 공구를 사용해야 한다.
④ 사출성형기 충전부에는 방호조치를 실시해야 한다.

09 비계 높이가 2m 이상인 작업장에서 작업 발판의 설치기준 5가지를 쓰시오.

동영상 설명 화면은 작업자 2명이 비계의 최상단 난간을 밟고 불안정하게 서서 작업 발판을 주고 받던 중, 추락사고가 발생한 장면이다.

해답 ① 작업 발판의 폭은 40cm 이상이어야 한다.
② 발판 재료 간의 틈은 3cm 이하로 유지해야 한다.
③ 발판 재료는 작업 시 하중을 견딜 수 있도록 견고해야 한다.
④ 작업 발판이 추락할 위험이 있는 장소에는 안전난간을 설치해야 한다.
⑤ 작업 발판 재료는 뒤집히거나 떨어지지 않도록 둘 이상의 지지물에 연결하거나 고정해야 한다.

기출문제를
재구성한 **작업형 실전문제 4**

━━━ 1부 ━━━

01 컨베이어 작업 시 화물의 낙하로 인해 작업자에게 위험이 발생할 경우 낙하위험 방지조치 3가지를 쓰고, 작업 중 작업자의 신체 일부가 협착될 경우 필요한 방호장치 2가지를 쓰시오.

동영상 설명 화면은 컨베이어를 이용하여 물건을 운반하는 작업현장 모습이다.

해답 (1) 낙하위험 방지조치
① 덮개 설치
② 울타리 설치
③ 컨베이어 주변에 안전망 설치
(2) 방호장치
① 비상정지장치
② 가드 또는 안전울타리 설치
참고 컨베이어 작업 시작 전 점검사항
① 원동기 및 풀리 기능의 이상 유무
② 이탈방지장치 기능의 이상 유무
③ 비상정지장치 기능의 이상 유무
④ 원동기, 회전축, 기어 및 풀리 등의 덮개 또는 울타리의 이상 유무

02 화면을 보고, 창호 설치작업 시 추락사고의 원인 4가지를 쓰고, 가해물이 무엇인지 쓰시오.

동영상 설명 화면은 방호망이 설치되지 않은 높은 장소에서 작업자가 창호를 설치하던 중, 추락사고가 발생한 장면이다.

해답 (1) 추락사고의 원인
① 안전대 미착용
② 추락 방호망 미설치
③ 안전난간 미설치
④ 작업 발판 미설치
⑤ 주변 정리정돈 및 청소상태 불량
(2) 사고의 가해물 : 바닥

03 위험물 제조 및 취급의 경우 화재와 폭발을 예방하기 위한 주의사항을 3가지 쓰시오.

동영상 설명 화면은 작업자가 위험물을 제조하거나 취급하는 작업 장면이다.

해답 ① 폭발성 물질은 화기 등 점화원이 될 우려가 있는 물질에 가까이 하거나 가열, 마찰, 충격을 가하지 않아야 한다.
② 물반응성 물질, 인화성 고체 등은 각각 그 특성에 따라 발화를 촉진하는 물질과 접촉하거나 가열, 마찰, 충격을 가하지 않아야 한다.
③ 산화성 물질은 분해가 촉진될 우려가 있는 물질과 접촉하거나 가열, 마찰, 충격을 가하지 않아야 한다.
④ 인화성 액체는 화기나 점화원이 될 우려가 있는 물질에 가까이 하거나 주입, 가열, 증발시키지 않아야 한다.
⑤ 위험물을 제조하거나 취급하는 설비가 있는 장소에 인화성 가스나 산화성 물질을 방치하지 않아야 한다.

04 프레스의 비상정지스위치 작동 후 슬라이드가 하사점까지 도달하는 데 0.15초 걸렸다면, 양수기동식 방호장치의 안전거리는 최소 몇 cm 이상이어야 하는지 구하시오.

동영상 설명 화면은 프레스로 금형을 부착, 해체 또는 조정작업을 하는 장면이다.

풀이 $D_m = 1.6 T_m = 1.6 \times 0.15$
$= 0.24 \, \mathrm{m} = 24 \, \mathrm{cm}$

해답 $24 \, \mathrm{cm}$

05 화면을 보고, 도금작업 시 안전을 위해 착용해야 하는 개인 보호구 4가지를 쓰시오.

동영상 설명 화면은 작업자가 안경과 고무장갑을 착용하고 도금작업을 하는 장면이다.

해답 ① 보안경
② 불침투성 보호복
③ 유기화합물용 방독마스크
④ 화학물질용 안전장갑
⑤ 화학물질용 안전화

06 배전반 패널작업 시 감전사고를 예방하기 위해 주의해야 할 위험요인 2가지를 쓰시오.

동영상 설명 화면은 작업자가 배전반 패널작업을 하던 중, 감전사고가 발생한 장면이다.

해답 ① 정전작업을 실시하지 않으면 감전 위험이 있다.
② 절연장갑 등 개인 보호구를 착용하지 않으면 감전 위험이 있다.
③ 전기설비의 접지상태를 확인하지 않으면 감전 위험이 있다.

07 화면을 보고, 연삭작업 시 기인물을 쓰고, 작업 중 발생할 수 있는 재해를 예방하기 위한 방호장치와 위험요인을 각각 2가지씩 쓰시오.

동영상 설명 화면은 작업자가 탁상용 연삭기를 이용하여 연삭작업을 하던 중, 숫돌 파편이 튕겨나와 작업자에게 부딪히는 사고가 발생한 장면이다.

해답 (1) 기인물 : 탁상용 연삭기
(2) 방호장치
① 칩 비산방지투명판
② 눈 보호용 방호판(안전 가드)
(3) 위험요인
① 보안경을 착용하지 않아 눈을 다칠 위험이 있다.
② 덮개를 설치하지 않아 숫돌 파편에 다칠 위험이 있다.

08 드릴링 머신의 V 벨트 교체작업 시 안전수칙 3가지를 쓰시오.

동영상 설명 화면은 드릴링 머신 내부에 V 벨트가 설치된 장면이다.

해답 ① V 벨트 교체작업을 시작하기 전에 전원을 차단한다.
② 정비 및 수리 중에는 안내표지판을 부착하고 시건장치를 설치한다.
③ 천대장치를 사용하여 V 벨트를 교체한다.

09 아파트 해체작업 시 사용하는 해체장비의 명칭과 작업 시 위험요인을 각각 2가지씩 쓰시오.

> 동영상 설명 화면은 해체장비를 사용하여 아파트를 해체하는 장면이다.

해답 (1) 해체장비의 명칭
　① 압쇄기
　② 핸드 브레이커
　③ 철제 해머
(2) 위험요인
　① 작업구역 내에서 관계자 외 출입을 통제하지 않았다.
　② 작업자 간 신호 규정을 준수하지 않았다.

────── 2부 ──────

01 화면을 보고, 형강 교체작업 시 안전조치사항과 작업 중, 작업 완료 후의 안전조치사항을 각각 3가지씩 쓰시오.

> 동영상 설명 화면은 COS(컷아웃 스위치)가 발판 옆에 걸쳐진 상태에서 작업자가 전봇대의 발판을 딛고 형강 교체작업을 하던 중, 사고가 발생한 장면이다.

해답 (1) 작업 시 안전조치사항
　① 전원을 차단한 후 단로기를 개방한다.
　② 단락 접지기구를 이용하여 접지한다.
　③ 검전기를 이용하여 작업대상 기기가 충전상태인지 확인한다.
(2) 작업 중 안전조치사항
　① 개폐기의 상태를 관리한다.
　② 단락 접지상태를 관리한다.
　③ 근접 활선에 대한 방호 관리를 한다.
(3) 작업 완료 후 안전조치사항
　① 작업 완료 후 단락 접지기구를 제거하고, 기기가 안전하게 통전되는지 확인한다.
　② 모든 작업자가 작업기기에서 떨어져 있는지 확인한 후, 잠금장치와 꼬리표를 직접 제거한다.
　③ 이상 유무를 최종 확인한 후 전원을 투입한다.

02 흙막이 지보공 설치작업 후 정기적으로 점검해야 할 사항 3가지를 쓰시오.

동영상 설명 화면은 작업자가 흙막이 지보공 설치작업을 하는 장면이다.

해답 ① 부재의 손상, 변형, 부식, 변위 및 탈락의 유무와 상태
② 부재의 접속부, 부착부 및 교차부의 상태
③ 버팀대의 긴압의 정도
④ 침하의 정도

03 프레스작업 시작 전 점검해야 할 사항 3가지를 쓰시오.

동영상 설명 화면은 작업자가 면장갑을 착용하고 프레스 작업을 하는 장면이다.

해답 ① 클러치 및 브레이크의 기능
② 방호장치의 기능
③ 크랭크축, 플라이휠, 슬라이드 등 연결 나사의 풀림 여부
④ 1행정 1정지기구, 급정지장치 및 비상 정지장치의 기능

04 석면이 함유된 건축물 해체작업 시 석면 분진의 발산과 작업자의 오염을 방지하기 위해 정해야 할 작업수칙 5가지를 쓰시오.

동영상 설명 화면은 석면이 함유된 건축물 해체 작업을 하는 장면이다.

해답 ① 진공청소기 등을 이용한 작업장 바닥의 청소방법
② 용기에 석면을 넣거나 꺼내는 작업방법
③ 석면을 담은 용기의 운반방법
④ 여과집진방식 집진장치의 여과재 교환 방법
⑤ 해당 작업에 사용된 용기 등의 처리방법
⑥ 이상 상태가 발생한 경우의 응급 조치
⑦ 보호구의 사용, 점검, 보관 및 청소방법
⑧ 작업자의 왕래와 외부 기류 또는 기계 진동 등에 의한 분진의 흩날림을 방지하기 위한 조치
⑨ 분진이 쌓일 염려가 있는 깔개 등을 작업장 바닥에 방치하는 행위를 방지하기 위한 조치

05 화면을 보고, 아세틸렌 가스 저장소에서 발생할 수 있는 위험요인 2가지를 쓰시오.

동영상 설명 화면은 환풍시설이 없는 아세틸렌 가스 저장소에서 A 작업자가 가스 밸브를 점검 중이며, 3m 떨어진 거리에 있는 B 작업자는 연삭기로 작업 중 불꽃이 튀는 장면이다.

해답 ① 아세틸렌 가스 저장소 주변 10m 이내에서 불꽃이 발생하는 작업을 하고 있다.
② 아세틸렌 가스 저장소에 소화설비가 설치되어 있지 않다.
③ 가스 저장소를 관계자 외 출입금지 구역으로 설정하지 않았다.

06 화면을 보고, 재해 발생 위험점과 그 정의를 쓰시오.

동영상 설명 화면은 작업자가 승강기 와이어로프에 끼인 기름, 먼지 등을 손으로 제거하는 장면이다.

해답 ① 위험점 : 끼임점
② 끼임점의 정의 : 회전운동을 하는 부분과 고정 부분 사이에 형성되는 위험점

07 화면을 보고, 갱폼 인양작업 중 발생할 수 있는 위험요인 2가지를 쓰시오.

동영상 설명 화면은 건설 현장 바닥에 눈이 쌓인 가운데, 작업자가 가이데릭을 이용하여 갱폼 인양작업을 하는 장면이다.

해답 ① 눈이 쌓인 바닥에서 버팀대가 미끄러질 위험이 있다.
② 사다리 등 안전시설의 설치가 불량하여 작업 중 낙상 위험이 있다.
③ 파이프의 일부만 철사로 고정하여 무너질 위험이 있다.

08 화면을 보고, 용접작업 시 불안전한 요인 3가지를 쓰시오.

동영상 설명 화면은 주변에 빨간색과 주황색 드럼통이 쌓여있는 가운데, 작업자가 용접용 보안면, 가죽장갑, 앞치마를 착용한 채 한 손으로 용접을 하며 불꽃이 사방으로 튀는 장면이다.

해답 ① 작업자의 용접 자세가 불안정하다.
② 감시인 없이 단독 작업으로는 작업장의 상황을 파악하기 어렵다.
③ 용접 불티가 비산하면 화재 발생 위험이 있다.
④ 작업장 주위에 인화성 물질이 쌓여 있어 화재 위험이 있다.

09 화면을 보고, 선반작업 시 안전을 위한 대책 3가지를 쓰시오.

동영상 설명 화면은 작업자가 선반작업 중 가공물이 원심력에 의해 주축과 심압대를 벗어나 작업자를 가격하는 사고가 발생한 장면이다.

해답 ① 선반 가공물의 비래 등을 방지하기 위한 보호 가드를 설치한다.
② 긴 공작물의 경우 방진구를 설치한다.
③ 작업 전 가공물의 고정상태를 철저히 점검한다.
④ 적절한 회전 속도를 설정하여 가공 중 가공물이 이탈하지 않도록 한다.

참고 선반작업의 안전수칙
① 가공물을 설치할 때는 전원 스위치를 끄고 설치한다.
② 심압대 스핀들이 지나치게 나오지 않도록 한다.
③ 공작물의 설치가 끝나면 척, 렌치류는 곧 떼어 놓는다.
④ 편심된 가공물을 설치할 때는 균형추를 부착한다.
⑤ 바이트는 기계를 정지시킨 후 설치한다.
⑥ 샌드페이퍼로 연삭할 때는 자세나 손동작에 유의한다.

3부

01 지게차를 이용한 운반작업 시 작업시작 전 점검해야 할 사항 4가지를 쓰시오.

동영상 설명 화면은 지게차를 이용하여 물건을 운반하는 장면이다.

해답 ① 제동장치 및 조종장치 기능의 이상 유무
② 하역장치 및 유압장치 기능의 이상 유무
③ 바퀴의 이상 유무
④ 전조등, 후미등, 방향지시기 및 경보장치 기능의 이상 유무

02 화면을 보고, 작업자가 감전사고를 당한 원인을 인체의 피부저항과 관련지어 설명하시오.

동영상 설명 화면은 작업자가 수중펌프의 전기 접속 부위에 감전되어 재해가 발생한 장면이다.

해답 물에 젖을 경우 인체의 피부저항이 약 1/25로 감소하므로 전류가 더 많이 흐르게 되어 감전 위험이 크게 증가한다.

03 화면을 보고, 감전 재해의 발생형태를 쓰고, 재해의 위험요인 3가지를 쓰시오.

동영상 설명 화면은 작업자가 전원을 차단하지 않은 상태에서 용접기 접지선(어스선)을 잡아당기다가 감전 재해가 발생한 장면이다.

해답 (1) 재해의 발생형태 : 감전(전류 접촉)
(2) 위험요인
① 자동전격방지기를 설치하지 않아 작업자가 접지선에 접촉하여 감전될 위험이 있다.
② 누전차단기를 설치하지 않아 용접기에 접촉하여 감전될 위험이 있다.
③ 접지를 실시하지 않아 용접기에 접촉하여 감전될 위험이 있다.
④ 절연장갑을 착용하지 않아 감전될 위험이 있다.

04 크롬 도금작업 시 발생하는 유해물질에 대한 안전수칙 4가지를 쓰시오.

[동영상 설명] 화면은 작업자가 마스크를 착용하지 않고 안전장갑만 착용한 상태에서 크롬 도금작업을 하는 장면이다.

[해답] ① 작업시작 전 반드시 안전 보호구를 착용한다.
② 배기장치의 가동 여부를 확인한다.
③ 후드 개구면 주위에 흡입을 방해하는 물질이 있는지 확인하고 제거한다.
④ 약품은 정해진 용도 외에는 사용을 금지한다.
⑤ 작업장 주위의 점화원을 제거한다.

05 수동대패기계에 설치해야 하는 방호장치를 쓰시오.

[동영상 설명] 화면은 작업자가 동력식 수동대패기계를 이용하여 목재를 대패질하는 장면이다.

[해답] 칼날접촉방지장치

06 다음에 해당하는 방독마스크 흡수통의 색상을 쓰시오.

(1) 암모니아용 :
(2) 아황산용 :
(3) 시안화수소용 :
(4) 황화수소용 :
(5) 할로겐용 :
(6) 유기화합물용 :

[동영상 설명] 화면은 작업자가 방독마스크와 보호복을 착용하고 화학물질을 취급하는 장면이다.

[해답] (1) 녹색
(2) 노란색
(3) 회색
(4) 회색
(5) 회색
(6) 갈색

07 안전대와 연결하여 사용하며, 추락할 경우 자동으로 잠금장치가 작동하는 개인 보호구의 명칭과 그 정의를 쓰시오.

동영상 설명 화면은 작업자가 안전모, 안전벨트, 안전화를 착용한 모습으로, 안전대와 연결하여 사용하는 부품들을 함께 보여주는 장면이다.

해답 ① 개인 보호구의 명칭 : 안전블록
② 정의 : 추락이 발생할 경우 자동으로 잠금장치가 작동하여 추락을 억제하고, 죔줄이 자동으로 수축되는 장치를 말한다.

08 화면을 보고, 타워크레인 작업 시 안전수칙을 준수하지 않아 발생한 재해원인 3가지를 쓰시오.

동영상 설명 화면은 크레인으로 봉강을 운반하던 중, 신호수 없이 유도로프도 사용하지 않고 1줄 걸이로 작업하다가, 봉강이 흔들리며 로프가 끊어져 아래에서 작업 중이던 작업자와 충돌한 사고 장면이다.

해답 ① 크레인으로 봉강을 인양하는 하부에 출입을 통제하지 않았다.
② 유도로프를 사용하지 않았다.
③ 1줄 걸이로 결속하였다.
④ 로프의 사용 기준에 맞는지 점검하지 않았다.

09 건물 해체작업의 작업계획서 작성 시 포함되어야 할 사항 4가지를 쓰시오.

동영상 설명 화면은 집게 포크레인을 이용하여 건물을 해체하던 중, 해체 잔해물이 작업자에게 떨어져 재해가 발생한 장면이다.

해답 ① 해체방법 및 해체순서 도면
② 가설설비, 방호설비, 환기설비 등의 방법
③ 사업장 내 연락방법
④ 해체물의 처분계획
⑤ 해체작업용 기계 및 기구 등의 작업계획서
⑥ 해체작업용 화약류 등의 사용계획서

>>> 제2회 <<<

1부

01 광전자식 방호장치의 광선에 신체의 일부가 감지된 후 급정지기구가 작동을 시작하기까지의 시간이 40ms이고, 광축의 설치 거리가 96mm일 때 급정지기구가 작동을 시작한 후 프레스의 슬라이드가 정지될 때까지의 시간은 몇 ms인지 구하시오.

동영상 설명 화면은 작업자가 광전자식 방호장치가 부착된 프레스에서 작업하는 장면이다.

풀이 $D = 1.6(T_1 + T_2)$이므로

$$T_1 + T_2 = \frac{D}{1.6}, \quad T_2 = \frac{D}{1.6} - T_1$$

$$T_2 = \frac{96}{1.6} - 40 = 20\,\text{ms}$$

해답 20ms

해설 $D = 1.6(T_1 + T_2)$

여기서, D : 안전거리

　　　T_1 : 방호장치의 작동시간(ms)

　　　T_2 : 프레스의 급정지시간(ms)

02 화면을 보고, 컨베이어 작업 시 기인물과 가해물, 사고의 핵심원인, 그리고 안전조치사항 2가지를 쓰시오.

동영상 설명 화면은 작업자가 야간에 한 손으로 플래시를 들고 컨베이어 벨트를 점검하던 중, 컨베이어 위에 올려둔 손이 벨트 사이에 말려 들어가는 사고가 발생한 장면이다.

해답 (1) 기인물과 가해물

　① 기인물 : 컨베이어

　② 가해물 : 컨베이어 벨트

(2) 사고의 핵심원인 : 전원을 차단하지 않고 컨베이어를 점검하였다.

(3) 안전조치사항

　① 전원을 차단하여 컨베이어를 정지한 후 점검을 실시한다.

　② 컨베이어에 비상정지장치를 설치한다.

　③ 컨베이어 작업 시 적절한 조명을 확보한다.

　④ 작업시작 전 기계를 점검한다.

　⑤ 작업자에게 안전교육을 실시한다.

03 작업자가 관리대상 유해물질을 취급하는 경우 작업장에 게시 및 비치해야 할 사항 3가지를 쓰시오.

아 세 톤

(Acetone) CAS No. 67-64-1

유해위험문구

- 눈에 심한 자극을 일으킴
- 삼켜서 기도로 유입되면 유해할 수 있음
- 졸음 또는 현기증을 일으킬 수 있음
- 고인화성 액체 및 증기

예방조치문구

예방 - 열·스파크·화염·고열로부터 멀리하시오 – 금연
　　　용기를 단단히 밀폐하시오.
　　　용기와 수용설비를 접합시키거나 접지하시오.
　　　폭발 방지용 전기·환기·조명·(...)·장비를 사용하시오.
　　　스파크가 발생하지 않는 도구만을 사용하시오.
　　　정전기 방지 조치를 취하시오.
대응 - 삼켰다면 즉시 의료기관(의사)의 진찰을 받으시오.
　　　피부(또는 머리카락)에 묻으면 오염된 모든 의복을 벗으시오.
　　　피부를 물로 씻으시오/샤워하시오.
　　　흡입하면 신선한 공기가 있는 곳으로 옮기고 호흡하기 쉬운 자
　　　세로 안정을 취하시오.
　　　눈에 묻으면 몇 분간 물로 조심해서 씻으시오. 가능하면 콘택트
　　　렌즈를 제거하시오. 계속 씻으시오.
　　　불편함을 느끼면 의료기관(의사)의 진찰을 받으시오.
　　　토하게 하지 마시오.
　　　눈에 자극이 지속되면 의학적인 조치·조언을 구하시오.
저장 - 용기는 환기가 잘 되는 곳에 단단히 밀폐하여 저장하시오.
　　　환기가 잘 되는 곳에 보관하고 저온으로 유지하시오.
　　　잠금장치가 있는 저장장소에 저장하시오.
폐기 - (관련 법규에 명시된 내용에 따라) 내용물 용기를 폐기하시오.

공급자정보 :

〔동영상 설명〕 화면은 작업자가 관리대상 유해물질을 취급하는 경우 작업장의 잘 보이는 곳에 관련 사항을 게시한 장면이다.

〔해답〕 ① 관리대상 유해물질의 명패
　　② 인체에 미치는 영향
　　③ 유해물질 취급 시 주의사항
　　④ 안전보호구 착용 안내
　　⑤ 응급조치 요령

04 이동식 비계 위에서 작업할 때의 위험요인과 이동식 비계를 조립하여 작업할 때 준수해야 할 사항을 각각 3가지씩 쓰시오.

〔동영상 설명〕 화면은 작업자가 이동식 비계 위에서 작업하는 장면이다.

〔해답〕 (1) 위험요인
　　① 바퀴를 고정하지 않으면 추락의 위험이 있다.
　　② 작업 발판이 부실하면 추락의 위험이 있다.
　　③ 안전난간이 설치되지 않으면 추락의 위험이 있다.
　(2) 준수해야 할 사항
　　① 승강용 사다리는 견고하게 설치한다.
　　② 비계의 최상부에서 작업하는 경우에는 안전난간을 설치한다.
　　③ 작업 발판의 최대적재하중은 250kg을 초과하지 않도록 한다.
　　④ 작업 발판은 항상 수평을 유지하고, 작업 발판 위에서 안전난간을 딛거나 받침대 또는 사다리를 사용하여 작업하지 않도록 한다.
　　⑤ 이동식 비계의 바퀴는 뜻밖의 갑작스러운 이동이나 전도를 방지하기 위해 브레이크, 쐐기 등으로 고정한 다음, 비계의 일부를 견고한 시설물에 고정하거나 아웃트리거를 설치한다.

05 화면을 보고, 감전사고의 예방대책 3가지를 쓰시오.

동영상 설명 화면은 작업자가 통로 바닥에 있는 전선에 의해 감전되는 사고가 발생한 장면이다.

해답 ① 절연장갑 등 개인 보호구를 착용해야 한다.
② 정전작업을 실시해야 한다.
③ 감전 방지용 누전차단기를 설치해야 한다.
④ 전선의 절연 성능을 확인하고, 전선 접속부에 절연 처리를 해야 한다.

06 철골작업 시 악천후로 인해 작업을 중지해야 하는 기후 조건 3가지를 쓰시오.

동영상 설명 화면은 비가 많이 오는 악천후 속에서 철골작업이 진행 중인 건설현장을 보여주는 장면이다.

해답 ① 풍속이 초당 10m 이상인 경우
② 시간당 강우량이 1mm 이상인 경우
③ 시간당 강설량이 1cm 이상인 경우

07 화면을 보고, 재료를 유기화합물에 담그는 작업에서 착용해야 할 개인 보호구를 4가지 쓰시오.

동영상 설명 화면은 작업자가 재료를 유기화합물에 담그는 작업을 하는 장면이다.

해답 ① 방독마스크
② 보안경
③ 불침투성 보호복
④ 보호장갑
⑤ 보호장화

08 화면을 보고, 승강기 개구부로 추락하는 재해의 위험요인과 방지대책을 각각 3가지씩 쓰시오.

동영상 설명 화면은 작업자가 승강기 피트 내부에서 청소작업을 하던 중, 승강기 개구부로 추락하는 사고가 발생한 장면이다.

해답 (1) 재해의 위험요인
① 안전난간 미설치
② 작업자가 안전대 미착용
③ 작업 발판 미고정
④ 추락 방호망 미설치
(2) 재해 방지대책
① 안전난간 설치
② 작업자가 안전대 착용
③ 작업 발판 고정
④ 추락 방호망 설치

참고 추가 안전조치
① 승강기 피트 작업 이전에 전원 차단과 작동 방지조치를 해야 한다.
② 2인 1조로 작업하여 비상 상황에 대비한다.
③ 작업 전 안전점검을 통해 위험요소를 제거하고 작업공간을 정리한다.

09 화면을 보고, 지게차 작업 시 재해 사례의 위험요인 2가지를 쓰시오.

동영상 설명 화면은 지게차 운전자가 시야를 가릴 정도로 화물을 과적한 채 과속으로 운전하던 중, 통로에서 작업 중인 작업자와 충돌한 장면이다.

해답 ① 과적된 화물로 인해 운전자의 시야가 가려져 충돌 위험이 있다.
② 과적된 화물이 떨어져 작업자와 충돌할 위험이 있다.
③ 과속 운전으로 인해 충돌 위험이 있다.
④ 작업 통로에서 다른 작업자가 작업을 하고 있어 충돌 위험이 있다.

2부

01 빌딩 해체작업 시 작업계획서에 포함되어야 할 사항 4가지를 쓰시오.

> **동영상 설명** 화면은 빌딩 해체작업이 진행되고 있는 모습을 보여주는 장면이다.

해답 ① 해체방법과 해체순서의 도면
② 해체물의 처분계획
③ 해체작업용 기계 · 기구 등의 작업계획서
④ 해체작업용 화약류 등의 사용계획서
⑤ 사업장 내 연락방법
⑥ 가설설비, 방호설비, 환기설비 등의 방법

02 화면을 보고, 작업 중 재해가 발생할 수 있는 원인 3가지를 쓰시오.

> **동영상 설명** 화면은 작업자가 지붕 위에서 발판이나 비계 없이 작업을 하는 장면이다.

해답 ① 낙하물 방지망이 설치되지 않았다.
② 경사 지붕 위에 자재가 적치되어 있어 안전상태가 불량하다.
③ 작업자가 경사 지붕 위에서 안전조치 없이 작업을 하고 있다.
④ 낙하 위험이 있는 장소에서 작업자가 휴식을 취하고 있다.
⑤ 낙하 위험구간에 대한 출입통제가 이루어지지 않았다.

03 분진이 많이 날리는 터널 내부에서 방진마스크를 착용하지 않고 굴착작업을 하는 작업자에게 노출될 수 있는 위험요인 3가지를 쓰시오.

> **동영상 설명** 화면은 터널 내에서 굴착한 토사를 컨베이어로 반출하는 작업 장면이다.

해답 ① 터널 내부의 분진으로 진폐증이 발생할 위험이 있다.
② 터널 내부의 소음으로 난청이 발생할 위험이 있다.
③ 터널 내부의 신선한 공기 부족으로 산소 결핍 위험이 있다.

04 석면 취급 작업자가 착용해야 할 개인 보호구 2가지를 쓰시오.

동영상 설명 화면은 석면 취급 작업장에서 작업자가 보호복을 착용하고 작업하는 장면이다.

해답 ① 특급 방진마스크
② 고글형 보호안경
③ 신체를 감싸는 보호복
④ 보호신발

05 화면을 보고, 롤러기 청소 시 안전작업수칙 2가지를 쓰시오.

동영상 설명 화면은 인쇄윤전기의 전원을 차단하지 않은 상태에서 작업자가 체중을 실어 힘 있게 롤러를 닦고 청소하던 중, 손이 끼이는 사고가 발생한 장면이다.

해답 ① 전원을 차단하고 기계를 정지시킨 후 청소한다.
② 롤러기에 방호장치를 설치한다.
③ 회전 중인 롤러에 힘을 주어 작업하지 않는다.
④ 청소할 때 체중을 실어 작업하지 않는다.

06 화면을 보고, 선반작업 시 재해 발생요인 3가지와 재해에 존재하는 위험점을 쓰시오.

동영상 설명 화면은 작업자가 선반작업 중, 한 손으로 재료를 잡고 다른 손은 기계 위에 올린 상태에서, 작업에 집중하지 않고 옆을 보다가 손이 말려 들어가는 사고가 발생한 장면이다.

해답 (1) 재해 발생요인
① 손으로 재료를 직접 잡고 있어 손을 다칠 위험이 있다.
② 기계 위에 손을 올려놓아 손을 다칠 위험이 있다.
③ 작업에 집중하지 않고 옆을 보다가 손을 다칠 위험이 있다.
(2) 위험점 : 회전 말림점

07 화면을 보고, 형강 교체작업 시 작업자가 착용해야 할 보호구와 정전작업 완료 후의 조치사항을 각각 3가지씩 쓰시오.

동영상 설명 화면은 작업자가 전봇대 발판을 딛고 형강 교체작업을 하던 중, 감전사고가 발생한 장면이다.

해답 (1) 착용해야 하는 보호구
① 안전모
② 절연화
③ 절연장갑
④ 안전대
(2) 정전작업 완료 후 조치사항
① 정전작업이 끝난 후 작업기구와 단락 접지기구를 제거하고, 전기기기가 안전하게 통전되는지 확인한다.
② 작업이 완료된 전기기기 등에서 모든 작업자가 떨어져 있는지 확인한다.
③ 잠금장치와 꼬리표는 설치한 작업자가 직접 철거한다.
④ 모든 이상 여부를 확인한 후 전기기기의 전원을 투입한다.

08 화면을 보고, 작업 중 발생할 수 있는 재해원인 3가지와 재해 발생형태 및 그 정의를 쓰시오.

동영상 설명 화면은 작업자가 승강기 와이어로프에 묻은 찌든 기름과 먼지를 청소하던 중, 재해가 발생한 장면이다.

해답 (1) 재해원인
① 승강기를 정지하지 않은 상태에서 청소하다가 손이 끼일 위험이 있다.
② 로프를 풀리에 걸치는 과정에서 손이 끼일 위험이 있다.
③ 불필요한 행동으로 인해 로프에 손이 말려 들어갈 위험이 있다.
(2) 재해 발생형태와 그 정의
① 재해 발생형태 : 끼임점
② 끼임점의 정의 : 회전운동을 하는 부분과 고정 부분 사이에 형성하는 위험점

09 밀폐공간에서 작업 시 착용해야 할 개인 보호구와 핵심 위험요인을 각각 2가지씩 쓰시오.

동영상 설명 화면은 작업자가 밀폐공간에서 작업 중 유해가스로 인해 질식 위험에 처한 장면이다.

해답 (1) 개인 보호구
　① 송기마스크
　② 공기호흡기
(2) 핵심 위험요인
　① 밀폐공간에서 산소농도가 18% 이하가 되면 산소결핍 상태가 되어 위험하다.
　② 밀폐공간 작업 시 작업자가 유해가스에 의해 질식하거나 중독될 위험이 있다.
　③ 가연성 가스, 증기, 가연성 분진이 있는 장소는 점화원에 의해 폭발 위험이 있다.

━━━━ 3부 ━━━━

01 높은 곳에서 작업할 때 사용하며, 작업자의 안전 보장을 위해 중요한 역할을 하는 개인 보호구의 명칭과 일반 구조 조건을 쓰시오.

동영상 설명 화면은 안전그네에 연결하여 추락 시 낙하를 억제할 수 있는 자동잠금장치로, 죔줄이 자동으로 수축되는 장치를 보여주는 장면이다.

해답 (1) 개인 보호구의 명칭 : 안전블록
(2) 일반 구조 조건
　① 안전블록을 부착하여 사용하는 개인 보호구는 반드시 안전그네만 사용한다.
　② 안전블록에는 정격 사용 길이가 명시되어야 한다.
　③ 안전블록의 줄은 합성 섬유로프, 웨빙, 와이어로프를 사용하며, 와이어로프의 경우 지름이 최소 4mm 이상이어야 한다.

02 감전을 방지하기 위해 교류아크용접기에 부착해야 하는 방호장치를 쓰시오.

[동영상 설명] 화면은 습윤한 장소에서 작업자가 교류아크용접기로 상수도관을 용접하던 중, 감전사고가 발생한 장면이다.

[해답] 자동전격방지장치

03 지게차 헤드가드의 설치 요령에 대한 다음 내용 중 ( ) 안에 알맞은 기준을 쓰시오.

• 강도는 지게차의 최대 하중의 (①)의 값 (4t을 넘는 값에 대해서는 4t으로 함)의 등분포 정하중에 견딜 수 있어야 한다.
• 헤드 가드(프레임)의 각 개구부의 폭 또는 길이가 (②) 미만이어야 한다.

[동영상 설명] 화면은 운전자를 보호하기 위해 헤드 가드가 설치된 지게차를 보여주는 장면이다.

[해답] ① 2배 ② 16cm

04 방독마스크에 사용되는 시험가스를 쓰시오.

(1) 암모니아용 :
(2) 아황산용 :
(3) 시안화수소용 :
(4) 황화수소용 :
(5) 할로겐용 :
(6) 유기화합물용 :

[동영상 설명] 화면은 작업자가 방독마스크와 보호복을 착용하고 화학물질을 취급하는 장면이다.

[해답] (1) 암모니아가스
(2) 아황산가스
(3) 시안화수소가스
(4) 황화수소가스
(5) 염소가스 또는 증기
(6) 이소부탄, 디메틸에테르, 시클로헥산

05 화면을 보고, 수중펌프 작업 시 감전을 방지하기 위한 방호장치를 쓰시오.

동영상 설명 화면은 전원 접속부에 감전사고를 방지하기 위한 방호장치를 설치하고 수중펌프 작업을 하는 장면이다.

해답 감전 방지용 누전차단기

06 작업자의 안전을 위해 필요한 안전조치 사항 3가지를 쓰시오.

동영상 설명 화면은 유해 화학물질과 전기를 사용하는 크롬 도금작업이 진행 중인 장면이다.

해답 ① 국소배기장치가 정상적으로 작동하는지 수시로 확인한다.
② 작업장 바닥에 누출된 도금액은 즉시 세척한다.

③ 젖은 손으로 전기 시설을 조작하지 않는다.
④ 방독마스크, 보호장갑, 불침투성 보호복 등 개인 보호구를 착용한다.

07 타워크레인로 작업 시 사업주가 작업자에게 준수하도록 조치해야 할 사항 3가지를 쓰시오.

동영상 설명 화면은 건설현장에서 타워크레인을 이용하여 작업하는 장면이다.

해답 ① 인양할 하물을 바닥에서 끌어당기거나 밀어내는 작업을 하지 않는다.
② 고정된 물체를 직접 분리하거나 제거하는 작업을 하지 않는다.
③ 인양할 하물이 보이지 않을 경우 어떠한 동작도 하지 않는다.
④ 작업 중 작업자의 출입을 통제하여 인양 중인 하물이 작업자의 머리 위로 통과하지 않도록 한다.
⑤ 유류 드럼이나 가스통 등 운반 중 떨어져 폭발하거나 누출될 가능성이 있는 위험물 용기는 보관함에 담아서 안전하게 매달아 운반한다.

08 고소작업대를 이동할 경우 준수해야 할 사항 2가지를 쓰시오.

동영상 설명 화면은 고소작업대를 이동하는 현장 모습을 보여주는 장면이다.

해답 ① 작업대를 가장 낮은 위치로 내린다.
② 작업대를 올린 상태에서 작업자를 태우고 이동하지 않는다.
③ 이동 통로의 요철이나 장애물 유무를 확인한다.

09 가죽제 안전화의 성능을 평가할 때 실시하는 시험의 종류 4가지를 쓰시오.

동영상 설명 화면은 가죽제 안전화를 보여주는 장면이다.

해답 ① 내충격성 시험
② 내압박성 시험
③ 내유성 시험
④ 내답발성 시험
⑤ 내부식성 시험
⑥ 박리저항 시험

>>> 제3회 <<<

1부

01 화면을 보고, 드릴작업 시 위험점의 명칭과 정의를 쓰시오.

동영상 설명 화면은 작업자가 탁상용 드릴작업을 하던 중, 손으로 이물질을 제거하다가 손이 말려 들어가는 사고가 발생한 장면이다.

해답 ① 위험점 : 회전 말림점
② 회전 말림점의 정의 : 회전하는 물체에 장갑, 작업복, 손 등이 말려 들어가면서 발생하는 위험점

02 화면에서 보여주는 경보장치의 명칭을 쓰시오.

동영상 설명 화면은 작업자가 정전상태를 확인하며 작업할 수 있도록 돕는 경보장치를 보여주는 장면이다.

해답 활선 접근 경보기

03 밀폐공간에서 불활성화(퍼지)를 수행하는 목적 3가지를 쓰시오.

동영상 설명 화면은 밀폐공간에서 슬러지 제거작업을 하는 장면이다.

해답 ① 산소결핍 예방
② 중독사고 예방
③ 화재 및 폭발사고 예방

참고 ① 산소결핍 예방 : 불활성 가스를 사용하여 밀폐공간 내 산소농도를 조절한다.
② 중독사고 예방 : 독성 가스를 제거하거나 농도를 낮춰 작업자의 중독을 방지한다.
③ 화재 및 폭발사고 예방 : 가연성 또는 지연성 가스를 제거하여 화재 및 폭발 위험을 줄인다.

04 화면을 보고, 슬라이스 기계의 기인물과 가해물을 쓰시오.

동영상 설명 화면은 슬라이스 기계로 무채를 써는 작업 중, 고장으로 멈춘 기계를 작업자가 점검하는 가운데 갑자기 기계가 작동하여 사고가 발생한 장면이다.

해답 ① 기인물 : 무채 슬라이스 기계
② 가해물 : 슬라이스 칼날

05 안전인증 대상 안전모의 종류와 용도에 대해 쓰시오.

동영상 설명 화면은 개인 보호구인 안전모를 보여주는 장면이다.

해답 ① AB형 : 물체의 낙하, 비래, 추락으로 인한 위험을 방지하거나 줄이기 위한 안전모(비내전압성)
② AE형 : 물체의 낙하, 비래로 인한 위험을 방지하거나 줄이며, 머리 부위의 감전 위험을 방지하기 위한 안전모(내전압성)
③ ABE형 : 물체의 낙하, 비래, 추락으로 인한 위험을 방지하거나 줄이며, 머리 부위의 감전 위험을 방지하기 위한 안전모(내전압성)

06 화면을 보고, 도장작업 시 방독마스크를 착용할 때 지켜야 할 안전수칙 4가지를 쓰시오.

동영상 설명 화면은 작업자가 방독마스크를 착용한 상태에서 도료와 용제를 취급하며, 스프레이 건을 사용하여 도장작업을 하는 장면이다.

해답 ① 유해가스에 적합한 흡수관을 사용해야 한다.
② 파과된 흡수관은 절대 사용하지 않는다.
③ 산소결핍 장소에서는 방독마스크를 사용하지 않는다.
④ 방독마스크에 과도하게 의존하지 말고, 기초지식을 갖춘 후 사용한다.

07 화면을 보고, 강관 운반작업 시 위험요인 2가지, 안전대책 3가지, 그리고 작업관리 감독자의 역할 3가지를 쓰시오.

동영상 설명 화면은 강관을 1줄 걸이로 결속하여 이동식 크레인으로 불안정하게 운반하던 중, 와이어로프가 손상된 상태에서 작업자가 강관을 손으로 잡으려다 흔들리는 강관에 부딪혀 사고가 발생한 장면이다.

해답 (1) 위험요인
① 1줄 걸이로, 줄 걸이 방식이 불안정하였다.
② 작업자가 유도로프 대신 손으로 강관을 잡으려 하였다.
③ 손상된 와이어로프를 사용하였다.
(2) 안전대책
① 2줄 걸이로 안전하게 줄걸이한다.
② 유도로프를 설치하여 강관의 흔들림을 방지한다.
③ 와이어로프 상태를 점검하고, 사용 기준에 맞는 로프를 사용한다.
④ 작업 반경 내에서 관계 작업자 외 출입금지 조치를 철저히 시행한다.
(3) 작업관리 감독자의 역할
① 작업방법, 작업자 배치, 강관 운반작업을 지휘한다.
② 기구 및 공구의 기능을 점검한다.
③ 안전모 등 안전 보호구의 착용 여부를 감시한다.

08 화면을 보고, 이동식 비계작업 시 주의해야 할 사항 4가지를 쓰시오.

동영상 설명 화면은 이동식 비계를 이용하여 작업하는 장면이다.

해답 ① 감독자의 지휘하에 작업을 진행한다.
② 비계를 이동할 때는 사람이 탄 상태로 이동하지 않는다.
③ 안전모를 착용하고 구명로프 등을 소지한다.
④ 공구나 재료를 오르내릴 때는 포대나 로프를 사용한다.
⑤ 최상부에서 작업할 때는 안전난간을 반드시 설치한다.
⑥ 작업 발판 위에서 안전난간을 딛고 작업하거나, 받침대 또는 사다리를 사용하여 작업하지 않는다.

09 화면을 보고, 배전반 점검 시 감전 재해의 위험요인과 방지대책을 각각 2가지씩 쓰시오.

동영상 설명 화면은 작업자가 절연장갑을 착용하지 않고 십자드라이버로 배전반 내부를 점검하던 중, 다른 작업자가 배전반의 문을 닫으면서 작업자의 손이 내부 전기 부품과 접촉하여 감전 사고가 발생한 장면이다.

해답 (1) 위험요인
① 절연장갑을 착용하지 않고 작업하였다.
② 내전압용 절연장갑 등 절연용 보호구를 착용하지 않았다.
③ 작업 중 전원을 차단하지 않았다.
(2) 방지대책
① 내전압용 절연장갑 등 절연용 보호구를 착용한다.
② 작업 중 전원을 반드시 차단한다.
③ 작업 전, 전기 설비에 대한 점검과 안전조치를 완료한 후 작업을 시작한다.

2부

01 화면을 보고, 박공지붕 설치작업에 관하여 다음 물음에 답하시오.

(1) 가해물을 쓰시오.
(2) 재해원인 4가지를 쓰시오.
(3) 사고 예방을 위한 안전대책 4가지를 쓰시오.

동영상 설명 화면은 작업자가 안전난간과 추락 방호망이 설치되지 않은 박공지붕 위에서 지붕을 설치하던 중, 재료와 함께 추락하여 지붕 아래에 있던 다른 작업자가 떨어진 재료에 맞는 사고가 발생한 장면이다.

해답 (1) 박공지붕 재료
(2) ① 추락 방호망 미설치
② 안전대 미착용
③ 안전난간 미설치
④ 작업 발판 미설치
⑤ 작업장 주변 출입통제 조치 미실시
(3) ① 추락 방호망 설치
② 안전대 착용
③ 안전난간 설치
④ 작업 발판 설치
⑤ 작업장 주변 출입통제 조치 실시

02 화면을 보고, 사고 위험점과 위험점의 정의를 쓰시오.

<동영상 설명> 화면은 작업자가 기계를 점검하던 중, 회전축에 말려 들어가는 사고가 발생한 장면이다.

<해답> ① 위험점 : 물림점
② 물림점의 정의 : 맞물려 돌아가는 두 회전체 사이에 작업복, 머리카락, 면장갑 등이 말려 들어가면서 발생하는 위험점

03 방독마스크의 흡수제의 종류 3가지를 쓰시오.

<동영상 설명> 화면은 작업자가 인체에 해로운 가스, 증기, 미스트, 분진 등이 발생하는 장소에서 방독마스크를 착용하고 작업하는 장면이다.

<해답> ① 활성탄   ② 실리카겔
③ 호프칼라이트   ④ 큐프라마이트
⑤ 소다라임   ⑥ 알칼리제재

04 화면을 보고, 충전부에 대한 감전 방호 대책 3가지를 쓰시오.

<동영상 설명> 화면은 작업자가 전기 기계·기구를 사용하던 중, 충전부에 접촉하여 감전사고가 발생한 장면이다.

<해답> ① 충전부가 노출되지 않도록 폐쇄형 외함이 있는 구조로 설계한다.
② 충전부에 절연 효과가 있는 방호망이나 절연 덮개를 설치한다.
③ 충전부는 내구성이 있는 절연물로 완전히 감싸서 보호한다.
④ 발전소, 변전소, 개폐소 등에서는 관계자 외 출입을 금지하고, 위험 표시를 통해 방호를 강화한다.
⑤ 전봇대나 철탑 등 접근이 어려운 장소에 충전부를 설치하여 관계자 외 접근을 방지한다.

05 화면을 보고, 재해의 발생형태와 작업의 위험요인 2가지를 쓰시오.

동영상 설명 화면은 작업자가 안전대를 전봇대에 고정하지 않고 발판을 밟으며 올라가 변압기 볼트를 조이던 중, 추락사고가 발생한 장면이다.

해답 (1) 재해 발생형태 : 떨어짐(추락)
  (2) 위험요인
    ① 작업 발판이 불안정한 상태로 작업하였다.
    ② 안전대를 전봇대에 고정하지 않은 채 작업하였다.

06 화면을 보고, 작업자에게 미칠 수 있는 위험요인 3가지를 쓰시오.

동영상 설명 화면은 작업자가 산소농도를 측정하지 않고 송기마스크를 착용하지 않은 채, 밀폐공간인 선박 밸러스트 탱크 내부에서 작업하다가 쓰러진 장면이다.

해답 ① 환기장치가 설치되지 않았다.
  ② 작업자가 송기마스크를 착용하지 않았다.
  ③ 작업 중 산소 및 유해가스 농도를 측정하지 않았다.
  ④ 송기마스크, 사다리, 섬유로프 등 비상시에 피난하거나 구출하기 위한 기구를 갖추지 않았다.

07 화면을 보고, 발파작업 시 화약 장전에 사용되는 재료와 관련하여 발생할 수 있는 위험요인을 쓰시오.

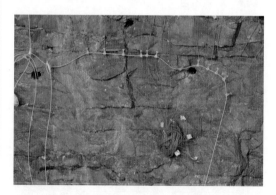

동영상 설명 화면은 터널 내부에서 발파작업을 위해 화약을 장전한 후 전선을 정리한 상태를 보여주는 장면이다.

해답 화약 장전 시 마찰, 충격, 정전기 등에 의한 폭발위험이 없는 재료를 사용해야 한다. 작업자가 철물을 사용하면 이러한 위험이 증가하므로 매우 위험하다.

08 가스 누설 감지경보기의 설치위치와 경보 설정값이 몇 %인지 쓰시오.

[동영상 설명] 화면은 가스 누설 감지경보기가 설치되지 않은 LPG 저장소에서 작업자가 불을 켜는 순간, 폭발사고가 발생한 장면이다.

[해답] ① 경보기의 설치 위치 : LPG는 공기보다 무거우므로 바닥에 가까운 낮은 위치에 설치한다.
② 경보 설정값 : LPG의 폭발하한계값의 2.1% 이하

[참고] LPG의 폭발한계(부피 비율)
① 폭발하한계(LEL) : 약 2.1%
② 폭발상한계(UEL) : 약 9.5%
단, 점화원이 없는 경우 LPG는 폭발하지 않는다.

09 화면을 보고, 추락사고의 원인 2가지를 쓰시오.

[동영상 설명] 화면은 작업자가 전봇대에 올라가던 중, 교통표지판에 부딪혀 추락사고가 발생한 장면이다.

[해답] ① 통행에 방해되는 위치에 표지판이 설치되어 있다.
② 머리 위 시야가 확보되지 않아 교통표지판을 보지 못했다.
③ 안전대를 착용하지 않았다.

3부

01 화면을 보고, 재해를 방지하기 위한 대책 3가지를 쓰시오.

동영상 설명 화면은 무릎까지 물이 찬 단무지 작업장에서 펌프를 작동하던 중, 감전사고가 발생한 장면이다.

해답 ① 사용 전에 수중펌프와 전선 등의 절연상태를 점검한다.
② 펌프와 전선 등의 절연저항을 측정하여 점검한다.
③ 수중모터의 외함 접지상태를 점검한다.
④ 감전방지를 위한 누전차단기 설치상태를 점검한다.

02 방독마스크 사용 시 지켜야 할 안전수칙 3가지를 쓰시오.

동영상 설명 화면은 방독마스크를 착용한 작업자의 모습을 보여주는 장면이다.

해답 ① 산소결핍 장소에서는 사용을 금지한다.
② 수명이 지난 방독마스크는 사용하지 않는다.
③ 방독마스크에 지나치게 의존하지 않는다.
④ 용도 외 사용을 금지한다.

03 화면을 보고, 차량계 하역 운반기계의 수리 및 해체작업 전 취해야 할 조치사항 3가지를 쓰시오.

동영상 설명 화면은 작업자가 차량계 하역 운반기계의 수리 및 부속장치 장착과 해체작업을 하는 장면이다.

해답 ① 작업 지휘자를 정하여 작업순서에 따라 작업을 지휘하도록 한다.
② 안전 지지대 또는 안전블록 등의 사용 상태를 점검한다.
③ 작업계획서를 작성한다.
④ 원동기를 정지시키고 브레이크를 걸어 갑작스러운 작동을 방지하기 위한 조치를 한다.

04 화면을 보고, 건설용 리프트 작업시작 전 점검해야 할 사항 2가지를 쓰시오.

동영상 설명 화면은 작업자가 건설용 리프트를 이용하는 장면이다.

해답 ① 방호장치, 브레이크 및 클러치의 기능 상태
② 와이어로프가 통과하는 부분의 상태

05 화면을 보고, 교류아크용접기 사용에 관하여 다음 물음에 답하시오.

(1) 기인물을 쓰시오.
(2) 착용해야 할 개인 보호구 2가지를 쓰시오.
(3) 교류아크용접기 사용 전 점검해야 할 사항 2가지를 쓰시오.

동영상 설명 화면은 작업자가 일반 모자를 쓰고 안전화와 절연장갑을 착용하지 않은 상태에서 교류아크용접작업을 하던 중, 슬래그를 제거하고 비드를 육안으로 확인한 뒤, 다시 용접을 시도하는 순간 감전사고가 발생한 장면이다.

해답 (1) 교류아크용접기
(2) 보안면, 절연장갑, 절연화, 절연안전모
(3) ① 용접기 외함의 접지상태 확인
   ② 자동전격방지기 작동상태 확인
   ③ 용접봉 홀더의 절연상태 확인
   ④ 케이블의 피복 손상상태 확인

참고 용접 작업 시 눈 보호 장비로는 보안면과 보안경이 모두 사용될 수 있지만, 눈과 얼굴을 보호하기 위해서는 보안면이 적합하며, 보안경은 용접작업보다 다른 작업에서 더 많이 사용된다.

06 화면을 보고, 높은 곳에서 작업할 때 사용하는 개인 보호구의 명칭을 쓰시오.

동영상 설명 화면은 안전그네에 연결하여 추락 시 낙하를 억제할 수 있는 자동잠금장치로, 죔줄이 자동으로 수축되는 장치를 보여주는 장면이다.

해답 안전블록

07 화면을 보고, 위험예지훈련 시 설정해야 할 행동목표 2가지를 쓰시오.

동영상 설명 화면은 유기용제 작업 중 점화원으로 인한 화재 및 폭발 위험을 예방하기 위해 진행하는 위험예지훈련 장면이다.

해답 ① 점화원에 의한 화재 및 폭발위험을 예방한다.
② 유기용제 작업 시 적절한 보호구를 착용하여 중독 등을 예방한다.
③ 작업 환경에서 화학물질의 안전한 취급절차를 준수하여 사고를 예방한다.

08 화면을 보고, 배전반 작업 시 감전사고의 위험요인 2가지를 쓰시오.

동영상 설명 화면은 한 작업자가 보호구를 착용하지 않은 상태에서 한 손으로 배전반 커버를 잡고 다른 손은 드라이버로 나사를 조이던 중, 다른 작업자가 갑자기 배전반에 전원을 투입하여 감전사고가 발생한 장면이다.

해답 ① 작업자가 절연장갑을 착용하지 않았다.
② 배전반 작업 중 전원을 차단하지 않았다.

09 화면을 보고, 지게차 작업에 관하여 다음 물음에 답하시오.

(1) 지게차의 포크가 올라가 있을 때 점검 시 취해야 할 조치사항을 쓰시오.
(2) 지게차 작업시작 전 점검사항 중 어떤 고장원인을 점검하면 사고를 예방할 수 있는가?
(3) 사고 가해물을 쓰시오.

동영상 설명 화면은 지게차 점검 중 포크가 하강하여 사고가 발생한 장면이다.

해답 (1) 안전블록을 포크 아래에 받쳐놓고 작업한다.
(2) 하역장치 및 유압장치 기능의 이상 여부를 점검한다.
(3) 포크

기출문제를
재구성한 **작업형 실전문제 5**

━━ 1부 ━━

01 화면을 보고, 교량 하부 점검 시 다음에 대하여 쓰시오.

(1) 작업 중 필요한 안전조치사항(2가지)
(2) 높이 2 m 이상의 장소에 설치하는 작업 발판의 폭
(3) 작업 발판 재료 간의 틈

동영상 설명 화면은 작업자가 부실한 작업 발판 위에서 교량 하부를 점검하던 중, 안전난간 역할을 하던 로프에 기대는 순간 로프가 늘어지며 작업자가 추락하는 사고가 발생한 장면이다.

해답 (1) ① 작업자가 서 있는 위치의 안전성을 확보하고, 작업 발판을 견고하게 설치한다.
     ② 작업 발판 주변에 낙하물 방지망을 설치하여 낙하물로 인한 위험을 방지한다.
(2) 40 cm 이상
(3) 3 cm 이하

02 화면의 재해 사례와 관련하여 ( ) 안에 알맞은 수를 쓰시오.

산업안전보건법상 산소농도의 범위는 18% 이상 (①)% 미만이다. 탄산가스 농도는 (②)% 미만, 일산화탄소 농도는 (③)ppm 미만, 황화수소 농도는 (④)ppm 미만인 수준의 공기를 적정 공기라 한다.

동영상 설명 화면은 작업자가 지하 폐수처리조에서 슬러지 처리작업을 하던 중, 산소결핍으로 쓰러진 장면이다.

해답 ① 23.5
② 1.5
③ 30
④ 10

03 프레스 작업 시 사고방지를 위해 페달에 설치해야 하는 안전장치는 무엇인지, 금형의 상형과 하형 사이의 간격은 최소 얼마 이하로 유지해야 하는지 쓰시오.

동영상 설명 화면은 작업자가 프레스 작업 중 실수로 페달을 밟아, 슬라이드가 하강하여 손이 금형에 끼이는 사고가 발생한 장면이다.

해답 ① 안전장치 : 커버(U자형 덮개)
② 설치 간격 : 8mm 이하

04 화면을 보고, 컨베이어 작업 시 발생할 수 있는 재해 위험요인 3가지를 쓰시오.

동영상 설명 화면은 작업자가 안전모를 착용하지 않고 컨베이어에서 재활용품 선별작업을 하던 중, 작업자 머리 위를 지나며 옮겨지던 재활용품이 장비에서 떨어져 머리에 부딪히는 사고가 발생한 장면이다.

해답 ① 작업자가 안전모를 착용하지 않았다.
② 작업자가 작동 중인 컨베이어에서 직접 작업하고 있다.
③ 장비를 이용하여 작업자 머리 위를 지나 재활용품을 옮기고 있다.

05 화면을 보고, 재해의 유형과 그 정의를 쓰시오.

동영상 설명 화면은 작업자가 통로 벽에 있는 전선에 감전되는 사고가 발생한 장면이다.

해답 ① 재해 유형 : 감전
② 감전의 정의 : 인체의 전체 또는 일부에 전류가 흐르는 현상

06 화면을 보고, 유해물질 취급 장소에 비치하고 게시해야 할 사항 3가지를 쓰시오.

동영상 설명 화면은 작업자가 DMF를 배합기에 넣고 유해물질을 취급하는 제조작업을 하는 장면이다.

해답 ① 관리대상 유해물질의 명칭
② 응급조치와 긴급 방재 요령
③ 착용해야 할 보호구
④ 인체에 미치는 영향
⑤ 취급 시 주의사항

07 화면을 보고, 철골작업 시 발생할 수 있는 추락사고를 예방하기 위해 설치해야 하는 방호장치를 쓰고, 철골작업을 중지해야 하는 기상 조건을 쓰시오.

동영상 설명 화면은 작업자가 안전모를 착용하고 안전대는 착용하지 않은 상태에서 철골 구조물에 볼트 체결작업을 하는 장면이다.

해답 (1) 방호장치 : 추락 방호망
(2) 철골작업을 중지해야 하는 기상 조건
① 1초당 풍속이 10m 이상인 경우
② 1시간당 강우량이 1mm 이상인 경우
③ 1시간당 강설량이 1cm 이상인 경우

08 화면을 보고, 드릴작업 시 착용해야 할 개인 보호구의 종류 3가지를 쓰시오.

동영상 설명 화면은 전기드릴을 이용하여 금속제의 구멍을 넓히는 드릴작업을 하는 장면이다.

해답 ① 보안경
② 안전모
③ 말려 들어갈 위험이 없는 장갑(면장갑 착용 금지)

09 화면을 보고, 흙막이 지보공이 붕괴되는 재해를 예방하기 위한 정기점검 사항 3가지를 쓰시오.

동영상 설명 화면은 작업자가 흙막이 지보공이 붕괴되는 모습을 보고 놀라는 장면이다.

해답 ① 부재의 손상, 변형, 부식, 변위 및 탈락의 유무와 상태
② 버팀대의 긴압 정도
③ 부재의 접속부, 부착부 및 교차부의 상태
④ 침하의 정도

2부

01 화면을 보고, 선반작업에 관하여 다음 물음에 답하시오.

(1) 손이 말려 들어가는 부분에 존재하는 위험점과 그 정의를 쓰시오.
(2) 선반작업에서의 위험요인 3가지를 쓰시오.

동영상 설명 화면은 선반작업 중 작업자가 면장갑을 착용한 채 샌드페이퍼를 손으로 잡고 작업하던 중, 손이 말려 들어가는 사고가 발생한 장면이다.

해답 (1) ① 위험점 : 회전 말림점
② 회전 말림점의 정의 : 회전하는 물체에 작업복, 면장갑 등이 말려 들어가면서 발생하는 위험점
(2) ① 작업자가 샌드페이퍼를 손으로 잡고 작업하였다.
② 작업자가 면장갑을 착용한 상태에서 작업하였다.
③ 위험점에 덮개가 설치되지 않았다.

02 화면을 보고, 슬라이스 기계 작업 시 발생할 수 있는 위험요인 2가지를 쓰시오.

〔동영상 설명〕 화면은 작업자가 장갑을 착용한 상태로, 인터록 장치가 설치되지 않은 슬라이스 기계를 사용하여 고기를 써는 장면이다.

〔해답〕 ① 장갑을 착용한 손이 기계에 말려 들어갈 위험이 있다.
② 슬라이스 기계에 인터록 장치가 설치되지 않아 예기치 않게 기계가 작동할 위험이 있다.

03 화면을 보고, 추락사고의 위험요인 2가지를 쓰시오.

〔동영상 설명〕 화면은 작업자가 전봇대에 올라가다가 표지판에 부딪혀 아래로 추락하는 사고가 발생한 장면이다.

〔해답〕 ① 작업자가 안전대를 착용하지 않았다.
② 작업 발판이 불안정하게 설치되었다.
③ 작업 전 주변을 점검하지 않았다.

04 밀폐공간에서 작업시작 전 반드시 교육해야 할 3가지 사항을 쓰시오.

〔동영상 설명〕 화면은 작업자가 밀폐공간 내부에서의 작업을 위해 준비하고 있는 장면이다.

〔해답〕 ① 산소 및 유해가스 농도 측정에 관한 교육
② 사고 시 응급조치 교육
③ 환기설비의 가동 등 안전한 작업방법에 관한 교육
④ 보호구의 착용 등 사용방법에 관한 교육
⑤ 구조용 장비 사용 등 비상시 구출에 관한 교육

05 화면을 보고, 화약 장전작업 시 발생할 수 있는 위험요인과 필요한 안전조치사항을 쓰시오.

동영상 설명 화면은 터널 발파작업을 위해 화약이 장전된 모습을 보여주는 장면이다.

해답 ① 위험요인 : 마찰이나 충격으로 인해 화약이 폭발할 위험이 있다.
② 안전조치사항 : 화약을 장전할 때는 마찰, 충격, 정전기 등으로 인한 폭발위험이 없는 안전한 재료를 사용해야 한다.

06 화면을 보고, 박공지붕 위에서 설치작업 시 재해예방을 위한 안전대책 3가지를 쓰시오.

동영상 설명 화면은 작업자가 안전모와 안전화를 착용하고 안전대는 착용하지 않은 상태로, 추락 방호망과 안전난간이 설치되지 않은 박공지붕 위에서 작업하던 중, 추락사고가 발생한 장면이다.

해답 ① 작업자는 반드시 안전대를 착용한다.
② 추락 방호망을 설치한다.
③ 지붕 가장자리에 안전난간을 설치한다.
④ 자재를 한 곳에 과적하지 않는다.

07 화면을 보고, 실험실에서 황산과 같은 위험한 화학물질을 취급할 때 착용해야 하는 보호구 3가지를 쓰시오.

동영상 설명 화면은 작업자가 보호장비를 착용하지 않고 맨손과 맨얼굴에 운동화를 신은 채 실험용 삼각 플라스크를 다루는 장면이다.

해답 ① 불침투성 보호복
② 화학물질용 안전화
③ 화학물질용 보호장갑
④ 유기화합물용 방독마스크

08 화면을 보고, 연삭작업 시 감전사고를 예방하기 위한 안전대책 3가지를 쓰시오.

동영상 설명 화면은 작업자가 물이 젖은 바닥에서 강재에 물을 뿌린 상태로 면장갑을 착용한 채 휴대용 연삭기로 작업하던 중, 전선 접속부가 바닥에 닿아 감전사고가 발생한 장면이다.

해답 ① 전선 접속부에 절연 조치를 한다.
② 작업 전 정전작업을 실시한다.
③ 감전 방지용 누전차단기를 설치한다.
④ 습한 장소에서는 절연 효과가 있는 이동 전선을 사용한다.

09 화면을 보고, 페인트 도장작업에 관하여 다음 물음에 답하시오.

(1) 착용해야 할 보호구의 종류를 쓰시오.
(2) 유기화합물용 방독마스크의 시험가스 종류 3가지를 쓰시오.
(3) 페인트 도장작업에 사용할 방독마스크 흡수제의 종류 3가지를 쓰시오.

동영상 설명 화면은 작업자가 스프레이건을 사용하여 물체에 페인트 도장작업을 하는 장면이다.

해답 (1) 유기화합물용 방독마스크(갈색)
(2) ① 시클로헥산(C_6H_{12})
② 디메틸에테르(CH_3OCH_3)
③ 이소부탄(C_4H_{10})
(3) ① 활성탄
② 소다라임
③ 알칼리제재
④ 큐프라마이트

3부

01 화면을 보고, 지게차 주행 시 안전과 관련된 위험요소 4가지를 쓰시오.

> **동영상 설명** 화면은 지게차 운전자가 화물을 과적하고 불안정하게 쌓은 상태에서 난폭 운전을 하는 장면이다.

> **해답** ① 화물을 과적하여 운전자의 시야를 가리고 있다.
> ② 불안정하게 적재된 화물이 떨어질 위험이 있다.
> ③ 과속 및 난폭 운전으로 인해 사고가 발생할 수 있다.

02 화면을 보고, 안전대의 각 부품의 명칭을 쓰시오.

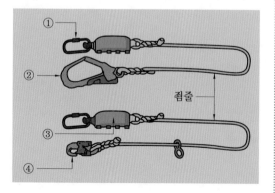

> **동영상 설명** 화면은 안전대의 각 부품을 보여주는 장면이다.

> **해답** ① 카라비나
> ② 훅(대구경)
> ③ 충격흡수장치
> ④ 훅(소구경)

03 화면을 보고, 철제 파이프 등 부속품의 낙하를 방지하기 위한 예방 조치사항 3가지를 쓰시오.

> **동영상 설명** 화면은 철제 파이프를 로프로 느슨하게 묶어 비계 위로 들어 올리던 중, 로프가 풀리면서 아래에서 작업하던 작업자에게 파이프가 떨어지는 사고가 발생한 장면이다.

> **해답** ① 달줄이나 달포대를 사용하여 부속품을 안전하게 고정한다.
> ② 작업구역의 하부에는 작업자의 접근을 금지한다.
> ③ 작업 전에 로프의 줄걸이 상태를 철저히 점검한다.

04 도금 작업 후 시너를 사용하여 세척할 때 발생할 수 있는 재해유형을 2가지 쓰시오.

동영상 설명 화면은 도금작업 후 세척조에서 시너를 사용하여 세척하는 장면이다.

해답 ① 화재 또는 폭발로 인한 화상 재해
② 유기용제의 중독에 의한 재해

05 화면을 보고, 방독마스크에 관하여 다음에 대해 쓰시오.

(1) 방독마스크 정화통의 시험 가스
(2) 방독마스크 정화통의 파과 농도
(3) 방독마스크 정화통의 파과 시간

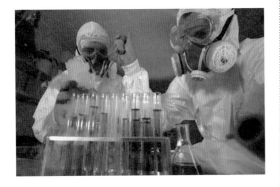

동영상 설명 화면은 작업자가 고농도용 방독마스크를 착용하고 위험물질 분석작업을 하는 장면이다.

해답 (1) 염소가스
(2) 0.5ppm
(3) 30분 이상

06 화면을 보고, 인화성 물질이 저장된 장소에서 교류아크용접작업 시 다음에 대해 쓰시오.

(1) 작업장 측면과 작업자 측면에서의 위험요인
(2) 작업 중 눈 장해가 우려되는 유해광선
(3) 용접작업 시 위험요인(3가지)

동영상 설명 화면은 인화성 물질이 담긴 드럼통이 쌓여있는 작업장에서 작업자가 불안정한 자세로 교류아크용접작업을 하던 중, 재해가 발생한 장면이다.

해답 (1) ① 작업장 측면 : 용접하는 작업장 주변에 인화성 물질이 담긴 드럼통이 쌓여있어 화재 위험이 있다.
② 작업자 측면 : 불안전한 자세로 용접하여 사고 위험이 있다.
(2) 자외선
(3) ① 작업자가 보호구(용접용 보안면)를 착용하지 않아 눈을 다칠 위험이 있다.
② 인화성 물질이 있는 장소에서 용접 불티로 인한 화재발생 위험이 있다.
③ 작업장 정리정돈과 청소상태가 불량하여 추가적인 사고 위험이 있다.

07 화면을 보고, 전기 양수기 점검 시 감전 사고의 원인 3가지를 쓰시오.

[동영상 설명] 화면은 작업자가 면장갑을 착용하고 작동 중인 양수기를 점검하던 중, 수공구를 던지며 부주의하게 작업하다가 회전 샤프트에 손이 말려 들어가는 사고가 발생한 장면이다.

[해답] ① 정전작업을 하지 않았다.
② 감전 방지용 누전차단기를 설치하지 않았다.
③ 절연장갑 등 절연용 보호구를 착용하지 않았다.

08 건설현장에서 고소작업대를 이용할 경우 발생할 수 있는 핵심 위험요인 3가지를 쓰시오.

[동영상 설명] 화면은 작업자가 건설현장에서 고소작업대를 이용하여 이동하는 장면이다.

[해답] ① 작업대 바닥이 미끄럽거나 불안정하면 추락할 위험이 있다.
② 안전대 미착용 시 추락할 위험이 있다.
③ 작업대 위에서 과도한 하중을 실으면 전복될 위험이 있다.

09 화면을 보고, 타워크레인 작업 시 중량물의 낙하 또는 비래 재해를 방지하기 위한 안전대책 3가지를 쓰시오.

[동영상 설명] 화면은 건설공사 중 타워크레인을 이용하여 중량물을 운반하던 중, 중량물이 아래로 떨어지는 장면이다.

[해답] ① 신호수를 배치하여 신호에 따라 중량물 운반작업을 수행한다.
② 중량물을 작업자 머리 위로 통과시키지 않도록 한다.
③ 화물에 유도로프를 설치하여 흔들림을 방지한다.
④ 낙하 위험 구간에는 작업자 외 출입을 금지한다.
⑤ 인양 전에 슬링 또는 와이어로프의 체결 상태를 확인한다.
⑥ 작업시작 전 운전자와 신호수 간 신호방법과 순서를 정하고, 통신 장비를 이용하여 신호한다.

>>> 제2회 <<<

─── 1부 ───

01 안전화의 단화, 중단화, 장화의 높이를 몸통 높이를 기준으로 분류하시오.

동영상 설명 화면은 뒷굽을 제외한 높이를 기준으로 가죽제 안전화의 몸통 높이를 측정하는 장면이다.

해답 ① 안전화의 단화 : 113mm 미만
② 안전화의 중단화 : 113mm 이상
③ 안전화의 장화 : 178mm 이상

02 화면을 보고, 프레스 작업 시 사고를 예방하기 위한 방호 조치사항 2가지를 쓰시오.

동영상 설명 화면은 프레스 작업 중 작업자가 손으로 이물질을 제거하다가 실수로 페달을 밟아 손이 기계에 끼이는 사고가 발생한 장면이다.

해답 ① 이물질을 손으로 제거하지 않고, 수공구(플라이어, 집게 등)와 같은 전용 공구를 사용하여 제거한다.
② 프레스가 정지되거나 일시정지 상태일 때는 페달에 커버(U자형 덮개)를 씌운다.
③ 이물질 제거작업은 반드시 프레스의 전원을 차단한 후 실시한다.

03 화면을 보고, 교량 하부 점검 시 재해의 발생원인을 3가지 쓰시오.

동영상 설명 화면은 교량 하부에서 오염물질 세척, 교량의 균열 등 안전점검을 하던 중, 추락사고가 발생한 장면이다.

해답 ① 추락 방호망 미설치
② 작업 발판 미설치
③ 개인 보호구 안전대 미착용
④ 안전대 부착설비 미설치

04 화면을 보고, 추락사고의 원인 3가지와 기인물, 가해물을 쓰시오.

동영상 설명 화면은 작업 발판을 설치하던 작업자가 비계 구조물 위에서 발판을 건네받아 설치하던 중, 발판과 함께 추락하는 사고가 발생한 장면이다.

해답 (1) 추락 사고의 원인
  ① 안전대 미착용
  ② 추락 방호망 미설치
  ③ 작업 발판 불량
(2) 기인물 : 작업 발판
(3) 가해물 : 땅바닥

05 화면을 보고, 양수기 수리 중 발생할 수 있는 위험요인 2가지를 쓰시오.

동영상 설명 화면은 작업자가 작동 중인 양수기를 점검하던 중, 다른 작업자와 잡담을 하며 수리하다가 손이 벨트의 접선 방향으로 말려 들어가는 사고가 발생한 장면이다.

해답 ① 면장갑이 벨트의 접선 방향으로 말려 들어가 손을 다칠 위험이 있다.
② 작동 중인 양수기를 점검하고 있어 손을 다칠 위험이 있다.

06 화면을 보고, 가설 전선 점검 시 우려되는 재해 유형과 그 정의를 쓰고, 예방대책 3가지를 쓰시오.

동영상 설명 화면은 전원이 인가된 전선을 작업자가 맨손으로 점검하다가, 연결 부위를 만져 감전사고가 발생한 장면이다.

해답 (1) 재해 유형 : 감전(전류 접촉)
(2) 감전의 정의 : 인체의 전체 또는 일부에 전류가 흐르는 현상
(3) 예방대책
  ① 전원을 차단하고 점검을 실시한다.
  ② 절연장갑 등 보호구를 착용한다.
  ③ 누전차단기를 설치한다.
  ④ 전선의 접속 부위를 충분히 피복하거나 적합한 접속기구를 사용한다.

07 유해광선으로 인해 시력장해가 우려되는 장소에서 작업할 경우 착용해야 하는 개인 보호구의 명칭을 쓰시오.

동영상 설명 화면은 유해광선으로부터 눈을 보호하기 위해 작업자가 착용해야 할 개인 보호구를 보여주는 장면이다.

해답   차광보안경

08 변압기 작업 중 감전을 방지하기 위해 활선 여부를 확인하는 방법 3가지를 쓰시오.

동영상 설명 화면은 두 작업자가 측정기를 사용하여 변압기의 전압을 측정하는 장면이다.

해답   ① 검전기를 사용하여 확인한다.
    ② 회로 시험기(테스터기)의 지싯값을 확인한다.
    ③ 접지봉으로 접촉 여부를 확인한다.

09 화면을 보고, 점화원의 종류와 재해 예방대책 4가지를 쓰시오.

동영상 설명 화면은 인화성 물질이 담긴 드럼통이 쌓여있는 창고에서 작업자가 드럼통 앞에서 윗옷을 벗는 순간 폭발사고가 발생한 장면이다.

해답   (1) 점화원의 종류 : 정전기
    (2) 예방대책
       ① 가스나 증기를 감지하기 위한 가스 누설 감지 경보장치를 설치한다.
       ② 통풍, 환기 및 분진 제거 등의 조치를 취한다.
       ③ 인화성 물질에 대한 안전교육을 실시한다.
       ④ 화기나 불꽃이 발생할 수 있는 점화원을 제거한다.

2부

01 화면을 보고, 슬라이스 기계작업 시 재해 방지를 위한 안전예방대책 3가지를 쓰시오.

동영상 설명 화면은 슬라이스 기계로 무채 써는 작업을 하는 장면이다.

해답 ① 인터록 장치를 설치한다.
② 기계를 점검할 때는 전원을 차단하고 점검한다.
③ 슬라이스 부분에 덮개를 설치한다.

02 화면을 보고, 드릴작업 시 작업자가 준수해야 할 안전수칙 4가지를 쓰시오.

동영상 설명 화면은 작업자가 보안경과 면장갑을 착용하고 드릴작업을 하는 장면이다.

해답 ① 작업시작 전 척 렌치(chuck wrench)를 반드시 제거하고 작업한다.
② 장갑을 착용하지 않는다.
③ 작은 일감은 바이스나 클램프를 사용하여 고정한다.
④ 드릴작업 중 구멍에 손을 넣지 않도록 주의한다.
⑤ 옷소매가 길거나 찢어진 옷은 입지 않는다.

03 안전인증고시에 따른 방독마스크 성능시험의 종류 5가지를 쓰시오.

동영상 설명 화면은 방독마스크를 착용한 여성 작업자의 모습을 보여주는 장면이다.

해답 ① 안면부 흡기저항 시험
② 안면부 배기저항 시험
③ 안면부 누설율 시험
④ 배기밸브 작동 시험
⑤ 음성 전달판 시험
⑥ 정화통 질량 시험
⑦ 안면부 내부의 이산화탄소 농도 시험
⑧ 강도, 신장률 및 영구 변형률 시험
⑨ 정화통의 제독능력 시험
⑩ 시야 시험
⑪ 불연성 시험
⑫ 투시부의 내충격성 시험
⑬ 정화통의 호흡저항 시험

04 산소결핍 장소는 산소농도가 몇 % 미만인 곳을 말하는가? 또한, 밀폐공간에서 질식된 작업자를 구조할 때 구조자가 착용해야 할 개인 보호구 2가지를 쓰시오.

〔동영상 설명〕 화면은 작업자가 밀폐공간에서 작업 중 호흡 곤란을 겪는 모습을 보여주는 장면이다.

〔해답〕 (1) 산소농도 : 18% 미만
   (2) 개인 보호구
        ① 송기마스크   ② 공기호흡기

05 터널공사 현장에서 폭약을 사용한 작업을 진행할 때 준수해야 할 사항 3가지를 쓰시오.

〔동영상 설명〕 화면은 터널공사 현장에서 폭약을 사용한 발파작업을 하기 위해 천공을 하는 장면이다.

〔해답〕 ① 화약 등 폭약을 장전하는 경우에는 흡연 등 화기를 사용하지 않도록 한다.
   ② 화약의 장전은 마찰, 충격, 정전기 등에 의한 폭발위험이 없는 안전한 재료를 사용한다.
   ③ 발파공의 충진 재료는 점토, 모래 등 발화성의 위험이 없는 재료를 사용한다.

06 화면을 보고, 고소작업대에서 작업 시 발생할 수 있는 위험요인 3가지를 쓰시오.

〔동영상 설명〕 화면은 붐대와 전선이 닿을 정도로 가까운 상태에서 두 작업자가 고소작업대에서 작업하는 장면이다. 한 작업자는 안전대와 안전모를 착용하고 있지만, 다른 작업자는 안전모를 착용하지 않고 면장갑만 착용한 채 공구로 작업하고 있다. 주변에는 전선이 복잡하게 배치되어 있고, 아래에는 안전모를 착용하지 않은 작업자가 지나가고 있다.

〔해답〕 ① 차량이 접근 한계거리를 준수하지 않아 감전의 위험이 있다.
   ② 작업자가 절연용 보호구(절연모, 절연장갑)를 착용하지 않아 감전의 위험이 있다.
   ③ 주변 전선에 절연용 방호구를 설치하지 않아 감전의 위험이 있다.
   ④ 작업자가 안전대를 착용하지 않아 추락의 위험이 있다.

07 화면을 보고, 이동식 크레인 작업 시 작업시작 전 점검해야 할 사항을 2가지 쓰시오.

동영상 설명 화면은 이동식 크레인을 이용하여 중량물을 옮기는 작업 장면이다.

해답 ① 권과방지장치 및 기타 경보장치의 기능을 확인한다.
② 브레이크, 클러치 및 조정장치의 기능을 확인한다.
③ 와이어로프가 통하는 부분과 작업장소의 지반 상태를 점검한다.

08 화면을 보고, 이동식 비계작업 시 위험요인 3가지를 쓰시오.

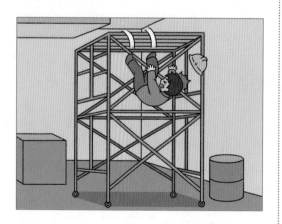

동영상 설명 화면은 안전난간이 설치되지 않은 2단 이동식 비계에서 작업자가 천장작업을 하던 중, 작업 발판이 불안정하여 비계에서 추락하는 장면이다.

해답 ① 안전난간이 설치되지 않아 작업자가 비계 아래로 떨어질 수 있다.
② 작업 발판이 불안정하게 설치되어 작업자가 아래로 떨어질 수 있다.
③ 바퀴를 고정하지 않아 비계가 움직이므로 작업자가 떨어질 수 있다.

09 화면을 보고, 박공지붕 작업 시 낙하물 사고를 방지하기 위한 대책 3가지를 쓰시오.

동영상 설명 화면은 작업자가 박공지붕 위에서 기와를 쌓던 중, 쌓아놓은 재료가 아래로 떨어져 지붕 아래에 있던 작업자의 머리에 부딪히는 사고가 발생한 장면이다.

해답 ① 경사지붕 하부에 낙하물 방지망을 설치한다.
② 박공지붕의 과적을 금지하고 체결상태를 확인한다.
③ 작업자가 낙하 위험 장소에서 휴식하지 않도록 한다.

---3부---

01 화면을 보고, 지게차 운전자가 작업 시 작 전 취해야 할 조치사항 3가지를 쓰시오.

[동영상 설명] 화면은 지게차에 적재된 화물이 운전자의 시야를 방해하여 사고가 발생한 장면이다.

[해답] ① 운전자가 하차하여 주변을 확인한다.
② 신호수를 지정하여 신호에 따라 지게차를 유도하고 서행하게 한다.
③ 경적을 울리고 경광등을 켠다.

02 교류아크용접기를 이용하여 용접작업을 준비할 때 작업자가 접촉 시 감전될 수 있는 위험 부위 3가지를 쓰시오.

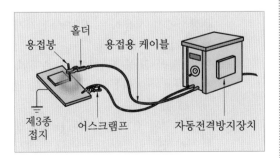

[동영상 설명] 화면은 교류아크용접기의 구성요소를 보여주는 장면이다.

[해답] ① 용접봉
② 용접기 홀더
③ 용접기 케이블
④ 용접기 리드 단자

03 유기용제 취급 작업장에서 작업자가 준수해야 할 안전수칙 3가지를 쓰시오.

[동영상 설명] 화면은 유기용제 취급 작업장에서 두 작업자가 적절한 보호구를 착용하지 않은 채 유기용제 용기를 들고 대화하는 장면이다.

[해답] ① 작업자는 유기화합물용 보호복, 안전장갑, 안전화, 보안경, 방독마스크를 착용한다.
② 작업장에서는 흡연을 금지한다.
③ 작업장에 환기장치를 설치한 후 작동시킨다.

04 화물자동차의 작업시작 전 점검사항 3가지를 쓰시오.

동영상 설명 화면은 작업시작 전 대형 화물자동차가 대기하고 있는 장면이다.

해답 ① 제동장치와 조종장치의 기능을 확인한다.
② 하역장치와 유압장치의 기능을 확인한다.
③ 바퀴의 이상 유무를 점검한다.

05 유기화합물용 방독마스크에 사용되는 흡수제의 종류 2가지를 쓰시오.

동영상 설명 화면은 작업자가 유기화합물용 방독마스크를 착용하고 페인트 도장작업을 하는 장면이다.

해답 ① 활성탄
② 소다라임
③ 알칼리제재

06 화면을 보고, 수중펌프 작동 시 발생한 감전사고에 관하여 다음 물음에 답하시오.

(1) 작업자가 감전된 원인과 피부저항에 대하여 설명하시오.
(2) 산업안전보건법상 누전차단기를 설치해야 하는 기계 및 기구 3가지를 쓰시오.
(3) 감전을 방지하기 위해 설치해야 하는 장치를 쓰시오.

동영상 설명 화면은 작업자의 무릎까지 물이 찬 상태에서 수중펌프를 작동하던 중, 감전사고가 발생한 장면이다.

해답 (1) 물에 젖으면 인체의 피부저항이 1/25로 감소하므로 통전 전류가 커져 감전의 위험이 크다.
(2) ① 대지 전압이 150V를 초과하는 이동형 또는 휴대형 전기기계 및 기구
② 물 등 도전성이 높은 액체가 있는 습윤장소에서 사용하는 저압용 전기기계 및 기구
③ 철판, 철골 위 등 도전성이 높은 장소에서 사용하는 이동형 또는 휴대형 전기기계 및 기구
④ 임시 배선의 전로가 설치되는 장소에서 사용하는 이동형 또는 휴대형 전기기계 및 기구
(3) 누전차단기

07 안전대의 종류를 쓰고, 벨트의 구조와 벨트 너비, 길이, 두께의 치수를 쓰시오.

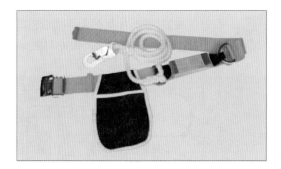

[동영상 설명] 화면은 고소작업 또는 추락위험이 있는 작업을 할 때 사용하는 안전대를 보여주는 장면이다.

[해답] (1) 안전대의 종류 : 벨트식
  (2) 벨트의 구조와 치수
    ① 강직한 실로 짠 직물로 비틀어짐 등 결함이 없어야 한다.
    ② 벨트 너비는 50mm 이상, 길이는 버클 포함 1100mm 이상, 두께는 2mm 이상이어야 한다.

08 철골 구조물 작업 중 기상 악화로 작업을 중지해야 하는 기준을 쓰시오.

[동영상 설명] 화면은 철골 구조물 작업현장에서 강한 바람으로 작업이 어려운 상황을 보여주는 장면이다.

[해답] ① 풍속이 초당 10m 이상인 경우
  ② 강우량이 시간당 1mm 이상인 경우
  ③ 강설량이 시간당 1cm 이상인 경우

09 프레스 작업 시 금형을 교체할 때 안전하게 작업을 수행하기 위한 점검사항 4가지를 쓰시오.

[동영상 설명] 화면은 작업자가 프레스 금형 교체 작업을 하고 있는 장면이다.

[해답] ① 안전블록이 올바르게 설치되었는지 점검한다.
  ② 안전블록과 슬라이드의 인터록 상태를 확인한다.
  ③ 동력을 차단한 후 기동 스위치에 경고 표지를 부착한다.
  ④ 기동 스위치는 분리하여 별도로 보관한다.

제3회

1부

01 화면을 보고, 전기 감전사고에 관하여 다음에 대해 쓰시오.

(1) 위험 포인트
(2) 재해 방지대책(3가지)
(3) 제어실과 작업장이 막혀 있어 원활한 의사소통이 되지 않을 경우의 대책

동영상 설명 화면은 작업자가 전기 기계·기구의 내전압 검사를 위해 전원을 차단한 뒤, 개폐기 함을 열고 면장갑을 착용한 채 점검하던 중, 다른 작업자가 갑자기 전원을 투입하여 감전사고가 발생한 장면이다.

해답 (1) 다른 작업자가 작업 중인 작업자를 보지 못하고 전원을 투입하였다.
(2) ① 개폐기 함에 잠금장치를 설치하고 꼬리표를 부착한다.
② 절연장갑을 착용한다.
③ 작업 전 작업자에게 전기 안전교육을 실시한다.
(3) 대화창을 설치한다.

02 화면을 보고, 롤러기 청소 시 위험요인과 안전작업수칙을 각각 2가지씩 쓰시오.

동영상 설명 화면은 작업자가 인쇄윤전기의 전원을 차단하지 않고 체중을 실어 힘껏 롤러를 닦던 중, 손이 롤러에 끼이는 재해가 발생한 장면이다.

해답 (1) 위험요인
① 전원을 차단하지 않고 작업을 진행하여 기계가 갑자기 작동할 위험이 있다.
② 롤러기에 방호장치가 설치되지 않아 손이 끼일 위험이 있다.
③ 회전 중인 롤러에 손이나 도구가 말려들어갈 위험이 있다.
④ 체중을 실어 롤러를 닦으면 손이 롤러에 끼일 위험이 있다.
(2) 안전대책
① 전원을 차단한 후 기계를 청소한다.
② 롤러기에 방호장치를 설치한다.
③ 회전 중인 롤러 쪽으로 힘을 주어 작업하지 않는다.
④ 체중을 실어 롤러를 닦지 않는다.

03 화면을 보고, 재해가 발생한 위험점, 재해 발생형태, 그리고 위험점의 정의를 쓰시오.

동영상 설명 화면은 양수기의 모터에 이물질이 묻어 작업자가 걸레로 닦던 중, 벨트와 덮개 사이에 손이 끼이는 재해가 발생한 장면이다.

해답 ① 위험점 : 끼임점
② 재해 발생형태 : 끼임
③ 끼임점의 정의 : 회전운동을 하는 부분과 고정 부분 사이에 형성되는 위험점

04 화면을 보고, 교량 하부 점검 시 재해의 발생원인 3가지를 쓰시오.

동영상 설명 화면은 작업자가 안전장치 없이 교량 하부를 점검하다가 추락하는 사고가 발생한 장면이다.

해답 ① 안전난간 미설치
② 추락 방호망 미설치
③ 안전대 부착 설비 미설치
④ 작업자가 안전대 미착용
⑤ 작업시작 전 작업 발판 등 설비 미점검

05 피부 자극성과 부식성이 있는 관리대상 유해물질 취급 장소에 비치해야 할 보호구 3가지를 쓰시오.

동영상 설명 화면은 작업자가 DMF 작업장에서 방독마스크, 보호복, 보호장갑을 착용하지 않고 유해물질 DMF 작업을 하는 장면이다.

해답 ① 방독마스크
② 불투명성 보호장갑
③ 불투명성 보호복
④ 불투명성 보호장화

참고 DMF(dimethylformamide, 디메틸포름아미드, 다이메틸폼아마이드)는 유기화합물로서 주로 화학산업에서 용매로 사용된다. 따라서 DMF를 취급하거나 사용하는 작업자는 방독마스크, 보호복, 안전장갑 등 적절한 보호구를 착용해야 한다.

06 프레스 작업 시 금형에 붙어있는 이물질을 제거할 때 위험요인 3가지를 쓰시오.

[동영상 설명] 화면은 작업장 바닥에 철판 쓰레기가 있는 상태에서 프레스 작업을 하던 중, 작업자가 장갑을 착용한 손으로 이물질을 제거하는 장면이다.

[해답] ① 프레스 페달을 밟아 슬라이드가 작동하여 손을 다칠 수 있다.
② 금형에 붙어 있는 이물질을 제거할 때 손을 다칠 수 있다.
③ 금형에 붙어 있는 이물질을 제거할 때 이물질이 튀어 눈을 다칠 수 있다.
④ 작업장의 정리정돈 상태가 불량하여 작업자가 넘어져 다칠 수 있다.

07 가스집합장치를 이용하여 금속의 용접 및 용단작업을 할 때 눈을 보호하기 위해 착용해야 하는 개인 보호구는 무엇인지 쓰시오.

[동영상 설명] 화면은 눈을 보호하기 위해 착용하는 개인 보호구를 보여주는 장면이다.

[해답] 차광보안경

08 화면을 보고, 추락사고의 원인 4가지와 사고 예방을 위해 설치해야 할 장치를 쓰시오.

[동영상 설명] 화면은 추락 방호망이 설치되지 않은 건물 옥상에서 작업자가 벽돌을 운반하던 중, 벽돌을 들고 일어서다가 주변의 벽돌에 걸려 넘어지면서 추락사고가 발생한 장면이다.

[해답] (1) 추락 사고의 원인
① 안전대 미착용
② 추락 방호망 미설치
③ 안전난간 불량
④ 작업 발판 불량
⑤ 주변 정리정돈 및 청소상태 불량
(2) 설치해야 할 장치 : 안전난간

09 화면을 보고, 지게차에 적재된 화물이 운전자의 시야를 방해할 경우 취해야 할 조치사항 3가지를 쓰시오.

[동영상 설명] 화면은 지게차에 적재된 화물이 운전자의 시야를 가리는 모습을 보여주는 장면이다.

[해답] ① 운전자가 하차하여 주변을 확인한다.
② 신호수를 지정하여 신호에 따라 지게차를 유도하고 서행하게 한다.
③ 경적을 울리고 경광등을 켠다.

───── **2부** ─────

01 작업 발판의 폭과 발판 틈새에 대한 기준을 쓰시오.

[동영상 설명] 화면은 건축 외벽 작업을 위해 설치된 비계 구조물을 보여주는 장면이다.

[해답] ① 작업 발판의 폭 : 40cm 이상
② 발판의 틈새 : 3cm 이하

02 프레스 금형을 수리하는 중, 슬라이드가 갑자기 작동할 경우, 작업자의 재해를 방지하기 위한 안전장치의 명칭을 쓰시오.

[동영상 설명] 화면은 작업자가 프레스 금형을 수리하는 장면이다.

[해답] 안전블록

03 활선 전로에 인접하여 전봇대를 세우는 작업에 관하여 다음에 대해 쓰시오.

(1) 사고의 직접적인 원인(2가지)
(2) 재해방지를 위한 대책(3가지)
(3) 사고의 가해물
(4) 착용해야 하는 안전모의 종류(2가지)

동영상 설명 화면은 활선 전로에 인접하여 크레인으로 전봇대를 세우던 중, 전봇대가 살짝 돌아가 인접 전로에 접촉하여 스파크가 발생한 장면이다.

해답 (1) ① 이격거리를 준수하지 않아 인접한 활선 전로와 접촉이 발생하였다.
② 활선 전로에 절연용 방호구가 설치되지 않아 사고가 발생하였다.
(2) ① 차량 등을 충전 전로의 충전부로부터 300cm 이상 이격시키되, 대지 전압이 50kV를 넘는 경우 10kV 증가할 때마다 이격거리를 10cm씩 추가한다.
② 노출된 충전부에 절연용 방호구를 설치하고 충전부를 절연, 격리한다.
③ 울타리를 설치하거나 감시인을 배치하여 작업을 감시한다.

④ 접지 등으로 충전 전로와 접촉할 우려가 있을 때는 작업자가 접지점에 접촉되지 않도록 한다.
(3) 전봇대
(4) AE형, ABE형

04 화면을 보고, 드릴작업 시 발생할 수 있는 위험요인 2가지를 쓰시오.

동영상 설명 화면은 작업자가 면장갑을 착용하고 드릴작업을 하던 중, 칩과 이물질을 입으로 불면서 손으로 제거하려다 드릴에 손이 말려 들어가는 사고가 발생한 장면이다.

해답 ① 칩을 입으로 불어 제거하려다 칩이 눈에 들어갈 위험이 있다.
② 손으로 이물질을 제거하려다 손이 베이거나 상처가 날 위험이 있다.
③ 드릴작업 중 이물질을 제거하고 있어 회전하는 드릴에 손이 말려 들어갈 위험이 있다.

05 화면을 보고, 슬라이스 기계 작업 시 사고의 위험요인을 2가지 쓰시오.

동영상 설명 화면은 슬라이스 기계로 무채를 써는 작업 중, 고장으로 멈춘 기계를 점검하기 위해 전원을 차단하지 않고 무를 꺼내려던 순간, 기계가 다시 작동하여 사고가 발생한 장면이다.

해답 ① 전원을 차단하지 않고 슬라이스 기계를 점검하여 사고가 발생할 위험이 있다.
② 인터록 장치가 설치되어 있지 않아 사고가 발생할 위험이 있다.

06 할로겐가스용 방독마스크 정화통의 시험 가스의 종류, 파과 농도, 그리고 파과 시간을 쓰시오.

동영상 설명 화면은 작업장에서 방독마스크를 착용한 작업자의 모습을 보여주는 장면이다.

해답 ① 시험 가스의 종류 : 염소가스(회색)
② 파과 농도 : 0.5ppm
③ 파과 시간 : 30분 이상

참고 회색 정화통

07 산소결핍 장소에서 작업 시 관리 감독자가 수행해야 할 직무 3가지를 쓰시오.

동영상 설명 화면은 작업자가 밀폐공간인 맨홀 내부 작업을 위해 준비하고 있는 장면이다.

해답 ① 작업시작 전 산소 및 유해가스 농도를 측정하여 작업을 지시하는 일
② 작업시작 전 작업장소의 산소농도가 적절한지 점검(측정)하는 일
③ 작업시작 전 공기호흡기, 송기마스크 등 개인 보호구와 측정장비, 환기장치 등을 점검하는 일
④ 작업자에게 공기호흡기와 송기마스크 착용을 지시하고 착용상태를 점검하는 일
⑤ 비상시 구출을 위한 구조장비 사용에 관한 사항

08 이동식 크레인의 와이어로프로 화물을 직접 지지할 경우, 와이어로프의 안전계수와 줄걸이용 와이어로프의 적절한 인양 각도를 쓰시오.

동영상 설명 화면은 이동식 크레인의 와이어로프를 사용하여 컨테이너 화물을 들어 올리고 있는 장면이다.

해답 ① 안전계수 : 5 이상
② 인양 각도 : 60° 이내

참고 와이어로프 사용금지 기준
① 이음매가 있는 것
② 꼬이거나 변형되거나 부식된 것
③ 열과 전기충격에 의해 손상된 것
④ 와이어로프의 한 꼬임에서 끊어진 소선의 수가 10% 이상인 것
⑤ 지름이 공칭 지름에서 7% 초과하여 감소한 것

09 화면을 보고, 재해의 가해물과 전기를 취급하는 작업을 할 경우 착용해야 할 안전모의 종류 2가지를 쓰시오.

동영상 설명 화면은 전봇대를 옮기는 작업 중 전봇대가 작업자의 머리에 부딪혀 재해가 발생한 장면이다.

해답 (1) 가해물 : 전봇대
(2) 안전모의 종류
① AE형
② ABE형

참고 AB형 안전모
물체의 낙하, 비래, 추락 등으로 인한 위험을 방지하고 경감시키는 안전모로, 비내전압성이다.

3부

01 화면을 보고, 컨베이어 작업 시 재해 발생요인과 필요한 조치사항을 각각 2가지씩 쓰시오.

동영상 설명 화면은 보호장치가 설치되지 않은 컨베이어 기계에서 작업하는 모습을 보여준다. A 작업자가 바닥에서 박스를 올려주는 도중, B 작업자가 회전하는 벨트 끝부분에서 양팔을 벌려 박스를 받으려다가 중심을 잃고 넘어지는 사고가 발생한 장면이다.

해답 (1) 재해 발생요인
① 방호울과 덮개 등 안전장치가 설치되지 않아 작업자가 회전하는 벨트에 노출되어 위험하다.
② 작업자가 회전하는 벨트의 끝부분에 불안정한 자세로 서 있어 위험하다.
(2) 필요한 조치사항
① 방호장치를 설치하여 작업자가 회전하는 벨트에 접근하지 않도록 한다.
② 작업자는 벨트와 충분히 거리를 두어 안전한 위치에서 작업해야 한다.

 02 교류아크용접기의 방호장치인 자동전격방지기의 종류 4가지를 쓰시오.

동영상 설명 화면은 작업자가 교류아크용접기를 사용하여 현장에서 용접작업을 하는 장면이다.

해답 ① 외장형
② 내장형
③ L형(저저항 시동형)
④ H형(고저항 시동형)

03 유해물질로부터 호흡기를 보호하기 위해 착용하는 방독마스크 흡수제의 종류 3가지를 쓰시오.

동영상 설명 화면은 래커 스프레이로 강재 파이프에 페인트 작업을 하는 장면이다.

해답 ① 활성탄
② 소다라임
③ 알칼리제재

04 화면을 보고, 수중 감전 재해를 예방하기 위한 조치사항 3가지를 쓰시오.

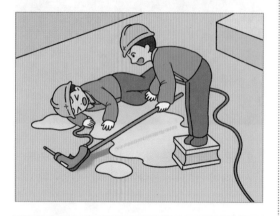

동영상 설명 화면은 물이 있는 장소에서 감전사고로 쓰러진 작업자의 모습을 보여주는 장면이다.

해답 ① 접속 부위의 절연상태를 점검한다.
② 물 등 습윤한 장소에서는 전선 피복의 손상 여부를 점검한다.
③ 전선의 절연저항을 측정하여 점검한다.
④ 감전 방지용 누전차단기를 설치한다.

05 유해 · 위험물을 취급하는 작업장의 바닥이 갖추어야 할 조건을 쓰시오.

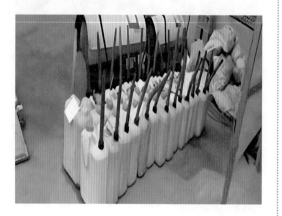

동영상 설명 화면은 유해 · 위험물이 담긴 용기가 작업장 바닥에 놓여 있는 장면이다.

해답 ① 누출 시 위험물이 확산되지 않도록 높이 15 cm 이상의 턱을 설치한다.
② 바닥은 불침투성 재료를 사용한다.

06 지게차 운반작업 시 5t 미만인 지게차의 안정도를 쓰시오.

(1) 주행 시 좌우 안정도
(2) 주행 시 전후 안정도
(3) 하역작업 시 전후 안정도
(4) 하역작업 시 좌우 안정도
(5) 5km/h의 속도로 주행 시 좌우 안정도

동영상 설명 화면은 작업자가 지게차를 이용하여 화물 운반작업을 하는 장면이다.

해답 (1) $(15+1.1V)\%$
(2) 18% 이내
(3) 4% 이내(5t 이상의 것은 3.5%)
(4) 6% 이내
(5) $15+1.1V=15+1.1\times5=20.5\%$

07 화면을 보고, 작업자가 전봇대에서 전기 형강을 교체할 때 허리 부분에 착용하는 안전대의 명칭을 쓰시오.

동영상 설명 화면은 작업자가 안전대를 착용하고 전봇대에서 전기 형강 교체작업을 하는 장면이다.

해답 U자 걸이용 안전대
참고 U자 걸이용 안전대

08 고소작업대를 이동할 경우 준수해야 할 사항 3가지를 쓰시오.

동영상 설명 화면은 높은 곳에서 작업할 때 사용하는 고소작업대를 이용한 작업 장면이다.

해답 ① 고소작업대를 이동할 때는 작업대를 가장 낮은 위치로 내린다.
② 작업자를 태운 상태에서 고소작업대를 이동하지 않는다.
③ 고소작업대 작업면의 기울기와 요철 여부를 확인한다.

09 DMF 작업 시 착용해야 할 보호구의 종류 3가지를 쓰시오.

동영상 설명 화면은 무색의 암모니아 냄새가 나는 수용성 유해물질인 DMF(디메틸포름아미드)를 취급하는 작업장 모습이다.

해답 ① 보안경
② 불침투성 보호복
③ 화학물질용 안전장갑
④ 유기화합물용 방독마스크

기출문제를
재구성한 **작업형 실전문제 6**

>>> **제1회** <<<

━━━━ **1부** ━━━━

01 화면을 보고, 프레스 작업 시 발생할 수 있는 위험요인 3가지를 쓰시오.

[동영상 설명] 화면은 급정지기구가 부착되지 않은 프레스로 금속판에 구멍을 뚫는 펀칭작업 중 재해가 발생한 장면이다.

[해답] ① 슬라이드가 하강하여 신체가 끼일 위험이 있다.
② 페달을 잘못 밟아 슬라이드가 작동하여 손을 다칠 위험이 있다.
③ 금형에 붙어 있는 이물질을 제거할 때 손을 다칠 위험이 있다.
④ 금형에 붙어 있는 이물질이 튀어 눈을 다칠 위험이 있다.

02 화면을 보고, 사고의 핵심원인과 작업자가 사망한 경우 노동관서의 장에게 보고해야 할 사항 4가지를 각각 쓰시오.

[동영상 설명] 화면은 작업자가 승강기 개구부 주변에 나무판자를 이어붙인 발판 위에서 못을 제거하던 중, 개구부로 추락하는 사고가 발생한 장면이다.

[해답] (1) 사고의 핵심원인
① 안전대 미착용
② 추락 방호망 미설치
③ 안전난간 불량
④ 작업 발판 불량
⑤ 주변 정리정돈 및 청소상태 불량
(2) 사망사고 발생 시 노동관서의 장에게 보고해야 할 사항
① 사고 발생개요 및 피해상황
② 사고 후 조치 및 전망
③ 사고원인 및 재발 방지계획
④ 그 밖의 중요한 사항

03 화면을 보고, 양수기 점검 시 위험요인 3가지를 쓰시오.

[동영상 설명] 화면은 두 작업자가 전원을 켠 상태로 면장갑을 착용한 채 양수기를 점검하던 중, 잡담을 나누며 작업에 집중하지 않아 샤프트와 덮개 사이에 손이 끼이는 사고가 발생한 장면이다.

[해답] ① 전원을 끄지 않고 양수기를 수리하여 손을 다칠 위험이 있다.
② 동료와 잡담을 나누며 작업에 집중하지 않아 손을 다칠 위험이 있다.
③ 면장갑을 착용하고 수리하여 손이 양수기에 끼일 위험이 있다.

04 화면을 보고, 감전 재해 방지대책 3가지를 쓰시오.

[동영상 설명] 화면에서는 간이 칸막이로 구분된 작업장을 보여준다. 이때 작업자가 동료와 의사소통이 충분하지 않은 상태에서 전기 차단기 중 하나에 전원을 잘못 투입하여 감전사고가 발생한 장면이다.

[해답] ① 차단기에 각각의 회로명을 표기한다.
② 차단기에 잠금장치와 꼬리표를 부착하고, 이를 설치한 작업자가 직접 철거한다.
③ 무전기 등 연락을 취할 수 있는 설비를 설치한다.
④ 작업 전 전기 안전교육을 실시한다.

05 화면을 보고, 슬라이스 기계 작업 시 재해 발생 위험점과 그 정의를 쓰시오.

[동영상 설명] 화면은 슬라이스 기계로 고기를 써는 작업 중, 고장으로 멈춘 기계를 점검하기 위해 전원을 차단하지 않은 상태에서 고기를 꺼내려던 순간, 갑자기 기계가 작동하여 사고가 발생한 장면이다.

[해답] ① 위험점 : 절단점
② 절단점의 정의 : 회전운동을 하는 부분 자체의 위험이나 운동하는 기계 부분 자체의 위험에서 발생하는 위험점

06 작업 발판을 설치할 때 발판의 폭과 발판 재료 간 틈의 기준을 쓰시오.

동영상 설명 화면은 교량을 보수하기 위해 교량 하부에 작업 발판을 설치하는 장면이다.

해답 ① 작업 발판의 폭 : 40cm 이상
② 재료 간의 틈 : 3cm 이하

07 화면을 보고, 벌목작업 시 작업자가 착용해야 할 보호구의 명칭 3가지를 쓰시오.

동영상 설명 화면은 작업자가 안전화, 안전모, 호흡용 보호구를 착용하고 벌목작업을 하는 장면이다.

해답 ① 보안경
② 귀덮개
③ 귀마개

08 화면을 보고, 핸드 그라인더 작업 시 착용해야 할 보호구 2가지를 쓰시오.

동영상 설명 화면은 작업자가 면장갑을 끼고 다른 보호구는 착용하지 않은 상태에서 핸드 그라인더로 금속 부품을 연삭하는 장면이다.

해답 ① 보안경
② 방진마스크

09 화면을 보고, 담뱃불과 같은 발화원의 형태를 쓰시오.

동영상 설명 화면은 운전자가 운전 중 흡연한 뒤 담배꽁초를 길가 낙엽 위에 던져 불이 붙는 모습을 보여주는 장면이다.

해답 나화(점화원, 화염)
참고 나화는 불꽃이나 담뱃불과 같은 직접적인 불의 형태를 의미하며, 이로 인해 쉽게 발화될 수 있는 위험요소가 된다.

2부

01 화면을 보고, 드릴작업 시 위험요인 2가지를 쓰시오.

[동영상 설명] 화면은 작업자가 장갑을 착용하고 드릴작업을 하던 중, 손으로 이물질을 제거하다가 드릴에 손이 말려 들어가는 사고가 발생한 장면이다.

[해답] ① 드릴작업 중 장갑을 착용하면 드릴에 손이 말려 들어갈 위험이 있다.
② 드릴작업 중 손으로 이물질을 제거하면 손에 베임 또는 상처가 발생할 위험이 있다.

02 화면을 보고, 슬라이스 기계 작업 시 재해 방지대책 3가지를 쓰시오.

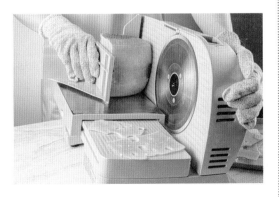

[동영상 설명] 화면은 울, 덮개, 인터록 장치가 설치되지 않은 슬라이스 기계로 치즈를 얇게 썰던 중, 기계가 멈춰 작업자가 점검하던 사이 갑자기 기계가 작동하여 사고가 발생한 장면이다.

[해답] ① 울을 설치한다.
② 인터록 장치를 설치한다.
③ 기계 점검 시 전원을 차단하고 점검한다.
④ 슬라이스 부분에 덮개를 설치한다.

03 다음 (　　　) 안에 알맞은 기준을 쓰시오. (단, 단위를 포함하여 쓰시오.)

적정 공기란 작업 공간에서 안전한 공기 상태를 유지하기 위한 조건으로, 산소농도가 (①) 이상 (②) 미만이어야 하며, 탄산가스의 농도가 (③) 미만, 황화수소 농도가 (④) 미만, 일산화탄소 농도가 (⑤) 미만이어야 한다.

[동영상 설명] 화면은 작업 공간에서 산소, 이산화탄소 등 주요 가스를 모니터링하여 안전한 공기 상태를 유지하기 위한 모습을 보여준다.

[해답] ① 18% ② 23.3%
③ 1.5% ④ 10 ppm
⑤ 30 ppm

04 화면을 보고, 안전모의 각부 명칭을 쓰시오.

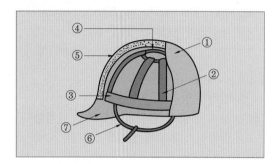

번호	안전모의 각부 명칭
①	
②	
③	
④	
⑤	
⑥	
⑦	

동영상 설명 화면은 개인 보호구인 안전모의 구조를 보여주는 장면이다.

해답 ① 모체
② 머리받침끈
③ 머리고정대
④ 머리받침고리
⑤ 충격흡수재
⑥ 턱끈
⑦ 챙(차양)

05 화면을 보고, 활선작업 시 감전사고에 관하여 다음 물음에 답하시오.

(1) 변압기 활선작업 시 감전사고 예방을 위한 활선 유무 확인방법 3가지를 쓰시오.
(2) 감전사고의 원인을 3가지 쓰시오.
(3) 작업자가 착용해야 하는 개인 보호구 2가지를 쓰시오.

동영상 설명 화면은 1만 볼트의 고압이 인가된 기계에 변압기를 연결하여 내전압 검사를 진행하던 중 감전사고가 발생한 장면이다.

해답 (1) ① 활선 접근 경보기(검전기)로 점검하여 확인한다.
② 테스터기를 사용하여 지싯값을 확인한다.
③ 전원 투입 개폐기의 ON/OFF 상태를 확인한다.
(2) ① 절연장갑 등 개인 보호구를 착용하지 않았다.
② 신호전달 체계가 확립되지 않았다.
③ 활선 및 정전상태를 확인하지 않는 등 작업자 안전수칙을 준수하지 않았다.
(3) ① 절연장갑
② 절연화
③ 절연안전모

06 이동식 크레인에 부착하여 작동되도록 미리 조정해야 하는 방호장치 3가지를 쓰시오.

[동영상 설명] 화면은 이동식 크레인을 보여주는 장면이다.

[해답] ① 권과방지장치
② 과부하방지장치
③ 비상정지장치
④ 제동장치

07 화면을 보고, 보호구의 명칭과 파과 농도를 쓰시오. (단, 시험 가스는 아황산가스이다.)

[동영상 설명] 화면은 노란색 정화통과 방독마스크를 보여주는 장면이다.

[해답] ① 보호구 명칭 : 아황산가스용
② 파과 농도 : 5ppm
[참고] 노란색 정화통

08 화면을 보고, 창문 설치작업 시 발생한 추락사고의 원인 3가지를 쓰시오.

[동영상 설명] 화면은 두 작업자가 실내에서 창문을 설치하고, 다른 한 작업자는 실외에서 창문 설치작업을 돕던 중, 발을 헛디뎌 바닥으로 추락하는 사고가 발생한 장면이다.

[해답] ① 안전대 부착설비가 설치되지 않았다.
② 안전대를 착용하지 않았다.
③ 안전난간이 설치되지 않았다.
④ 추락 방호망이 설치되지 않았다.

09 화면을 보고, 모르타르를 퍼내는 작업 중 작업자가 추락하는 재해를 방지할 수 있는 추락 방지대책 2가지를 쓰시오.

동영상 설명 화면은 안전난간과 추락 방호망이 설치되지 않은 작업장에서, 안전대를 착용하지 않은 작업자가 모르타르를 퍼내다 추락하는 사고가 발생한 장면이다.

해답 ① 안전난간을 설치한다.
② 안전대를 착용한다.
③ 추락 방호망을 설치한다.

3부

01 화면을 보고, 지게차 작업 시 재해 발생 요인과 작업시작 전 점검사항을 각각 3가지씩 쓰시오.

동영상 설명 화면은 지게차에 물건을 불안정하게 과적하여 시야를 가리고, 운전자가 난폭하게 운전하던 중 재해가 발생한 장면이다.

해답 (1) 재해 발생요인
① 물건을 과적하여 운전자의 시야를 가리므로 충돌할 수 있다.
② 물건을 불안정하게 적재하여 화물이 떨어지므로 재해가 발생할 수 있다.
③ 과적과 난폭운전으로 통로에서 작업 중인 작업자가 다칠 수 있다.
(2) 작업시작 전 점검사항
① 제동장치 및 조종장치 기능의 이상 유무
② 하역장치 및 유압장치 기능의 이상 유무
③ 바퀴의 이상 유무
④ 전조등, 후미등, 방향지시기 및 경보장치 기능의 이상 유무

02 화면을 보고, 크레인 작업 시 사고의 원인과 물에 젖었을 때 인체의 피부저항에 대하여 설명하시오.

동영상 설명 화면은 작업자가 물에 젖은 상태에서 천장 크레인을 조작하던 중, 감전사고가 발생한 장면이다.

해답 물에 젖으면 인체의 피부저항이 1/25로 감소하므로 통전 전류가 커져 감전의 위험이 증가한다.

03 화면을 보고, 전동 권선기 작업 시 재해의 발생유형과 발생원인 3가지를 쓰시오.

동영상 설명 화면은 전동 권선기로 동선을 감는 작업 중, 고장으로 기계가 멈추자 작업자가 보호구를 착용하지 않고 기계를 점검하다가 감전 재해가 발생한 장면이다.

해답 (1) 재해의 발생유형 : 감전(전류 접촉)
(2) 재해 발생원인
① 작업시작 전 권선기를 점검하지 않았다.
② 전원을 차단하지 않고 권선기 점검을 실시하였다.
③ 절연장갑을 착용하지 않았다.

04 화면을 보고, 전봇대에서 전기 형강 교체작업을 할 때 착용할 수 있는 안전대의 종류 2가지와 그에 따른 용도를 쓰시오.

동영상 설명 화면은 작업자가 안전대를 착용하고 전봇대에서 전기 형강 교체작업을 하는 장면이다.

해답 (1) 안전대의 종류
① 벨트식
② 안전그네식
(2) 안전대의 종류에 따른 용도
① 벨트식 : U자 걸이용
② 안전그네식 : 추락 방지용

05 고소작업대 설치 및 이동 시 준수해야 할 사항 3가지를 쓰시오.

동영상 설명 화면은 고소작업대를 설치하여 작업하고 이동하는 장면이다.

해답 ① 와이어로프 또는 체인의 안전율은 5 이상이어야 한다.
② 붐의 최대 지면 경사각을 초과하지 않도록 운전하여 전도되지 않도록 한다.
③ 고소작업대를 이동할 때는 작업대를 가장 낮은 위치로 내린다.
④ 작업대에 끼임, 충돌 등 재해 예방을 위한 가드 또는 과상승방지장치를 설치한다.

06 화면을 보고, 위험을 방지할 수 있는 방안 3가지를 쓰시오.

동영상 설명 화면은 작업자가 안전모와 보안경을 착용하지 않고 맨손으로 핸드드릴을 이용하여 금속 표면에 구멍 넓히는 작업을 하는 장면이다.

해답 ① 작은 제품은 바이스나 클램프로 고정한다.
② 보안경을 착용하거나 안전덮개를 설치한다.
③ 장갑을 착용하지 않는다.
④ 안전모를 착용한다.
⑤ 큰 구멍을 뚫을 때는 먼저 작은 구멍을 뚫은 후 큰 드릴로 작업한다.

07 화면을 보고, 방독마스크에 관하여 다음에 대해 쓰시오.

(1) 방독마스크의 종류
(2) 방독마스크 정화통의 주성분
(3) 시험 가스의 종류

동영상 설명 화면은 작업자가 회색 정화통에 기호 A가 새겨진 방독마스크와 보호복을 착용하고 작업하는 장면이다.

해답 (1) 할로겐가스용 방독마스크
(2) 활성탄, 소다라임
(3) 염소가스

08 화면을 보고, 중금속 납땜작업에 관하여 다음에 대해 쓰시오.

(1) 착용해야 할 개인 보호구(4가지)
(2) 유해 위험요인
(3) 재해 발생형태

[동영상 설명] 화면은 국소배기장치가 설치된 작업대에서 납땜작업 중, 연기가 장치로 흡입되는 가운데 납땜 자재를 장치 안쪽에 쌓아두다가 작업자가 쓰러지는 사고가 발생한 장면이다.

[해답] (1) ① 방진마스크
    ② 방독마스크
    ③ 송기마스크
    ④ 보안경
(2) 납땜이 완료된 자재를 국소배기장치 안쪽에 쌓아두어 환기가 원활하지 않았다.
(3) ① 산소결핍 및 질식
    ② 유해물질 노출 및 접촉

09 화면을 보고, 전봇대 변압기 근처에서 너트를 조이는 작업 시 불안전한 상태 2가지를 쓰시오.

[동영상 설명] 화면은 작업자가 안전대를 착용하고 전봇대에 올라가 변압기 근처에서 너트를 조이던 중, 발판용 볼트를 불안전하게 딛고 작업하다가 발이 미끄러져 사고가 발생한 장면이다.

[해답] ① 작업자가 발판용 볼트를 딛고 작업하는 불안전한 자세
② 발판이 미끄럽거나 불안정한 상태

[참고] 절연용 안전방호구
① 활선작업용 방호구 및 보호구 : 절연용 보호구, 절연용 방호구, 활선작업용 기구, 활선작업용 장치
② 절연용 방호구 : 고무절연관, 절연시트, 절연커버, 절연덮개 등

>>> 제2회 <<<

1부

01 화면을 보고, 펀칭작업 시 안전을 위해 설치할 수 있는 방호장치와 작업시작 전 점검해야 할 사항을 각각 3가지씩 쓰시오.

동영상 설명 화면은 급정지기구가 부착되지 않은 프레스를 보여주는 장면이다.

해답 (1) 방호장치
　① 손쳐내기식 방호장치
　② 수인식 방호장치
　③ 게이트 가드식 방호장치
(2) 작업시작 전 점검사항
　① 클러치 및 브레이크의 기능
　② 프레스의 금형 및 고정 볼트 상태
　③ 방호장치의 기능
　④ 1행정 1정지기구, 급정지장치 및 비상정지장치의 기능
　⑤ 슬라이드 또는 칼날에 의한 위험방지 기구의 기능
　⑥ 전단기의 칼날 및 테이블 상태
　⑦ 크랭크축, 플라이휠, 슬라이드, 연결봉 및 연결 나사의 풀림 여부

02 화면을 보고, 변압기 전압 측정 시 재해의 위험요인과 착용해야 할 개인 보호구를 쓰시오.

동영상 설명 화면은 A 작업자가 절연장갑을 착용하지 않고 슬리퍼를 신은 상태에서 B 작업자에게 전원을 투입하라는 신호를 보낸 뒤 측정을 완료하고, 다시 전원을 차단하라는 신호를 보낸 뒤 측정기기를 철거하던 중, 감전사고가 발생한 장면이다.

해답 (1) 위험요인
　① 절연장갑을 착용하지 않았다.
　② 작업자 간 신호 전달 방법이 제대로 전달되지 않았다.
　③ 측정기를 철거하기 전에 정전 여부를 확인하지 않았다.
(2) 개인 보호구
　① 절연장갑
　② 절연화

03 V 벨트 교체작업 시 작업안전수칙 3가지를 쓰고, 사고가 발생했을 경우 기계설비의 위험점을 쓰시오.

동영상 설명 화면은 작업자가 V 벨트 교체작업을 하는 장면이다.

해답 (1) 작업안전수칙
　① V 벨트 교체작업 전 전원을 차단한다.
　② V 벨트 교체작업 시 천대장치를 사용한다.
　③ 보수작업 중에는 안내표지를 부착한다.
　(2) 위험점 : 접선 물림점

참고 V 벨트 교체작업 시 천대장치라는 보조장치를 사용하여 벨트를 안전하게 교체한다.

04 화면을 보고, 화재가 발생할 수 있는 위험요인 2가지를 쓰시오.

동영상 설명 화면은 지게차 시동이 걸린 상태에서 운전자가 주유 중 담배를 피우며, 주유원과 잡담을 나누는 동안 유류가 바닥에 흘러넘쳐 화재가 발생한 장면이다.

해답 ① 운전자가 주유 중에 담배를 피우고 있어 화재가 발생할 위험이 있다.
　② 주유 중인 지게차에 시동이 걸려 있어 화재가 발생할 위험이 있다.
　③ 주유원이 주유 중 잡담을 하다가 유류가 바닥에 흘러넘쳐, 점화원에 의해 화재가 발생할 위험이 있다.

05 화면을 보고, 이 작업에서 발생할 수 있는 위험요인 4가지를 쓰시오.

동영상 설명 화면은 작업자가 안전대와 안전화를 착용하지 않고 안전모만 쓴 채, 안전난간이 없는 불안정한 작업 발판 위에서 작업하던 중, 추락사고가 발생한 장면이다.

해답 ① 작업 발판이 제대로 고정되지 않았다.
　② 안전난간이 설치되지 않았다.
　③ 작업자가 안전대를 착용하지 않았다.
　④ 작업자가 안전화를 착용하지 않았다.

06 화면을 보고, 발파를 위한 천공작업 시 작업자가 착용해야 할 개인 보호구 3가지를 쓰시오.

동영상 설명 화면은 작업자가 발파를 위한 천공작업을 하는 장면이다.

해답 ① 안전모 ② 안전화
③ 방진마스크 ④ 귀마개
⑤ 귀덮개

07 폭발성 물질을 다루는 작업장에 들어가기 전, 신발에 물을 묻히는 이유와 화재 또는 폭발 시 적합한 소화 방법을 쓰시오.

동영상 설명 화면은 작업자가 폭발성 물질을 다루는 작업장 앞에서 신발에 물을 묻히고 있는 장면이다.

해답 ① 신발에 물을 묻히는 이유 : 정전기로 인한 화재와 폭발 위험을 방지하기 위해 신발에 물을 묻히는 등 습도를 높여 정전기의 발생을 감소시킨다.
② 소화 방법 : 냉각 소화(다량의 물을 사용한 냉각 소화)

08 항타기 작업 안전규정에 대한 다음 설명을 보고 ( ) 안에 알맞은 내용을 쓰시오.

• 항타기 또는 항발기의 권상장치 드럼축과 권상장치로부터 첫 번째 도르래의 축간거리는 권상장치 드럼 폭의 (①) 이상이어야 한다.
• 도르래는 권상장치 드럼의 (②)을 지나야 하며, 축과 (③)상에 있어야 한다.

동영상 설명 화면은 작업자가 항타기로 콘크리트 파일을 설치하고 있는 장면이다.

해답 ① 15배
② 중심
③ 수직면

09 화면을 보고, 방호망이 설치되지 않은 교량 점검에 관하여 다음 물음에 답하시오.

(1) 추락사고의 원인 2가지를 쓰시오.
(2) 높이 2 m 이상인 장소에 설치하는 작업 발판의 폭을 쓰시오.
(3) 작업 발판 재료 간의 틈을 쓰시오.

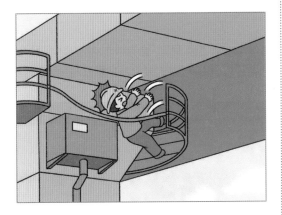

동영상 설명 화면은 추락 방호망이 설치되지 않고 작업 발판도 부실한 상태에서 작업자가 교량 하부를 점검하던 중, 로프 난간 쪽으로 기대는 순간 로프가 늘어지며 추락사고가 발생한 장면이다.

해답 (1) ① 안전대 미착용
    ② 추락 방호망 미설치
    ③ 작업 발판 설치 불량
  (2) 40 cm 이상
  (3) 3 cm 이하

───── **2부** ─────

01 산소결핍 장소에서 작업할 때 지켜야 할 안전수칙 3가지를 쓰시오.

동영상 설명 화면은 작업자가 산소결핍 장소(밀폐공간)에 들어가기 전 산소와 유해가스 농도를 점검하는 장면이다.

해답 ① 작업 전 산소 및 유해가스 농도를 측정하고, 산소농도가 적절하면 작업을 시작한다.
  ② 산소농도가 18% 미만일 때는 작업을 중지하고 환기한다.
  ③ 감시인을 배치하여 내부 작업자와 수시로 연락한다.
  ④ 가능하다면 급배기를 동시에 실시하고, 환기가 불가능한 경우나 산소결핍 장소에서 작업할 때는 공기호흡기나 송기마스크 등 개인 보호구를 착용한다.

02 화면을 보고, 드릴작업 시 발생할 수 있는 재해원인 2가지를 쓰시오.

동영상 설명 화면은 일반 모자를 쓴 작업자가 장갑을 착용하지 않고, 손으로 작은 공작물을 잡은 채 드릴작업을 하는 장면이다.

해답 ① 바이스나 클램프를 사용하지 않고 손으로 작은 공작물을 잡고 작업하였다.
② 보안경을 착용하지 않았다.
③ 안전모를 착용하지 않았다.

03 화면을 보고, 의사소통을 개선하기 위한 안전대책 2가지를 쓰시오.

동영상 설명 화면은 제어실과 작업장이 막혀 있어 원활한 의사소통이 이루어지지 않는 상황을 보여주는 장면이다.

해답 ① 신호체계를 확립한다.
② 대화창을 설치한다.

04 화면을 보고, 슬라이스 기계 작업 시 위험 예지 포인트 2가지를 쓰시오.

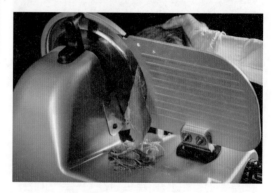

동영상 설명 화면은 슬라이스 기계로 고기를 써는 작업 중, 고장으로 멈춘 기계를 점검하기 위해 전원을 차단하지 않은 상태에서 고기를 꺼내려던 순간, 기계가 다시 작동하여 사고가 발생한 장면이다.

해답 ① 전원을 차단하지 않고 슬라이스 기계를 점검하여 기계가 갑자기 작동할 위험이 있다.
② 인터록 장치가 설치되어 있지 않아 기계가 갑자기 작동할 위험이 있다.
③ 고기를 손으로 제거하려다가 손이 기계에 끼일 위험이 있다.

05 이동식 크레인 운전자가 준수해야 할 사항 3가지를 쓰시오.

[동영상 설명] 화면은 이동식 크레인을 보여주는 장면이다.

[해답] ① 신호방법을 미리 정하고 신호수의 신호에 따라 작업한다.
② 작업이 끝나면 동력을 차단한다.
③ 화물을 크레인에 매단 채 운전석을 이탈하지 않는다.
④ 운전석을 이탈할 때는 시동키를 운전대에서 분리한다.

06 개인 보호구인 안전모의 성능시험 기준 5가지를 쓰시오.

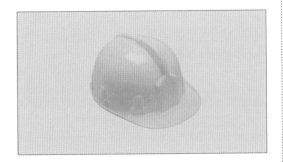

[동영상 설명] 화면은 개인 보호구인 안전모의 성능시험을 하는 장면이다.

[해답] ① 내관통성 시험
② 충격흡수성 시험
③ 내전압성 시험
④ 내수성 시험
⑤ 난연성 시험
⑥ 턱끈 풀림 시험

07 화면을 보고, 밀폐공간에서의 작업 시 다음 물음에 답하시오.

(1) 밀폐공간에서 작업하기 전 반드시 확인해야 할 2가지 안전조치를 쓰시오.
(2) 방진마스크와 같은 개인 보호구 외에 추가로 착용해야 할 보호구 2가지를 쓰시오.

[동영상 설명] 화면은 밀폐공간에서 작업자가 보호구를 착용한 채 작업하고 있는 장면이다.

[해답] (1) ① 산소농도를 측정하여 18% 이상인지 확인한다.
② 유해가스 농도를 측정하여 허용 기준값을 초과하지 않는지 확인한다.
(2) ① 안전모
② 안전대

08 화면을 보고, 전동 권선기 작업 시 재해의 발생유형과 발생원인 3가지를 쓰시오.

동영상 설명 화면은 전동 권선기로 동선을 감는 작업 중, 기계가 갑자기 멈추자 작업자가 보호구를 착용하지 않고 권선기를 점검하다가 감전사고가 발생한 장면이다.

해답 (1) 재해 발생유형 : 감전(전류 접촉)
(2) 발생원인
① 전원을 차단하지 않고 전동 권선기를 점검하였다.
② 절연장갑을 착용하지 않았다.
③ 작업시작 전 전동 권선기를 점검하지 않았다.

09 화면을 보고, 정전작업 완료 후 조치해야 할 사항 3가지를 쓰시오.

동영상 설명 화면은 전봇대 위에서 파손된 애자(전기 절연체) 교체 작업을 보여주는 장면이다.

해답 ① 작업기구와 단락 접지기구 등을 제거하고 전기기기 등이 안전하게 통전될 수 있는지를 확인한다.
② 모든 작업자가 작업이 완료된 전기기기 등에서 떨어져 있는지를 확인한다.
③ 잠금장치와 꼬리표는 설치한 작업자가 직접 철거한다.
④ 모든 이상 유무를 확인한 후 전기기기 등의 전원을 투입한다.
참고 활선작업용 방호구 및 보호구
① 절연용 보호구
② 절연용 방호구
③ 활선작업용 기구
④ 활선작업용 장치

3부

01 화면을 보고, 우려되는 위험요인 3가지를 쓰시오.

동영상 설명 화면은 지게차 주행작업 중 운전자가 지게차 앞에 있는 작업자를 보지 못해 접촉사고가 발생한 장면이다.

해답 ① 화물을 과적하여 운전자의 시야가 가려지므로 사고가 발생할 위험이 있다.
② 화물을 불안정하게 적재하여 화물이 떨어지므로 사고가 발생할 위험이 있다.
③ 작업자가 포크에 올라타는 등 부적절한 행동으로 사고가 발생할 위험이 있다.

02 화면을 보고, 재해의 발생형태와 방지대책을 쓰시오.

동영상 설명 화면은 작업자가 전동 공구를 사용하여 작업하던 중, 감전사고가 발생한 장면이다.

해답 ① 재해의 발생형태 : 감전
② 방지대책 : 정전작업을 실시하고, 절연장갑 등 개인 보호구를 착용한다.

03 밀폐공간 작업 시 관리 감독자의 유해 · 위험 방지를 위한 직무수행 내용 4가지를 쓰시오.

동영상 설명 화면은 작업자가 밀폐공간에서 작업하기 전 산소농도를 측정하는 장면이다.

해답 ① 작업시작 전 작업자가 산소결핍 공기나 유해가스에 노출되지 않도록 작업을 지휘하는 업무
② 작업시작 전 작업장소의 공기가 적절한지 측정하는 업무
③ 작업시작 전 측정장비, 환기장치, 공기호흡기 또는 송기마스크를 점검하는 업무
④ 작업자에게 공기호흡기 또는 송기마스크의 착용을 지도하고, 착용상태를 점검하는 업무

04 화면을 보고, 드릴작업 시 위험요인 2가지를 쓰시오.

동영상 설명 화면은 방호장치가 설치되지 않은 드릴로 구멍을 넓히는 작업 중, 작업자가 보안경 없이 안전모와 면장갑만 착용한 채 공작물을 손으로 잡고 작업하다가 재해가 발생한 장면이다.

해답 ① 보안경을 착용하지 않아 눈 손상의 위험이 있다.
② 면장갑을 착용하고 있어 드릴 회전부에 목장갑이 말려 들어갈 위험이 있다.

05 화면을 보고, 형강 교체작업(정전작업) 완료 후 필요한 조치사항 3가지를 쓰시오.

동영상 설명 화면은 작업자가 전봇대 위에서 형강 교체작업을 하는 장면이다.

해답 ① 단락 접지기구와 작업기구 등을 제거하고 전기기기 등이 안전하게 통전될 수 있는지 확인한다.
② 모든 작업자가 작업이 완료된 전기기기 등에서 떨어져 있는지 확인한다.
③ 잠금장치와 꼬리표는 이를 설치한 작업자가 직접 철거한다.
④ 모든 이상 유무를 확인한 후 전기기기 등의 전원을 투입한다.

06 화면을 보고, 직업병이 우려되는 원인을 쓰고, 장기간 석면에 노출되면 발생할 수 있는 직업병 3가지를 쓰시오.

동영상 설명 화면은 국소배기장치가 설치되지 않은 작업장에서 A 작업자는 주변에 흩어진 석면을 빗자루로 쓸고 있고, B 작업자는 면 마스크를 착용한 채 청소작업을 하고 있는 장면이다.

해답 (1) 원인 : 방진마스크를 착용해야 하는 작업장에서 면 마스크를 착용하고 있다.
(2) 직업병의 종류
① 폐암 ② 석면폐증 ③ 악성중피종

07 고소작업대의 작업시작 전 점검사항 3가지를 쓰시오.

동영상 설명 화면은 고소작업대를 설치하여 작업시작 전 점검하는 장면이다.

해답 ① 비상정지장치 기능의 이상 유무
② 비상하강방지장치 기능의 이상 유무
③ 과부하방지장치의 작동 유무
④ 아웃트리거 또는 바퀴의 이상 유무
⑤ 작업면의 기울기 또는 요철 유무

 08 화면을 보고, 방독마스크에 관하여 다음에 대해 쓰시오.

(1) 보호구의 종류
(2) 방독마스크 정화통의 주성분
(3) 시험 가스의 종류
(4) 방독마스크의 형식

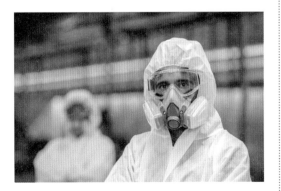

동영상 설명 화면은 염소가스와 같은 유해가스가 발생하는 작업장에서 방독마스크와 보호복을 착용한 작업자의 모습을 보여주는 장면이다.

해답 (1) 할로겐가스용 방독마스크
(2) 활성탄, 소다라임
(3) 염소가스
(4) 전면형 격리식

09 화면을 보고, 높은 곳에서 작업할 때 사용하는 안전대의 명칭을 쓰시오.

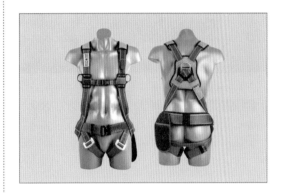

동영상 설명 화면은 추락 시 작업자가 받는 하중을 신체에 고르게 분산시킬 수 있는 구조의 안전대를 보여주는 장면이다.

해답 안전그네

>>> 제3회 <<<

─── 1부 ───

01 화면을 보고, 재해원인과 재해 방지대책을 쓰시오.

동영상 설명 화면은 회전기계가 작동 중인 상태에서 장갑을 착용하고 기계를 점검하다가 기계에 손이 끼이는 사고가 발생한 장면이다.

해답 ① 재해원인 : 회전기계 전원을 차단하지 않고 점검하였다.
② 재해 방지대책 : 회전기계 점검 시 반드시 전원을 차단하여 기계를 정지시킨 후 점검한다.

참고 끼임점

02 화면을 보고, 사출성형기 작업 중 감전 사고에 관하여 다음에 대해 쓰시오.

(1) 간접접촉에 의한 감전 방지대책
(2) 충전부 직접접촉에 의한 감전 방지대책
(3) 화면에서의 감전 재해의 기인물

동영상 설명 화면은 사출성형기 V형 금형작업 중 감전사고가 발생한 사례를 보여주는 장면이다.

해답 (1) ① 전기 기계·기구의 접지를 실시한다.
② 감전방지용 누전차단기를 설치한다.
③ 절연저항의 주기적인 측정을 통해 점검한다.
(2) ① 작업 전 전원 차단 등 정전작업을 실시한다.
② 노출된 충전부에 대한 방호조치를 취한다.
③ 절연 보호구를 착용한다.
(3) 사출성형기

03 프레스에 금형을 설치할 경우 점검해야 할 사항을 3가지 쓰시오.

동영상 설명 화면은 프레스에 금형을 설치하는 장면이다.

해답 ① 펀치와 다이홀더의 직각도
② 펀치와 싱크홀의 직각도
③ 다이와 펀치, 볼스타의 평행도
④ 펀치와 볼스타의 평행도

04 화면을 보고, 가스용접작업 시 위험요인과 안전대책을 각각 2가지씩 쓰시오.

동영상 설명 화면은 작업자가 보호구를 착용하지 않고 가스용접작업을 하던 중, 바닥에 어지럽게 놓인 철판들 사이에서 짧은 줄을 당기다가 호스가 빠져 가스가 누출되고 불꽃이 튀어 재해가 발생한 장면이다.

해답 (1) 위험요인
① 호스의 접속부에서 호스가 뽑히며 가스가 누설되었다.
② 보호구를 착용하지 않았다.
③ 주변 정리정돈이 불량하여 사고가 발생하였다.
(2) 안전대책
① 호스의 접속부를 철저히 조여 가스 누출을 방지한다.
② 용접용 보안면과 안전장갑 등 개인 보호구를 착용한다.
③ 작업장 주변을 정리정돈하고 청소를 철저히 한다.

05 화면을 보고, 사고 예방을 위한 안전작업대책 2가지를 쓰시오.

동영상 설명 화면은 작업자가 비계에서 추락하는 사고 장면이다. 작업자는 안전모를 착용했지만 안전대를 미착용한 상태로, 발판이 설치되지 않은 강관비계에서 비계를 연결하던 중, 비계가 흔들리면서 추락사고가 발생하였다.

해답 ① 작업 발판을 설치하고 발판 위에서 작업한다.
② 안전대를 반드시 착용한다.

06 흙막이 지보공을 정기적으로 점검하고, 이상을 발견했을 때 즉시 보수해야 할 사항 3가지를 쓰시오.

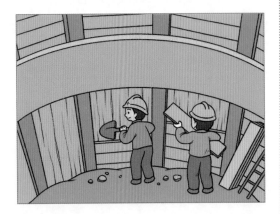

동영상 설명 화면은 작업자가 흙막이 지보공을 설치하는 작업 장면이다.

해답 ① 부재의 손상, 변형, 부식, 변위 및 탈락 유무와 상태
② 침하의 정도와 버팀대 긴압의 정도
③ 부재의 접속부, 부착부 및 교차부의 상태
④ 기둥 침하 유무와 그 상태

07 보호구 안전인증 기준에 따른 차광보안경의 종류를 4가지 쓰시오.

동영상 설명 화면은 유해광선으로부터 눈을 보호하기 위해 사용하는 차광보안경을 보여준다.

해답 ① 자외선용
② 적외선용
③ 복합용
④ 용접용

08 MCCB 패널 차단기에 전원 투입 시 감전사고를 방지하기 위한 대책 3가지를 쓰시오.

동영상 설명 화면은 작업자가 안내 방송을 통해 흘러나오는 지시사항을 제대로 듣지 못하고 차단기 전원을 투입하여 감전사고가 발생한 장면이다.

해답 ① 작업 전 반드시 전원을 차단하고, 작업구역에 잠금장치와 표지판을 부착하여 다른 사람이 전원을 투입하지 않도록 한다.
② 전원 투입 전, 회로의 전압을 테스터기로 측정하여 잔류 전기가 남아있지 않은지 확인한다.
③ 절연용 장갑 및 절연화 같은 개인 보호구를 착용하여 감전 위험을 줄인다.
④ 작업자는 반드시 전기 작업에 대한 사전 교육을 받고, 작업 중에는 정확한 절차를 따라야 한다.

09 화면을 보고, 재해의 발생형태와 발생원인 2가지를 쓰고, 기인물과 가해물을 쓰시오.

동영상 설명 화면은 아파트 창틀에서 A 작업자가 B 작업자에게 작업 발판을 건네주던 중, B 작업자가 이동하다가 발을 헛디뎌 작업장 바닥으로 추락하는 사고가 발생한 장면이다.

해답 (1) 재해 발생형태 : 떨어짐(추락)
(2) 발생원인
　① 안전난간을 설치하지 않았다.
　② 추락 방호망을 설치하지 않았다.
　③ 작업자가 안전대를 착용하지 않았다.
(3) 기인물 : 작업 발판
(4) 가해물 : 바닥

2부

01 안전인증 대상 안전모의 시험 성능 기준을 6가지 쓰시오.

동영상 설명 화면은 건설 현장에서 개인 보호구인 안전모를 착용한 작업자의 모습을 보여주는 장면이다.

해답 ① 내관통성
② 충격 흡수성
③ 내전압성
④ 내수성
⑤ 난연성
⑥ 턱끈 풀림

참고 ① 내관통성 : AE, ABE종은 관통거리가 9.5mm 이하, AB종은 11mm 이하이어야 한다.
② 충격 흡수성 : AB, AE, ABE종의 전달 충격력은 4450N 미만이어야 한다.
③ 내전압성 : AE, ABE종은 교류 20kV에서 1분간 절연파괴 없이 견뎌야 하며, 누설 전류는 10mA 이하이어야 한다.
④ 내수성 : AE, ABE종은 질량 증가율이 1% 미만이어야 한다.
⑤ 난연성 : AB, AE, ABE종은 본체가 불꽃을 내며 5초 이상 연소되지 않아야 한다.
⑥ 턱끈 풀림 : AB1, AE1, ABE종은 150N 이상 250N 이하의 힘에서 턱끈이 풀려야 한다.

02 기계의 덮개(커버)를 열면 작동이 자동으로 정지된다. 이 슬라이스 기계의 방호장치는 무엇인지 쓰시오.

동영상 설명 화면은 무채를 써는 슬라이스 기계를 보여주는 장면이다.

해답 인터록 장치

03 화면을 보고, 예상되는 재해와 방지대책을 쓰시오.

동영상 설명 화면은 고압 변전설비 주변에서 작업자들이 공놀이를 하던 중, 변압기 상단에 올라간 공을 꺼내려다 감전사고가 발생한 장면이다.

해답 (1) 예상되는 재해 : 감전(전류 접촉)
(2) 재해 방지대책
① 고압변전설비 주변에서 공놀이를 금지한다.
② 전기의 위험성에 대한 안전교육을 실시한다.
③ 전원을 차단한 후 유자격자인 담당 직원이 변압기 상단의 공을 제거한다.
④ 변전설비에 관계자 외 출입금지를 위한 잠금장치 설치 및 위험 안내표지를 부착한다.

04 밀폐공간에서 작업 시 재해를 예방하기 위해 실시하는 불활성화(퍼지) 작업의 종류 4가지를 쓰시오.

동영상 설명 화면은 작업자가 밀폐공간에서 청소작업을 하던 중, 질식하는 재해가 발생한 장면이다.

해답 ① 진공 퍼지
② 압력 퍼지
③ 스위프 퍼지
④ 사이폰 퍼지

05 방진마스크의 여과재 분진 포집 효율을 등급별로 구분하고, 염화나트륨(NaCl) 및 파라핀 오일(paraffin oil) 시험의 포집 효율 (%)을 쓰시오.

동영상 설명 화면은 작업장에서 방진마스크를 쓰고 있는 작업자의 모습이다.

해답 ① 특급 : 99.95% 이상
② 1급 : 94.0% 이상
③ 2급 : 80.0% 이상

06 화면을 보고, 드릴작업 시 위험요인과 안전대책을 각각 2가지씩 쓰시오.

동영상 설명 화면은 작업자가 손으로 공작물을 잡고 드릴작업을 하던 중, 공작물이 튀어 재해가 발생한 장면이다.

해답 (1) 위험요인
공작물을 손으로 잡고 드릴작업을 하여 사고가 발생할 위험이 있다.
(2) 안전대책
① 공작물을 바이스나 지그 등으로 고정한 후 드릴작업을 해야 한다.
② 작업 중 보호구(안전장갑, 보안경 등)를 착용해야 한다.

07 화면을 보고, 이동식 크레인 작업 시 운전자의 안전조치사항 3가지를 쓰시오.

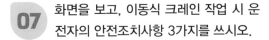

동영상 설명 화면은 이동식 크레인으로 비계를 운반하던 중, 시스템 비계를 내리는 과정에서 비계가 흔들려 아래에 있던 작업자와 충돌하는 사고가 발생한 장면이다.

해답 ① 인양 중인 하물이 작업자의 머리 위를 통과하지 않도록 한다.
② 운전자는 작업 중 운전석을 이탈하지 않도록 한다.
③ 이동식 크레인의 지브(jib)와 인양물이 부딪치지 않도록 주의한다.

08 화면을 보고, 천장 크레인 작업 시 천장 크레인의 방호장치 3가지와 안전검사 주기를 쓰시오.

> **동영상 설명** 화면은 천장 크레인을 이용하여 강관을 트럭 위로 옮기던 중, 강관이 떨어져 트럭 위에 있던 작업자가 깔리는 사고가 발생한 장면이다.

해답 (1) 방호장치
① 과부하방지장치
② 권과방지장치
③ 비상정지장치
④ 제동장치
(2) 안전검사 주기 : 크레인은 설치 완료일로부터 3년 이내에 최초 안전검사를 실시하며, 그 이후에는 2년마다 안전검사를 실시해야 한다. 단, 건설 현장에서 사용하는 크레인은 설치일로부터 6개월마다 안전검사를 받아야 한다.

09 화면을 보고, 유기화합물을 취급하는 작업자의 눈, 손, 피부(몸)에 필요한 보호구를 쓰시오.

> **동영상 설명** 화면은 작업자가 보호구를 착용하지 않고 변압기의 양쪽에 나와 있는 선을 양손으로 든 다음, 유기화합물통에 넣었다 빼서 옆 작업대에 올리는 작업 장면이다.

해답 ① 눈 : 보안경
② 손 : 화학물질용 안전장갑
③ 피부(몸) : 불침투성 보호복

참고 호흡기 보호구
① 방진마스크
② 방독마스크
③ 송기마스크

━━━ **3부** ━━━

01 화면을 보고, 화물트럭 운반작업 지휘자의 직무를 3가지 쓰시오.

동영상 설명 화면은 화물트럭으로 배관을 운반하는 작업을 보여주는 장면이다.

해답 ① 작업방법을 결정하고 작업을 지휘한다.
② 작업에 사용하는 기계와 기구를 미리 점검한다.
③ 작업반경 내에 관계자 외 출입을 금지하는 조치를 취한다.

02 화면을 보고, 재해를 방지하기 위한 안전대책 2가지를 쓰시오.

동영상 설명 화면은 작업자가 젖은 바닥에서 전동 공구를 사용하여 작업하던 중, 감전사고가 발생한 장면이다.

해답 ① 전선 피복의 손상 여부와 배선 절연상태를 확인한다.
② 작업 전 주변의 위험요소를 파악하고 적절한 안전조치를 실시한다.

03 석면을 취급하는 작업 시 준수해야 할 안전작업수칙 4가지를 쓰시오.

동영상 설명 화면은 석면 작업장이 다른 작업장과 격리되지 않아 석면이 흩날리는 상황에서, 작업자가 담배를 피우거나 음식물을 섭취하며 석면 취급작업을 하는 장면이다.

해답 ① 국소배기장치를 설치한다.
② 석면 작업장을 다른 작업장과 격리한다.
③ 석면이 흩날리지 않도록 습기를 유지한다.
④ 석면을 사용하는 설비는 밀폐된 장소에 설치한다.
⑤ 작업자는 담배를 피우거나 음식물을 섭취하지 않도록 한다.
⑥ 작업자는 방진마스크를 착용한다.

04 VDT 작업 시 발생할 수 있는 위험요인 3가지를 쓰시오.

> 동영상 설명 화면은 VDT(영상표시 단말기) 작업 중 컴퓨터를 사용할 때의 올바른 자세와 잘못된 자세를 비교해서 보여주는 장면이다.

해답 ① 불안전한 자세
② 반복된 작업
③ 고정된 자세

05 8자형 링과 카라비너가 있는 안전대의 종류와 부속품의 명칭을 쓰시오.

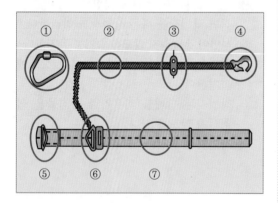

> 동영상 설명 화면은 안전대의 부속품들을 나타내는 그림이다.

해답 (1) 안전대의 종류 : 1줄 걸이용 안전대
(2) 안전대 부속품의 명칭
① 카라비너 ② 죔줄 ③ 8자형 링
④ 훅 ⑤ 버클 ⑥ D링 ⑦ 벨트

06 화면을 보고, 지게차 운전 시 위험요인 3가지를 쓰시오.

> 동영상 설명 화면은 작업자가 신호자의 신호를 보지 못한 채 지게차를 운전하여, 신호자가 지게차에서 굴러떨어지는 사고가 발생한 장면이다. 신호자는 화물 위에 올라타서 화물을 들어 올리라는 신호를 보냈으나, 시야가 가려진 작업자는 이를 보지 못한 채 지게차를 운전하여 지게차 뒷바퀴가 장애물에 걸리면서 사고가 발생하였다.

해답 ① 지게차 운전자 외에 탑승을 금지해야 하지만, 신호자가 포크에 올라탄 채 지게차를 운행하였다.
② 화물이 지게차 운전자의 시야를 가리고 있다.
③ 지게차의 뒷바퀴가 장애물에 걸려 불안정한 상태였다.

07 산소농도 18%를 초과하는 옥내 작업장에서 유기용제의 증기 발산원을 밀폐하거나, 국소배기장치를 설치하지 않은 상태에서 작업을 진행할 경우 착용해야 하는 호흡용 개인 보호구를 쓰시오.

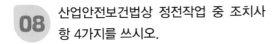
동영상 설명 화면은 방독마스크를 착용한 작업자의 모습을 보여주는 장면이다.

해답 유기화합물용 방독마스크(갈색)

08 산업안전보건법상 정전작업 중 조치사항 4가지를 쓰시오.

동영상 설명 화면은 2만 볼트의 고압이 인가된 배전반에서 작업자가 헐거워진 볼트를 조이던 중, 감전사고가 발생한 장면이다.

해답 ① 작업 지휘자의 감독 아래 작업을 수행한다.
② 개폐기의 상태를 관리한다.
③ 단락 접지상태를 확인한다.
④ 근접 활선에 대한 방호조치를 관리한다.

09 프레스 금형 설치 및 조정작업 시 준수해야 할 안전수칙 3가지를 쓰시오.

동영상 설명 화면은 작업자가 프레스로 철판 절곡작업을 하는 장면이다.

해답 ① 금형을 부착하기 전에 하사점을 정확히 확인한다.
② 금형 체결 시 올바른 치공구를 사용하고, 균등하게 체결한다.
③ 금형 설치 시 하형(아래쪽 금형)부터 잡고, 무거운 금형은 인력으로 받치지 않는다.
④ 슬라이드의 갑작스러운 하강을 방지하기 위해 안전블록을 설치한다.

기출문제를
재구성한 **작업형 실전문제 7**

>>> **제1회** <<<

시간: 1시간 정도

─────── **1부** ───────

01 화면을 보고, 용접작업 시 존재하는 위험요인 3가지를 쓰시오.

[동영상 설명] 화면은 주변에 인화성 물질이 담긴 드럼통이 놓여 있고, 정리정돈과 청소가 불량한 상태에서 작업자가 개인 보호구를 착용한 채 혼자 피복아크용접작업을 하던 중, 불꽃이 주변으로 튀는 장면이다.

[해답] ① 인화성 물질에 대한 방호조치를 하지 않았다.
② 용접 불꽃 및 불티에 대한 비산 방지조치를 하지 않았다.
③ 용접 시 발생하는 유해가스를 제거하기 위한 환기조치를 하지 않았다.

02 화면을 보고, 양수기 수리작업 시 재해 발생 위험요인 3가지를 쓰시오.

[동영상 설명] 화면은 작업자가 전원을 차단하지 않은 상태에서 양수기를 수리하던 중, 다른 작업자와 잡담을 나누며 수공구를 던져주려는 순간, 벨트에 손이 말려 들어가는 사고가 발생한 장면이다.

[해답] ① 작업자가 잡담을 나누며 작업에 집중하지 못해 벨트에 손이 말려 들어갈 위험이 있다.
② 회전하는 벨트에 손이나 작업복이 말려 들어갈 위험이 있다.
③ 잡담을 나누며 수공구를 던지다가 수공구가 양수기에 말려 들어갈 위험이 있다.
④ 작업자가 양수기 위에서 손이 미끄러져 손이 벨트에 말려 들어갈 위험이 있다.

03 화면을 보고, 프레스 금형 교체작업 시 위험요인 3가지를 쓰시오.

동영상 설명 화면은 작업자가 프레스 금형 교체 작업을 하고 있는 장면이다.

해답 ① 프레스 운전을 정지한 후 작업하고, 기동장치의 열쇠를 별도로 관리하며, '작업 중' 표지판을 설치해야 하지만 이행하지 않았다.
② 슬라이드의 갑작스러운 하강을 방지하기 위한 안전블록을 설치하지 않았다.
③ 금형 사이에 안전망을 설치하지 않았다.

04 화면을 보고, 재해 발생원인을 간접접촉에 의한 감전과 직접접촉에 의한 감전으로 분류하여 각각 3가지씩 쓰시오.

동영상 설명 화면은 작업자가 사출성형기의 금형을 맨손으로 청소하다가 감전사고가 발생한 장면이다.

해답 (1) 간접접촉에 의한 감전
① 전기기계 및 기구의 접지를 실시하지 않았다.
② 감전 방지용 누전차단기를 설치하지 않았다.
③ 주기적으로 절연저항을 측정하지 않았다.
(2) 직접접촉에 의한 감전
① 작업 전 전원 차단 등 정전작업을 하지 않았다.
② 노출된 충전부에 대한 방호조치를 하지 않았다.
③ 절연용 보호구를 착용하지 않았다.

05 자율안전확인 대상 보안경의 종류 3가지를 쓰시오.

동영상 설명 화면은 작업자가 유해광선에 의한 시력장해의 우려가 있는 장소에서 작업하는 장면이다.

해답 ① 유리 보안경
② 플라스틱 보안경
③ 도수렌즈 보안경

06 흙막이 지보공 설치작업 시 안전조치사항 3가지를 쓰시오.

동영상 설명 화면은 작업자가 흙막이 지보공 설치작업을 하는 장면이다.

해답 ① 굴착 배면에 배수로를 설치한다.
② 지하 매설물에 대하여 철저한 조사를 실시한다.
③ 조립도를 작성하고 작업순서를 준수한다.
④ 흙막이 지보공에 대한 철저한 조사 및 점검을 한다.

07 조립식 틀비계 조립 시 준수해야 할 사항 4가지를 쓰시오.

동영상 설명 화면은 작업자가 조립식 틀비계 위에서 틀비계를 조립하는 장면이다.

해답 ① 밑둥에는 밑받침 철물을 사용하며, 조절형 밑받침 철물을 통해 항상 수평과 수직을 유지한다.
② 벽이음 간격은 수직 방향으로 6 m, 수평 방향으로 8 m 이내마다 한다.
③ 길이가 띠장 방향으로 4 m 이하이고 높이가 10 m를 초과하는 경우, 10 m 이내마다 띠장 방향으로 버팀기둥을 설치한다.
④ 높이 20 m를 초과하거나 중량물을 적재할 경우, 주틀 간의 간격을 1.8 m 이하로 한다.
⑤ 주틀 간에 교차 가새를 설치하며, 최상층 및 5층 이내마다 수평재를 설치한다.

08 화면을 보고, 고압선 아래에서 항타기·항발기 작업 시 재해 발생의 직접적 원인 2가지와 사업주의 감전 예방조치사항 3가지를 쓰시오.

동영상 설명 화면은 고압선 아래에서 이동식 크레인 또는 항타기·항발기를 이용하여 작업하던 중, 붐대가 고압선에 닿아 감전사고가 발생한 장면이다.

해답 (1) 재해 발생의 직접적 원인

① 충전 전로에 대한 접근 한계거리를 300 cm 이상 유지하지 않았다.

② 충전 전로에 절연용 방호구를 설치하지 않았다.

(2) 사업주의 감전 예방조치사항

① 이동식 크레인 등을 충전 전로의 충전부로부터 300 cm 이상 이격시키되, 대지 전압이 50 kV를 넘는 경우, 10 kV 증가할 때마다 이격거리를 10 cm씩 증가시킨다.

② 노출된 충전부에 절연용 방호구를 설치하고 충전부를 절연, 격리한다.

③ 울타리를 설치하거나 감시인을 배치하여 작업을 감시한다.

④ 접지 등 충전 전로와 접촉할 우려가 있는 경우, 작업자가 접지점에 접촉되지 않도록 한다.

09 화면을 보고, 컴퓨터 작업 장면에서 잘못된 상황 3가지를 쓰시오.

동영상 설명 화면은 작업자가 의자에 앉아 컴퓨터 작업을 하는 장면이다.

해답 ① 키보드가 조작하기 편한 위치에 놓여 있지 않다.

② 의자의 등받이가 작업자의 등을 충분히 지지하지 못하고 있다.

③ 모니터가 시야에 맞게 조정되어 있지 않다.

참고 컴퓨터 작업자의 작업 자세

① 시선 : 수평면 아래 10~15°

② 팔뚝과 위팔의 각도 : 90° 이상

③ 무릎 굽힘 각도 : 90° 정도

2부

01 화면을 보고 정전작업 시작 전, 작업 중, 작업 완료 후의 조치사항을 각각 3가지씩 쓰시오.

[동영상 설명] 화면은 정전전로에서 개로하고 해당 전로의 수리작업을 하는 장면이다.

[해답] (1) 정전작업 시작 전
① 개로 개폐기의 시건장치 또는 표시를 확실히 한다.
② 전로의 충전 여부를 검전기를 통해 확인한다.
③ 전력용 커패시터, 전력 케이블 등 잔류 전하를 방전시킨다.
④ 작업 지휘자가 작업자들에게 작업내용을 충분히 주지시킨다.
(2) 작업 중
① 작업 지휘자의 지시에 따라 작업한다.
② 개폐기를 철저히 관리한다.
③ 단락 접지상태를 확인한다.
④ 근접 활선에 대한 방호조치를 철저히 관리한다.
(3) 작업 완료 후
① 작업기기 및 기구, 단락 접지기구 등을 제거하고 안전하게 통전이 이루어지는지 확인한다.
② 작업이 완료된 전기기기에서 모든 작업자가 안전하게 떨어져 있는지 확인한다.
③ 잠금장치와 꼬리표는 설치한 근로자가 직접 철거한다.
④ 모든 이상 유무를 확인한 후 전기기기 등의 전원을 투입한다.

02 화면을 보고, 드릴링머신 작업 시 위험 방지대책 3가지를 쓰시오.

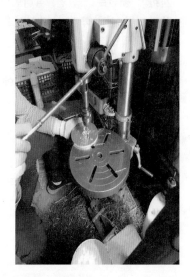

[동영상 설명] 화면은 작업자가 드릴링머신을 이용하여 구멍을 뚫는 장면이다. 작업자는 안전모와 보안경을 착용하지 않은 상태에서 면장갑을 착용한 손으로 공작물을 잡고 작업을 진행하고 있다.

[해답] ① 안전모와 보안경을 착용한다.
② 공작물은 바이스, 클램프, 지그 등을 사용하여 고정한다.
③ 공작물은 작은 드릴로 구멍을 뚫은 후, 큰 드릴로 큰 구멍을 뚫는다.
④ 면장갑을 착용하지 않는다.
⑤ 회전 부위에 덮개를 설치한다.

03 화면을 보고, 무채 슬라이스 기계 작업 시 위험점과 그 정의를 쓰시오.

동영상 설명 화면은 김치 제조공장에서 무채를 썰던 중, 기계가 멈추자 작업자가 이를 점검하다가 기계가 갑자기 작동하여 사고가 발생한 장면이다.

해답 ① 위험점 : 절단점
② 절단점의 정의 : 회전운동을 하는 부분 자체의 위험이나 운동하는 기계 부분 자체의 위험에서 발생하는 위험점

04 다음과 같은 가스를 이용하여 작업할 때 퍼지(불활성화)를 실시하는 목적을 쓰시오.

(1) 가연성가스 및 지연성가스
(2) 독성가스
(3) 불활성가스

동영상 설명 화면은 밀폐된 지하 화학약품 저장소에서 퍼지하는 장면이다.

해답 (1) 화재 및 폭발사고를 예방한다.
(2) 중독사고를 예방한다.
(3) 산소결핍을 예방한다.

05 화면을 보고, 이동식 크레인 작업에 내재되어 있는 위험요인 3가지를 쓰시오.

동영상 설명 화면은 이동식 크레인으로 화물을 운반하는 장면이다. 화물 앞쪽에 강구조물이 적재되어 있고, 신호수가 화물이 이동하는 경로 앞에서 신호를 보내고 있다.

해답 ① 신호수가 화물과 충돌할 위험이 있다.
② 이동 경로에 강구조물이 적재되어 있어 화물과 충돌할 위험이 있다.
③ 로프 고정이 불량하여 화물이 떨어질 위험이 있다.

06 안전인증 대상에 포함되는 안전모의 종류를 쓰시오.

동영상 설명 화면은 개인 보호구인 안전모를 보여주는 장면이다.

해답 ① AE형
② AB형
③ ABE형

07 방진마스크의 여과재에 따른 분진 등의 포집 효율을 안면부 여과식 등급별로 구분하고, 염화나트륨(NaCl) 및 파라핀 오일 시험의 포집 효율(%)을 쓰시오.

동영상 설명 화면은 작업자가 방진마스크를 착용한 장면이다.

해답 ① 특급 : 99.0% 이상
② 1급 : 94.0% 이상
③ 2급 : 80.0% 이상

08 화면을 보고, 섬유기계를 청소할 때 착용해야 할 보호구를 쓰시오.

동영상 설명 화면은 작업자가 섬유공장에서 실 감는 기계를 청소하는 장면으로, 면장갑만 착용한 채 보호구 없이 손걸레로 먼지를 닦고 있다.

해답 ① 보안경(차광용, 비산물 위험 방지용)
② 귀마개
③ 귀덮개
④ 방진마스크
참고 (1) 귀마개(EP)
① 1종 : EP-1
② 2종 : EP-2
(2) 귀덮개(EM)

09 화면을 보고, 습윤한 장소에서 이동 전선을 사용할 때 점검해야 할 사항 3가지를 쓰시오.

동영상 설명 화면은 작업자가 단무지 작업장에서 무릎 높이까지 물이 찬 상태로 펌프를 작동하던 중, 감전사고가 발생한 장면이다.

해답 ① 접속 부위의 절연상태 점검
② 전선 피복의 손상 유무 확인
③ 전선의 절연저항 측정
④ 감전 방지용 누전차단기 설치 여부 확인

━━━━ 3부 ━━━━

01 화면을 보고, 컨베이어 작업 시 재해요인 2가지와 재해발생 시 조치사항을 쓰시오.

동영상 설명 화면은 경사용 컨베이어가 작동 중인 상태에서 작업자 2명이 포대를 올리는 작업 장면이다. 아래쪽 작업자가 포대를 올리고, 위쪽 작업자가 위치를 정리하던 중, 삐뚤게 놓인 포대에 발을 부딪혀 작업자가 넘어지면서 기계 하단 롤러에 팔이 말려 들어가는 사고가 발생하였다.

해답 (1) 재해 요인
① 덮개 또는 울과 같은 안전장치가 설치되지 않았다.
② 작업자가 위험한 위치에 있다.
(2) 재해 발생 시 조치사항 : 컨베이어의 비상정지장치를 작동시킨다.

02 화면을 보고, 프레스 작업 시 재해를 예방하기 위한 조치사항 2가지를 쓰시오.

동영상 설명 화면은 A 작업자가 프레스 작업 중 몸을 기울여 손으로 이물질을 제거하던 중, B 작업자가 실수로 페달을 밟아 A 작업자의 머리와 손이 다치는 사고가 발생한 장면이다.

해답 ① 게이트 가드식 등의 안전장치를 설치하여 사전에 사고를 예방한다.
② 프레스 페달에 U자형 덮개를 씌운다.

03 화면을 보고, 내열 원단의 시험성능 기준을 항목별로 구분하여 5가지 쓰고, 간단히 설명하시오.

동영상 설명 화면은 개인 보호구인 방열복 착용 상태를 보여주는 장면이다.

해답 ① 난연성 : 잔염 및 잔진 시간이 2초 미만이고, 녹거나 떨어지지 않으며 탄화 길이가 102mm 이내일 것
② 절연저항 : 표면과 이면의 절연저항이 1MΩ 이상일 것
③ 인장강도 : 가로, 세로 방향으로 각각 25kgf 이상일 것
④ 내열성 : 균열이나 부풀음이 없을 것
⑤ 내한성 : 피복이 벗겨지거나 떨어지지 않을 것

04 누전차단기를 설치해야 하는 장소와 설치대상 기준 3가지를 쓰시오.

동영상 설명 화면은 작업자가 테스터기로 누전차단기 전압을 측정하는 장면이다.

해답 (1) 설치해야 하는 장소
① 임시 배선의 전로가 설치되는 장소
② 누전 시 전기적 사고를 방지하기 위한 목적이 있는 장소
(2) 설치대상 기준
① 대지 전압 150V를 초과하는 전기기계·기구가 노출된 금속체
② 전기기계·기구의 금속제 외함, 금속제 외피 및 철제 구조물
③ 고압 이상의 전기를 사용하는 전기기계·기구 주변의 금속제 칸막이

05 항타기 및 항발기 작업에 사용되는 권상용 와이어로프의 최소 안전계수를 쓰고, 인양하는 말뚝의 최대 사용하중이 2t일 때, 와이어로프의 절단하중을 구하시오.

동영상 설명 화면은 항타기 및 항발기를 이용한 작업을 보여주는 장면이다.

풀이 안전계수$=\dfrac{\text{절단하중}}{\text{최대 사용하중}}$이므로

절단하중$=$안전계수$\times$최대 사용하중
$$=5\times2=10\,t$$

해답 ① 최소 안전계수 : 5
② 절단하중 : 10t

06 화면을 보고, 유해물질을 취급할 때 작업장 바닥에 대해 취해야 할 조치사항 2가지를 쓰시오.

동영상 설명 화면은 유해물질을 취급하는 작업장의 바닥상태를 점검하는 장면이다.

해답 ① 작업장의 바닥을 불침투성 재료로 마감해야 한다.
② 점화원이 될 수 있는 정전기 등을 방지할 수 있도록 조치해야 한다.

07 화면을 보고, 특수 화학설비의 이상상태를 조기에 파악하기 위해 설치해야 할 방호장치 4가지를 쓰시오.

동영상 설명 화면은 특수 화학설비를 설치할 때 내부의 이상상태를 조기에 파악하기 위해 계측장치를 설치한 장면이다.

해답 ① 계측기기(온도계, 압력계, 유량계 등)
② 자동경보장치
③ 긴급차단장치
④ 예비 동력원

08 화면을 보고, 배전반 작업 중 발생할 수 있는 재해의 발생유형과 그 정의를 쓰시오.

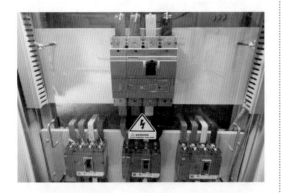

동영상 설명 화면은 1만 볼트의 고압이 인가된 배전반 작업 중 실수로 활선 전로에 접촉되어 감전사고가 발생한 장면이다.

해답 ① 재해의 발생 유형 : 감전(전류 접촉)
② 감전의 정의 : 인체의 전체 또는 일부에 전류가 흐르는 현상

참고 배전반 패널작업 시 안전수칙
① 작업 전에 정전작업을 실시한다.
② 안전장갑 등 개인 보호구를 착용한다.
③ 관계자 외에는 전기 기계·기구의 조작을 금지한다.

09 프레스 작동 후 작업점까지 도달한 시간이 0.3초일 때, 위험한계로부터 양수조작식 방호장치의 최단 설치거리를 구하시오. (단, 단위는 cm로 쓰시오.)

동영상 설명 화면은 양수조작식 방호장치가 설치된 프레스를 보여주는 장면이다.

풀이 안전거리 $D_m = 1.6 T_m = 1.6 \times 0.3$
$= 0.48\,m = 48\,cm$

해답 48 cm

1부

01 화면을 보고, 사출성형기에서 이물질을 제거할 때 위험요인과 안전작업방법을 각각 3가지씩 쓰고, 기인물과 가해물을 구분하여 쓰시오.

[동영상 설명] 화면은 작업자가 사출성형기 작업을 하던 중, 기계가 멈추자 내부를 들여다보며 금형에 끼인 이물질을 손으로 제거하려다 감전사고가 발생한 장면이다.

[해답] (1) 위험요인
　① 사출성형기의 전원을 차단하지 않고 이물질을 제거하였다.
　② 감전 우려가 있는 부위에 방호 덮개를 설치하지 않았다.
　③ 방호 덮개를 개방할 때 전원이 차단되는 인터록 장치를 설치하지 않았다.
　④ 이물질 제거 시 전용 공구를 사용하지 않고 손으로 제거하였다.
(2) 안전작업방법
　① 전원을 차단하여 사출성형기를 정지시킨 후 이물질을 제거한다.
　② 감전 우려가 있는 부위에 방호 덮개를 설치한다.
　③ 방호 덮개를 개방할 때 전원이 차단되는 인터록 장치를 설치한다.
　④ 이물질 제거 시 전용 공구를 사용하여 제거한다.
(3) 기인물 : 사출성형기
(4) 가해물 : 감전

02 화면을 보고, 이동식 크레인 작업 시 위험요인 2가지를 쓰시오.

[동영상 설명] 화면은 이동식 크레인을 이용하여 화물 인양작업을 하던 중, 신호수가 물체 아래에서 수신호를 보내며 보조로프 없이 작업이 진행되는 장면이다.

[해답] ① 신호수가 물체 아래에서 수신호를 하고 있어 물체가 추락할 때 위험에 노출될 수 있다.
② 보조로프가 설치되지 않아 물체가 흔들리거나 회전할 때 제어하기 어렵다.

03 화면을 보고, 사출성형기 작업 시 재해 발생유형과 원인 2가지를 쓰시오.

동영상 설명 화면은 A 작업자가 전원을 차단하지 않고 맨손으로 사출성형기 작업을 하던 중, B 작업자가 사출성형기를 작동하면서 A 작업자가 충전부에 접촉하여 감전사고가 발생한 장면이다.

해답 (1) 재해의 발생유형 : 감전
 (2) 재해 발생원인
  ① 작업 전 정전작업을 실시하지 않았다.
  ② 절연장갑 등 개인 보호구를 착용하지 않았다.

04 화면을 보고, 지게차 운전자의 흡연과 관련하여 다음 물음에 답하시오.

(1) 발화의 위험요인과 그로 인한 결과를 쓰시오.
(2) 담뱃불에 해당하는 발화형태를 쓰시오.

동영상 설명 화면은 지게차 운전자가 주유소에서 흡연을 하며 경유를 주입하던 중, 발화가 발생한 장면이다.

해답 (1) ① 위험요인 : 주유소에서 흡연을 하여 화재가 발생할 위험이 있다.
  ② 결과 : 화재 · 폭발위험이 있다.
 (2) 발화형태 : 나화

05 가설 통로를 설치할 때 준수해야 할 기준 4가지를 쓰시오.

동영상 설명 화면은 작업자가 가설 통로를 이동하는 장면이다.

해답 ① 견고한 구조로 할 것
 ② 경사각은 30° 이하로 할 것
 ③ 경사로의 폭은 90cm 이상으로 할 것
 ④ 경사각이 15° 이상이면 미끄러지지 않는 구조로 할 것
 ⑤ 높이 8m 이상인 다리에는 7m 이내마다 계단참을 설치할 것
 ⑥ 수직갱에 가설된 통로의 길이가 15m 이상이면 10m 이내마다 계단참을 설치할 것

06 화면을 보고, 재해의 발생원인과 안전대책을 각각 2가지씩 쓰시오.

[동영상 설명] 화면은 여러 명의 작업자가 철골작업을 하던 중, 한 작업자가 공장 지붕의 철골 위에서 패널 설치작업을 하다가 바닥으로 추락하는 사고가 발생한 장면이다.

[해답] (1) 재해 발생원인
① 추락 방호망을 설치하지 않았다.
② 안전대 부착설비를 설치하지 않았고, 작업자가 안전대를 착용하지 않았다.
(2) 안전대책
① 추락 방호망을 설치한다.
② 안전대 부착설비를 설치하고 작업자는 안전대를 착용한다.

07 용접용 보안면의 성능기준에 따른 시험방법 5가지를 쓰시오.

[동영상 설명] 화면은 작업자가 용접 중 발생하는 유해한 자외선과 가시광선, 열에 의한 화상과 용접 파편의 위험을 방지하기 위해 개인 보호구를 착용하고 작업하는 장면이다.

[해답] ① 절연 시험
② 내식성 시험
③ 굴절력 시험
④ 투과율 시험
⑤ 시감투과율 차이 시험
⑥ 내충격성 시험

08 화면을 보고, 활선작업 시 발생할 수 있는 위험요인 3가지를 쓰시오.

[동영상 설명] 화면은 A 작업자가 전봇대 위에서 활선작업을 하던 중, B 작업자로부터 절연용 방호구를 받아 설치하는 과정에서 감전사고가 발생한 장면이다.

[해답] ① 작업자가 활선에 대한 안전확인을 소홀히 하였다.
② 작업자가 절연복을 착용하지 않았다.
③ 작업자 사이에 의사전달이 원활하게 이루어지지 않았다.

09 프레스 작업 시 급정지기구가 부착되어야 유효한 방호장치와 부착되지 않아도 유효한 방호장치를 각각 2가지씩 쓰시오.

동영상 설명 화면은 급정지기구가 부착되지 않은 프레스를 이용하여 작업자가 금속판에 구멍을 뚫는 장면이다.

해답 (1) 급정지기구가 부착되어야 유효한 방호장치
　　① 양수 조작식 방호장치
　　② 감응식 방호장치
　(2) 급정지기구가 부착되지 않아도 유효한 방호장치
　　① 양수기동식 방호장치
　　② 게이트 가드식 방호장치
　　③ 수인식 방호장치
　　④ 손쳐내기식 방호장치

2부

01 화면을 보고, 거푸집 운반작업과 관련하여 다음을 각각 3가지씩 쓰시오.

(1) 거푸집 운반작업의 위험요인
(2) 안전대책
(3) 관리 감독자의 역할

동영상 설명 화면은 거푸집을 1줄 걸이로 결속하여 크레인으로 운반하던 중, 손상된 와이어로프가 거푸집을 제대로 지탱하지 못해 흔들리다가 로프가 끊어져 작업자가 깔리는 사고가 발생한 장면이다.

해답 (1) 거푸집 운반작업의 위험요인
　　① 1줄 걸이 상태로 잘못된 줄걸이 방법을 사용하였다.
　　② 흔들림 방지를 위한 유도로프를 사용하지 않았다.
　　③ 손상된 와이어로프를 교체하지 않고 사용하였다.
　　④ 훅의 해지장치를 체결하지 않았다.
　　⑤ 작업 반경 내에 관계자 외 출입을 금지하지 않았다.
　(2) 안전대책
　　① 2줄 걸이로 올바른 줄걸이 방법을 사용한다.
　　② 유도로프를 설치하여 거푸집의 흔들림을 방지한다.

③ 와이어로프 상태를 점검하고, 사용 가능한 기준에 맞는 와이어로프를 사용한다.

④ 훅의 해지장치를 체결한다.

⑤ 작업 반경 내에 관계자 외 출입을 금지한다.

⑶ 관리 감독자의 역할

① 작업방법, 작업자 배치, 거푸집 운반 작업을 지휘한다.

② 작업에 사용하는 기구 및 공구의 기능을 점검한다.

③ 작업자들이 안전모 등 안전 보호구를 착용했는지 감시한다.

④ 작업 전 모든 위험요소에 대해 작업자들에게 안전교육을 실시한다.

⑤ 작업환경 및 장비의 이상 여부를 사전에 점검한다.

02 화면을 보고, 슬라이스 기계 작업 시 기인물과 가해물을 쓰시오.

동영상 설명 화면은 작업자가 무채를 써는 슬라이스 기계를 점검하던 중, 기계가 멈추자 이를 점검하다가 갑자기 기계가 작동하여 재해가 발생한 장면이다.

해답 ① 기인물 : 슬라이스 기계

② 가해물 : 슬라이스 기계 칼날

03 화면을 보고, 드릴작업 시 존재하는 위험점과 그 정의를 쓰시오.

동영상 설명 화면은 작업자가 드릴작업 중 손으로 이물질을 제거하려다 손이 말려 들어가는 사고가 발생한 장면이다.

해답 ① 위험점 : 회전 말림점

② 회전 말림점의 정의 : 회전하는 물체에 장갑, 작업복 등이 말려 들어가면서 발생하는 위험점

04 화면에서 보여주는 경보장치의 명칭을 쓰시오.

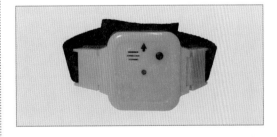

동영상 설명 화면은 작업자가 정전상태를 확인하며 안전하게 작업할 수 있도록 설계된 경보장치를 보여주는 장면이다.

해답 활선접근경보기

05 불활성화(퍼지)를 실시하는 목적 3가지를 쓰시오.

동영상 설명 화면은 밀폐된 공간에서 슬러지 제거작업을 하던 중 질식사고가 발생한 장면이다.

해답 ① 산소결핍을 예방한다(불활성가스 사용).
② 중독사고를 예방한다(독성가스 제거).
③ 화재 및 폭발사고를 예방한다(가연성 및 지연성가스 제거).

06 화면을 보고, 안전인증 대상 안전모의 종류 중 추락위험을 방지하기 위해 사용하는 안전모의 종류를 구분하여 쓰시오.

동영상 설명 화면은 개인 보호구인 안전모를 보여주는 장면이다.

해답 AB형, ABE형

참고 ① AB형 : 물체의 낙하, 비래, 추락에 의한 위험을 방지하거나 경감시키기 위한 안전모로, 비내전압성이다.
② AE형 : 물체의 낙하, 비래에 의한 위험을 방지하거나 경감하며, 머리 부위의 감전 위험을 방지하기 위한 안전모로, 7000 V 이하의 전압에 견디는 내전압성을 가진다.
③ ABE형 : 물체의 낙하, 비래, 추락에 의한 위험을 방지하거나 경감하며, 머리 부위의 감전 위험을 방지하기 위한 안전모로, 7000 V 이하의 전압에 견디는 내전압성을 가진다.

07 화면을 보고, 도장작업 시 방독마스크를 착용할 때 지켜야 할 안전수칙 4가지를 쓰시오.

동영상 설명 화면은 작업자가 방독마스크를 착용한 상태에서 도료와 용제를 사용하여 스프레이건으로 파이프 도장작업을 하는 장면이다.

해답 ① 유해가스에 적합한 흡수관을 사용한다.
② 파과된 흡수관은 절대 사용하지 않는다.
③ 산소가 결핍된 장소에서는 방독마스크를 사용하지 않는다.
④ 방독마스크에 과도하게 의존하지 말고, 기본적인 안전 지식을 갖춘 후 사용한다.

08 화면을 보고, 작업안전수칙 3가지를 쓰시오. 또, 화면에서 발생한 사고가 기계설비의 어떤 위험점에 해당하는지 쓰시오.

동영상 설명 화면은 작업자가 V 벨트 교체작업을 하는 장면이다.

해답 (1) 작업안전수칙
① V 벨트 교체작업 전 반드시 전원을 차단한다.
② V 벨트 교체작업 시 천대장치를 사용하여 안전을 확보한다.
③ 보수작업 중에는 작업 중임을 알리는 안내표지를 부착한다.
(2) 위험점 : 접선 물림점

참고 V 벨트 교체작업 시 천대장치라는 보조장치를 사용하여 벨트를 안전하게 교체한다.

09 밀폐공간에서 작업할 때 발생할 수 있는 위험요인 2가지를 쓰시오.

동영상 설명 화면은 작업자가 밀폐공간에서 핸드그라인더로 작업하던 중, 외부 다른 작업자가 국소배기장치를 건드려 전원 공급이 차단되면서, 산소결핍으로 의식을 잃고 쓰러진 장면이다.

해답 ① 작업 중 유해가스가 발생하거나 산소농도가 부족하여 작업자가 의식을 잃을 수 있다.
② 밀폐공간에서 작업 시 착용해야 하는 보호구를 착용하지 않았다.
③ 국소배기장치의 전원을 공급하는 부분에 잠금장치가 없고, 감시인을 배치하지 않았다.

3부

01 화면을 보고, 드릴링머신의 V 벨트 교체작업 시 준수해야 할 안전수칙 3가지를 쓰시오.

동영상 설명 화면은 작업자가 드릴링머신의 V 벨트 교체작업을 하던 중 다치는 사고가 발생한 장면이다.

해답 ① V 벨트 교체작업을 시작하기 전에 전원을 차단한다.
② 정비 및 수리 중에는 안내 표지를 부착하고 시건 장치를 설치한다.
③ 천대장치를 사용하여 V 벨트를 교체한다.

02 화면을 보고, 작업자가 승강기 개구부로 추락하는 재해의 위험요인과 방지대책을 각각 3가지씩 쓰시오.

동영상 설명 화면은 작업자가 안전모만 착용한 상태로 안전난간이 설치되지 않은 승강기 피트 내부에서 청소를 하던 중, 승강기 개구부로 추락하는 사고가 발생한 장면이다.

해답 (1) 위험요인
① 안전난간이 설치되지 않았다.
② 작업자가 안전대를 착용하지 않았다.
③ 작업 발판이 고정되지 않았다.
④ 추락 방호망을 설치하지 않았다.
(2) 방지대책
① 안전난간을 설치한다.
② 작업자가 안전대를 착용한다.
③ 작업 발판을 고정한다.
④ 추락 방호망을 설치한다.

03 도장작업 시 방독마스크를 착용할 때의 안전수칙 4가지를 쓰시오.

동영상 설명 화면은 작업자가 방독마스크를 착용한 상태에서 도료와 용제를 사용하여 스프레이 건으로 파이프 도장작업을 하는 장면이다.

해답 ① 유해가스에 알맞은 흡수관을 사용한다.
② 파손된 흡수관은 사용하지 않는다.
③ 산소가 결핍된 곳에서는 사용하지 않는다.
④ 방독마스크에 과도하게 의존하지 말고, 기초 지식을 갖추고 사용한다.

04 화면을 보고, 철골작업의 재해방지를 위해 설치하는 방호장치와 철골작업을 중지해야 하는 기상 조건을 쓰시오.

동영상 설명 화면은 작업자가 안전모는 착용했지만, 안전대를 착용하지 않은 상태로 철골 구조물 위에서 볼트 체결작업을 하던 중, 추락하는 장면이다.

해답 (1) 방호장치 : 추락 방호망
(2) 기상 조건
  ① 풍속이 초당 10m 이상인 경우
  ② 강우량이 1시간당 1mm 이상인 경우
  ③ 강설량이 1시간당 1cm 이상인 경우

05 피부 자극성과 부식성 관리대상 유해물질을 취급하는 장소에 비치해야 할 보호구 3가지를 쓰시오.

동영상 설명 화면은 작업자가 DMF 작업장에서 방독마스크, 보호복, 안전장갑을 착용하지 않고 유해물질 DMF 작업을 하는 장면이다.

해답 ① 불투명성 보호장갑
  ② 불투명성 보호복
  ③ 불투명성 보호장화

06 화면을 보고, 작업 발판 설치 중 추락사고의 원인 4가지와 기인물, 가해물을 각각 쓰시오.

동영상 설명 화면은 빌딩 창틀에서 두 작업자가 작업 발판을 설치하던 중, A 작업자가 B 작업자에게 발판을 건네고, B 작업자가 이를 설치하려 이동하다가 추락사고가 발생한 장면이다. 작업 주변이 정리되지 않고 콘크리트 부스러기가 곳곳에 떨어져 있다.

해답 (1) 추락사고의 원인
  ① 작업자가 안전대를 착용하지 않았다.
  ② 추락 방호망이 설치되지 않았다.
  ③ 안전난간이 불량하였다.
  ④ 작업 발판이 불량하였다.
  ⑤ 주변 정리정돈과 청소상태가 불량하였다.
(2) 기인물 : 작업 발판
(3) 가해물 : 땅바닥(지면)

07 화면을 보고, 프레스에 금형을 설치할 때 점검해야 할 사항 3가지를 쓰시오.

동영상 설명 화면은 작업자가 프레스에 금형을 설치하는 장면이다.

해답 ① 펀치와 다이 홀더의 직각도
② 펀치와 싱크 홀의 직각도
③ 다이와 펀치, 볼스타의 평행도
④ 펀치와 볼스타의 평행도

08 화면을 보고, 재해 방지대책 3가지를 쓰시오.

동영상 설명 화면은 간이 칸막이로 구분된 작업장에서 작업자가 동료와 의사소통을 위해 2개의 차단기 중 하나의 전원을 켜던 중, 실수로 다른 차단기의 전원을 켜서 감전사고가 발생한 장면이다.

해답 ① 각 차단기에 해당 회로명을 명확히 표기한다.
② 차단기에 잠금장치와 꼬리표를 부착하고 설치한 작업자가 직접 철거한다.
③ 무전기 등 작업자 간 연락을 원활히 할 수 있는 설비를 설치한다.
④ 작업 전 작업자들에게 전기 안전교육을 실시한다.

09 화면을 보고, 슬라이스 기계의 위험점과 위험요인을 쓰시오.

동영상 설명 화면은 김치 제조공장에서 슬라이스 기계로 무채를 써는 작업 중, 기계가 멈추자 작업자가 슬라이스 부분의 덮개를 열고 고무장갑을 낀 채 무채를 제거하려다 기계가 갑자기 작동하여 사고가 발생한 장면이다.

해답 (1) 위험점 : 절단점
(2) 위험요인
① 인터록 장치가 설치되어 있지 않아 기계가 예기치 않게 작동할 위험이 있다.
② 무채 전용 공구를 사용하지 않고 고무장갑을 낀 손으로 작업하여 재해가 발생할 위험이 있다.
③ 전원을 차단하지 않고 기계를 점검하여 기계가 갑자기 작동할 위험이 있다.

>>> **제3회** <<<

────── **1부** ──────

01 화면을 보고, 인화성 물질 저장소의 핵심 위험요인과 화재 예방방법 3가지를 쓰시오.

동영상 설명 화면은 인화성 물질이 담긴 가스통이 세워져 있는 작업장에서 폭발사고가 발생한 장면이다.

해답 (1) 핵심 위험요인
　　인화성 물질의 증기와 정전기 등의 발화원이 접촉하면 화재 및 폭발의 위험이 있다.
　(2) 화재 예방방법
　　① 통풍 및 환기, 분진 제거 등의 조치를 취해야 한다.
　　② 화재와 폭발을 미리 감지하기 위해 가스 감지 및 경보장치를 설치한다.
　　③ 인화성 물질이 담긴 용기의 밀폐상태를 확인하고, 작업자에게 안전보건교육을 실시한다.

02 화면을 보고, 이동식 비계 조립 시 준수해야 할 사항 4가지를 쓰시오.

동영상 설명 화면은 작업자가 이동식 비계를 조립하는 장면이다.

해답 ① 비계의 최상부에서 작업하는 경우 안전난간을 설치한다.
　② 작업 발판의 최대 적재하중은 250kg을 초과하지 않도록 한다.
　③ 승강용 사다리는 견고하게 설치한다.
　④ 작업 발판은 항상 수평을 유지하고, 작업 발판 위에서 안전난간을 딛고 작업하지 않도록 한다.
　⑤ 받침대 또는 사다리를 사용하여 작업하지 않는 구조로 설치한다.
　⑥ 이동식 비계의 바퀴에는 브레이크나 쐐기로 고정하고, 비계의 일부를 견고한 시설물에 고정하거나 아웃트리거를 설치하여 갑작스러운 이동이나 전도를 방지한다.

03 화면을 보고, 사출성형기 작업 시 재해 유형과 이에 적합한 방호장치 2가지를 쓰시오.

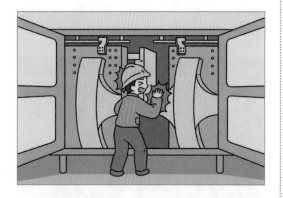

동영상 설명 화면은 작업자가 사출성형기의 금형에서 이물질을 제거하던 중, 손을 다치는 사고가 발생한 장면이다.

해답 (1) 재해 유형 : 끼임
(2) 적합한 방호장치
① 게이트 가드식 방호장치
② 양수 조작식 방호장치

04 화면을 보고, 재해 발생형태와 그 정의를 쓰시오.

동영상 설명 화면은 크레인으로 자재를 묶어 올리던 중, 연결 로프가 끊어질 것 같아 자재를 다시 내리다가 자재가 흔들리면서 작업자의 머리에 부딪히는 사고가 발생한 장면이다.

해답 ① 재해 발생형태 : 비래(맞음, 부딪힘)
② 비래의 정의 : 구조물, 기계 등에 고정된 물체가 중력, 원심력, 관성력 등에 의해 고정부에서 이탈하여 사람을 가해하는 경우

05 화면을 보고, 철근 운반작업 시 준수해야 할 사항 3가지를 쓰시오.

동영상 설명 화면은 철근을 1줄 걸이로 결속하여 이동식 크레인으로 운반하던 중, 유도로프가 끊어져 재해가 발생한 장면이다.

해답 ① 형강 운반 시 2줄 걸이로 결속한다.
② 유도로프를 사용하여 흔들림을 방지한다.
③ 훅의 해지장치를 사용하여 형강의 이탈을 방지한다.
④ 신호수를 배치하여 신호에 따라 작업한다.

06 이동식 사다리의 최대 사용길이는 몇 m 이내인지 쓰시오.

동영상 설명 화면은 이동식 사다리를 보여주는 장면이다.

해답 6 m 이내

07 화면을 보고, 발파작업을 위해 폭약을 장전할 때 장전구의 사용기준 2가지를 쓰시오.

동영상 설명 화면은 발파작업 중 작업자가 폭약을 안전하게 장전하고, 주변 작업자가 발파 경고 신호를 보내는 장면이다.

해답 ① 장전구는 마찰, 충격, 정전기 등에 의한 폭발 위험이 없는 안전한 것을 사용한다.

② 작업 전 손상 여부를 점검하고, 이상이 없을 때만 사용한다.

③ 발파작업에 적합한 규격과 재질로 제작된 것을 사용한다.

④ 장전작업 중에는 주변에 불꽃이나 점화원이 없는 것을 확인한다.

08 용접용 보안면의 성능기준 항목 6가지를 쓰시오.

동영상 설명 화면은 개인 보호구 중 하나인 용접용 보안면을 보여주는 장면이다.

해답 ① 절연 시험　　　　② 내식성 시험
　　③ 내충격성 시험　　④ 내노후성 시험
　　⑤ 낙하 시험　　　　⑥ 굴절력 시험
　　⑦ 차광능력 시험　　⑧ 투과율 시험
　　⑨ 내발화, 관통성 시험　⑩ 차광속도 시험
　　⑪ 시감투과율 차이 시험　⑫ 표면검사

09 화면을 보고, 산업안전보건규칙에 따라 용융 고열물을 취급하는 설비가 설치된 건축물에서 수증기 폭발을 방지하기 위해 사업주가 취해야 할 조치사항 2가지를 쓰시오.

동영상 설명 화면은 철강 용광로 작업을 보여주는 장면이다.

해답 ① 바닥은 물이 고이지 않는 구조로 설계한다.
② 지붕, 벽, 창틀 등은 빗물이 새어 들어오지 않는 구조로 설치한다.
③ 용융물이 바닥에 떨어졌을 때 물과 접촉하지 않도록 배수시설을 설치한다.

참고 방열복의 종류
① 방열상의
② 방열하의
③ 일체형 방열복
④ 방열장갑
⑤ 방열두건

2부

01 화면을 보고, 재해 위험요인과 정전작업 종료 후 전원 재투입 시 안전조치사항을 각각 3가지씩 쓰시오.

동영상 설명 화면은 중앙제어실에서 스피커 방송으로 전달된 지시사항을 정확히 듣지 못한 작업자가 배선용 차단기의 전원을 켜서 재해가 발생한 장면이다.

해답 (1) 재해 위험요인
① 지시사항을 정확히 듣지 못해 NFB 오조작으로 인한 감전사고의 위험이 있다.
② 작업장소 내 작업자의 유무 및 작업 준비상태를 확인하지 않아 발생할 수 있는 위험이 있다.
③ 작업 지시내용을 충분히 확인하지 않고 즉각적으로 행동함에 따른 위험이 있다.
(2) 안전조치사항
① 작업기기, 기구, 단락 접지기구 등을 제거하고, 안전하게 통전될 수 있는지 확인한다.
② 작업이 완료된 전기기기 등에서 모든 작업자가 떨어져 있는지 확인한다.
③ 잠금장치와 꼬리표는 설치한 작업자가 직접 철거한다.
④ 모든 이상 유무를 확인한 후 전기기기 등의 전원을 투입한다.

02 화면을 보고, 재해 예방을 위해 기계에 설치해야 하는 안전장치를 쓰시오.

(동영상 설명) 화면은 육고기를 써는 슬라이스 기계를 보여주는 장면이다.

(해답) 인터록 장치

03 방독마스크에 안전인증 표시 외 추가로 표시해야 할 사항 4가지를 쓰시오.

(동영상 설명) 화면은 작업자가 보호복과 방독마스크를 착용하고 스프레이건으로 철판에 페인트 도장작업을 하는 장면이다.

(해답) ① 파과 곡선도
② 사용시간 기록카드
③ 정화통의 외부 측면 표시색
④ 사용상의 주의사항

04 화면을 보고, 드릴작업 시 문제점과 안전작업대책을 각각 3가지씩 쓰시오.

(동영상 설명) 화면은 작업자가 보안경 없이 면장갑만 착용한 채, 방호장치 없이 고정되지 않은 드릴로 금속의 구멍을 넓히며, 손으로 가공물을 잡고 작업하는 장면이다.

(해답) (1) 드릴작업 시 문제점
① 작업자가 보안경을 착용하지 않았다.
② 드릴머신에 방호 덮개를 설치하지 않았다.
③ 투명 비산 방지판을 설치하지 않았다.
④ 가공물을 손으로 잡고 있다.
(2) 안전작업대책
① 작업자가 보안경을 착용한다.
② 드릴머신에 방호 덮개를 설치한다.
③ 투명 비산 방지판을 설치한다.
④ 가공물을 바이스나 지그로 고정한다.

05 화면을 보고, 지게차 운전자의 머리를 보호하기 위해 설치하는 방호장치와 지게차 작업시작 전 점검사항 3가지를 쓰시오.

동영상 설명 화면은 작업자가 지게차를 이용하여 작업하는 모습을 보여주는 장면이다.

해답 (1) 방호장치 : 헤드 가드
　(2) 작업 시작 전 점검사항
　　① 제동장치와 조종장치의 이상 유무
　　② 하역장치와 유압장치의 이상 유무
　　③ 바퀴의 이상 유무
　　④ 전조등, 후미등, 방향지시기, 경보장치의 이상 유무

06 밀폐된 공간에서 작업하는 작업자가 착용해야 할 호흡용 개인 보호구 2가지를 쓰시오.

동영상 설명 화면은 밀폐된 공간에 쓰러져 있는 작업자의 모습을 보여주는 장면이다.

해답 ① 공기호흡기
　② 송기마스크
참고 ① 방진마스크 : 산소농도가 21 % 이상에서 사용
　② 송기마스크 : 산소농도가 18 % 미만에서 사용

07 화면을 보고, 사출성형기 작업 시 재해의 발생형태와 산업안전보건법에 규정된 방호장치 2가지를 쓰시오.

동영상 설명 화면은 사출성형기가 개방된 상태에서 작업자가 손으로 이물질을 제거하던 중, 손이 눌려 사고가 발생한 장면이다.

해답 (1) 재해 발생형태 : 끼임(협착)
　(2) 방호장치
　　① 게이트 가드식 방호장치
　　② 양수 조작식 방호장치

08 화면을 보고, 모터 벨트의 위험점, 재해 형태와 그 정의를 쓰시오.

[동영상 설명] 화면은 작업자가 모터 벨트 부분에 묻은 기름과 찌든 먼지를 걸레로 청소하던 중, 모터 상부의 고정 부분에 손이 끼이는 사고가 발생한 장면이다.

[해답] ① 위험점 : 접선 물림점
② 재해 형태 : 끼임점
③ 끼임점의 정의 : 회전운동을 하는 부분과 고정 부분 사이에 형성되는 위험점

09 화면을 보고, 재해형태와 그 정의를 쓰시오.

[동영상 설명] 화면은 작업자가 전원이 인가된 상태에서 시내 도로공사 중 붉은 도로 구획을 점검하다가, 맨손으로 전선 연결부위를 만져 감전사고가 발생한 장면이다.

[해답] ① 재해 형태 : 감전
② 감전의 정의 : 인체의 전체 또는 일부에 전류가 흐르는 현상

3부

01 화면을 보고, 컴퓨터 작업 시 좋지 않은 상황 3가지를 쓰시오.

동영상 설명 화면은 작업자가 의자에 앉아 컴퓨터 작업을 하던 중 목에 통증이 발생한 장면이다. 의자가 신체에 맞지 않아 다리가 구부러져 있고, 키보드는 손에서 멀리 떨어져 있으며, 모니터가 적절한 위치에 있지 않다.

해답 ① 키보드가 조작하기 편한 위치에 놓여 있지 않다.
② 의자의 등받이가 충분히 지지되지 않고 있다.
③ 모니터가 보기 편한 위치에 조정되어 있지 않다.

참고 컴퓨터 작업자의 작업 자세
① 시선 : 수평면 아래 10~15°
② 팔뚝과 위팔의 각도 : 90° 이상
③ 무릎 굽힘 각도 : 90° 정도

02 화면을 보고, 가설 통로를 설치할 때 준수해야 할 사항 4가지를 쓰시오.

동영상 설명 화면은 가설 통로를 설치하는 장면이다.

해답 ① 견고한 구조로 한다.
② 경사는 30° 이하로 한다. 단, 계단을 설치하거나 높이 2m 미만의 가설 통로에 튼튼한 손잡이를 설치한 경우에는 예외로 한다.
③ 경사가 15°를 초과하는 경우 미끄러지지 않는 구조로 한다.
④ 추락할 위험이 있는 장소에는 안전난간을 설치한다. 단, 작업상 부득이한 경우에는 필요한 부분만 임시로 해체할 수 있다.
⑤ 수직갱에 가설된 통로의 길이가 15m 이상인 경우에는 10m 이내마다 계단참을 설치한다.
⑥ 건설공사에 사용하는 높이 8m 이상의 비계다리에는 7m 이내마다 계단참을 설치한다.

03 화면을 보고, 건설용 리프트 작업 시 준수해야 할 안전수칙 4가지를 쓰시오.

동영상 설명 화면은 작업자가 안전절차를 준수하며 건설용 화물 리프트를 이용하여 화물을 운반하는 장면이다.

해답 ① 화물용 리프트에 사람의 탑승을 금지한다.
② 상승 조작 시 작업자에게 경보로 알린다.
③ 운전 중 이상 발생 시 비상정지버튼을 눌러 즉시 정지한다.
④ 운전원은 전담 요원으로 배치하고, 특별안전교육을 실시한다.
⑤ 각 층의 2중 안전문은 항상 닫힌 상태로 관리한다.

04 화면을 보고, LPG가스 용기의 사고유형과 기인물을 쓰시오.

동영상 설명 화면은 LPG가스 용기 저장장소를 보여주는 장면이다.

해답 ① 사고유형 : 가스 누출에 의한 화재 및 폭발
② 기인물 : LPG가스 용기에서 누출된 가스

05 화면을 보고, 자율안전확인 대상 둥근톱기계의 방호장치 2가지를 쓰시오.

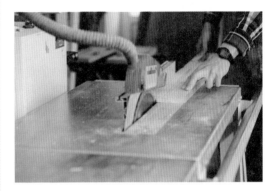

동영상 설명 화면은 둥근톱기계를 이용하여 작업하는 장면이다.

해답 ① 반발예방장치
② 날 접촉예방장치
참고 둥근톱기계의 안전 보조장치
① 날 접촉예방장치
② 밀대
③ 평행조정기
④ 분할 날
⑤ 반발방지롤러
⑥ 반발방지기구

06 화면을 보고, 발파작업을 위해 폭약을 장전할 때 장전구의 사용기준 2가지를 쓰시오.

동영상 설명 화면은 발파작업 중 작업자가 안전하게 폭약을 장전하고 주변 작업자가 발파 경고 신호를 보내는 장면이다.

해답 ① 장전구는 마찰, 충격, 정전기 등에 의한 폭발 위험이 없는 안전한 것을 사용한다.
② 작업 전 손상 여부를 점검하고, 이상이 없을 때만 사용한다.
③ 발파작업에 적합한 규격과 재질로 제작된 것을 사용한다.
④ 장전작업 중에는 주변에 불꽃이나 점화원이 없는 것을 확인한다.

07 화면을 보고, 용접작업 시 사용하는 용접용 보안면의 성능기준에 따른 시험방법 5가지를 쓰시오.

동영상 설명 화면은 작업자가 용접 중 발생하는 유해한 자외선과 가시광선으로부터 눈을 보호하고, 열에 의한 화상 및 용접 파편의 위험을 막기 위해 개인 보호구를 착용하고 작업하는 장면이다.

해답 ① 절연 시험
② 내식성 시험
③ 내충격성 시험
④ 내노후성 시험
⑤ 내발화 및 관통성 시험
⑥ 굴절력 시험
⑦ 투과율 시험
⑧ 시감투과율 차이 시험
⑨ 낙하 시험
⑩ 차광속도 시험
⑪ 차광능력 시험
⑫ 표면검사

08 화면을 보고, 거푸집 동바리 조립 또는 해체작업 시 준수해야 할 사항 3가지를 쓰시오.

동영상 설명 화면은 작업자가 거푸집 동바리 해체작업을 하는 장면이다.

해답 ① 재료, 기구 또는 공구 등을 올리거나 내릴 때 작업자가 달줄이나 달포대 등을 사용하도록 해야 한다.
② 낙하, 충격에 의한 돌발적 재해를 방지하기 위해 버팀목을 설치하고, 거푸집 동바리 등을 인양 장비에 매단 후 작업하도록 한다.
③ 비, 눈 등 기상상태가 불안정할 경우 해당 작업을 중지한다.
④ 작업구역에는 관계자가 아닌 사람의 출입을 금지한다.

09 화면을 보고, 감전재해 예방을 위한 안전조치사항 4가지를 쓰시오.

동영상 설명 화면은 충전 전로에서 전기작업을 하거나, 그 부근에서 작업 중 감전재해가 발생한 장면이다.

해답 ① 유자격자가 아닌 작업자가 충전 전로 인근의 높은 곳에서 작업할 때, 대지 전압이 50kV 이하인 경우 작업자의 몸을 300cm 이내로 유지하고, 대지 전압이 50kV를 넘는 경우에는 10kV당 10cm씩 더한 거리 이내로 접근할 수 없도록 한다.
② 절연용 보호구를 착용한다.
③ 충전 전로에 절연용 방호구를 설치한다.
④ 고압 및 특별 고압 전로에서 전기작업 시 활선작업용 기구 및 장치를 사용한다.
⑤ 활선작업용 기구 및 장치를 사용하여 안전하게 작업한다.

기출문제를
재구성한 **작업형 실전문제 8**

1부

01 화면을 보고, 핵심 위험요인 2가지와 작업 시 작업자가 착용해야 할 보호구 4가지를 쓰시오.

동영상 설명 화면은 작업자가 섬유기계 작업 중 기계가 멈춘 상황에서, 전원을 차단하지 않고 면장갑만 착용한 채 덮개를 열고 점검하던 중, 갑자기 기계가 작동하여 작업자의 손이 끼이는 사고가 발생한 장면이다.

해답 (1) 핵심 위험요인
　① 전원을 차단하지 않고 기계를 점검하였다.
　② 기계에 인터록 장치를 설치하지 않았다.
　③ 면장갑을 착용한 상태로 기계를 점검하였다.
(2) 작업 시 착용해야 할 보호구
　① 안전모
　② 방진마스크
　③ 귀마개
　④ 귀덮개

02 화면을 보고, 거푸집 동바리 조립 또는 해체작업 시 준수해야 할 사항 3가지를 쓰시오.

동영상 설명 화면은 작업자가 거푸집 동바리 해체작업을 하던 중 재해가 발생한 장면이다.

해답 ① 재료, 기구 또는 공구 등을 올리거나 내릴 때 작업자가 달줄이나 달포대 등을 사용하도록 해야 한다.
② 낙하나 충격에 의한 돌발적 재해를 방지하기 위해 버팀목을 설치하고, 거푸집 동바리를 인양 장비에 매단 후 작업을 수행한다.
③ 비, 눈 등 기상상태가 불안정할 경우 해당 작업을 중지한다.
④ 해당 작업을 하는 구역에는 관계자가 아닌 사람의 출입을 금지한다.

03 화면을 보고, 크레인 작업 시 재해 발생 형태와 발생원인 3가지를 쓰시오.

동영상 설명 화면은 크레인을 이용하여 물품을 트럭에 하역하는 작업을 하던 중, 물품이 떨어져 작업자와 충돌하는 사고가 발생한 장면이다.

해답 (1) 재해 발생형태 : 낙하(맞음)
  (2) 발생원인
　　① 와이어로프를 호이스트 훅 끝에 불안 전하게 걸쳐 놓았다.
　　② 보조로프를 설치하지 않았다.
　　③ 위험구간 내에서 수신호를 하고 있다.

04 화면을 보고, 사출성형기 작업 시 감전 재해의 기인물과 가해물을 쓰시오.

동영상 설명 화면은 작업자가 사출성형기 노즐 충전부에서 맨손으로 이물질을 제거하던 중, 감 전사고가 발생한 장면이다.

해답 ① 기인물 : 사출성형기
  ② 가해물 : 사출성형기 노즐의 충전부

05 화면에 보이는 가스 누설 감지경보기의 설치 위치와 설정값을 쓰시오.

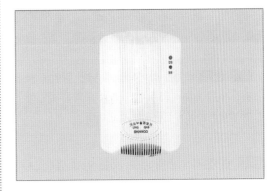

동영상 설명 화면은 가스 누설이 우려되는 장소 에 가스 누설 감지경보기를 설치한 장면이다.

해답 ① 설치 위치 : LPG는 공기보다 무겁기 때 문에 바닥에 인접한 낮은 곳에 설치한다.
  ② 설정값 : 가스 누설 감지경보기의 설정값 은 일반적으로 폭발하한계(LEL)의 20~ 25%에 해당하는 농도로 설정된다.

06 화면을 보고, 발파작업 후 작업장에 접근할 수 있는 시간은 발파 후 몇 분이 경과한 후인지, 전기 뇌관의 경우와 전기 뇌관 외의 경우로 구분하여 쓰시오.

동영상 설명 화면은 발파작업 후 낙반 위험을 방지하기 위해 부석의 유무와 불발 화약을 확인하며 발파작업장에 접근하는 장면이다.

해답 ① 전기 뇌관의 경우 : 5분 이상 경과
② 전기 뇌관 외의 경우 : 15분 이상 경과

07 화면을 보고, 용접용 보안면의 등급을 나누는 기준과 투과율의 종류를 쓰시오.

동영상 설명 화면은 작업자가 용접 중 눈과 얼굴을 보호하기 위해 용접용 보안면을 착용하고 작업하는 장면이다.

해답 (1) 등급을 나누는 기준 : 차광도 번호
(2) 투과율의 종류
① 자외선 최대 분광투과율
② 적외선투과율
③ 시감투과율

08 화면을 보고, 이동식 비계 작업 시 주의해야 할 사항 4가지를 쓰시오.

동영상 설명 화면은 작업자가 이동식 비계 위에서 고소 작업을 수행하는 장면이다.

해답 ① 감독자의 지휘하에 작업을 진행한다.
② 비계를 이동할 때는 사람이 탑승하지 않는다.
③ 안전모를 착용하고 구명 로프 등을 준비한다.
④ 공구나 재료를 올리고 내릴 때는 포대나 로프를 사용한다.
⑤ 최상부에서 작업할 때는 반드시 안전난간을 설치한다.
⑥ 작업 발판 위에서 안전난간을 딛고 작업하거나 받침대, 사다리를 사용하여 작업하지 않는다.

09 산업안전보건규칙에 따라 중량물 취급 작업 시 작업자의 위험을 방지하기 위해 사전에 작성해야 할 작업계획서에 포함해야 하는 내용 4가지를 쓰시오.

동영상 설명 화면은 중량물 운반작업 중 작업자가 화물에 깔리는 사고가 발생한 장면이다.

해답 ① 추락 위험을 예방할 수 있는 안전대책
② 붕괴 위험을 예방할 수 있는 안전대책
③ 낙하 위험을 예방할 수 있는 안전대책
④ 협착 위험을 예방할 수 있는 안전대책
⑤ 전도 위험을 예방할 수 있는 안전대책

2부
---

01 화면을 보고, 분전반 감전재해를 방지하기 위한 안전대책 3가지를 쓰시오.

동영상 설명 화면은 작업자가 전기 분전반을 점검하던 중 감전사고가 발생한 장면이다.

해답 ① 전로의 개폐기에는 시건장치와 통전 금지 안내표지판을 부착한다.
② 점검작업 전 신호체계를 확립하고 작업 지휘자의 지시를 따른다.
③ 차단기에 회로 구분 표시를 하여 오작동을 방지한다.
참고 전기작업용 안전장구
① 절연용 안전보호구 : 안전모, 절연화, 절연장화, 절연장갑, 절연복 등
② 절연용 방호구 : 고무절연관, 절연시트, 절연커버 등
③ 검출 용구 : 검전기, 활선 접근 경보기

02 화면을 보고, 드릴작업 시 재해 위험점과 그 정의를 쓰고, 드릴작업 시 위험요인과 안전대책을 각각 3가지씩 쓰시오.

동영상 설명 화면은 작업자가 드릴작업 중 손으로 이물질을 제거하거나 입으로 불어 제거하며, 작은 공작물을 손으로 잡고 작업하다가 가공물이 튀어 재해가 발생한 장면이다. 작업자는 면장갑을 착용하고 보안경은 착용하지 않았다.

해답 (1) 위험점과 정의
　① 위험점 : 회전 말림점
　② 회전 말림점의 정의 : 회전하는 회전체에 장갑 및 작업복 등이 감겨 들어가면서 발생하는 위험점
(2) 위험요인
　① 작은 공작물을 손으로 잡고 드릴작업을 하고 있다.
　② 면장갑을 착용하고 작업을 진행하였다.
　③ 보안경을 착용하지 않고 있다.
　④ 이물질을 제거할 때 손으로 직접 제거하였다.
　⑤ 이물질을 제거할 때 입으로 불어 제거하였다.
(3) 안전대책
　① 공작물을 바이스나 지그로 고정한 후 드릴작업을 한다.
　② 면장갑을 착용하지 않는다.
　③ 보안경을 착용한다.

④ 이물질을 제거할 때 전용 공구나 브러시를 사용한다.

03 화면을 보고, 크레인 작업 시 위험요인 2가지를 쓰시오.

동영상 설명 화면은 보조로프 없이 옆부분이 약간 찢어진 슬링 벨트를 사용하여 크레인으로 철제 비계를 운반하는 작업 장면이다. 이 과정에서 와이어로프로 한 번만 결속된 철제 비계가 신호수 간 신호방법이 맞지 않아 흔들리다가, 철골 빔에 부딪힌 후 작업자 위로 떨어지는 사고가 발생하였다.

해답 ① 보조로프를 설치하지 않아 양중물의 흔들림이 발생하였다.
② 로프 상태가 불량하여 낙하 위험이 있다.
③ 크레인 신호체계가 미흡하여 작업 중 충돌 위험이 있다.

04 화면을 보고, 작업 시 위험요인 2가지를 쓰시오.

동영상 설명 화면은 증기가 흐르는 고소 배관을 점검하기 위해 작업자가 이동식 사다리에 올라가 장갑을 착용한 채 양손으로 작업하던 중, 사다리가 흔들리면서 추락하여 바닥에 부딪히는 사고가 발생한 장면이다.

해답 ① 이동식 사다리를 안전하게 고정하지 않았다.
② 양손을 동시에 사용하여 작업자세가 불안정하다.

05 화면에서 보여주는 방독마스크의 종류와 시험 가스의 종류를 쓰시오. 또, 방독마스크의 형태와 구조, 그리고 정화통의 주요 성분을 쓰시오.

동영상 설명 화면은 외부 측면에 녹색 표시가 있는 방독마스크의 정화통을 보여주는 장면이다.

해답 ① 종류 : 암모니아용
② 시험 가스의 종류 : 암모니아가스(NH_3)
③ 형태와 구조 : 격리식 전면형
④ 정화통 주요 성분(흡수제) : 큐프라마이트

06 작업자가 밀폐공간 작업 프로그램을 수립하고 시행할 때 반드시 포함해야 할 내용 4가지를 쓰시오.

동영상 설명 화면은 밀폐공간에서 작업 중인 작업자들의 모습을 보여주는 장면이다.

해답 ① 사업장 내 밀폐공간의 위치 파악 및 관리 방안
② 밀폐공간 내에서 질식이나 중독을 일으킬 수 있는 유해·위험요인의 파악 및 관리 방안
③ 밀폐공간 작업 시 사전에 확인해야 할 사항에 대한 확인 절차
④ 안전보건교육 및 훈련
⑤ 밀폐공간에서 작업하는 작업자의 건강장해 예방에 관한 사항

07 화면을 보고, 화물을 인양할 때 재해를 방지하기 위해 준수해야 할 사항 2가지를 쓰시오.

[동영상 설명] 화면은 A 작업자가 승강기 개구부 위에서 안전난간에 로프를 걸어 화물을 끌어올리고, B 작업자는 아래에서 화물을 올리던 중 화물이 떨어져 사고가 발생한 장면이다.

[해답] ① 안전난간에 로프를 걸쳐 화물을 끌어올리는 작업을 금지한다.
② 손상된 로프는 사용하지 않는다.
③ 중량물은 크레인(호이스트) 등의 장비를 이용하여 들어 올린다.
④ 긴 화물은 2줄 걸이로 균형을 유지하고, 로프를 단단히 결속한다.

08 화면을 보고, 철제 비계의 낙하 및 비래 위험을 방지하기 위한 재해 예방대책 3가지를 쓰시오.

[동영상 설명] 화면은 철제 비계를 와이어로프 1줄로 묶고, 보조로프 없이 크레인으로 운반하던 중, 신호수 간 신호방법이 맞지 않아 물체가 흔들리며 철골에 부딪히는 장면이다.

[해답] ① 작업 반경 내 관계자 이외의 사람은 출입을 금지한다.
② 와이어로프의 안전 상태를 점검한다.
③ 훅의 해지장치 및 안전 상태를 점검한다.
④ 화물이 빠지지 않도록 점검한다.
⑤ 보조로프를 설치한다.
⑥ 신호방법을 정하고 신호수의 신호에 따라 작업한다.

09 화면을 보고, 터널 등 건설작업에서 발생할 수 있는 위험을 방지하기 위해 필요한 조치사항 3가지를 쓰시오.

동영상 설명 화면은 터널작업 중 발파시작 전 천공작업을 하거나, 터널 등 건설작업에서 낙반 등으로 작업자가 위험에 처할 수 있는 재해상황을 보여주는 장면이다.

해답 ① 터널 지보공을 설치한다.
② 록볼트를 설치하여 천공 부위의 지지력을 강화한다.
③ 부석을 제거하여 낙반을 방지한다.

참고 천공작업 시 안전조치
① 작업 전 지반상태를 철저히 점검한다.
② 작업자는 반드시 헬멧, 안전화, 안전벨트 등 개인 보호 장비를 착용한다.
③ 낙반 위험구역은 출입을 제한하고, 작업자 간 명확한 신호체계를 확립한다.
④ 발파 후 추가 낙반 위험이 없는지 점검하고, 작업 재개 전 안전조치를 확인한다.

3부

01 화면을 보고, 이동식 사다리의 설치기준 3가지를 쓰시오.

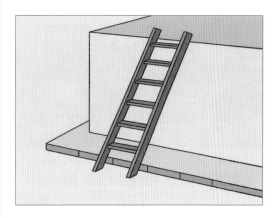

동영상 설명 화면은 이동식 사다리를 이용하여 작업하던 중, 사다리가 넘어져 재해가 발생한 장면이다.

해답 ① 길이는 6m 이내로 한다.
② 사다리의 다리 벌림 각도는 벽 높이의 1/4 정도로 한다.
③ 사다리 상부는 벽면으로부터 최소 60cm 이상 떨어지게 설치한다.
④ 이동식 사다리의 기울기는 75° 이하로 유지한다.

02 화면을 보고, 사출성형기 작업 시 감전 사고 방지대책 2가지를 쓰시오.

> **동영상 설명** 화면은 사출성형기 노즐 충전부에서 작업자가 맨손으로 이물질을 제거하던 중, 감전 사고가 발생한 장면이다.

해답 ① 전원을 차단한 후 이물질을 제거한다.
② 절연장갑 등 개인 보호구를 착용하고 이물질을 제거한다.
③ 금형의 이물질은 전용 공구를 사용하여 제거한다.

03 안전인증 대상 방진마스크의 일반적인 구조조건 3가지를 쓰시오.

> **동영상 설명** 화면은 작업자가 방진마스크를 착용한 모습을 보여주는 장면이다.

해답 ① 흡·배기 밸브는 미약한 호흡에도 확실하고 민감하게 작동해야 하며, 흡·배기 저항이 낮아야 한다.
② 여과재는 여과 성능이 우수하고 인체에 해를 끼치지 않아야 한다.
③ 쉽게 착용할 수 있어야 하며, 착용 시 안면부가 얼굴에 밀착되어 공기가 새지 않아야 한다.
④ 머리끈은 적당한 길이와 탄력성을 가지고, 길이를 쉽게 조절할 수 있어야 한다.

04 터널 지보공 설치 시 수시로 점검해야 할 사항 3가지를 쓰시오.

> **동영상 설명** 화면은 작업자들이 터널공사를 진행하는 장면이다.

해답 ① 부재의 긴압 상태
② 기둥 침하의 유무 및 상태
③ 부재의 접속부 및 교차부 상태
④ 부재의 손상, 변형, 부식, 변위, 탈락 등의 유무 및 상태

05 화면에 보이는 저장소에서 수소를 취급할 경우 위험요인의 2가지 특성을 쓰시오.

동영상 설명 화면은 방폭형 전원 스위치가 설치된 수소 저장소에서 환풍기가 작동하지 않은 상태로 작업자가 작업하는 모습을 보여주는 장면이다.

해답 ① 수소가스는 폭발범위가 넓어 폭발위험성이 크다.
② 수소가스는 연소 시 발열량이 크다.
③ 수소가스는 폭발범위가 넓어 저장과 운반이 어렵다.

06 화면을 보고, 추락사고의 원인 3가지와 이를 방지하기 위한 안전대책 3가지를 각각 쓰시오.

동영상 설명 화면은 작업자가 건설공사 현장에서 작업 발판이 설치되지 않은 구역을 통과하던 중, 추락사고가 발생한 장면이다.

해답 (1) 추락사고의 원인
① 작업 발판 미설치
② 작업자 안전대 미착용
③ 안전난간 미설치
④ 추락 방호망 미설치
⑤ 작업장 정리정돈 불량
(2) 안전대책
① 작업 발판 설치
② 작업자 안전대 착용
③ 안전난간 설치
④ 추락 방호망 설치
⑤ 작업장 정리정돈 철저

07 화면을 보고, 형강 교체작업 시 안전조치사항과 작업 중, 작업 완료 후의 안전조치사항을 각각 3가지씩 쓰시오.

동영상 설명 화면은 C.O.S(컷아웃 스위치)가 발판 옆에 걸쳐진 상태에서 작업자가 전봇대 발판을 딛고 형강 교체작업을 하던 중, 흡연하는 장면이다.

해답 (1) 형강 교체작업 시
　　① 전원을 차단한 후 각 단로기를 개방한다.
　　② 차단장치나 단로기에 잠금장치와 꼬리표를 부착한다.
　　③ 단락 접지기구를 사용하여 접지한다.
　(2) 작업 중
　　① 개폐기를 관리한다.
　　② 단락 접지상태를 점검한다.
　　③ 작업 중 흡연을 금지하고 금연구역을 설정하여 관리한다.
　(3) 작업 완료 후
　　① 정전작업이 완료된 작업기구와 단락 접지기구를 제거하고, 전기기기가 안전하게 통전되는지 확인한다.
　　② 작업이 완료된 전기기기에서 모든 작업자가 떨어져 있는지 확인한다.
　　③ 잠금장치와 꼬리표는 설치한 작업자가 직접 철거한다.
　　④ 모든 이상 유무를 확인한 후 전기기기의 전원을 투입한다.

08 화면을 보고, 승강기 와이어로프 청소작업 시 발생할 수 있는 재해 원인 3가지를 쓰고, 재해 발생 위험점의 종류와 재해 발생형태 및 정의를 쓰시오.

동영상 설명 화면은 작업자가 승강기 와이어로프에 묻은 찌든 기름과 먼지를 청소하는 장면이다.

해답 (1) 재해의 원인
　　① 승강기를 정지하지 않고 청소하다가 손이 끼일 위험이 있다.
　　② 로프를 풀리에 걸칠 때 손이 끼일 위험이 있다.
　　③ 불필요한 행동으로 로프에 손이 말려들어갈 위험이 있다.
　(2) 위험점의 종류
　　① 끼임점
　　② 접선 물림점
　(3) 재해 발생형태와 정의
　　① 재해 발생형태 : 끼임
　　② 끼임점의 정의 : 회전운동을 하는 부분과 고정 부분 사이에 발생하는 위험점

09 화면을 보고, 사고 위험점과 그 정의를 쓰시오.

동영상 설명 화면은 작업자가 기계를 점검하던 중 회전축에 의해 협착사고가 발생한 장면이다.

해답 ① 위험점 : 회전 말림점
　　② 회전 말림점의 정의 : 회전하는 물체에 작업복, 머리카락, 면장갑 등이 말려 들어가면서 발생하는 위험점

>>> **제2회** <<<

1부

01 화면과 같은 프레스 급정지기능이 없는 프레스의 클러치 개조를 통해 광선 차단 시 급정지하는 기능의 "A−2"로 표시된 방호장치명을 쓰시오.

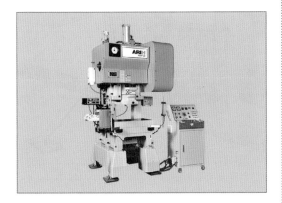

동영상 설명 화면은 프레스를 보여주는 장면이다. 프레스 방호장치는 기호 A−1, A−2, B−1, B−2, C, D, E로 분류한다.

해답 광전자식 방호장치

해설 프레스 방호장치의 분류

분류	방호장치명
A−1, A−2	광전자식 방호장치
B−1, B−2	양수 조작식 방호장치
C	가드식 방호장치
D	손쳐내기식 방호장치
E	수인식 방호장치

02 화면을 보고, 화물의 낙하 및 비래 위험을 방지하기 위한 사전점검 또는 조치사항과 작업시작 전 점검사항을 각각 3가지씩 쓰시오.

동영상 설명 화면은 이동식 크레인을 이용하여 화물을 들어 올리는 작업 장면이다.

해답 (1) 사전점검 또는 조치사항
① 유도로프를 사용하여 화물의 흔들림을 방지한다.
② 낙하 위험구역에 작업자의 출입을 금지한다.
③ 작업 전 인양 로프의 손상 여부와 체결상태를 확인한다.
④ 작업 전 신호방법을 미리 정하고, 무전기 등을 이용하여 신호한다.
(2) 작업시작 전 점검사항
① 권과방지장치 및 기타 경보장치의 기능을 확인한다.
② 브레이크, 클러치 및 조정장치의 기능을 점검한다.
③ 와이어로프가 지나가는 곳과 작업장소의 지반상태를 확인한다.

03 화면을 보고, 타워크레인 작업 시 안전한 작업방법 3가지를 쓰시오.

동영상 설명 화면은 타워크레인을 이용하여 화물을 인양하던 중, 화물이 흔들리다가 추락하는 장면이다.

해답 ① 작업 반경 내 관계자 이외의 사람은 출입을 금지한다.
② 훅의 해지장치의 안전상태를 점검한다.
③ 와이어로프의 안전상태를 점검한다.
④ 사전 작업계획을 수립한다.

04 화면을 보고, LPG가스 용기의 사고유형과 기인물을 쓰시오.

동영상 설명 화면은 LPG가스 용기 저장장소를 보여주는 장면이다.

해답 ① 사고유형 : 가스 누출로 의한 화재 및 폭발
② 기인물 : LPG가스 용기에서 누출된 가스

05 화면을 보고, 갱폼 설치작업에서의 불안전한 상태 3가지와 가이데릭을 올바르게 고정하는 방법을 쓰시오.

동영상 설명 화면은 바닥에 눈이 많이 쌓여있고 갱폼 하부가 철사로 고정된 상태에서 버팀대가 제대로 고정되지 않은 채 갱폼 설치작업을 하는 장면이다.

해답 (1) 불안전한 상태
① 갱폼의 하부가 철사로만 고정되어 있어 갱폼이 무너질 위험이 있다.
② 버팀대가 제대로 고정되지 않아 미끄러질 우려가 있다.
③ 철사로 고정 시 끊어질 우려가 있다.
(2) 가이데릭 고정방법
와이어로프를 사용하여 결속한다.
참고 안정성을 높이기 위해 가이데릭은 2군데 이상에서 와이어로프로 고정한다.

06 화약 장전작업에 존재하는 위험요인과 화약 장전 시 준수해야 할 안전사항을 쓰시오.

동영상 설명 화면은 터널 발파작업을 위해 철근에 화약을 장전하는 장면이다.

해답 ① 위험요인 : 철근에 화약을 장전할 경우 폭발 위험이 있다.
② 안전사항 : 마찰, 충격, 정전기 등에 의한 폭발 위험이 없는 안전한 장전구를 사용한다.

07 강렬한 소음이 발생되는 장소에서 작업자가 착용해야 할 개인 보호구의 명칭과 기호를 쓰시오.

동영상 설명 화면은 헤드폰처럼 생긴 귀덮개를 보여주는 장면이다.

해답 ① 명칭 : 귀덮개
② 기호 : EM

08 화면을 보고, 선반작업의 위험점과 그 정의를 쓰시오.

동영상 설명 화면은 작업자가 선반에서 회전하는 공작물에 샌드페이퍼를 감아 손으로 잡고 작업하던 중, 손이 말려 들어가는 사고가 발생한 장면이다.

해답 ① 위험점 : 회전 말림점
② 회전 말림점의 정의 : 회전하는 공작물에 손이나 물체가 말려 들어가면서 발생하는 위험점

09 화면을 보고, 산업안전보건법상 컨베이어 작업시작 전 점검사항 3가지를 쓰시오.

동영상 설명 화면은 A 작업자가 정지된 컨베이어를 점검하던 중, B 작업자가 갑자기 전원 스위치를 눌러 A 작업자의 손이 컨베이어 벨트에 끼이는 사고가 발생한 장면이다.

해답 ① 원동기 및 풀리 기능의 이상 유무
② 이탈방지장치 기능의 이상 유무
③ 비상정지장치 기능의 이상 유무
④ 원동기, 회전축, 기어 및 풀리 등의 덮개 또는 울의 이상 유무

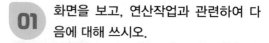

01 화면을 보고, 연산작업과 관련하여 다음에 대해 쓰시오.

(1) 기인물
(2) 숫돌 파편이나 칩의 비래로 인한 위험을 방지하기 위해 설치해야 하는 안전장치의 명칭
(3) 연삭작업 시 숫돌과 가공면 사이의 적합한 각도 범위

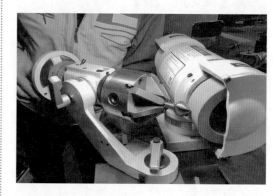

동영상 설명 화면은 작업자가 탁상용 공구 연삭기로 연삭작업을 하던 중, 사고가 발생한 장면이다.

해답 (1) 탁상용 공구 연삭기
(2) 칩 비산 방지판
(3) $15 \sim 30°$

02 화면을 보고, 작업 시 위험요인 2가지를 쓰시오.

동영상 설명 화면은 작업자가 이동식 사다리에 올라가 고온 배관의 플랜지 볼트 조이는 작업을 하던 중, 추락사고가 발생한 장면이다.

해답 ① 작업자의 안전대를 착용하지 않았다.
② 보안경을 착용하지 않았다.
③ 방열장갑을 착용하지 않았다.

03 화면을 보고, 재해의 발생형태와 원인 2가지를 쓰시오.

동영상 설명 화면은 작업자가 전동 권선기로 동선을 감는 작업 중, 기계가 멈춰 내부를 손으로 점검하다가 감전사고가 발생한 장면이다.

해답 (1) 재해 발생형태 : 감전
(2) 발생원인
① 정전작업을 실시하지 않았다.
② 절연장갑 등 개인 보호구를 착용하지 않았다.

04 화면을 보고, 밀폐공간에서의 사고 대비를 위한 비상용 피난 장비 3가지를 쓰고, 작업자가 탱크 내부에서 30분 이상 작업할 경우 착용해야 할 개인 보호구 2가지를 쓰시오.

동영상 설명 화면은 작업자가 선박 탱크 내부에서 슬러지 작업을 하던 중, 의식을 잃고 쓰러지는 사고가 발생한 장면이다.

해답 (1) 비상용 피난 장비
① 구명밧줄
② 섬유로프
③ 도르래
④ 사다리
⑤ 안전대
(2) 착용해야 할 개인 보호구
① 송기마스크
② 공기호흡기

05 화면을 보고, 자재 운반작업 시 재해 위험요인 3가지를 쓰시오.

동영상 설명 화면은 타워크레인을 이용하여 자재를 운반하는 장면이다.

해답 ① 유도로프를 사용하지 않아 화물이 흔들려 낙하할 위험이 있다.
② 신호수가 화물 아래에서 신호하고 있다.
③ 인양 로프를 점검하지 않아 로프의 파단 위험이 있다.
④ 신호방법 및 신호계획을 미리 정하지 않았다.

06 화면을 보고, 거푸집 동바리의 조립 또는 해체작업 시 준수해야 할 사항 3가지를 쓰시오.

동영상 설명 화면은 작업자가 거푸집 동바리 설치 및 해체작업 중 사고가 발생한 장면이다.

해답 ① 재료, 기구 또는 공구 등을 올리거나 내릴 때 작업자가 달줄이나 달포대 등을 사용하도록 해야 한다.
② 낙하, 충격에 의한 돌발적 재해를 방지하기 위해 버팀목을 설치하고, 거푸집 동바리 등을 인양 장비에 매단 후 작업을 수행한다.
③ 비, 눈 등 기상상태가 불안정할 경우 해당 작업을 중지한다.
④ 작업구역에는 관계자가 아닌 사람의 출입을 금지한다.

07 방진마스크의 여과재 분진 포집 효율을 등급별로 구분하고, 염화나트륨(NaCl) 및 파라핀 오일(paraffin oil) 시험의 포집 효율(%)을 쓰시오.

동영상 설명 화면은 방진마스크를 착용하고 작업하는 작업자의 모습을 보여주는 장면이다.

해답 ① 특급 : 99.95% 이상
② 1급 : 94.0% 이상
③ 2급 : 80.0% 이상

08 화면을 보고, 화재의 위험요인 3가지를 쓰시오.

`동영상 설명` 화면은 작업자가 면장갑을 착용하고 보호구를 착용하지 않은 채 가스 용접기로 철판을 절단하던 중, 산소통에 연결된 호스를 당기다가 호스가 분리되면서 화재가 발생한 장면이다.

`해답` ① 용기를 눕힌 상태에서 작업하고 있다.
② 호스를 무리하게 당겨 산소통에서 분리되었다.
③ 보안면, 보안경, 용접장갑 등 보호구를 착용하지 않았다.

`참고` 안전인증(차광보안경)의 사용구분에 따른 종류에는 자외선용, 적외선용, 복합용, 용접용이 있다.

09 추락사고를 방지하기 위해 추락 위험이 있는 장소에 설치하는 방호망의 종류와 작업 바닥면으로부터 망의 설치지점까지의 최대 수직거리를 쓰시오.

`동영상 설명` 화면은 작업자가 교량 건설공사 중 추락하는 사고가 발생한 장면이다.

`해답` ① 방호망의 종류 : 추락 방호망
② 최대 수직거리 : 10 m

3부

01 화면을 보고, 습한 장소에서 휴대용 연삭기로 작업할 때 감전사고를 예방하기 위한 안전대책 3가지를 쓰시오.

〔동영상 설명〕 화면은 바닥에 물기가 있는 상태에서 작업자가 휴대용 연삭기로 연삭작업을 하던 중, 전선 접속부가 바닥에 닿아 감전사고가 발생한 장면이다.

〔해답〕 ① 전선 접속부에 절연 조치를 한다.
② 작업 전 정전작업을 실시한다.
③ 감전 방지를 위해 누전차단기를 설치한다.
④ 습한 장소에서는 절연 효과가 있는 이동 전선을 사용한다.

02 할로겐가스용 방독마스크의 정화통에 대한 시험 가스의 종류, 파과 농도, 그리고 파과 시간을 쓰시오.

〔동영상 설명〕 화면은 작업자가 방독마스크를 착용하고 작업하는 장면이다.

〔해답〕 ① 시험 가스의 종류 : 염소가스(회색)
② 파과 농도 : 0.5 ppm
③ 파과 시간 : 30분 이상

03 화면을 보고, 이동식 비계작업의 위험 요인 2가지를 쓰시오.

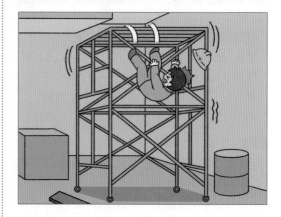

〔동영상 설명〕 화면은 안전난간이 설치되지 않은 2단 이동식 비계 위에서 작업자가 2층 천장 작업을 하던 중, 불안정한 작업 발판 때문에 비계가 흔들려 추락하는 장면이다.

〔해답〕 ① 안전난간이 설치되지 않아 작업자가 비계 아래로 추락할 위험이 있다.
② 작업 발판이 불안정하게 설치되어 작업자가 추락할 위험이 있다.
③ 바퀴를 고정하지 않아 비계가 움직여 작업자가 추락할 위험이 있다.

04 화면을 보고, 안전모의 각부 명칭을 쓰시오.

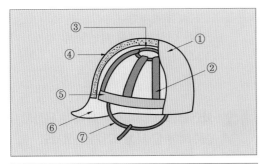

번호	
①	
②	
③	
④	
⑤	
⑥	
⑦	

동영상 설명 화면은 개인 보호구인 안전모의 구조를 보여주는 장면이다.

해답 ① 모체
② 머리받침끈
③ 머리받침고리
④ 충격흡수재
⑤ 머리고정대
⑥ 챙(차양)
⑦ 턱끈

05 퍼지(불활성화) 작업의 종류 4가지를 쓰시오.

동영상 설명 화면은 제약회사 클린 룸에서 화학 약품을 다루며 세파물질의 퍼지 클리닝 작업을 하는 장면이다.

해답 ① 진공 퍼지
② 압력 퍼지
③ 스위프 퍼지
④ 사이폰 퍼지

06 화면을 보고, 정전작업 시작 전, 작업 중, 작업 완료 후의 조치사항을 각각 3가지씩 쓰시오.

동영상 설명 화면은 변전실 전로를 개로하고 해당 전로의 수리작업을 하는 장면이다.

해답 (1) 정전작업 시작 전
① 개로 개폐기의 시건장치 또는 표시를 확실히 한다.
② 전로의 충전 여부를 검전기로 확인한다.
③ 전력용 커패시터, 전력 케이블 등 잔류 전하를 방전시킨다.
④ 작업 지휘자가 작업자들에게 작업내용을 충분히 주지시킨다.
⑤ 일부 정전작업 시 정전선로와 활선선로를 명확히 표시한다.
(2) 작업 중
① 작업 지휘자의 지시에 따라 작업한다.
② 개폐기를 철저히 관리한다.
③ 단락 접지상태를 확인한다.
④ 근접 활선에 대한 방호조치를 철저히 관리한다.
(3) 작업 완료 후
① 작업기기 및 기구, 단락 접지기구 등을 제거하고 안전하게 통전이 이루어지는지 확인한다.
② 작업이 완료된 전기기기에서 모든 작

업자가 안전하게 떨어져 있는지 확인한다.
③ 잠금장치와 꼬리표는 설치한 작업자가 직접 철거한다.
④ 모든 이상 유무를 확인한 후 전기기기 등의 전원을 투입한다.

07 화면을 보고, 이동식 크레인 운전자가 준수해야 할 사항 3가지를 쓰시오.

동영상 설명 화면은 이동식 크레인을 이용하여 작업하는 모습을 보여주는 장면이다.

해답 ① 신호방법을 미리 정하고 신호수의 신호에 따라 작업한다.
② 화물을 크레인에 매단 상태에서 운전석을 이탈하지 않는다.
③ 작업이 끝난 후 동력을 차단한다.
④ 운전석을 이탈할 때는 시동키를 운전대에서 분리한다.

08 화면을 보고, 슬라이스 기계 작업 시 위험요인과 안전대책을 각각 2가지씩 쓰시오.

동영상 설명 화면은 인터록 장치가 설치되지 않은 슬라이스 기계로 작업자가 빵을 썰던 중, 기계가 멈추자 걸려있는 빵을 꺼내려 하다가 기계가 갑자기 작동하여 사고가 발생한 장면이다.

해답 (1) 위험요인
　① 인터록 장치가 설치되지 않아 사고가 발생할 위험이 있다.
　② 기계를 완전히 정지시키지 않고 점검하여 사고가 발생할 위험이 있다.
(2) 안전대책
　① 인터록 장치를 설치한다.
　② 걸려있는 빵을 꺼낼 때 전원을 차단하고 작업을 수행한다.

09 화면을 보고, 드릴작업 시 문제점과 안전작업대책을 각각 3가지씩 쓰시오.

동영상 설명 화면은 작업자가 보안경을 착용하지 않고, 드릴로 금속의 작은 구멍을 넓히는 작업 장면이다. 드릴은 고정되지 않았고 방호장치도 설치되지 않았으며, 작업자가 손으로 가공물을 직접 잡은 채 작업하고 있다.

해답 (1) 드릴작업 시 문제점
　① 작업자가 보안경을 착용하지 않았다.
　② 드릴머신에 방호 덮개를 설치하지 않았다.
　③ 투명 비산방지판을 설치하지 않았다.
　④ 가공물을 손으로 잡고 있다.
(2) 안전작업대책
　① 작업자가 보안경을 착용한다.
　② 드릴머신에 방호 덮개를 설치한다.
　③ 투명 비산방지판을 설치한다.
　④ 바이스나 지그로 가공물을 고정한다.

1부

01 화면을 보고, 둥근톱기계 작업 시 불안전한 행동 3가지를 쓰고, 가공재 상면과 덮개 하단 사이의 간격, 그리고 테이블과 덮개 사이의 틈새 높이는 각각 얼마로 조정해야 하는지 쓰시오.

동영상 설명 화면은 작업자가 보호구를 착용하지 않고 둥근톱기계로 작업하던 중, 기계가 멈추자 전원을 차단하지 않고 톱날을 손으로 만져보며 점검하는 장면이다.

해답 (1) 작업의 불안전한 행동
　① 보안경과 방진마스크 등 보호구를 착용하지 않은 상태로 작업하였다.
　② 전원을 차단하지 않고 둥근톱을 점검하였다.
　③ 면장갑을 착용하지 않은 상태로 톱날을 손으로 만지며 점검하였다.

(2) 가공재 상면과 덮개 하단 사이의 간격
　8 mm 이하
(3) 테이블과 덮개 사이의 틈새 높이
　25 mm 이하

02 화면을 보고, 이동식 크레인의 방호장치와 작업시작 전 점검사항을 각각 3가지씩 쓰시오.

동영상 설명 화면은 이동식 크레인을 이용하여 화물을 인양하던 중, 신호수가 철골 위에 올라가 신호를 보내다가 화물이 철골과 부딪혀 사고가 발생한 장면이다.

해답 (1) 이동식 크레인의 방호장치
　① 권과방지장치
　② 과부하방지장치
　③ 비상정지장치 및 제동장치
(2) 작업시작 전 점검사항
　① 권과방지장치 및 기타 경보장치의 기능
　② 브레이크, 클러치 및 조정장치의 기능
　③ 와이어로프가 통하는 곳과 작업장소의 지반상태

03 화면을 보고, 가스폭발의 종류와 그 정의를 쓰시오.

동영상 설명 화면은 인화성 물질을 취급하고 저장하는 장소에서 가스가 대기 중에 구름처럼 유출되어 폭발하는 장면이다.

해답 ① 가스폭발의 종류 : 증기운 폭발
② 증기운 폭발의 정의 : 인화성 가스가 대기 중에 구름처럼 유출되어 점화원에 의해 순간적으로 폭발하는 현상

04 화면을 보고, 엘리베이터 피트에서 발생한 재해 원인을 3가지 쓰시오.

동영상 설명 화면은 엘리베이터 피트(개구부)에서 작업자가 추락하는 사고가 발생한 장면이다.

해답 ① 피트 내부에 추락 방호망이 설치되지 않았다.
② 개구부 가장자리에 안전난간이 설치되지 않았다.
③ 개인 보호구인 안전대를 착용하지 않았다.
④ 안전대를 부착할 설비가 설치되지 않았다.

05 화면을 보고, 재해 발생형태와 위험요소 2가지를 쓰시오.

동영상 설명 화면은 작업자가 절연장갑을 착용하지 않고 전동 권선기로 동선을 감는 작업 중, 고장으로 기계가 멈춘 상태에서 내부를 점검하다 감전사고가 발생한 장면이다.

해답 ⑴ 재해 발생형태 : 감전
⑵ 위험요소
① 정전작업 미실시
② 절연용 보호구(절연장갑) 미착용

06 화면을 보고, 터널공사에 사용되는 계측기 3가지를 쓰시오.

동영상 설명 화면은 작업자가 터널공사를 진행하는 장면이다.

해답 ① 천단침하 측정계
② 내공변위 측정계
③ 지중 및 지표침하 측정계
④ 록볼트 축력 측정계
⑤ 숏크리트 응력 측정계

07 화면을 보고, 방음 보호구인 귀마개(EP)의 등급, 기호 및 성능을 쓰시오.

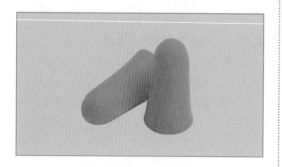

동영상 설명 화면은 이어폰 모양으로 생긴 귀마개를 보여주는 장면이다.

해답

등급	기호	성능
1종	EP - 1	저음부터 고음까지 차음한다.
2종	EP - 2	주로 고음을 차음하며, 저음인 회화음 영역은 차음하지 않는다.

08 화면을 보고, 충전부의 감전 방호대책 3가지를 쓰시오.

동영상 설명 화면은 작업자가 전기 기계·기구를 이용하여 작업하던 중, 충전부에 의해 감전사고가 발생한 장면이다.

해답 ① 충전부가 노출되지 않도록 폐쇄형 외함이 있는 구조로 설계한다.
② 충전부에 충분한 절연 효과가 있는 방호망이나 절연 덮개를 설치한다.
③ 충전부는 내구성이 있는 절연물로 완전히 덮어 감싼다.
④ 발전소, 변전소, 개폐소 등 관계자가 아닌 사람의 출입이 금지된 장소에 충전부를 설치하고, 위험 표지 등을 통해 방호를 강화한다.
⑤ 전봇대 및 철탑 등 격리된 장소에 충전부를 설치하여 관계자가 아닌 사람이 접근하지 못하도록 한다.

09 화면을 보고, 화재 · 폭발사고의 불안전한 행동과 재해 발생형태를 쓰시오.

동영상 설명 화면은 작업자가 지게차의 시동을 켠 상태에서 주유하던 중, 다른 작업자와 흡연하며 대화를 나누다가 기름이 넘쳐 화재 · 폭발사고가 발생한 장면이다.

해답 ① 불안전한 행동 : 주유 중 다른 작업자와 흡연을 하며 대화를 나누다가 기름이 넘쳐 점화원에 의한 화재발생 위험이 있다.
② 재해 발생형태 : 화재 · 폭발

2부

01 화면을 보고, 밀폐공간에서 작업할 때의 위험요인과 밀폐공간에서의 안전작업사항을 각각 2가지씩 쓰시오.

동영상 설명 화면은 밀폐된 공간에서 A 작업자가 그라인더 작업을 하던 중, B 작업자가 외부 국소배기장치를 건드려 전원 공급이 차단되면서, A 작업자가 산소결핍으로 의식을 잃고 쓰러진 장면이다.

해답 (1) 위험요인
① 국소배기장치의 전원 공급 차단
② 작업 중 환기 미실시
③ 작업자의 송기마스크 미착용
(2) 안전작업사항
① 작업 전 및 작업 중 수시로 환기를 실시한다.
② 작업자가 송기마스크를 착용한다.
③ 작업 감시자를 배치하여 국소배기장치의 작동 및 환기상태를 확인한다.

02 화면을 보고 기인물을 쓰고, 연삭작업 시 숫돌 파편이나 칩이 튀는 위험을 예방하기 위해 설치해야 하는 방호장치를 쓰시오.

동영상 설명 화면은 탁상용 연삭기로 연삭작업을 하던 중, 공작물이 튀어 재해가 발생한 장면이다.

해답 (1) 기인물 : 탁상용 연삭기
(2) 설치해야 하는 방호장치
① 덮개
② 칩 비산방지 투명판

03 화면을 보고, 용접작업 시 위험요인 3가지를 쓰시오.

동영상 설명 화면은 배관 연결을 위해 용접작업을 하는 장면이다.

해답 ① 고열, 불티 등에 의한 화재의 위험
② 충전부 접촉에 의한 감전 위험
③ 용접 흄, 유해가스, 유해광선, 소음에 의한 위험
④ 고열에 의한 화상 위험

04 화면을 보고, 타워크레인 작업 시 재해방지대책 3가지를 쓰시오.

동영상 설명 화면은 타워크레인을 이용하여 자재를 운반하는 장면이다.

해답 ① 유도로프를 사용하여 화물의 흔들림을 방지한다.
② 낙하 위험구간에는 작업자의 출입을 금지한다.
③ 작업 전 인양 로프의 손상 유무를 점검한다.
④ 신호방법을 미리 정하고 신호수의 신호에 따라 작업한다.

05 변압기가 활선인지 확인할 수 있는 방법 3가지를 쓰시오.

동영상 설명 화면은 작업자가 변압기의 활선 여부를 점검하는 장면이다.

해답 ① 검전기로 검사한다.
② 활선 경보기로 확인한다.
③ 테스터기의 지싯값으로 검사한다.

06 화면을 보고, 방열복의 종류별 무게 기준을 쓰시오.

동영상 설명 화면은 방열상의, 방열하의, 일체형 방열복, 방열장갑, 방열두건 등을 보여주는 장면이다.

해답 ① 방열상의 : 3.0kg 이하
② 방열하의 : 2.0kg 이하
③ 일체형 방열복 : 4.3kg 이하
④ 방열장갑 : 0.5kg 이하
⑤ 방열두건 : 2.0kg 이하

07 안면부 여과식 방진마스크와 분리식 방진마스크의 시험성능 기준에 따른 등급별 여과제의 분진 포집 효율 기준을 쓰시오.

동영상 설명 화면은 작업자가 방진마스크를 착용한 상태로 작업하는 장면이다.

해답

형태 및 등급		포집 효율(%)
안면부 여과식	특급	99 이상
	1급	94 이상
	2급	80 이상
분리식	특급	99.95 이상
	1급	94 이상
	2급	80 이상

08 화면을 보고, 활선작업 시 핵심 위험요인 2가지를 쓰시오.

동영상 설명 화면은 두 작업자가 절연용 보호구를 착용하지 않고 전봇대에서 활선작업을 하는 장면이다. A 작업자는 전봇대 아래에서 절연용 방호구를 올리고, B 작업자는 크레인 위에서 이를 받아 활선에 설치하다가 감전사고가 발생하였다.

해답 ① 크레인 붐대가 활선에 접촉되어 감전 위험이 있다.
② 작업자가 절연용 보호구를 착용하지 않았다.
③ 신호 전달이 잘 이루어지지 않았다.

09 화면을 보고, 지게차 운전자가 버린 담배꽁초로 인한 발화원의 형태를 쓰시오.

동영상 설명 화면은 지게차에 주유하는 동안 운전자가 시동을 끄지 않은 채 다른 작업자와 흡연하며 잡담을 나누던 중, 담배꽁초를 버리는 순간 화재가 발생한 장면이다.

해답 나화
참고 나화는 불꽃이나 담뱃불과 같은 직접적인 불의 형태를 의미한다.

3부

01 화면을 보고, 터널 등 건설작업의 위험을 방지하기 위해 필요한 조치사항 3가지를 쓰시오.

동영상 설명 화면은 터널작업에서 발파시작 전 천공을 하거나, 터널 등 건설작업에서 낙반 등으로 작업자가 위험에 처할 수 있는 상황을 보여주는 장면이다.

해답 ① 터널 지보공의 설치
② 록볼트의 설치
③ 부석의 제거

02 화면을 보고, 가스 용접 시 화재의 위험요인 3가지를 쓰시오.

동영상 설명 화면은 작업자가 보호구를 착용하지 않고 면장갑만 착용한 채 가스 용접기로 철판을 절단하던 중, 눕혀져 있던 산소통의 호스를 당기다 호스가 분리되어 화재가 발생한 장면이다.

해답 ① 용기를 눕힌 상태에서 작업하였다.
② 호스를 무리하게 당겨 산소통에서 분리되었다.
③ 보안면, 보안경, 용접장갑 등 개인 보호구를 착용하지 않았다.

03 화면을 보고, 산소결핍 장소의 산소농도는 몇 % 미만인지 쓰고, 산소결핍 장소나 가스, 증기, 분진 흡입 등의 위험이 있는 장소에서 착용해야 할 개인 보호구 2가지를 쓰시오.

유해가스   산소결핍

동영상 설명 화면은 밀폐된 공간에서 작업자가 유해가스와 산소결핍의 위험 속에서 작업하는 장면이다.

해답 (1) 산소농도 : 18% 미만
(2) 개인 보호구
① 송기마스크
② 공기호흡기

04 화면에 보이는 가죽제 안전화의 성능시험 방법 5가지를 쓰시오.

동영상 설명 화면은 가죽제 안전화를 보여주는 장면이다.

해답 ① 내답발성 시험
② 박리저항 시험
③ 내충격성 시험
④ 내압박성 시험
⑤ 내유성 시험
⑥ 내부식성 시험

05 화면을 보고, 국소배기장치의 설치조건 3가지를 쓰시오.

동영상 설명 화면은 작업자가 유기용제 작업을 하는 장소에 국소배기장치가 설치된 장면이다.

해답 ① 후드는 유해물질 발산원마다 설치한다.
② 외부식, 리시버식 후드는 분진 등의 발산원에 가장 가까운 위치에 설치한다.
③ 가능하면 덕트의 길이는 짧게 하고 굴곡부의 수는 적게 한다.
④ 배기구를 옥외에 설치한다.

06 화면을 보고, 고압선 주변에서 크레인 작업 시 다음 물음에 답하시오.

(1) 안전작업수칙 3가지를 쓰시오.
(2) 충전 전로의 이격거리를 쓰시오.

동영상 설명 화면은 1만 볼트의 전압이 흐르는 고압선 아래에서 크레인 작업을 하던 중, 감전사고가 발생한 장면이다.

해답 (1) ① 차량 등을 충전 전로의 충전부로부터 300 cm 이상 이격시키되, 대지 전압이 50 kV를 넘는 경우 10 kV가 증가할 때마다 이격거리를 10 cm씩 증가시킨다.
② 노출된 충전부에 절연용 방호구를 설치하고 충전부를 절연, 격리한다.
③ 울타리를 설치하거나 감시인을 두어 작업을 감시하도록 한다.
④ 접지 등 충전 전로와 접촉할 우려가 있는 경우에는 접지점에 접촉되지 않도록 한다.

(2) 300 cm

07 화면을 보고, 파이프 인양작업 시 재해의 발생형태와 그 정의를 쓰시오.

〔동영상 설명〕 화면은 크레인으로 아시바 파이프를 인양하던 중, 결속 로프가 끊어져 파이프가 떨어지면서 지나가던 작업자가 파이프에 맞는 재해가 발생한 장면이다.

〔해답〕 (1) 재해 발생형태 : 낙하(맞음)
　　(2) 낙하의 정의
　　　① 높은 곳에서 물체가 떨어져 사람에게 피해를 주는 경우
　　　② 와이어로프에 고정되어 있던 물체가 이탈하여 떨어지면서 사람에게 피해를 주는 경우

08 화면을 보고, 섬유기계 작업 시 재해 위험요소와 작업자가 착용해야 할 개인 보호구를 각각 2가지씩 쓰시오.

〔동영상 설명〕 화면은 작업자가 장갑을 착용한 채 섬유기계 작업을 하던 중, 기계가 멈춰 내부를 점검하다가 갑자기 기계가 작동하여 신체가 끼이는 사고가 발생한 장면이다.

〔해답〕 (1) 위험요소
　　　① 전원을 차단하지 않고 섬유기계를 점검하여 손이나 장갑이 끼일 위험이 있다.
　　　② 장갑을 착용하고 섬유기계를 점검하여 손이나 장갑이 회전체에 끼일 위험이 있다.
　　(2) 개인 보호구
　　　① 귀마개
　　　② 보안경
　　　③ 방진마스크

09 화면을 보고, 배관 플랜지 용접작업의 위험요인 2가지를 쓰시오.

〔동영상 설명〕 화면은 작업자가 배관 플랜지 용접작업을 하는 장면이다.

〔해답〕 ① 고열, 불티 등에 의한 화재 위험
　　② 충전부 접촉에 의한 감전 위험
　　③ 용접 흄, 유해가스, 유해광선, 소음에 의한 위험
　　④ 용접작업의 고열에 의한 화상 위험

필답형 · 작업형

2025 **산업안전기사** 실기

2025년 2월 10일 인쇄
2025년 2월 20일 발행

저자 : 이광수
펴낸이 : 이정일

펴낸곳 : 도서출판 **일진사**
www.iljinsa.com

04317 서울시 용산구 효창원로 64길 6
대표전화 : 704-1616, 팩스 : 715-3536
이메일 : webmaster@iljinsa.com
등록번호 : 제1979-000009호(1979.4.2)

값 28,000원

ISBN : 978-89-429-1995-6